空间生命科学与技术丛书

名誉主编　赵玉芬　　主编　邓玉林

人工密闭生态系统

Manmade Closed Ecological Systems

[俄] J. I. 吉特尔森（J. I. Gitelson）
[俄] G. M. 利索夫斯基（G. M. Lisovsky）　著
[美] R. D. 马塞尔罗伊（R. D. MacElroy）

郭双生　译

 北京理工大学出版社
BEIJING INSTITUTE OF TECHNOLOGY PRESS

版权专有　侵权必究

图书在版编目(CIP)数据

人工密闭生态系统 /（俄罗斯）J·I·吉特尔森，
（俄罗斯）G·M·利索夫斯基，（美）R·D·马塞尔罗伊著；
郭双生译. -- 北京：北京理工大学出版社，2023.3
  书名原文：Manmade Closed Ecological Systems
  ISBN 978-7-5763-1085-6

  Ⅰ.①人… Ⅱ.①J…②G…③R…④郭… Ⅲ.①闭
合生态系统-研究 Ⅳ.①X171

中国版本图书馆CIP数据核字(2022)第036684号

北京市版权局著作权合同登记号 图字 01-2022-0299
Manmade Closed Ecological Systems, 1st Edition
By J. I. Gitelson, G. M. Lisovsky / ISBN:9780415299985
Copyright © 2003 by CRC Press.
Authorised translation from English language edition published by CRC Press, part of Taylor & Francis Group LLC;
All rights reserved.
本书原版由Taylor & Francis出版集团旗下，CRC出版公司出版，并经其授权翻译出版。版权所有，侵权必究。
Beijing Institute of Technology Press Co., Ltd. is authorized to publish and distribute exclusively the Chinese (Simplified Characters) language edition. This edition is authorized for sale throughout Mainland of China. No part of the publication may be reproduced or distributed by any means, or stored in a database or retrieval system, without the prior written permission of the publisher.
本书中文简体翻译版授权由北京理工大学出版社独家出版并仅限在中国大陆地区销售，未经出版者书面许可，不得以任何方式复制或发行本书的任何部分。
Copies of this book sold without a Taylor & Francis sticker on the cover are unauthorized and illegal.
本书贴有Taylor & Francis公司防伪标签，无标签者不得销售。

责任编辑：李玉昌　　**文案编辑：**闫小惠
责任校对：周瑞红　　**责任印制：**李志强

出版发行 /	北京理工大学出版社有限责任公司
社　　址 /	北京市丰台区四合庄路6号
邮　　编 /	100070
电　　话 /	（010）68944439（学术售后服务热线）
网　　址 /	http://www.bitpress.com.cn
版印次 /	2023年3月第1版第1次印刷
印　　刷 /	三河市华骏印务包装有限公司
开　　本 /	710 mm×1000 mm　1/16
印　　张 /	28.5
字　　数 /	436千字
定　　价 /	126.00元

图书出现印装质量问题，请拨打售后服务热线，负责调换

《空间生命科学与技术丛书》
编写委员会

名誉主编：赵玉芬

主　　编：邓玉林

编　　委：（按姓氏笔画排序）

　　　　　马　宏　　马红磊　　王　睿
　　　　　吕雪飞　　刘炳坤　　李玉娟
　　　　　李晓琼　　张　莹　　张永谦
　　　　　周光明　　郭双生　　谭　信
　　　　　戴荣继

译者序

建立人工密闭生态系统（也称受控生态生保系统或生物再生生保系统）是解决未来载人深空探测及地外星球定居与开发中生命保障问题的根本途径，战略意义十分重大。我国已经向着这个目标在稳步扎实推进，未来可期。

事实上，苏联（后来的俄罗斯）在 20 世纪 50 至 70 年代在受控生态生命保障技术领域开展了大量原创型的研究工作，可以说它们在这一方面是鼻祖。当时，它们出版了几部相关的俄文著作，但在当时那个年代我们很难看到。

多年前，当我第一次在参考文献中看到由俄、美两国科学家合著的这本英文版的著作，而且看到这本书得到了大量引用时，我就被它深深地吸引。但是，当时苦于各种原因而一直未能看到这本书。我一直在想，一定要争取早日看到这本书，并把它介绍给我们中国的广大读者。

这本书由著名的俄罗斯科学院西伯利亚分院生物物理所的吉特尔森（Gitelson）院士联合美国 NASA 艾麦斯研究中心的资深专家编写而成。这本书主要围绕俄罗斯科学院西伯利亚分院生物物理所所开展的 Bios 系列实验研究工作，尤其是围绕 Bios – 3 系统所开展的多人多天的实验研究结果。即使目前看来，仍有很多令人耳目一新的地方，而且有很多方面尚未有人超越，尤其在微藻光生物反应器培养、物质流平衡调控、微生物动力学监测与分析及系统数学建模等方面更是如此。另外，本书提出了许多较为系统而深刻的新思想和新方法，很有启迪作用。

该书尽管出版较为久远（在这方面是我看到的第二本英文专著），但其以 Bios 系列实验系统及其重要的系列实验结果为重点，对人工密闭生态系统进行了综合介绍，在国际上享有很高威望，相信具有重要的参考价值。

本书由我负责翻译，另外合肥高新区太空科技研究中心的科研人员王振参加了部分翻译工作，同时熊姜玲和王鹏参加了校对。在此向他们表示感谢。另外需要感谢北京理工大学出版社的编辑们，他们积极而耐心地配合我对译稿进行了多次大的修改，而且他们几乎对书中每张图都进行了重新绘制（原著中很多图不太清楚），这样给他们带来很多额外的工作量。

同时，感谢中国航天员科研训练中心人因工程国家级重点实验室的支持；感谢国家出版基金的支持；感谢单位领导和同事的大力支持；感谢家人的默默关心与支持。

由于本人水平有限，对书中的个别遣词造句可能领悟不深，甚至可能会有偏差或错误之处，敬请广大读者批评指正！

序言（一）
——资深专家评述

21世纪早期，俄罗斯的康斯坦丁·爱德华多维奇·齐奥尔科夫斯基（Konstantin Eduardovich Tsiolkovsky）、美国的罗伯特·哈钦斯·戈达德（Robert Hutchings Goddard）和德国的赫尔曼·奥伯斯（Hermann Oberth）创立了火箭科学（rocket science），使科学家和公众都产生了太空旅行的梦想，第二次世界大战后的进步使太空旅行成为可能。在20世纪50年代末冷战最激烈的时候，苏联和美国曾竞相将一颗人造卫星送入地球轨道。苏联在1957年10月4日实现了这一目标，当时他们成功发射了重达83.6 kg的人造卫星"史普尼克"1号（Sputnik 1）。一个月后，接着成功发射了"史普尼克"2号（Sputnik 2），其中搭载的小狗"莱卡"（Laika）成为第一个被送入太空并环绕地球飞行的生物。"史普尼克号"人造卫星的发射成功，激发了美国为实现同样宏伟的目标而竭尽全力。美国国家航空航天局（NASA）成立于1958年，但苏联继续领先，因为他们是第一个摆脱了地球的重力而发射太空飞船"月球"一号（Luna 1）的国家；1961年4月，尤里·加加林（Yury Gagarin）环绕地球，这也是人类首次尝试载人地球轨道飞行。1969年7月20日，"阿波罗"11号的宇航员尼尔·阿姆斯特朗（Neil Armstrong）和埃德温·奥尔德林（Edwin Aldrin）登上了月球，增强了人类占领月球殖民地的梦想，而且这些梦想经常被精彩的科幻小说所强化。

这样的梦想，以及类似的长时间飞往火星或其他遥远地方的太空飞行梦想，总是包括人类离开地球母亲的舒适环境而遭遇生存的挑战。一个明显的答案是"带上一堆袋装午餐"，到目前为止，这是载人航天旅行的方法：携带足够的食物、水（H_2O）、氧气（O_2）和其他所需的补给，以维持所计划的旅行时间。第二种方法是回收这些补给品，以减小发射时必须携带的负荷。对早期的火箭科学家来说，回收的可能性是显而易见的，即除了物理化学的方法回收，我们还可以利用藻类和高等植物的光合作用过程来清除大气中的二氧化碳（CO_2）和释放O_2，同时也可以将它们用于生产食物；可以收集高等植物蒸腾作用产生的水蒸气并对其进行凝聚后加以利用。

因此，开发生物再生生命保障系统的发展潜力对苏联人和美国人来说都是显而易见的。在美国，空军、各大学和航空航天工业部门的一些科学家对如何在这种系统中使用藻类或高等植物进行了一些初步研究。从 1960 年开始，我参与了 NASA（美国国家航空航天局（NASA））支持的系列项目之一，研究极端环境条件下的植物生存状况，并考虑在生物再生生命保障系统中利用高等植物。然而，在 20 世纪 60 年代末，尽管我继续研究雪下的植物生命及其相关问题，但 NASA 已经对生命保障项目失去了兴趣。直到 20 世纪 70 年代末，NASA 才重新唤起对生物再生生命保障系统的兴趣。

与此同时，从 20 世纪 60 年代初到现在，苏联（俄罗斯）科学家一直在研究生物再生生命保障系统，主要是在莫斯科和位于西伯利亚的克拉斯诺亚尔斯克。由于冷战，美国、欧洲和日本的同行直到 20 世纪 80 年代中期才知道苏联的工作，那时我们开始听到关于克拉斯诺亚尔斯克发生的事情的诱人传闻。最初的推动者是均已过世的列昂尼德·瓦西里耶维奇·基伦斯基（Leonid Vasilievich Kirensky）和伊万·亚历山大罗维奇·特尔斯科夫（Ivan Aleksandrovich Terskov），但本书的资深作者洛塞夫·吉特尔森（I. Gitelson）是发起这项研究的小组成员之一。利索夫斯基（Genry M. Lisovsky）很早就加入这个组织，多年来一直与吉特尔森教授密切合作。第三位作者罗伯特·马塞尔罗伊（Robert D. MacElroy），就职于 NASA 位于加州的艾姆斯研究中心（ARC），从 20 世纪 80 年代初开始，他负责管理大学和其他生物再生生命保障系统研究的资金。马克尔罗伊博士有时让吉特尔森教授在 NASA 艾姆斯研究中心待上数月，这本书就是在那里准备的。

因此，作者特别有资格写这本书。马克尔罗伊博士承认他贡献相对较小的这本书，在很大程度上是在苏联的总结工作，特别是在冷战时期当我们西方国家不知道苏联的努力和自己在此领域无所作为的情况下。吉特尔森教授在利索夫斯基博士和他在克拉斯诺亚尔斯克的其他同事的帮助下，非常详细地总结了在那里所做的工作。所以，这本书几乎不可能是别人写的！对于我们西方国家来说，把苏联所做的工作记录下来是非常重要的，把苏联在冷战期间的努力过程记录下来是非常重要的，把密闭生态系统的思想记录下来是非常重要的，特别是那些可能被用于太空探索的生态系统。吉特尔森教授还总结了在莫斯科进行的一些工作，这些工作的结果在冷战的大部分时间里基本上是保密的，至今仍未广泛公布。在与莫斯科生物医学问题研究所（Institute of Biomedical Problems）的一个小组合作，在俄罗斯的"和平号"空间站（Mir Space Station）种植小麦时，我经常感到惊讶，因为这个小组的成员告诉我，他们在生命保障系统方面所做的工作也始于20世纪60年代初。吉特尔森教授可能比莫斯科团队以外的任何人都更了解这项工作，因此他总结的这本书是非常有价值的。

虽然俄罗斯在生命保障研究方面遥遥领先，但现在欧洲、日本和美国的各种团队正在迅速迎头赶上。因此，这本书对他们应该很有价值。1992年，我第三次访问了位于克拉斯诺亚尔斯克的生物圈3号设施（Bios-3 facility），为约翰逊航天中心（JSC）准备了一份报告，在那里，他们正处于规划一套类似设施的初级阶段。这份报告后来扩展成了吉特尔森教授和利索夫斯基博士合著的一篇文章，所以我自以为对生物圈3号几乎了如指掌。读了这本书后，我惊讶地发现自己所知道的仅仅是这个团队所做的大量细致工作的皮毛。如果当前的团队想要取得像克拉斯诺亚尔斯克研究人员那样的成功，他们就必须在同样的细节和强度上考虑这些问题。在做这样的事情之前阅读这本书可以节省很多精力，这将使研究人员将他们的创造性才能应用到自1972年生物圈3号建立以来发展起来的技术推动中。

能在本书中找到有价值材料的人，不仅仅局限于该领域的研究人员，对许多希望进入生物再生生命保障领域的学生来说，本书应该也是必读的。此外，克拉斯诺亚尔斯克的研究人员发现，小型密闭系统的工作比保障生命的太空旅行有更广泛的应用。地球生物圈是一个对物质密闭而对能量开放的系统，就像理想的太空旅行生物再生生命保障系统一样。因此，可以将小型密闭系统在极地、沙漠或其他气候条件下推广应用。无论小型密闭系统是在哪里得到研究和应用，都可以帮助我们了解地球上更大的生物圈。本书的作者很清楚小型密闭系统工作的意义，并且对其进行了详细讨论。

在阅读该书的过程中，我对冷战时期苏联科学的发展水平留下了深刻印象。本书为克拉斯诺亚尔斯克的研究人员在设计和构建密闭生命保障系统时所运用的创造性感知与对细节的关注，以及对生物学、农学、化学、物理学和工程学的深层知识提供了许多见解。尽管这些科学家基本上与世界其他地方隔绝，但他们建立的小型密闭系统仍在许多科学和工程领域保持领先地位。实际上，我们仍没有赶上他们在生物圈3号方面所完成的所有工作。这使我们中的一些人觉得自己是这一领域的新手。在这方面有很多例子，但我特别注意到的一点（因为我在相关领域工作过）是他们对人类生物钟的看法，这些科学家已经意识到人类生物钟的复杂性，而此时西方关于这方面的许多知识还很肤浅。

我想描述一下各个章节给我留下的印象：我非常喜欢这本书的引言和前5章，它们回顾了一些历史，讨论了生命保障的一些普遍问题。然后我读到了第6章关于微藻控制培养的原则。我想是因为数学的原因，觉得这一章写得很深奥。与此同时，它还极好地反映了苏联研究人员可达到的分析深度。所以，本章对于对藻类生命保障系统感兴趣的人来说都是必读的，但是其他人则可以略读这一章并继续往下看。第8章描述了在克拉斯诺亚尔斯克早期利用微藻实现生物再生生命保障的工作。由于自己对藻类的应用从来没有太大的兴趣，因此我预计在这一部分（章节）中会遇到同样的困难。然而，我非常惊喜地发现，自己对藻类如何在早期的生物圈设施中应用的描述很感兴趣。我甚至深信微藻系统仍然在太空旅行的生命保障和其他用途上会有一些应用。我很欣赏第7章关于高等植物的应用，这是我自己的研究领域，这没让我失望。就像对藻类的研究一样，克拉斯诺亚尔斯克的科学家们在准备将农作物用于他们的系统时，要求所达到的细节水平给我留下了深刻印象（采用了目前世界上任何地方都没有的一种作物——荸荠，又称油莎果，这是对生命保障研究独特且宝贵的贡献）。第9章详细介绍了在生物圈3号中开展的三次进人实验，这就是克拉斯诺亚尔斯克具有研究深度的最明显之处。第10章讨论了微生物在生物再生系统中的作用。和藻类一样，在我读到这一章之前，我对这个话题没什么兴趣。事实上，这一章的讨论为仔细研究任何密闭系统中的微生物生命提供了强有力的依据。我很着迷！然而，可能是因为数学方面的原因，我发现第11章和第6章一样难读。

有些读者可能会被这一章所吸引，如果你没有，请跳到结论部分。吉特尔森教授的结论值得期待！他的讨论对我们理解生物再生系统是一个很好的补充。有一些见解远远超出了目前在该领域工作的许多人的认识水平。如上所述，三位作者并没有忘记他们的工作对生态学以及生命保障系统的影响，这一点在结论中得到了明确说明。

  总而言之，我发现这本书对普通密闭生态系统文献是一种极好的补充，尤其是对面向空间探索的生物再生生命保障系统。实际上，这样的文献是有限的，而且大多以相对简短的论文形式出现，并通常出现在晦涩的出版物中，而很少有人试图对这个问题进行长期研究。确实，没有其他的书能像这本一样，将来也可能不会再有！克拉斯诺亚尔斯克的工作是极其独特而显著的。我们应该感谢吉特尔森教授和他的同事，感谢他们为所取得的成果做了这样精彩的总结！

弗兰克·索尔兹伯里（Frank B. Salisbury）
植物生理学名誉教授
作于美国犹他州洛根市犹他州立大学

序言（二）
——作者评述

> 如果人类了解自身此时能力的强大，而不滥用能力导致自我毁灭，那么我们将发现，在生物圈的地质历史中我们将开创一个广阔的未来。我们有责任把一个自发的过程变成一个有意识的过程，并把我们生活的地方——生物圈（biosphere）变成人类理性的王国——人类圈（noosphere）。
>
> ——沃尔纳德斯基（V. I. Vernadsky）

让我们花点时间来思考一下地球上关于生命的悖论。首先，众所周知的公理是地球上的资源是有限的。尽管在任何特定的时刻，大气中的 O_2 只够维持地球上的所有生物呼吸 2 000 年左右，但是在我们的星球上生命存在了至少 40 亿年之久，而且仍然没有任何自然原因表明它会在未来停止存在。生命的矛盾之处在于：它的资源是有限的，但它本身却是无限的。这样一种矛盾的状态是可行的，因为生命可以获得的资源可以被反复利用。也就是说，物质循环解决了这一矛盾，并在进化过程中把地球上所有的生物联合起来。正是物质循环形成了"生物圈"（biosphere）的现代概念。

人类在生物圈内激烈的工业活动使保护密闭物质循环的问题变得更加尖锐。在努力实现各种功利目标的过程中，工业更频繁地与那些使生物圈能够自我维持、持续自给自足的物质循环的自然过程发生冲突，如果不消除这种情况，人类和地球上所有生命的存在都将变得不可能。21 世纪初，地球上现存的条件迫使人类必须找到一种既能迅速发展技术文明还能与自然和谐相处的方法。最近，有人从人类可持续发展的角度讨论了这一任务。

与此同时，正是在这一技术浪潮中，人类在太阳系的活动首次变得可行。太空工程解决了把人类送入太空的任务，但这反过来又引发了另一个问题：如何支持人类在太空长时间生存，如数月甚至数年。解决了这个问题，将会使那些可能脱离原生地球生存的人类生命得以继续，而他们和其他生物就如同通过脐带一样与地球相连，以进行物质交换。

初看起来，地球上可持续发展的文明问题与支持人类在太空生活的问题似乎完全不同，但是它们的科学和方法基础是相同的。解决这两个问题的关键是实现物质的平衡循环。地球生物圈的任务是保持物质循环。在空间居住地，必须创造物质循环，尽管为空间居住地而设计的物质循环可能远远不能精确再现生物圈，但它们必须具有与生物圈相同的功能。

因此，在解决这两个问题时，有必要对使生物圈及其模拟系统所具有的隔离这一独特性进行深入了解。生物圈独特的隔离特性是如此的重要，其充分证明了发展生态学的一个特殊分支是合理的，该分支研究生物圈的密闭物质循环能够自给自足和可持续的机制，以及这些机制的产生、演变和功能。

20世纪下半叶，两种不同的科学（生态学和空间生物学）发展路线交汇在一起，出现了一个新的研究领域：人工密闭生态系统的创造。这个新领域也称为"生物圈学"（biospherics），一个尚未被普遍接受的术语。生物圈学致力于两件事：①对密闭生态系统进行建模，以发现地球密闭生态系统可持续存在的机制；②发展能够保障遥远的人类太空飞行的密闭生命保障系统，这也有助于提高居住在地球上不利环境条件下人们的生活质量。

"生物圈物质循环是密闭的"这一观点可以追溯到19世纪李比希（Liebig）和海克尔（Haeckel）的著作。沃尔纳德斯基在20世纪上半叶更加全面地阐述了这一观点。如今，生物圈作为地球上一个本质上密闭物质循环的概念已经变得相对普通，并已被包含在生态学教科书中。然而，现代生态学家，尤其是西方科学界的生态学家，还未充分认识沃尔纳德斯基在生物圈方面所开展深入而彻底开展工作的整体情况。

沃尔纳德斯基的工作与我们目前的研究特别相关的一个方面甚至更不为科学界所知。"人类圈"（noosphere）的概念为人类理性对生物圈的控制（在希腊语中，noos的意思是理性）。从本质上说，正是当今最广泛的科学界和社会界以

"可持续发展"为幌子,在不知不觉中热烈讨论"人类圈"的概念(Forrester, 1971; Koptyug, 1997)。

根据沃尔纳德斯基和勒罗伊(Le Roy, 1928)的观点,人类圈将成为地球生物圈演化的一个新阶段。直到 20 世纪,人类才充分认识到合理管理生物圈的必要性。尽管人类从一开始出现在地球上就与生物圈产生了互动,但他们直到最近才做出所谓合理的尝试来控制它,却反而破坏了它的自然过程的周期性。今天,人类凭借在技术和科学方面的全部认知活动,在生物圈中发挥着越来越大的作用;未来,人类将需要越来越多地承担起恢复和控制这些过程的责任。如果我们要缓和发展文明与保护自然之间需求的冲突,人类则必须承担起这一责任,而且必须明白人类和生物圈之间是如何相互适应的。

称为"当代沃尔纳德斯基"的法国著名第四纪地质和生物学家德日进(Teilhard de Chardin)(1943, 1987),提出了一个本质上类似的观点:人类在生物圈中起支配作用。拉夫洛克(Lovelock)(1972, 1990, 1991)在他对"盖亚"(Gaia)学术的描述中进一步阐述了这一概念。这种想法后来带有一种神秘的色彩,与其说是原创思想家提出的,不如说是他们的追随者提出的。随着神秘主义的解释逐渐掩盖最初的想法,一些思维缜密的科学家采用了一种谨慎而怀疑的态度来研究人类圈(Kolchinsky, 1990),尽管沃尔纳德斯基所拥护的生物圈中人的因素这一概念是被从实证知识的角度来阐述的,而且完全缺乏神秘性。在 20 世纪下半叶,社会的发展及其与自然的关系证明了这一思想富有远见和生产力,而且,由于任何虚假的神秘色彩的影响,他们有充分的理由摆脱对人类圈可能出现的任何偏见。

根据沃尔纳德斯基的定义,人类圈和生物圈一样,是一个实实在在的科学概念。在生物圈演化中的人类圈阶段,其规模越来越大,人类有意识的统治影响补充了地球生物循环的随机作用的自然规则。当人类试图以一种非破坏性的方式利用自然资源时,人类的影响表现在它倾向于采用技术手段调节能量流和物质流。学会明智地发挥人类的影响可能会成为 21 世纪最重要的任务。

为理性地管理生物圈,人类必须获得什么样的知识呢?以合理的方式控制生物圈的基础是对其规律具有充分和准确的认识,并掌握描述生物圈内可能发生的所有变化的方法,而这些变化同时不会违反生物圈的主要功能:物质循环。因为正是物质循环对人类和生物圈的共同进化至关重要，人类控制物质循环的能力才最终将促进生物圈向人类圈的转变。将生物圈作为一个独立的科学对象进行研究时，需要发展和采用与之相称的研究方法：①它的巨大的规模和质量；②它的众多复杂的物理、化学和生物过程交织在一起；③使地球上物质循环得以进行的那些过程的巨大惯性。

上述方法中的一种方法是"经验概括法"（empirical summary method）。在国家和国际科学计划的框架内，"经验概括法"作为一种方法，可以被看作在过去的几十年里通过与之相关的大量事实材料的积累而发展起来的：①在生物圈范围内对生物的处置；②各种生物群落的生产力；③污染影响环境的方式等。从空间进行的遥感测量第一次使我们能够看到生物圈是一个真实和完整的物体，并能够绘制生物圈发展进程的动态图。这一事实材料形成了很丰富的数据库，它使在生物信息领域理论概念化和构建各种假设得以实现。

然而，单靠观测方法还不足以解决生物圈可持续性等人类生存所面临的重要问题，这些方法也不能以预测其后果的方式来确定对生物圈的允许干扰范围。人类第一次向自己提出了一项构建人类圈的任务：制定一项可持续发展战略（包括罗马俱乐部等著名的出版物系列，1960—1970；Meadows et al., 1974；Mesarovich et al., 1974；Forrester, 1971；Koptyug, 1997）。为了解决这个问题，生物圈科学需要一种强大的研究工具，这种唯一可用的工具是实验。

随着20世纪70年代计算机科学的发展，一种研究生物圈的新方法应运而生：根据经验方法收集的信息，而建立代表生物圈及人类对其影响的大型数学模型（Forrester, 1971；Moiseev, 1979）。没有人怀疑禁止对生物圈进行直接实验的考虑：生物圈的比例太大，实验的费用高得难以形容，更重要的是，对人类和生物圈本身会造成潜在危险和不可逆转的后果。因此，数学建模是不可替代的选择。数学家们认为，这种建模是预测人类对生物圈的大规模影响所导致的生物圈状态可能发生变化的唯一方法。

美国科学家和苏联科学家在研究核战争可能造成的影响时，令人信服地证明了在重大人为影响下对生物圈过程进行数学建模的预测能力（Moiseev, 1979；Turco et al, 1983）。他们分别建立的两个核冬天（nuclear winter）模型基本相似，这一事实客观地证明了将"计算机实验"应用于生物圈研究是非常有效的。只要在这样一个实验中投入的主要信息足够完整，那么就可以做出准确的预测。

随着时间的推移，很明显，太空对地球的观测可能会迅速增加生物圈的可用数据，并建立健全的数学模型，但是它们受到地球目前接近平衡状态的限制。人类对生物圈的大规模影响（结果是灾难性的）是可以用数学模型来描述的，但这并不能完全消除生物圈自我支持机制所面临的所有真正的破坏威胁，甚至无法预测并消除这些机制的潜在破坏力。"人类引起的一些变化的危险在于它们的不为人知。它们很容易被忽视，而且情况会发展到就算现在纠正它们也已经太晚的地步"（Polunin et al., 1993）。

在生物圈中具有"生物"特征的个体标本、物种和生物群落，对环境中看似很小的变化（如污染物的出现或新物种的引入等）都会做出反应。由于我们不知道与许多生物圈参数相关的许多边界条件，因此我们无法预测哪些微小的变化较为关键。也就是说，我们无法预测哪些微小的变化能够升级和破坏生态系统的稳态，从而使其组织结构能够及时发生重大调整，而生态系统本身也有可能遭到破坏。

这些过程对于专注于单独的生物体、种群或生物群落的研究人员来说并非显而易见。这是因为，开放的自然生态系统只是生物圈中单一密闭物质交换的一部分，而同时它们又被这种交换所抑制。因为大多数传统的生态学实验都是在开放的自然生态系统中进行的，所以我们认为，在这一领域中很少有实验研究生物圈在物质的生物交换和人为影响中所起的作用。因此，有必要在再现生物圈的显著特征——物质循环闭合性的条件下，进行专门的"生物圈学"实验研究。

为了做出显著预测，有必要研究生态系统在超出其规范界限时的行为，即当它经历极端状态时，同时能够确保系统重新实现密闭物质循环。为了加快对这一领域的认识，研究人员必须能够获得密闭生态系统的模型，以便超越稳定的极限。这种密闭生态系统也将成为对非平衡和灾难性生物圈状态进行数学建模的基础。

然而，在自然界中，至少在我们的星球上，除了生物圈外，没有任何生态系统可以称为是真正密闭的。这就产生了一个问题：人类可以人工创造出这样一个类似的东西吗？这个问题的解决可能会成为一种对我们生态知识完整性的考验。

自 20 世纪 20 年代以来，人们就开始尝试建造密封微生物圈（microbiosphere）。

研究人员已经有了将单细胞藻类和细菌结合起来创造这种"微生物圈"的经验（Kovrov et al.，1980；Folsom 和 Hanson，1986）。例如，研究人员已经证明，在光下于密封试管中保存了 90 种这样的微生态系统后，有 6 例的物质循环处于完全密闭或无限接近完全密闭，而且在之后的 8 年期间，其中并未积累死锁产品，构成这些微生态系统的生物群落种群数量也未发生变化（Kovrov，1992）。

利用人工合成手段构建密闭人工生态系统并不局限于微生物水平。早在 19 世纪的最后几十年，齐奥尔科夫斯基就已经在考虑构建一种生物再生生命保障系统的可能性——这种系统可以在太空中保障人类的生命，但是在 20 世纪 50 年代，关于这方面的详细科学阐述和实验研究是在人类即将扩展到开放空间的门槛上时才开始的。

20 世纪 50 年代的实验研究，开始探索创造有人居住的密闭生态系统的可能性。这种趋势在美国、日本、德国、英国、法国和苏联（今天的俄罗斯仍在继续）以不同的势头发展。这样，导致第一个存在于自然生物圈之外的人类生命保障原型得到了详细设计。在这些原型中，人们参与了他们自己控制的一套密闭人工生态系统的物质循环。与不受任何人控制的自然生物圈相反，小型密闭生态系统只有在这样的控制条件下才能够可持续发展（Kirensky et al.，1967；Gitelson et al.，1975；Lisovsky，1979；Gitelson et al.，1989）。

正如在科学上经常发生的那样，如何创造密闭人工生态系统这个原始而基本的问题实际上是一种假设。它的推论——如何为长期人类太空探险构建生物再生生命保障系统——成为实验研究的动力。在宇航学最初发展迅猛的年代里，研究人员努力探索太空旅行的概念，其间他们发现有必要建造一种人造生物圈。我们必须承认，甚至这本书的作者最初也被这个问题的实验性解决方案所吸引，我们没有立即抓住这个问题的整体重要性，而是把我们对这个问题的理解局限在生命保障系统的设计上。

由于某种原因，实际的宇航学至今仍未提及这些努力所形成的数据。现在非常清楚的是，这些努力将被证明在回到初始问题和解决全球生物圈问题方面具有重要意义。

人工密闭生态系统允许我们开展以下工作（如同使用放大镜的方式一样）：①概略估算环境中微弱变化的长期后果；②阐明物质循环中平衡破坏（或平衡支

持）的微妙机制；③预测此类系统的可能特性和演变情况。这些物理实验至关重要，因为它们代表了研究生物圈的一种新方法。

密闭系统与开放系统的创建方式有本质不同。密闭系统是由少量物种（至少包括两种）人工合成的。在理想情况下，这些物种可能是彼此代谢的对立面："还原剂与氧化剂"或"自养生物与异养生物"（photothron – heterothron）等。系统中物种的组织水平越低，对周围环境的要求就越原始，它们的质量和能量交换的机会也就越多，这样我们就越接近一个完全密闭的人工生态系统。密闭微生态系统可以作为研究微生物生态学的便利工具。例如，可用于评价穿透辐射和各种物理场对生态系统的影响，以及研究生物群落和微生态系统本身的演化。

在这方面，密闭人工系统与其说是生物圈的模型，不如说是人类圈的模型。我们可以开始研究和制定一种算法来控制人类在生物圈中的功能，而当生物圈进化到下一个阶段，则人类必须承担同样的功能。人类参与控制的密闭人工生态系统是一所供他们在未来管理地球生物圈的合适学校。

实验表明，基于生物物质交换的生命保障系统是完全可实现的，并具有进一步改进的可能性。这种密闭人工生态系统不仅可以成为地球人类圈的模型，而且可以作为子代人类圈被用来帮助使空间适于人类居住，而不会通过地球物质和过程的入侵威胁到太阳系的其他天体。因此，它将允许人类在太空中生存，这同时只需要输入能量，而不允许代谢产物释放到环境中。

我们无法想象在地球上的任何地方和任何时间，出于实际目的需要实现完全密闭交换。但是，对部分大气、水和蔬菜营养的密闭调节技术可以从根本上提高极端地区（北极、南极、沙漠和高山定居点）的生活质量。密闭生命保障技术的另一个方面是它们能够在最大程度上减少人类废物及其家畜产生的环境污染。在人类定居火星或月球之前，这些技术在地球上得到应用的可能性并非完全没有。向基本上密闭、无污染及非死锁（non – deadlock）的生命保障技术转变，将是迈向人类圈可持续发展道路上值得注意的一步。

该书致力于密闭生态系统构建和研究的理论与实践。在该书中，作者为自己安排了一项任务，即总结密闭人工生态系统研究的第一个发展期。这一时期的科学意义和实践意义变得更加明显，因为人类开辟了进入太空的道路，同时我们与地球上自然生物的互动也变得愈加频繁。本书的作者从一开始就在俄罗斯

（Gitelson和Lisovsky）和美国（MacElroy）参与了这项工作。

　　历史以某种方式决定了密闭生态系统的工作在苏联得到大力支持。正是在这里，人们可以感受到该领域前辈的巨大科学权威。正是在这里，人们可以做齐奥尔科夫斯基关于太空旅行最好的科学梦想，而且维尔纳茨基关于人类圈的思想也得到了发展。正是在这里，像科罗廖夫（Korolev）这样有远见卓识的宇航学先驱获得了支持。在一定程度上，这些工作得到了科学院（Academy of Sciences）的支持，后者在支持基础研究方面有着悠久的传统。

　　这些工作在苏联从未被算作秘密，但因为当时这个国家与国际舞台相孤立，所以意味着这些工作（虽然绝不是全部）大多数都是在20世纪六七十年代才在苏联出版，而且是俄文版。这就解释了为什么这些工作在俄罗斯以外的世界科学界没有足够的知名度（尽管也许这并不是借口）。现在我们有机会来纠正这种状况了。

　　我们认为现在是分析之前成果的时候了，以便为将来的发现奠定基础。在苏联关于在密闭生物系统中所进行的延长人类居住期实验的资料，主要载于以俄语出版的3本著作中，因此英文读者实际上无法获得。这些著作构成了本书的重要部分。本书中总结的文章散见于不同的版本，有时是发行量小的一次性版本。尽管有数百份，但这些出版物主要是俄文，且不易获得。

　　简而言之，这些种种令人信服的理由说服了作者，并驱使他们写这本书，希望它会有用。这也是为什么在很大程度上这本书是以苏联的工作为基础，即使是在过去的10年里，俄罗斯仍在继续这样做。我们在书中引用的参考文献可能不符合通常的期望。西方读者习惯于看到一个清单，通常包括过去5年或最多10年的文献。但在我们的书中，大量前20~30年或是更早的文献都被引用，并与近年来的文献一起予以讨论。

　　我们认为这是必要的，有以下两个原因：首先，人工生物可再生的人类生命保障系统的工作在20世纪60至70年代达到了顶峰，当时的项目是飞往太阳系的行星和前往月球与火星建立基地。尽管由于内在和外在的原因，俄罗斯（苏联）和美国的宇航学发展得比预期的要慢，但当时的研究还是立即得到了应用。之后，对人类远程太空探险生命保障系统工作的重视和财政支持逐步放缓。因此，这项工作的执行速度也逐渐减缓。

尽管如此，在形成人类密闭生命保障系统方面已经完成了大量工作，并且取得实质性进展。例如，1954 年，美国的迈尔斯（Myers）进行了一次实验。在该实验中，小球藻培养时进行的气体交换使一只老鼠能够呼吸，但早在 20 世纪 60—70 年代，人们就已经在实验性的生物再生生命保障系统中生活了数年。关于这一主题的第一本专业书籍《生命保障与生物圈科学》（Life Support and Biosphere Science）5 年前才首次出版，但至今尚未获得稳定的读者群。我们不妨提一下，已经编写了一些很好的书籍，例如，埃查特（Eckart）有用而简短的参考书：《太空生命保障系统与生物圈科学》（Eckart, 1996）；早期苏联和美国关于太空医学和生物学的联合版《生命保障和宜居手册》（Life Support and Habitability Manual）[Binot, 1979（第 1 版），1993（第 2 版）]；《空间生命科学基础》（Fundamental of Space Life Sciences）第 1 卷和第 2 卷，Churchill, 1997。

我们必须牢记，人类的认知进步是不可阻挡的，人类认识宇宙的动力是坚不可摧的。毫无疑问，科学界将回到本项研究的结果，我们可以预测，人类将再次返回月球，并在火星上建立基地。我们甚至可以预测，人类将在太空最遥远的地方进行持续不断的活动。

我们有理由相信，在 21 世纪的头几十年里，人类将对火星进行探险，并在月球上建立前哨站。更重要的是，短期"跳跃"进入近太空的战略将被旨在"自由太空旅行"的战略所取代，以便对太阳系进行远距离和长时间的考察。当这种情况发生时，创造长期密闭生态系统的问题将再次变得至关重要。为了避免浪费时间、劳力和资源去重复前人在这个领域所取得的成就（包括他们的错误），我们必须了解他们的工作，而且不能忘记他们。

利用密闭生态系统或其单元可以解决的问题是多种多样的，作者希望他们的工作将被证明是对生态学家和空间生物学家有益的，并对那些将致力于建造用于远距离旅行的宇宙飞船的工程师和医生也是有益的。同样，作者希望这本书将有利于那些致力于改善人类在不利生态环境中居住条件的人，并希望它将吸引所有对这一科学趋势感兴趣的人，从而为改善地球上的人类生活和将其传播到太空等发挥作用。

***

在我们的读者开始读这本书的主要部分之前,我们想给他们提供一些建议,这些建议不一定非要遵循,但却是飞行员给机长的有用提示。

首先,读者应该意识到描述一个密闭生态系统的特殊困难。这样的生态系统就像空间中的一个"黑洞",它是密闭的,无论你首先描述它的哪一部分,如果没有其他部分的知识,那么这样的描述都是不完整的。写这本书时,我们总是感到有这种困难。作者的处境如同一只狗在玩一个大圆球,它太大了而不能将它直接放进嘴里,但如果把它撕成碎片它就不是圆的了。

这种困难的一个典型例子,是对密闭生态系统中微生物群落(microflora)的描述。包括人类在内的每一个部件,都包含微生物群落这样重要的组成部分,但密闭生态系统的微生物群落又是一个整体。因此,有两种可能的描述方式:在相关章节中对每个部件的微生物群落分别进行描述;用一整章的篇幅来描述密闭生态系统的微生物群落。为了强调密闭生态系统中微观世界(microworld)的完整性,我们选择了第二种方式。因此,第 10 章整章对密闭生态系统的微生物群落进行了描述,这不可避免地导致前几章对其他部件的描述不够完整。读者应该记住,缺失的细节可以在后面的第 10 章中找到。

另一项建议涉及第 6 章和第 11 章。它们包含的数学(运算)比该书中的其余部分要多得多。第 6 章给出了微藻培养系统的数学公式,为微藻培养系统的设计提供了理论依据。除非打算复制这个系统,否则可以跳过这些公式,即使没有这些公式,也能理解本书。这同样适用于第 11 章,除非读者是设计空间应用生命保障系统的专家或处理生态系统建模的数学家。

我们在撰写这本书的时候坚信,进入 21 世纪的社会将会对生物圈和密闭生态系统的问题越来越感兴趣。因此,我们试着用这样一种方式来写它:即使具有最简单的生物学知识也足以理解整本书。

决定用什么单位来表示功率和光强等是一个困难的问题。不同的作者在不同的时间使用不同的单位。在我们的写作中,我们坚持用国际单位制(SI),但在引用其他作者的数据时,我们保留了他们所采用的单位。

目 录

第1章 地球生物圈——一种密闭生态系统 　1
第2章 密闭生态系统及其创建方法 　12
第3章 密闭生态系统的发展历史 　25
  3.1 美国 　25
    3.1.1 CELSS 计划重点和多样化 　32
    3.1.2 CELSS 实验设施 　34
    3.1.3 生物量生产舱 　35
    3.1.4 先进生命保障系统实验平台 　36
    3.1.5 生物圈2号 　44
  3.2 俄罗斯 　46
  3.3 欧洲 　49
  3.4 日本 　52
第4章 密闭生态系统中人的基本代谢状态与需求 　57
  4.1 人的能量需求 　58
  4.2 人的呼吸商 　59
  4.3 人的食物需求 　60
  4.4 人的水交换需求 　66
第5章 密闭生态系统的基本功能单元 　68
  5.1 密闭生态系统中各种生物再生途径 　68
    5.1.1 藻类和高等水生植物的光合作用 　71

5.1.2　高等陆地植物的光合作用　75
5.1.3　微生物的化学合成　78
5.1.4　异养生物的合成与分解　80
5.2　维持系统闭合所需的物理 – 化学处理途径　83

第6章　密闭生态系统中微藻受控连续培养技术　86
6.1　微藻连续培养　87
6.2　微藻培养物生长的数学模型　90
 6.2.1　单细胞微藻生长对光照的依赖关系　91
 6.2.2　薄层藻类培养　99
 6.2.3　CO_2浓度对藻类生长的影响　101
6.3　微藻悬浮液的光学特性及其光照制度　106
 6.3.1　基于藻类光学特性的光合效率最大化调节　108
 6.3.2　几种光周期模式对小球藻生产率的影响　110
6.4　藻类光生物反应器设计　113
 6.4.1　关于培养装置设计的一些初步看法　113
 6.4.2　材料　114
 6.4.3　混合　114
 6.4.4　藻类细胞的表面黏附问题　115
 6.4.5　泡沫出现与泡沫消除　115
 6.4.6　光生物反应器基本结构设计　116
 6.4.7　基本扁平平行容器的光生物反应器设计参数计算　117
 6.4.8　CO_2浓度处于饱和时的光生物反应器设计　118
 6.4.9　藻液营养供应与收获系统　120
 6.4.10　用于稳定生物量和培养液的光密度自动调节系统　120
 6.4.11　藻液温度调节系统及小球藻光合效率与温度之间的关系　122
 6.4.12　混合与气体交换系统　123
6.5　藻类连续培养用营养液开发　124
 6.5.1　营养液概况　124
 6.5.2　氮源　127

  6.5.3 背景营养液中基本生物元素的浓度 128

  6.5.4 微藻对人体排泄物的利用 129

  6.5.5 背景营养液中的微藻代谢物 130

 6.6 微藻生物化学成分控制 132

 6.7 生物保障系统中藻类连续培养的可持续性和可靠性 135

  6.7.1 生物系统的可持续性和可靠性优势 135

  6.7.2 基本实验方法 137

  6.7.3 主要实验结果 138

  6.7.4 紫外线辐射实验结果的数学建模 140

  6.7.5 结束语 142

第7章 密闭生态系统中高等植物受控连续栽培技术 143

 7.1 用于生保物质再生的植物种及其品种筛选 143

 7.2 高等植物单元中植物筛选方法完善 148

 7.3 人工条件下植物栽培的光照和温度制度 153

 7.4 高等植物的连续栽培 171

 7.5 气体和水交换及植物营养液 178

 7.6 人工条件下栽培植物的生产率和生物量质量评价 188

第8章 Bios-1和Bios-2实验装置研制与实验 197

 8.1 "人—微藻"二元生态生命保障系统 197

  8.1.1 二元系统中密闭气体和水交换基本技术方案 197

  8.1.2 二元生命保障系统中生物技术和物理-化学过程设计 201

  8.1.3 工艺用水及藻类营养液制备方法 203

  8.1.4 实验装置设计 204

  8.1.5 "人—微藻"二元系统实验研究 207

 8.2 Bios-2中"人-微藻-高等植物"三元系统 214

 8.3 Bios-2中"人-微藻-高等植物-微生物"四元系统 217

第9章 Bios-3生命保障系统中长期进人实验研究 225

 9.1 Bios-3实验综合体 225

  9.1.1 密闭生态系统中保障三人生命的大气、水和营养物质再生 225

9.1.2　Bios-3 的结构构成与性能指标　227

9.2　Bios-3 系统中多人多天生命保障集成实验研究　237

9.2.1　总体实验原则与概况　237

9.2.2　三个人 180 天生命保障集成实验研究　239

9.2.3　实验详细结果分析　246

9.2.4　Bios-3 系统中乘员生活制度安排情况　250

9.2.5　密闭生态系统中人与再生单元之间的气体交换平衡状态　267

9.2.6　密闭生态系统中人和居住环境中的菌群　272

9.3　Bios-3 系统中基于不可食植物生物量利用的 4 个月人与高等植物集成实验研究　275

9.4　两个人 5 个月生命保障系统集成实验：素食完全再生及植物对人体尿液的即时利用可行性研究　293

第 10 章　密闭生态系统中菌群动态学分析　307

10.1　微藻培养装置中的微生物群落　308

10.1.1　"藻类-细菌"群落单元的总体特征　309

10.1.2　"藻类-细菌"群落对含氮化合物的转化作用　310

10.1.3　硝化细菌、反硝化细菌及固氮细菌　312

10.1.4　硫化合物及磷化合物转化微生物　313

10.1.5　纤维素和腐殖质降解微生物　313

10.1.6　培养条件对生物群落稳定性的影响及生物群落中微生物的生物腐蚀特性　314

10.2　密闭生态系统中有机废物的微生物氧化　315

10.2.1　用于固体废物氧化的微生物群落构建　315

10.2.2　实验装置基本结构及微生物固体废物氧化方法　317

10.3　密闭生态系统中高等植物单元的微生物群落　322

10.3.1　粮食作物小麦的微生物群落　322

10.3.2　混合栽培蔬菜的微生物群落　323

10.3.3　密闭生态系统培养中抑制植物生物合成的可能原因　323

10.3.4　高等植物单元群落对密闭生态系统中微生物分布状态的影响　324

第 11 章 密闭生态系统的理论分析 　　326
11.1 CES 的数学建模问题 　　326
11.2 LSS 可靠性设计的可能途径 　　329
11.2.1 近似方程的直接利用 　　331
11.2.2 CES 作为模型对象的特性及高兹递原理 　　333
11.2.3 闭合度对预测 CES 状态精度的影响 　　334
11.2.4 适用于 CES 的统计数据处理 　　335
11.2.5 面向项目的 CES 模型描述级别 　　336
11.2.6 最优化标准选择 　　338
11.2.7 关于 LSS 的思考框架 　　338
11.2.8 实施优化的限制因素 　　339
11.2.9 IDS 框架计算实验 　　339
11.2.10 基于高等植物的 LSS 中植物群落结构 　　341
11.2.11 CES 实用选型的综合标准 　　343
11.2.12 评估方法 　　344
11.2.13 LSS 自身的可靠性估计 　　344
11.2.14 生活质量标准和可靠性 　　346
11.2.15 可靠性和质量标准 　　347
11.2.16 计算实验 　　349
11.2.17 月球基地 LSS 的整体可靠性比较 　　349
11.2.18 火星飞行任务 LSS 的整体可靠性比较 　　350

第 12 章 密闭生态系统的创建：结论、问题与展望 　　352

参考文献 　　367

关键词中英对照表 　　408

纪念与致谢 　　414

索引 　　416

第 1 章
地球生物圈——一种密闭生态系统

我们可以将生物圈定义为一个动态系统,在其中进行由太阳能驱动而保持运动的基本密闭物质循环,这与被纳入所有居住在地球上的物种总基因组的程序一致,并受酶的总量调节。

然而,该定义的明显缺点是它没有包括显然是非生物的物理和化学过程。它们肯定会发生,甚至在生命出现之前就已经发生了。至于近地表部分宜居地带的出现,则是在生命的压力下,在进化过程中已经形成并正在被转变。我们试图在定义中反映这种情况。

定义"生物圈"有两种方式。一种是将生物圈定义为地球上生命的容器,而不是生命的模式。在这种情况下,"球体"(sphere)是一个描述地球形状的几何术语。另一种是将"生物圈"生命视为一种全球现象。我们坚持后一种方式。要在空间上定义生物圈,只要用生命或生物圈的"界限"(limit)一词就够了。

"生物圈"一词是由奥地利地质学家休斯(E. Suess)早在 19 世纪(1875 年)提出的。在科学文献中,它被用于指地球上有人居住的部分,即描述生命延伸到的极限,而不是生命本身。

后来,在沃尔纳德斯基的著作(Vernadsky,1927,1937)中,生物圈的概念有了更为深刻的含义。他用它来指所有生物的整体以及所有生物的累积排泄物,这些称为生物惰性体(bio-inert bodies),它们与变质(metamorphosed)岩石或无机岩石相接触。因此,生物圈的概念具有明确的科学意义,即可以用严格的方法对物体的特性加以分析。

在生态系统的层次结构中(hierarchy),生物圈是最重要的,它包括作为其组成部分的所有其他生态系统。这里，对生物圈的主要特性总结如下。

完整性（integrity）：生物圈具有单一系统的特性，因为生物圈内的生物都是通过外部物质交换而相互关联。

密闭性（closure）：基本生物元素（biogenic element），特别是碳的物质交换几乎完全局限于生物圈。

周期性（cyclicity）：生物圈内的物质交换基本上是以密闭循环状态进行的。对于不同的元素，循环的开放程度可能会有所不同，但是对于一个循环来说，开放的程度不会超过百分之一。

稳定性（stability）：循环过程的速率处于相互平衡状态，因此环境中活生物量和基本生物元素浓度的当前值在长期地质演变期内围绕平衡常数进行变化。

能量依赖性（energy dependence）：生物圈是一个具有上述性质的系统，但在热力学上还远未达到平衡状态。只有当太阳辐射能量在其光学范围内连续流过其中时，生物圈才有可能存在。这种能量在光合作用中被捕获，然后在生物和生物惰性体中经过多次转换，被耗散为热量。

在地球上底物数量有限的条件下，生物圈的这些功能特性保证了生命的潜在永生。起初，稳定状态并不是生物圈的固有特性。还原性大气（reducing atmosphere）是演化早期阶段的特征。早在6亿年前的古生代寒武纪地质时期（Cambrian Geological Period of the Paleozoic），大气中O_2/CO_2平衡的建立首先是自养和异养生命形式之间相互平衡物质交换的结果。显然，在几十亿年前太古代（Archeozoic）生命最初扩张的时期，不需要也没有发生过循环。它的发展是为了适应环境中有限的资源，因此，它是构成生物圈的物种共同适应和整个生物圈进化的产物。严格地说，只有从那时起，生命才有可能成为永恒。这里顺便说一下，英国科学家詹姆斯·洛夫洛克（James Lovelock，1972）也提出"一种覆盖地球的单一生命体"的想法，命名为"盖亚假说"（Gaia）。除去它的神秘色彩，洛夫洛克的想法与沃尔纳德斯基的生物圈概念是相同的，正如作者在最新版本（1991）中所提到的。然而，使用生物圈这个词似乎更为恰当，这不仅是因为它的优先性，还因为它在自然科学中具有更为准确和具体的含义。

这里，对生物圈的主要定量参数略做分析。从海平面向下延伸至11 km，即到达海洋的最深处,并向上延伸至大约相同距离的大气层(图1.1)。除了南极大陆的一些中心部分,地球表面几乎到处都被覆盖一层相对较薄的大气层,其中生命以离散生物体的形式存在。在"陆地-大气"和"陆地-水"这两个相界面(phase interface)处,活的生物量浓度(biomass concentration)和生物生产力(biological productivity)最高。当今地球生物圈的主要定量参数如表1.1所示。

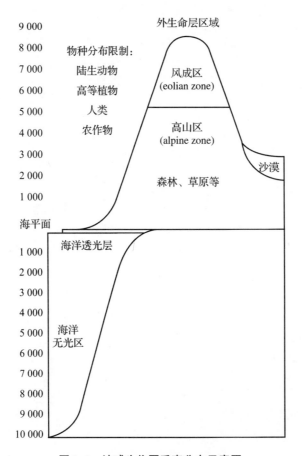

图1.1 地球生物圈垂直分布示意图

注:作为地球的外壳,生物圈的形状有些不规则,即被一个不确定的"外生命层区"所包围,其中生命仅有真菌孢子和细菌以休眠状态存在。水体的透光区(或发光区)可以从几厘米(在湍急的河流中)到100 m甚至更深(在最透明的海水中)(引自Hutchinson G E, et al. The Biosphere. In: Scientific American, Vol 223, Nov, 1970。有改动)。

表 1.1　当今地球生物圈的主要定量参数

参　数	量　值
生物圈面积/km²	5.09×10^8
陆地	1.48×10^8
世界海洋	3.61×10^8
生物物质质量/t	1.84×10^{12}
植物/%	99
动物和微生物/%	1
海洋生物/%	0.1
陆地生物/%	99.9
生物圈的基本组成/%(质量分数)	
氧	75
氢	10
碳	3
氮	0.3
生物物质质量/%	<1
生物惰性物质质量/%	>99
入射到地球上的平均太阳能量/(kcal·cm⁻²·y⁻¹)	167.00
生物圈太阳辐射利用效率/%	0.13
土壤腐殖质中的生物惰性物质/t	2.4×10^{19}
净初级能量生产量/(kcal·y⁻¹)	6.7×10^{17}
土地/t	4.0×10^{10} C
海洋/t	3.0×10^{10} C

生物圈当前状态的特点是生命受到严重限制,从而使其处于稳定状态。热带海洋的情况就是一个例子。沿着赤道在太平洋中移动,远离海岸而超过数万英里(1 英里 = 1.61 km),则你只能看到无边无际的深蓝色甚至接近紫色的水,这是

没有生命的明显迹象——只有浮游植物（phytoplankton。指在水中以浮游生活的微藻类，分布较为广泛、种类繁多。译者注）。生产率的测量证明了这一点。其产量较海洋平均水平要低数百倍，就像在沙漠中一样（Vinogradov et al.，1987）。为什么在如此理想的条件下会是这样呢？明亮的太阳一年四季都给热带海洋注入能量，水温始终保持在最佳的 25~28 ℃，因此不会有干旱发生。那么，什么能阻碍生命的出现？对水下层水样的分析表明，其中几乎不存在任何生物元素，尤其是氮、磷和铁。

从水下 200~500 m 距离之间采集的水样含有足够的生物元素，这足以保障生命像在热带森林中一样繁茂。但是，太阳光线几乎不能够穿透这么深的水，所以这里的生命受到能量缺乏的限制。这些非常典型的生命限制因素在不同的地区可能是不同的，但在生命的压力下，它们在任何地方都会被用尽。只有通过物质循环，才能保持生命的连续性。一张复杂的食物网利用其酶的活性来保持生物元素的循环。在生物圈中，每种元素都有自己的循环途径。关于氧和碳循环基本途径的示意图分别如图 1.2 和图 1.3 所示。

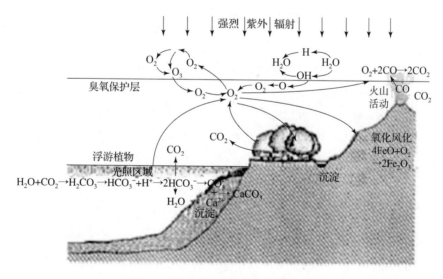

图 1.2　地球上氧循环基本途径示意图

注：氧循环相当复杂，因为除了以主要形式（O_2）存在外，它还以许多化学形式出现，并且是许多化合物（水以及其他无机和有机物质）的组成部分（引自 Hutchinson G E, et al. The Biosphere. In：Scientific American，Vol. 223，Nov.，1970. 有改动）。

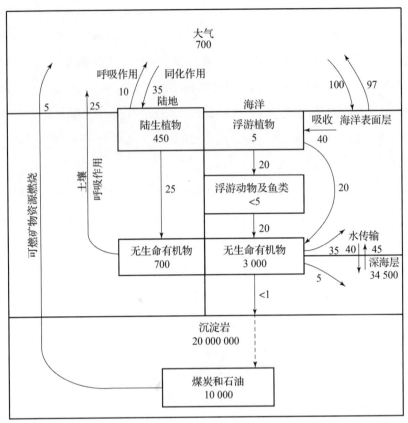

图 1.3 地球上碳循环基本途径示意图（单位：亿 t）

注：生物圈中的碳循环包括陆地和海洋两种不同的循环，而且在海洋和大气之间有一个界面。海洋循环基本上是自主的，即溶解在海水中的二氧化碳被浮游植物吸收，而氧气进入溶液。浮游动物和鱼类消耗浮游植物固定的碳，并在呼吸中利用氧气。分解的结果是，被浮游植物同化的二氧化碳所形成的有机物返回水中。所有数值都以 10 t 吨为单位。每年燃烧约 50 亿 t 可燃矿物资源必然会导致大气中二氧化碳含量增加 0.7%。然而，燃烧过程中释放的⅔的二氧化碳会迅速离开大气层，而被海水或陆地植物吸收（引自 Bolyn B. *The Biosphere*. In：Scientific American，Vol 223，No. 3，Nov，1970。有改动）。

元素循环的速度可以根据以下事实来判断。例如，一个单独的 CO_2 分子在大气中停留约 10 年，一个 O_2 分子在大气中停留超过 1 000 年。这意味着在生物圈存在的时期内，参与循环的每一个原子都多次成为生物圈中各种物体的组成部分，无论是有生命的还是无生命的。循环速率的平衡为地球上所有居民提供了相当稳定的生活条件，这可以从大气中呼吸气体 O_2 和 CO_2 浓度的稳定状态看出。在新生代的第四纪（Quaternary Period of the Cenozoic Era），也就是最后的几千万年，这种稳定状态一直毫无疑问地被保持着。

正是这种稳定状态保证了地球上生命的可持续性和连续性，进而保证了人类的福祉。人类在生物圈内剧烈地开展工业活动，从而使保护密闭物质循环的问题变得更加尖锐。为了实现各种功利目标，工业越来越经常地与那些使生物圈能够自我维持并进行恒定物质循环的自然过程发生冲突——在这种循环之外，人类和地球上的所有生命都不可能存在。科学界已经认识到，了解生物圈的循环机制并保持生物圈的密闭性与可持续性对人类至关重要。近几十年来，已经变得显而易见的情况是技术活动正在全球范围内打破这种平衡。其中，最为明显的是大气中CO_2浓度在保持不断增加的趋势。感到震惊的国际社会对生物圈的存在规律及其可持续性的限度越来越感兴趣。在经历了数百万年相对平衡的生存之后，由于人类的活动而导致生物圈正在脱离这种平衡。如果不考虑人类的影响因素，即由人类智能设计的技术过程对生物圈循环造成的严重干扰，就无法描述生物圈的当前状态及其发展动态。因此，生物圈目前的状态也可被看作向沃尔纳德斯基的人类圈的一种过渡。表1.2提供了一些数据，证实这不是一个未经证实的说法，而是反映21世纪的现实。根据表1.2的数据，我们可以比较主要呼吸气体的自然和人为流动的强度，从而了解后者的规模。另外，CO_2的交换更加激烈。大气中CO_2含量为2.2×10^{13} t，而在光合作用中对大气CO_2的年同化量达到3.3×10^{12} t，即占到大气含量的10%（也有人认为占到1%）。这一计算表明，CO_2在不到一个世纪的时间里完成了在大气中的循环，或者在新生代期间超过100万次循环，但平衡得到了保持。

表1.2 在生物圈中O_2和CO_2的流动情况

过　　程	总　　量
大气中约含O_2量/t	1.0×10^{16}
光合作用导致的大气中O_2年输入量/t	5.0×10^{11}
燃料燃烧导致的O_2年固定量（O_2的"技术吸入"）/t	$4.0 \times 10^{10} \sim 9.0 \times 10^{12}$
大气中CO_2量/t	2.2×10^{12}
光合作用导致的大气中CO_2年同化量/t	3.3×10^{11}

续表

过　程	总　量
工业导致的 CO_2 年排放量（CO_2 的"技术呼出"）/t	1.6×10^{10}
年总呼吸量/t	1.24×10^2
地球构造源（tectonic source）的 CO_2 年排放量/t	1×10^8

人类通过技术过程产生的影响可以通过其对 CO_2/O_2 平衡的贡献来估计。每年进入大气的 O_2 量是大气中 O_2 总量的千分之一，也就是说，光合作用只需要进行1万年就能产生与大气中 O_2 总含量相当的 O_2 量。另外，至少在整个新生代，即大约1亿年的时间里，大气中的 CO_2 浓度一直大致处于同一水平。这些数字表明，在这段时间内，大气中的 O_2 循环不下1万次。

CO_2 的技术产量只较其光合作用的消耗量低20%，而 O_2 的技术消耗量占到其光合作用产出量的1/10 [O_2/CO_2 之比，即生物圈的呼吸商（respiratory quotient），在一定程度上存在差异，这可被解释为是由于整体测量缺乏精确性而造成的]。无论如何，以目前的工业水平，人类活动对大气中 O_2 和 CO_2 交换的贡献率达到了10%~20%，这已经很明显。

莫伊谢耶夫（N. Moiseev, 1979）估计，即使是现在，每年燃烧所需要的 O_2 也是地球上所有植物通过光合作用释放到大气中的 O_2 总量的10倍。根据这一计算，300年后，大气氧分压将下降3%，这样人们就会出现呼吸问题。实际上，窒息不会很快对人类构成威胁。首先，海洋起着缓冲作用：溶解在海水中的 O_2 与大气处于动态平衡状态。其次，这一估值也需要予以修正。然而，应该记住，在我们星球的地质历史中，表示大气中呼吸气体不平衡的浓度变化已经发生过多次。然而，当前的变化以前所未有的速度发生，以致根本没有时间对这些变化进行进化适应。从大气 CO_2 浓度的年增长率来看，它已经破坏了生物圈的平衡。在位于夏威夷莫纳罗亚火山的观测站所做的著名的 CO_2 浓度测量图清楚地说明了这一点：在10年内（1959—1968年），大气 CO_2 浓度年平均上升了2.6%。图1.4中一系列较长的测量结果表明，自18世纪中叶以来，CO_2 浓度一直在稳步上升，而且上升的速度越来越快。该数据可被用于估算技术圈（technosphere）的允许极限。

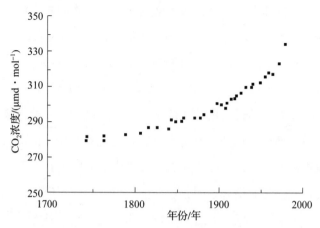

图 1.4 根据南极西部赛普尔站（Siple）冰芯推测的地球大气二氧化碳浓度自约 1750 年以来的演变情况

（引自：Moore III B. and Barlet D. S. Earth and the biosphere: planetary metabolism as a paradigm for global biology and medicine. In Space and its Exploration, Joint US/Russian Publication, 1993: 230）。

因此，在评估现代生物圈的动态过程时不能忽视人类的影响因素。采用空间遥感的方法使直接观察生物圈内的动态过程成为可能。例如，陆地和海洋生命出现的季节性运动以及工业对生态系统的影响。这一为人类提供的新愿景的意义无法估量，怎么对之高估都不为过。然而，即使这样，我们也无法确定生物圈可持续性的极限。这只能通过研究它对极端条件的反应来实现，也就是说，只能通过实验来确定它的存在。

在此，让我们转向生物圈建模的实验研究工具。如果模型能够充分模拟闭合度（closure），就可以使用它们。有以下两种建模方法——数学和物理。这里，简要介绍这两种方法在生物圈中的应用情况。

罗马俱乐部（Club of Rome。是关于未来学研究的国际性民间学术团体，也是一个研讨全球问题的全球智囊组织。译者注）的活动为数学建模技术的发展提供了最有力的推动力，这引起了人们对技术圈扩张的限制和地球上人口增长问题的关注（Peccei, 1977）。另外，该单位开展了针对生物圈问题的系统动力学研究（Meadows et al., 1974; Mesarovich et al., 1974; Forrester, 1971）。

在莫伊斯耶夫和他所在学校的不懈努力下，生物圈作为最高层次的单一生态系统的数学模型得到了充分发展（Moiseev et al., 1980）。这一研究路线在俄罗斯科学界取得进展并非偶然,因为沃尔纳德斯基的生物圈思想深深植根于俄罗斯自然科学家的思想体系中(Sukachev,1944;Timofeev - Resovsky 和 Tyuryukanouv,1966;Yanshin,1963;Yanshina,1994;Shvarts,1976;Korogodin,1991;Kolchinsky,1990;Gitelson et al.,1995)。

图 1.5 显示其模型的区块设计。该模型被用来进行大量的计算机模拟。让我们提出几个有趣的结论。这种情况是当前被分离世界的典型情况,其中一个模拟区域采取措施将污染减半,并减少无法可被再生资源的消耗,而另一个模拟区域则不采取此类行动。计算结果表明,这种情况可能会推迟但不会阻止对整个生物圈造成灾难性后果的情况发生。这一结论表明,世界经济整合是不可避免的,而且全球人类利益绝对高于国家利益。至关重要的是,这一结论不是政治性的而是纯科学性的。

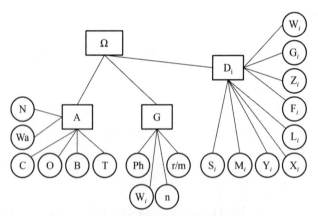

图 1.5　生物圈模型的地球生物群落结构框图

Ω—生物圈;A—大气;N—氮(%);Wa—水蒸气(mm);C—二氧化碳(%);O—氧(%);B—浊度($t \cdot km^{-3}$);T—温度(℃);G—海洋;Ph—浮游植物($t \cdot km^{-3}$);n—生原体(biogen)($mg \cdot m^{-3}$);r/m—自游生物(necton)($t \cdot km^{-3}$);D_i—陆地区域($i=1$);S_i—腐殖质($t \cdot km^{-3}$);M_i—矿物资源($t \cdot km^{-3}$);X_i—农业植被($t \cdot km^{-3}$);L_i—森林($t \cdot km^{-3}$);Y_i—其他植被($t \cdot km^{-3}$);F_i—动物食品($t \cdot km^{-3}$);Z_i—污染物($t \cdot km^{-3}$);G_i—人口(人 $\cdot km^{-2}$);W_i—水(m)(引自:N. N. Moiseev et al. "Human 和 Biosphere",MSU,No 4,1980,p. 230.)。

该模型的另一个预测是,如保存现有的人类影响趋势,正如该模型所预测的那样,则必然会造成气候条件和人口的严重灾难,以及人口受到食品量的限制。

该模型的第三个预测是,全球会减小技术对自然环境的影响。在这种情况下,在经历了两个世纪的波动之后,生物圈将达到一种与人类长期生存相适应的状态。

虽然这些预测只是相对准确,但它们却生动展示了生物圈动态学数学建模的潜力。然而,数学模型几乎无法回答关于生物圈的主要特征——物质循环闭合度的机制问题,也不能理解这种独特自然形态的存在规律。为了解决这个问题,应该在真实存在的密闭生态系统中进行实验。由于生物圈被表明是自然界中唯一的此类系统,因此必须人工创建模型。

第一次尝试建立这样的系统是在大约一个半世纪以前。1851 年,沃林顿(R. Warington)介绍了一种平衡水生微生态系统(balanced aquatic microecosystem)。后来,此类系统被命名为"微观世界"(microcosms)。它们的主要优点是可利用相同的微生物圈(microbiosphere)进行许多种类的实验。在 20 世纪 50 至 60 年代,科学家先后建立了多种用于各种实验的"微观世界"(Odum 和 Hoskin,1957;Myers,1958;Beyers,1962;Golueke 和 Oswald,1963)。采用"微观世界"在研究生态系统更替(Margalef,1963)与波动以及为空间应用而建立第一个生命保障系统模型等方面取得了丰硕成果。迈尔斯在第一次太空飞行的前几年就开始关注此类系统(Myers,1954;1958)。

然而,在上述大多数工作中,所采用的微生态系统并不是气密的,也就是严格来说它们并不是"微观世界"。后来,夏威夷大学马诺亚分校微生物学教授克莱尔·福尔索姆(Clare Folsom,1986)和俄罗斯西伯利亚克拉斯诺亚尔斯克物理研究所生物物理学研究组科夫罗夫教授(Kovrov,1992)才真正开始了完全密封的"微观世界"研究,并同时独立运行。20 世纪 70 年代,他们在密封容器中构建的一些微观世界仍然活着。可以说,我们已经设计了用于研究生物圈存在与进化规律所必需的实验室工具。然而,仍有大量的工作要做。

在实验室微生态圈的发展基础上建成实验性的密闭驻人生态系统,这些生态系统可命名为"人造人类圈"(manmade noosphere)。下面的章节将着重介绍了此类系统的创建和实验研究情况。

第 2 章
密闭生态系统及其创建方法

在考虑建立人工密闭生态系统的问题之前，我们必须定义所采用的概念和术语，因为该领域的知识仍然缺乏一种完全一致的命名法（nomenclature）。我们所说的生态系统是指一些包括生物体及其栖息地在内的结构和功能整体，其中生物材料和能量交换持续进行，以保障自给自足系统的可持续运行。

除了各种各样的自然生态系统，人类还可以创造不同的人工系统。设计一个人工系统是为了用于保障一个特定物种（如人类）的生存，这决定了系统中所有过程的定性特异性（qualitative specificity），因此该人工系统可称为这一物种的生命保障系统。

一套人工生态系统可有条件地再分为若干部分——单元（link）。我们所说的单元，是指一个物种或一组物种，其占据系统结构上独立的部分，并在该部分完成能量和物质交换的主要功能。其生命可作为人工生态系统保障目的的物种称为控制单元（governing link），而其他单元都是构成人工生态系统的环境。

没有与外界的能量交换，即处于热力学隔离，则任何生态系统都无法持续运行。此外，这样一个系统不可能仅仅由于能量循环而存在，因为所有的转变过程主要是在系统的生物单元中进行的，大部分能量都退化为热量。因此，真正的生态系统必须始终对能量交换保持开放。然而，对于不同的系统，其具体的能量交换（每个控制单元的成员或自养生物初级生产的单元质量流经系统的能量）可能会不同，这是表征系统效率的一个基本参数。

可根据生态系统与外界环境的物质交换特征而对其进行分类。它们可被分为开放生态系统和密闭生态系统，前者由于与外部进行物质交换而存在，而后者能够在短时间或长时间内运行，其间不需要从外部引入物质，也不需要从系统中移除物质。开放自然生态系统的例证之一是许多地球生物群落（biogeocenosis），而微生物连续流动培养是开放人工生态系统的一个案例。

与物质交换有关的密闭系统可细分为两种极端类型：储存所有所需物质的系统和系统内再生所需物质的系统。

第一类系统可以通过利用储存的物质和储存使用过的物质而存在，正如在第一个可居住的宇宙飞船中那样。这种密闭系统的寿命自然是有限的，这取决于物质的储存数量和物质被使用速率之间的关系。

第二类系统是密闭生态系统。在此系统中，生物元素的循环是在系统内进行的：有些单元以一定的速率利用物质进行生物交换，而其他单元则以相同的平均速率将它们从其交换的最终产物再生到初始状态；然后，这些所再生的物质被用于相同的生物交换循环。如果物质循环被完美协调，那么这样的系统则可以无限期存在。创建这样的系统是研究人员的最终目标。自 20 世纪中叶以来，这种系统称为"密封系统"（sealed system）（Myers，1954；Oswald，1965；Shepelev，1966）、"密闭系统"（closed system）（Nichiporovich，1963；Gitelson et al.，1964；Seryapin et al.，1966）、"自给自足系统"（self-contained system）（Henry，1966）及"物质循环系统"（systems of material cycling）（Yazdovsky，1966）等。然而，"密闭物质循环生态系统"（ecosystem with a closed material cycle）这一术语似乎是最准确的。不过，为了简算起见，我们更倾向于利用它的一个同义词——"密闭生态系统"（closed ecosystem）。在我们看来，"密封系统"和"自给自足系统"这样的术语涵盖了更广泛的系统，包括"密闭系统"，即作为一种特殊而最有趣的情况。

然而，不幸的是在英语文献中，在"密封系统"和"密闭系统"这两个术语之间几乎没有区别，因此模糊了密闭系统的基本性质：基于完美系统的系统内物质循环在物质交换中涉及量有限，因此该系统将会无限存在。

一种密闭物质循环过程可以通过生物手段、物理-化学手段或两者兼有来实现。尽管物质循环的绝对闭合是令人向往的，但几乎不可能实现。"密闭系统"这个术语不仅适用于完全密闭的理想系统，也适用于部分密闭系统，在其中通过物质循环和所储存的物质来满足各单元的需求。

另外，可以对系统的部分物质循环闭合度进行定量评价，尽管这有些传统。如果该系统被设计以用于人的生命保障，则其必须满足人的食物、水和呼吸用 O_2 的需求。按重量计算，一个人对生保物质的日平均需求量见表 2.1。

表 2.1 一个人对生保物质的日平均需求量

物质	质量/kg
O_2	0.9
饮用水和卫生用水	5.5
食物（干重）	0.6
合计	7.0

对于包括人在内的人工创建的密闭系统，习惯上使用系统闭合的累积指数 R，其表征单位时间内参与物质循环中的物质（或一种单独的物质）从库存中被消耗物质减少部分的质量（Voronin et al.，1967；Gitelson et al.，1975；Bartsev et al.，1996）。该指标被定义为系统消耗的物质质量与系统中一个人在同一时间内消耗的所有物质（或一种单独物质）的质量之比：

$$R = 1 - (m/M) \tag{2.1}$$

式中：m 为系统每日参与生物交换的储存物质消耗的质量；M 为一个人每天使用的所有物质的质量。如果系统不需要任何储存物质（$m=0$），则 $R=1$，表示系统完全闭合。R 不能大于 1，但可以小于 0，条件是如果生命保障系统（如用于饲养植物或动物）中的储存量支出大于直接满足人的需求所需的物质量。

有时，我们所估计的并不是系统相对于总质量交换的完全闭合，而是相对于某一类物质（气体或液体）的某一相或相对于另一种物质的微分闭合（differential closure）。根据一般分类，其中一个或几个（但不是所有）微分指数达到完全闭合的系统称为部分闭合。

应当注意的是，这种对系统闭合度的估计［这里我们将其称为"系统性"（systemic，用 Rs 表示）］旨在反映研究人员在减少提供人的生命保障所需的预存物质重量方面所取得的成就。正如我们之前所定义的那样，这是系统的"技术经济学"（technical economical）特征而非"生态学"（ecological）特征，尽管似乎没有正当理由（Gitelson et al.，1975）。

通过节省储存量来估算系统的闭合度，并不能反映系统中主要生态关系的性质——在生物元素循环过程中实现营养链互联；它并不能确定在生物周期中实际存在的物质量；在某些情况下，这样的估算甚至会产生"负闭合"——一种生态学上的谬论。

在开发面向空间应用的人的生命保障系统并评价其效率时，通过减少必需物质的存储量而不是减少人对这些物质的总需求量来估计系统的闭合度是相当合理的。然而，至少可以说这样的估计是不够的，而且在某些情况下，从生态学的角度理解实验密闭系统中的过程是不可接受的。例如，在模拟生物圈或独立生态系统中的生物物质循环时，一个人或多个人不应被视为是实验密闭系统中必需的（特别是唯一的）异养单元（heterotrophic link）。研究人员最感兴趣的可能是包括各种异养生物的密闭系统，而且在该生物循环中没有人的直接参与。此外，在包括人在内的系统中，把满足人需要的某些物质，如洗涤用水、淋浴用水和洗碗水，作为生物物质循环的组成部分是很不合理的。这些物质约占人的全部使用物质储量的一半，这取决于人的社会生活水平而不是生物生活水平。此外，氧和氢（构成水的生物元素）很少参与生物交换过程，仅在光合作用过程中参与水的光解，并在异养代谢过程中参与水的形成。

对于生物物质循环闭合度的定性估计，我们认为 Lisovsky 和 Tikhomirov 提出的方法是合理的。根据这种方法，对每种主要生物元素分别估计生物循环的闭合度。通过这种方式，我们可以看到闭合度的内在结构，了解限制系统整个循环的元素，并揭示系统内部实现这种限制的关系。系统中任何生物元素的循环闭合指数（index of cycle closure。用 R_c 表示），是该元素在单位时间内在异养生物和自养生物之间前后通过生物循环所传递的数量与该元素在同一时间被这两个单元用在系统中的总量比率：

$$R_c = 2m_{\min}/(M_a + M_h) \tag{2.2}$$

式中：$m_{\min}$ 为两种流入自养或异养单元元素的最小值，其中一个单元的流入决定了元素通过密闭系统的两个单元循环的总承载能力；M_a 和 M_h 分别为自养生物和异养生物对该元素的需求量。

如果若干种自养生物和异养生物在生态系统中处于密闭状态，则它们之间的交换过程是一种普遍形式,就像所有自养生物和所有异养生物之间的关系一样。

显然,估计系统中生物物质循环的闭合度,除了需要那些被用来估计"系统性"闭合度的输入数据外,还需要其他的输入数据,以描述相对于储存物质的累积量而被系统消耗的储存物质的节约量。生物物质循环的闭合度 R_c 是基于参与系统内自养生物和异养生物双向物质交换的各主要生物元素流动的定量参数,以及系统单元在单位时间内所利用的这些元素的总量来估计的。利用这些值,我们则可以很容易地计算出系统中整个生物物质循环闭合度的总体估计值,但是这样的估计值对于了解闭合度的结构几乎没有参考价值。

可持续性(sustainability),即密闭系统的"生命力"(vitality),将在很大程度上依赖于控制的即时性和协调维持生物物质循环的所有过程的准确性。在物理-化学密闭系统中,控制不可避免地主要由专用技术系统来实施。在生物系统中,控制可以基于随机原则,就像在生物群落和生物圈等自然生态系统中一样。然而,下面将要表明,仅凭控制的随机原则对人工密闭生物系统是不够的。仪器控制系统作为人工密闭生物系统的组成部分,其必要性为许多作者使用"生物技术系统"一词提供了理由,因为它不仅反映了生态系统,而且反映了此类系统创建和运行的组织原则。

开放式生命保障系统,主要以储存人所需的所有物质为基础,是第一个被用于太空的系统,而且至今仍被广泛应用。此类系统在真正太空飞行条件下的工作原理、技术实现方式和结果等在文献中均具有详细描述(Chizhov 和 Sinyak,1973;Adamovich,1975;Sauer 和 Shea,1981;Popov 和 Bychkov,1994)。

一个基于人所需物质储存量的生态系统原则上可以存在,直到所储存产品的质量下降为止。然而,为空间应用而设计的生态系统还有另一个限制因素:系统的重量特性。例如,简单的计算表明,对于一个由 3 名乘员组成的宇宙飞船的乘组人员,在维持生命保障系统运转的 3 个月内需要的物质净储存量为 1 890 kg。对于最新的空间工程来说,进行这么重的储存并不困难。然而,前往其他行星的飞行任务或大批宇航员在轨停留将需要可以在数月或数年的时间内发挥作用的生命保障系统,这样储存的重量也将相应增加。例如,如果在 3 年内为 5 名乘员提供生命保障,那么储存的净重将超过 37 t(其中包括近 5 t 的 O_2)。然而,空间工程的快速发展消除了这些重量限制，同时也带来了一个问题，即如何创造一种足够的环境条件而使人类能够长时间地待在地球之外。研究人员必须找到创造自给自足家园的方法，这种家园可以成为我们的星球及其生物圈的子代，并为人类向外太空扩展提供一种自然环境。

这就是为什么许多研究人员正在寻找方法来创建一种有组织的生物物质循环的生态系统。如果能建立起完全密闭的生态系统，则人类就能够真正在生物学上把自己从地球的生物圈中分离出来，那么在地球之外实现人的长期生命保障就成为可能。

创建以人为主导单元的生态系统，其前提是该系统中的其他单元（物理－化学和生物）应能够从人体代谢物的被消耗和被加工的最终产物（气体、液体和固体废物）中回收 O_2、水和食物。早在很久以前，就有人提出研究和评价实验密闭生命保障系统中通过水电解和 CO_2 还原来产生 O_2 的物理－化学和化学方法（Voronin 和 Polivoda，1967）。同样的道理也适用于从系统内部再生人所需的水（人体排出的湿气冷凝水、尿液和卫生废水）。一些用于污水处理的物理－化学方法，取得了令人满意的结果（Sinyak 和 Chizhov，1964；Seryapin et al.，1966；Khomchenko et al.，1971）。在国际上，已经设计和建造了大量基于物理－化学方法的实验系统，可保持大气和水循环。对包括人在内的此类系统的测试证明了延长应用时间（长达 1 年）的可行性，这一期间保持了大气和水的部分密闭交换（Olcott 和 Conner，1968；Jackson et al.，1968；Burnazyan et al.，1969；Pecoraro 和 Morris，1972）。

在这一领域取得的重大进展表明，物理－化学过程应该在密闭人工系统中得到广泛应用和研究。另外，我们不应该低估研究人员采用此方法所面临的困难。例如，通过物理－化学方法再生大气和水的同时，会给系统带来诸如高温高压、爆炸性或有毒中间产物或腐蚀性化合物等不良因素。到目前为止，绝非巧合的是在美国和俄罗斯（苏联）宇宙飞船上均采用储存式方法为乘员提供 O_2 和水，而不是采用物理－化学系统来保障这些物质的循环（Bluth 和 Helppie，1986；Humphries et al.，1994）。

利用化学合成从人的排泄废物中再生食物的前景相当暗淡。尽管在这方面已经做了大量的工作，如关于碳水化合物和脂肪的合成研究已经取得了很大进展，甚至有人提出了合成生命保障系统所需不同物质的具体方案，但是总的来说，这个问题还远未得到解决。对于密闭系统可接受的全价值食品化学合成方法与技术的发展，几乎没有希望能够像空间工程促进建立人工生态系统的实验工作那样发展。

自养生物的合成工艺具有独特的能力，可在常温常压下，将人的气体和固体废物进行循环而生成分子氧、水和有机营养物质。除了在密闭系统中执行许多功能外，生物还可以自我繁殖，这是它们作为环境形成单元而连续和无限期运转的先决条件。然而，密闭系统的物理－化学单元几乎不可能具有这样的特性。单就这一原因而言，在创造连续和长期操作的密闭系统方面，生物合成途径似乎比物理－化学系统更有希望。由于生物或物理－化学系统都处于初级发展阶段，因此现在就对二者进行优先选择来长期保障生命还为时尚早。就目前而言，对一种或另一种创建密闭系统的方法持乐观态度，往往是基于对其优点的大致了解，以及甚至对其潜在缺点的错误了解。只有通过对物理－化学和生物密闭系统进行全面而长期的理论与更为重要的实验研究，随着时间的推移，我们才能够对这两种方法的优缺点有一个合理的评估，从而最有可能创造出生物与物理－化学技术相组合的系统。由于本书的主要目标是探索创建一种具有生物物质循环功能的密闭系统的可行性，因此，从现在起我们只介绍这种系统。

对于创造密闭生物系统的可行性，不同的学者具有不同的看法。人们常说大自然给了我们如此一种系统的例子：地球生物圈。在1958年，泰勒（A. Taylor）就断言，开发一种实现系统元素再生（regeneration of the system elements）的密闭循环技术无疑是可行的，因为这样的循环技术在自然界中已经存在，而问题只是需要进行技术开发（Taylor, 1958）。在讨论这个问题时，Gyurdzhian（1961）、Shepelev（1963）和一些其他学者认为，这实际上是一种地球生物界模型（model of Earth's living nature）的创造。所有的人体物质和能量关系都必须符合这种生物圈模型。

另外，Violette 等（1959）试图从理论上评估建立一种密闭生物系统作为生物圈模型的可行性，并讨论了各种方案。考虑到人与生物圈之间的真实能量和物质交换非常复杂，生物圈中影响该能量和物质交换的过程复杂、多样并且往往呈惯性状态。因此，这些作者认为人工密闭生物生命保障系统在近期或者不久的将来是无法被设计出来的，并且认为与之相关的项目是一种空想。

巴拉诺夫（Baranov，1967）的想法基于李比希（U. Liebig）的农业中矿物元素的"回归"理论（theory of the "return" of mineral elements in agriculture），他认为密闭生态系统的原型是人工群落（anthropogenic cenoses），而不是生物圈。达德金（Dadykin，1970a）认为，一种人工系统能够而且必须通过控制自然生物群落演变过程的规律来计算和组织。然而，人工和自然群落是一种开放系统，它们内部许多元素的物质循环在数量上是不平衡的，并只部分代表密闭系统即生物圈中的整体物质循环。加森科（Gazenko，1968）表达了一种更为正确的意见：基于开放地球生物群落知识的理论前提太过笼统而不足以解决像构建密闭生态生命保障系统这样一个具体和性质特殊的问题。

许多作者认为，把构建密闭生物系统的问题作为整个模拟地球生物圈的问题来处理并非十分有效（Lisovsky et al.，1965，1967；Shepelev，1966）。对人类-生物圈关系及生物圈中生物地球化学过程（biogeochemical process）的分析证明，它们不符合密闭生物系统必须满足的需求。

第一，在生物圈中，部分生物地球化学转化的产物脱离了生物圈，形成了多余的缓冲沉积物和死锁（deadlock）物而被排除在生物圈外的产品。例如，包括大气中的氧、煤和泥炭中的碳以及石灰石中的碳和钙。从循环过程中脱离出的生物元素数量是参与物质交换过程的元素数量的数十倍乃至数百倍。另外，在生物圈中的物质交换过程会不断涉及早期从地球内部被释放出来的新型惰性地壳材料和物质。因此，在生物圈中至少有一部分生物地球化学过程不遵循人工密闭循环模式。

第二，在一个真实的环境中，生物及其群落赖以生存的物理和化学环境条件是随着时间而变化的。这些变化部分是由宇宙和地质过程以及独立于生物的力量造成的，但主要是由生物的重要活动造成的（如粮食储备耗尽、土壤形成的生物成因过程及对大气成分的影响等）。因此，物质交换的条件实际上是不稳定的，无论是在整个生物圈还是在生物圈的不同部分都是如此，所以物质交换本身也是不稳定的。

第三，参与生物地球化学过程的生物物种也发生了历史性的变化。在导致生物圈进化过程的因素中，其中一个是非常重要的，即生物与外界环境的关系，其具有正反馈的性质：生物本身的重要活动过程会导致许多环境发生变化，从而逐渐出现生物新品种。之后，它们再次在环境中引起新的特定变化，从而影响进化进程等。因此，在生物圈中发生的生物地球化学过程的固有本质是导致生物单元和整个生物圈逐渐发展变化的条件，从而决定了物质交换和能量交换过程途径的变化。

生物圈作为一个整体，不能认为是理想的生物系统，因为不仅是生物过程，而且非生物的物理和化学过程在其物质交换中也起着重要作用。它也不是理想的完全密闭的系统，因为生物圈中的某些交换过程不断涉及生物圈中以前没有参与循环的各种物质的数量。根据上述分类，该生物圈可被定义为一个部分密闭并具有储存物质的生物与物化技术的组合系统。在设计同一类型的人工系统时，生物圈原则上可被人类当作原件（original）进行模拟。要模拟生物圈，在人工生态系统中仅定性再现相同的物质和能量交换过程是不够的。该系统的生命力和可持续性的一个更重要的条件，是通过调整其比率来对所有进程进行定量协调（quantitative coordination）。应该记住，人工密闭生命保障系统是为了实现特定的目标而建立的，而在生物圈的形成和发展中却不是这样。此外，尽管人工密闭系统对人们（甚至整个人类）来说是可行的，但它们的规模（包括重量、尺寸、能耗）有限而无法与生物圈的规模相提并论。所有这些限制因素都是至关重要的。由于这些原因，生物圈作为原始模拟对象的重要性下降了，因为在人工密闭系统中，实现可持续性的主要机制变得效率低下。

在生物圈中，质量和能量的交换率仅由在时间和空间上许多不协调与不同方向的过程（如有机物的生物合成和破坏、单个生物体的出生和死亡、物种的出现和灭绝等）的结果的随机均衡化来调节。随机调节可以用生物群落中与营养或其他方面相关的物种周期性的"生命波"（wave of life）来说明（Chetverikov, 1905；Volterra, 1931）。显然，在为人的生命保障而设计的人工系统中，生存和人员数量不能仅仅依赖于协调系统中物质和能量交换率的随机手段。

尽管在各种交换过程中存在时空波动，但生物圈的相对稳定性，即随机控制的效率，是由生物圈的缓冲特性决定的。首先，它们表现为每个物种的众多个体，即物质与能量转换的每个程序的重复；其次，表现为在某种程度上能够在物质和能量交换过程中相互替换的众多生物物种；最后，表现为大量的储备物质参与生物循环。这些机理导致维持生物圈中物质循环的所有过程呈现出高或然性和高可靠性。人工密闭系统的规模是有限的，这大大减少并有时则排除了利用缓冲特性以确保系统相对稳定的可能性。

此外，控制的随机原则并不适用于人工密闭系统，因为生物圈自其诞生之日起就随着时间在持续渐进变化，也就是说，它一直在进化。然而，进化过程忽略了对任何类似于人工密闭系统中控制单元的生物单元的重要要求。在我们的星球上，并不是生物圈的形成和发展使自己适应某些生物物种，而是生物物种和生物群落根据周围生物圈的变化情况，通过自然选择而进行适应。的确，随着人类社会的到来，人们开始控制生物圈的进化，即有意沿着某些路线发展它。到目前为止，人类在科学和技术方面取得了巨大进步，但在使生物圈的进化符合其利益方面却远远没有取得成功。尽管在全球范围内有很多不利发展的例子，但人类也没有在全球规模的生物圈中取得任何有意义的有利发展。

在为特定控制单元的生命保障而设计的人工密闭系统中，其他生物单元或其中任何一个单元的自发进化都会降低系统的生物可靠性，因为这种进化会导致协调互连关系中断，并导致整个系统退化。与不断演化的生物圈不同——其中生物单元受到来自不同方向的转化选择的影响，人工构建的密闭生命保障系统必须是遗传稳定的。要做到这一点，需要在系统的每个生物单元中不断进行稳定化选择（stabilizing selection）。在这种人工系统中，未被禁止的自然物种选择的唯一方向可能是旨在提高物质交换率而不改变物质交换质量的选择。

关于稳定化选择的例子可在自然群落中找到，也可在人类活动中找到，目的是保存所被选择的生物品种、栽培种和品种的理想特性。然而，在这两种情况下，稳定化选择只是其他选择形式中的一个特例。它反映系统的一种暂时的平衡状态，这种状态通常是变化和发展的。在人工密闭系统中，稳定化选择必须成为保证系统活力的必要常数条件之一。总之，虽然生物圈由于进化而在持续稳定地发生变化，然而通过"进化是为了避免进化"的方式，人工密闭系统必须至少为控制单元的生命周期保持稳定。

总结所有关于将生物圈作为源头来构建人工密闭生态系统的争论，我们可以得出结论，它最多为我们提供了一个基本的生物和物理-化学过程的例子，这使我们认为完全密闭的生命保障系统基本可行。然而，为了选择实现这些过程的单元，可以将这些过程安排和组织成一个完整而稳定的人工系统，从而使该系统能够在理想情况下无限期运行，这样自然物质循环则没有太大的启发意义。

对随机控制原理的作用施加限制、将缓冲能力降到最低并禁止在人工密闭系统中改变进化方向，所有这些要求都需要这样的运作和控制原则，而这些原则不能被从自然系统即生物圈"借用"。在人工密闭系统中，能量和物质交换的功能稳定性、协调所需的精确性和过程调节的及时性等均只有通过采用确定性结构控制系统（deterministic structural control system）才能实现。其中，使该控制原理发挥作用的天然类似物是开放系统——生物。

同样的原理可以作为在工程应用中的大多数控制系统的基础。我们认为，通过将这些原理扩展到实施人工密闭系统的控制，我们则可以得到如何解决其可持续性问题的线索。如果这个问题仍然未被解决，那么只有在幻想世界中才有可能创建这样的系统。在构建人工密闭系统时需要结合两个层次的生物组织特性——生物圈的物质交换模式和生物的控制模式，这是一个新的科学问题，即无论是在自然界中还是在人类活动中都是前所未有的。

在密闭生态系统中引入确定性控制的原理，则使我们有理由不把这些系统看作生物圈的实验模型，而是把它们看作未来"人类圈"（noosphere。地球上由人类智力控制的生命圈，其目的是使生物圈保持在适合人类生活的条件下）的实验模型。这样的模型可以在实验上证实人类对生物圈中生物物质循环过程控制作用的允许限度，并在生物圈和技术圈的复杂相互关系中找到保持这些循环可持续的边界条件。只要有必要，那么建立以人类为主要单元的未来生物圈模型，将是解决人类在地球之外的首代"迷你人类圈"（mininoosphere）中生存问题的一种普遍解决方案。

根据我们所面临的问题而把生物圈作为一个整体来考虑的结果表明，具有物质循环的自然系统不能被作为人工密闭系统来进行复制和再现。自20世纪50年代以来，许多研究人员顺理成章地提出了理论上可以想象的不同种类的部分和完全密闭的生态系统（Brockmann et al., 1958; Tisher, 1961; Nichiporovich, 1963; 等）。

然而，甚至在理论上无法预测这种系统的可行性和寿命，因为在密闭系统中影响每个生物体功能的代谢和环境特征，在本质上取决于与之相关的生物体的选择。我们对在各种生活条件可能变化的影响下不同生物的全部代谢产物及其波动规律知之甚少。这就是为什么有关密闭系统的理论模型通常只考虑以生物化学"总量"表示的最"庞大"代谢产物在单元之间协调的可能性。

另外，这些模型未能充分考虑由微代谢物（micro-metabolite）等各种代谢产物产生的系统生物单元的相互生理和生化效应。首先，即使对于人这样一种被彻底研究过的对象，其全部微代谢物也并未得到充分研究，甚至在各种微生物、植物和动物中也未得到深入研究；其次，由于在这一领域的知识积累刚刚开始，因此关于代谢物在生物体相互关系中所起的确切生物作用了解甚少；最后，即使我们具有关于单个生物体新陈代谢特性的充分数据，但如果这些生物体存在于一个单独的密闭系统中，那么所获得的信息也不足以预测它们之间的相互作用。库萨诺夫（Kursanov, 1966）指出，单独生长的植物与在群落中生长的植物其生理学是不同的，因为植物共存这一事实本身就会对它们的生长与发育产生影响，而且这对于动物和微生物也是如此。

因此，即使在开放的生态系统中，生物体之间的相互生理与生化作用也是生物共存形成的一种真正因素。那么，在密闭系统中这种作用可能会增加许多倍，并对共存生物体的生长和整个系统的寿命产生极其显著的影响。为了充分评估密闭系统中生物体相互作用的特点、强度和长期后果，单独研究这些单元是不够的，而是有必要研究密闭系统中实际运行的单元。

我们用这个例子来说明，理论上设计的密闭系统虽然很重要，但只能被作为一种解决问题的指南。在生物学领域的工作状态允许在科学的背景下真正解决问题，特别对于应用则只有通过实验才能实现此目标。可通过两种实验途径来解决这个问题。一方面，有可能创建一个复杂的系统，在该系统中，控制单元在这一单元与其他单元关系的数量和性质方面最大限度地接近自然单元，在生物圈2号中开展的众所周知的实验可以为这种方法提供一个例子（Allen, 1991；Nelson, 1993；Nelson et al., 1993）；另一方面，有一种可能的方法可以打破历史上发展起来的生物单元之间的自然关系，并建立新的纽带和关系，这是由必要性而不是由传统所决定的。

后一种方法允许在最初阶段以所需最少的单元数来实现系统闭合，其可能包括自养型和异养型两个单元。应该指出的是，每一个单元都不是由单独的物种来代表，而是由"主导"物种［包括人类、小球藻（Chlorella）、小麦等］组成的群落来代表，而对于许多种类的相关微生物，因为现在没有理由希望人类不带细菌，因此也就没有理由希望整个系统无菌。我们在实验工作中所要的就是这种增加复杂性的方法。

使用日益复杂的方法建立系统的先决条件是，首先要详细了解系统中所包括的每一个单元的外部交换情况。例如，人类在发现他们需要什么化学元素和分子之前很久，这些物质就已经存在于生物圈内了，但这方面的知识是人类在人工密闭系统中生存的必要和初步条件。这同样适用于输入或输出这一单元的物质范围，正如在密闭系统中，包括人类单元的每一单元都是任何其他单元存在的必要条件。

大自然具有各种各样的潜在环境形成的单元，在这些单元中，人们可以选择利用单元之间能量和物质交换关系的各种组合来创造各种不同的系统，并开展广泛研究。系统控制单元的选择是由创造它以提供人类生命保障的目标所决定的。因此，人类的能量与物质交换特征以及人类对人工密闭系统中所有居住参数的要求，将主要决定构建该系统的特殊性，这就要求在研究人类生命保障系统中其他单元的能量和物质交换特征之前，对该特殊性进行仔细探究。

第 3 章
密闭生态系统的发展历史

空间研究具有国际化的优点。这显然对整个人类来说是非常重要的，但其实施成本很高。在冷战和非常严重的经济竞争条件下，从一开始在科学观察和结果方面就进行了合作与交流。我们可以自豪并满意地指出，在空间生物学和医学领域，从 20 世纪 60 年代初期到 80 年代，美国和苏联之间就一直定期进行合作与数据交流，在生物生命保障系统的研究工作方面尤其如此。

然而，在自然科学领域通过开展密切合作来构建人工密闭生态系统显然是一个全新课题，过去并没有达到应有的程度。当考虑到这一研究路线的重要性时，这一点尤其令人遗憾，因为这不仅是为了未来的空间应用，而且也是为了解决一个根本性的全球问题：保护我们星球的生物圈。

缺乏密切合作的情况可能是由多种原因所造成的，包括各国政治上的相互孤立、研究传统的真正差异、解决问题方法上的差异以及适用技术的可用性与成本问题等。然而，为地球和空间应用构建密闭生态系统的问题的确关乎整个人类。因此，我们希望在 21 世纪面对新的生态和地缘政治现实（geopolitical realities）时，处理这一问题的科学界将能够比过去更有远见和更加综合协调。目前，对美国、俄罗斯、欧洲共同体（欧洲联盟的前身。译者注）和日本来说，分别介绍这一知识领域的历史仍具有意义。

3.1 美国

美国对生物生命保障系统的兴趣始于 20 世纪 50 年代初。几年来（直到 1958

年），美国空军支持了多项密闭系统中绿藻培养研究项目，并至少有一家私人研究公司（如位于马萨诸塞州剑桥的 Arthur D. Little 公司）参与其中。这项研究的目的显然是探索利用藻类为飞行员生产 O_2。按照设想，首先该技术将被用于在大气层上方长时间飞行的飞机，并最终被用于航天器。

1958 年，根据美国国会的一项法案成立了美国国家航空航天管理局（National Aeronautics 和 Space Administration，NASA），这在一定程度上是对 1957 年苏联发射"伴侣"号（Sputnik）人造地球卫星的一种回应。几乎从一开始，NASA 就对保障人类生命的各种方法感兴趣。该机构由现有的航空实验室国家航空咨询委员会（National Advisory Committee for Aeronautics，NACA）和广泛的军事传统部门组成，而且物理 - 化学生命保障系统（如在飞机和潜艇中所需的）是太空运输生命保障研究的重中之重。1965 年，在艾姆斯研究中心（Ames Research Center）举行的一次 NASA 会议上，专门讨论了关于密闭生态系统的研究情况，并于 1968 年出版了会议公报。

自 20 世纪 50 年代末以来，科学家们一直在尝试建立包括微藻在内的实验性密闭生态系统。实验是利用小型动物做的，如小鼠、大鼠或猴子（Bowman，1953；Gafford 和 Craft，1959；Myers，1958）。然而，建立平衡系统并不容易，主要原因是对微藻培养的相关知识知之甚少，而且一直未开发出维持该系统的专用设备。例如，Bowman 和 Thomas 发现，在他们的密闭系统中，大气中的 CO_2 浓度增加了，但 O_2 浓度却并未下降。另外，Bates 报道了一种别样的不匹配，即在包含一只猴子的密闭系统中，大气中的一氧化碳发生了积累。由于各种气体的不平衡，因此包含动物的密闭实验系统所能持续的时间并不长。在这样的系统中，尽管在一些实验中动物废物被用来培养小球藻，但水并未得到回收利用。

到 1965 年，也就是在 NASA 成立大约 6 年后，这里的科学家和工程师就如何在太空中保障人类长期生存的问题达成了共识（Bioregenerative systems，NASA - SP - 165，1968）。人们认为最可靠（和最被彻底掌握的）的方法是基于物理 - 化学技术，如去除 CO_2、通过水电解再生 O_2 和分离与储存废物。人们承认，生物再生方法显示出一些希望，因此应当努力研究以解决这一问题的生物途径。

当时，主要考虑了两种生物再生方法，即利用藻类的光合作用和"氢细菌"（hydrogen bacteria）的化学合成。使用藻类的假设是，人产生的 CO_2 被藻类吸收，然后藻类将把它的碳结合到它们的结构中。与此同时，这些生物将捕获光子并利用这些能量将水"分裂"成 H［作为 NADH2（烟酰胺腺嘌呤二核苷酸）］和 O（形成 O_2）。释放出的 O_2 供人使用，而 NADH2 以化学的方法将碳（来自 CO_2）还原为细胞材料。最初研究人员认为人可以直接以藻类为食物。

以化学合成的氢细菌为基础的生物再生系统，则是假设通过光电池产生的电流将水电解成 H_2 和 O_2［有时称为"人工光合作用"（artificial photosynthesis）］。O_2 将被用于人的呼吸，而 H_2 将与部分 O_2 一起被供给氢细菌。氢细菌会以 H_2 作为能源，并吸收人呼出的 CO_2，而 CO_2 在 H_2 的作用下还原形成细胞材料。巴特尔纪念研究所（Battelle Memorial Institute）的 Foster 和 Litchfield（1967）对受控条件下氢细菌的生长进行了深入研究。另外，其他研究也得到了 NASA 的支持，包括从细胞组成到酶控制系统行为的代谢研究（MacElroy et al.，1969；Ballard 和 MacElroy，1971）。

当考虑利用光合作用或化学合成途径来再生人所需的 O_2 和去除其所产生的 CO_2 时，很明显，如果所产生的细胞材料可被作为人的食物，那么作为生命保障技术的这些过程则更为有效。为此，开展了一系列针对微生物作为人的食物价值的研究。

动物饲喂研究发现，当绿藻只占到食物的一小部分（1% 或更少）时，其就会引起大鼠的消化障碍。已经明确的是，细胞壁物质是造成大部分（如果不是全部）动物消化障碍的原因。相比之下，蓝细菌（*Cyanobacteria*，也称蓝藻）认为在一年中的一定时间里构成了几个非洲部落饮食的重要组成部分。实际上，虽然这两种生物都称为"藻类"，但绿藻与植物的关系要密切得多，而蓝藻是光合细菌（photosynthetic bacteria），其缺乏"真正"藻类的细胞壁。在加州大学伯克利分校，D. Calloway 领导的实验室开展了氢细菌的饲喂研究。他们的最终研究报告表明，在该研究中所采用的菌种对人的消化系统造成了干扰，这就可能导致其不能被作为保障生命的食物来源（Calloway 和 Margen，1968）。随后对氢细菌的分类研究表明，在两种常用的真氧氢单胞菌（*Hydrogenomonas eutropha*）中，有一种实际上与产碱杆菌（*Alkaligenes*）更为接近，而易捷氢单胞菌（*Hydrogenomonas facilis*）可能是假单胞菌属（*Pseudomonas*）的一员。

人们广泛注意到进行氢细菌饲喂对人的负面影响。到了 20 世纪 70 年代中期，美国NASA对生物再生生命保障系统研究的支持已经被缩减到了只有几个关于开展藻类光合作用研究的小型合同。回顾过去，该反应过于激烈，如果使用来自易捷氢单胞菌的提取物而不是使用来自真氧氢单胞菌的提取物，则可能会观察到不太严重的人体反应。然而，再回想起来，在对受试生物缺乏广泛了解的情况下进行这种饲喂人的研究的想法确实令人惊讶，甚至令人震惊。

1976年，在国家研究委员会（National Research Council。位于华盛顿特区）的支持下，在科罗拉多州斯诺马斯（Snowmass）举办了一次学术研讨会。与会者受邀来探讨美国NASA是否应该重新考虑生物生命保障技术的问题。虽然会议记录未被公开发表，但与会者包括J. Spurlock（佐治亚理工学院）、P. D. Quattrone博士（艾姆斯研究中心）和D. Popma（NASA总部）等该领域的一些重量级人物。会议一致同意生物途径对于长期太空飞行任务来说似乎是合理的，而且应该探索各种各样的生物。当时的生命保障项目经理D. Popma开始考虑各种生物生命保障技术的工程途径。

大约在同一时间，R. S. Young作为美国NASA地外生物学项目（Exobiology Program）的项目经理，开始考虑生态学原理在地外生物学和生命保障方面的作用。他召集了一批科学家，主要是生态学家（D Botkin，耶鲁大学，主席；L Slobodkin，石溪大学；B McGuire，得克萨斯大学奥斯汀分校；H Morowitz，耶鲁大学；B Moore，新罕布什尔大学），他们在两年多的时间里（1978年和1979年）举行了长时间的会议。Botkin小组考虑将生态学作为一门学科在其他星球上的生命和再生生命保障系统等问题上应发挥的作用。总之，该小组关于生物生命保障系统的看法强调，生命保障系统中生物体之间的相互作用关系应该是研究的主要焦点；然而，由于生态学的相互作用关系，他们没有预测到这样一个系统的失败（Cooke，1971）。

在上述斯诺马斯会议上出现了作为生态系统元素的生物生命保障的概念，以及研究活动的可能名称：受控环境生命保障系统（controlled ecological life support system，CELSS）。Botkin小组指出，在开发用于太空生命保障系统的技术时，必须考虑生态学原理，因此强化了这一概念。

这些数据和理念为NASA的"新起点"（new start）提供了背景材料和理论基础，这实际上是为NASA的一个新项目的启动提供额外资金：1978年启动了受控生态生命保障系统计划。随着研究资金的到位，NASA 有两个中心参与了这项活动：约翰逊航天中心（JSC）主要研究太空食品加工和人的规定饮食，而艾姆斯研究中心（ARC）主要专注于系统控制的基础研究。

艾姆斯研究中心在其对 CELSS 项目的实施方法中所采用的理念已在一份内部出版物提出，并可在以下公开文献中查到："空间生态合成：用于太空的密闭生态系统设计途径"（Space ecosynthesis：An approach to the design of closed ecosystems for use in space，MacElroy R. D. 和 Averner M. M.，NASA Technical Memorandum 78491，1978），目前有三个要素成为以下途径的基础。

（1）一种空间再生生命保障系统将确实是一种生态系统，但它将类似于一个陆地农场，而不是一个典型的孤立生态系统。

（2）人将是生态系统中一个主要组成部分。

（3）与自然生态系统不同的是，构建生态生命保障系统的目标之一是保障和维持人的生命健康。

因此，就像完美运行的农场一样，太空生态系统将严格控制所保障物种的类型和数量，但与自然生态系统不同的是，它将直接保障其"农民"。

艾姆斯研究中心采用的理论性方法影响了 CELSS 项目所支持的研究类型。它还侧重于解决空间长期生命保障问题的竞争影响，20 世纪 80 年代早期的主要方向由物理－化学生命保障技术和生物再生生命保障技术的倡导者来确定。在生物再生生命保障阵营中有生态学家，他们的方法可被（可能不公平）概括为支持基于生态的长期自然进化发展，并有"实用性的"生态学家，他们支持通过控制环境参数而有可能利用生物部件（biological component）建立一个稳定、有效、面向目标的生命保障系统的想法。对于被 CELSS 研究计划所采纳的后一种途径，他们认为在生物部件处于"生态相容"的范围内并不需要投入太多的精力进行系统控制。因此，最"自然"的系统将是最有效的。

通过这些考虑所形成的一种创新的研究方法侧重于系统控制问题，并被嵌入基于数学的理论研究中。最广泛的研究是由加州大学伯克利分校的 D. Auslander 和 R. Spear 发起的。在接下来的几年里，他们与其学生一同开发了动态计算机模型，可以模拟简单的密闭生命保障系统的稳定性。从模拟中得出的一个特别值得注意的结果是，一种明显不重要但持续存在的系统故障，随着时间的推移

(数月到数年),可能会导致一种重大的系统故障。这一结果强调了操作"被平衡"生物系统(其中关键部件的生产和利用受到严格控制)的重要性。然而,在始于20世纪50年代后期的早期实验中,并未直接提到"保持平衡"的重要性。

Eley和Myers(1964)开展了美国第一个关于平衡密闭系统特性的实验室水平上的实验。后来,当波音(Boeing)和通用动力(General Dynamics)等私营航空公司构建了再生生命保障设施后,则接着进行了更大规模的研究(1966)。在马克尔罗伊(MacElroy)的实验室工作的Averner(1981)以及Rummel和Volk(1987)建立了微藻培养过程的数学模型,而Kok和Radmer的研究加深了我们对藻类基本光合作用过程的了解。

然而,利用大多数密闭系统所开展的研究得到了令人失望的结果,主要是因为所采用的系统未能达到持续稳定的状态。当时认为,这一结果证实了生态学家的理论推导,并认为系统的不可靠性是由于实验者未能理解实现生物再生系统[基于进行光合作用的小球藻或进行化学合成的氢单胞菌等单细胞生物的单种藻液(monoculture)]控制的复杂性。

有人担心会出现以下问题:①单细胞培养将需要复杂而耗能的控制系统;②藻液可能会随着时间的推移在遗传上退化;③单细胞藻液的生化成分不符合人的营养需求。这种不匹配的一种症状是同化商(assimilatory quotient),即光合(或化学合成)生物体所产生的O_2/所消耗的CO_2的比率,与以单细胞藻液为食物的动物的呼吸商(所消耗的O_2/所产生的CO_2的比率)并不相同。总体结论的确令人悲观:应该停止利用这种简单的生态系统作为生命保障系统的基础(Cooke,1971)。

然而,在我们看来,这样一个果断的结论太草率了(见结论)。很明显,藻类和细菌细胞含有过多的蛋白质和过少的碳水化合物,从长远来看,它们并不适合作为人的唯一食物。同样极为正确的是,一个只含有单细胞藻液的过度简化的培养系统在生态学上和生理学上都是不稳定的。

另外,诸在克拉斯诺亚尔斯克的Bios-3项目中对微藻开展了较为彻底的研究,其结果清楚地表明,如果微藻是被培养在混合藻液中,那么其与细菌基本上保持一种自然关系而不是作为无菌藻种,这样系统会变得相当稳定。第6章和第

8章的第1节介绍了基于这些原则构建的基于利用藻类的生命保障系统（LSS）。在长时间的实验中，证明了该方法的稳定性和可控性。然而，在20世纪六七十年代，由于美国研究人员对微藻和化学合成细菌感到失望，因此美国NASA的注意力被吸引到了农作物，尤其是高等植物。在受控生态生命保障系统项目及后续活动中，如先进生命保障计划（advanced life support program，ALSP），密闭系统中的高等植物培养在主要研究方向上一直占据着中心位置。

NASA开展研究的模式一直是在组织的更高层次上确定研究方向，并在这些层次上资助计划和项目。来自学术界、工业界和NASA研究中心的研究人员可以竞争性地获得研究经费。重要的高成本研究设备通常首先在NASA研究中心建造，然后与外面的研究团体共享。作为一项新的跨学科活动，CELSS项目最初是由NASA总部和NASA与生物相关的主要研究中心共同规划。一旦大致确定了研究方向，则将该项目向美国各地的研究人员公开，以让他们进行详细审查。

针对CELSS计划的规划活动是根据学术界和工业界的意见进行的。规划活动确定了未来生命保障工作应追求的研究目标。关于潜在的生物再生生命保障系统的主要运行假设是：①它们将被用于空间，可能在轨道上或到另一个星球的运输途中，并可能在星球（月球或火星）表面；②它们需要相对大量的能源，如太阳能或核能；③在系统设计中必须考虑专门的散热装置；④如果在太空中要考虑使用生物再生系统，则它需要在所用质量、功率、体积和人力方面都是高效的，并且要像非生物系统一样可靠。

基于这些假设，NASA选择了一组研究建议来解决在密闭系统中种植高等粮食作物的实际问题。最初，主要研究由以下人员承担：北卡罗来纳州立大学的D. Raper（大豆）；威斯康星大学的T. Tibbitts（小麦和马铃薯）；加州大学戴维斯分校的R. Huffaker（氮代谢）；犹他州立大学的F. Salisbury（小麦）。植物生理学家最初的团队由F. Salisbury领导，后来由B. Bugbee领导，他们选择了一个高产的半矮秆小麦品种，并为之开发了培养程序（Bugbee和Salisbury，1988；Bugbee et al.，1996）。从播种到麦粒收获（成熟期）共65 d。

后期被选育的小麦栽培品种（Super Dwarf，超矮型）具有许多与半矮秆相同的栽培特性，但其可食生物量与不可食生物量的比例（收获指数）要略高一些。在1995年和1996—1997年，在美国犹他州立大学、俄罗斯科学院生物医学问题研究所（institute of biomedical problems，IBMP。位于莫斯科）和美国NASA艾姆斯研究中心联合开展的实验中，在"和平"号空间站和航天飞机上真实的太空飞行条件下对超矮型小麦的品种进行了评价（Salisbury et al.，1995）。

对矮秆品种感兴趣的原因是它们的收获指数。犹他州立大学团队获得的结果表明，对于栽培面积为13 m^2的小麦，只要每天其中的一小部分作物（1/65）被收获并播种相应的种子，则可以提供一个人所需的全部热量（但不能够提供所有的营养必需品）。同样的栽培面积可以吸收一个人代谢产生的CO_2，并产生足够的O_2让人氧化小麦中所含的卡路里。

事实上，这种作物栽培方式会产生过量的O_2。过量的O_2相当于生产小麦不可食用部分（也称不可食生物量。non-edible biomass。包括根、茎、叶）所需的光合作用量。此外，生产不可食生物量需要的CO_2比在同一时期人呼吸产生的要多。这种差异可以通过氧化不可食生物量来解决，这可以通过物理-化学过程，也可以通过生物废物降解系统。

这一套相同的理论适用于被选择用于太空食物生产的任何单一或群体物种的任何品种，因为在那里栽培面积、体积、电力、重量和人力等都受到极大限制。在每一种情况下，都必须对收获指数进行仔细评估，这不仅要根据一种作物在一定时期内的产量，而且要根据该种作物的其他特征。例如，正如威斯康星大学的Tibbitts（1994）指出的那样，马铃薯的收获指数实际上会随着时间的推移而增加，因为在收获了第一批块茎作物之后，第二批作物就会在其已经生长的根、茎和叶上生长。其他栽培程序也会显著影响一个品种利用稀缺保障资源的效率。例如，Tibbitts和他的合作者已经开发出一种连续照明条件下种植高产马铃薯的程序（Tibbits和Alford，1982；Tibbits和Cao，1994；Wheeler和Tibbits，1986，1987）。

3.1.1 CELSS计划重点和多样化

1985年，CELSS计划的主要目标是：①了解植物生长环境条件，以最大化所占用单位体积的可食生物量产量、进入轨道的单位发射质量（所需的保障设备）、所需的单位光能量（转化为需要发射的太阳能电池板的质量）和单位人力等投入资源的产出效率；②开发能够描述密闭再生生命保障系统的功能、运行动态和稳定性的模型；③了解将收获的作物材料转化为食物的加工过程；④探索将不可食用的植物材料和人的废物转化为资源（气态和固态的有机物与矿物）以促进植物持续生长。

在很大程度上，该项目在 1980—1990 年的主要目标受到了与位于华盛顿州西雅图的波音公司所签合同的研究影响。最初由波音公司的 R. Olson 负责的研究题目为"运输分析"（Transportation Analysis），并考虑了在太空中（特别是在近地轨道、地球同步轨道以及月球和火星表面）可以使用生物再生生命保障系统的地方。令人惊讶的是，当时计划中的"自由空间站"（Space Station Freedom）认为是美国 NASA 最能从生物再生生命保障系统的运行中获益的任务。该方法旨在开发生命保障系统的设计概念，使该系统能够通过利用回收系统并依靠高等植物（如小麦、水稻、燕麦、大豆等）的生长来保障乘员、评估食物生产和回收机械的要求（质量、功率、体积、人力要求），并将启动和运行此类系统的成本与定期启动非再生生命保障系统所需物资的成本进行比较。1986 年，该研究的最初发起者 E Gustan 和 C Vinopal，随后与 R. Olson 和 T. Olson 进一步合作，更完整地定义了生物再生系统的概念。

到了 20 世纪 80 年代中期至后期，NASA 确定了 CELSS 计划的主要研究和技术发展重点，基本情况如下：

（1）对采用 CELSS 系统的任务好像已经获得了批准一样开展研究；

（2）不断完善系统需求，以满足可预见的任务约束条件（包括在太空中的质量、功率、体积和人力等需求）；

（3）基于功率和体积的有效利用而使得高等植物的生产力实现最大化；

（4）了解和利用环境控制与植物生产力之间的联系；

（5）通过最大限度地利用还原碳（潜在的食物）来提高物质回收的程度；

（6）有效氧化（降为 CO_2）不能被进一步利用的物质；

（7）开发快速而高效的饮用水净化方法；

（8）开发在太空环境下进行植物生产力测试的必要工具；

（9）扩大各种功能单元（如植物栽培单元和废物处理单元）的规模；

（10）将各个生产单元（如植物栽培单元、废物处理单元及水净化单元）进行集成，以评估其稳定运行的情况；

（11）利用未来采用传统生命保障系统的长期载人飞行的机会，为其补充可消费的沙拉蔬菜栽培设施；

（12）保持对过去和当前与开发密闭循环生命保障系统相关活动的认识。

NASA 的 CELSS 计划针对以上所识别的目标，加强了相关研究与开发活动。与上述目标相关的主要任务领域如下：

（1）利用生长环境参数（如昼夜温度、光照强度、光周期、湿度和空气速度）对植物生产力开展各种研究，以使单位体积的食物生产率最大化；开展绿藻培养与净化研究以及蓝藻培养研究；

（2）对不可食用植物材料开展进一步研究，例如利用物理 - 化学手段进行废物氧化研究；

（3）开发高效水净化方法，包括从尿液和污水中回收水；

（4）开发用于空间环境的植物栽培装置——可被潜在用于空间站的 CELSS 实验设施（CELSS test facility，CTF）；

（5）在肯尼迪航天中心开发了生物量生产舱（Biomass Production Chamber），以开展足以保障人（包括食物和 O_2 生产、CO_2 去除和净水生产）的大面积作物栽培研究；

（6）在约翰逊航天中心开发了由大型植物栽培室、居住室和物理 - 化学回收设备组成的"驻人"系统；

（7）开发所谓的"沙拉机"（Salad Machine）概念类型的装置，以为航天员种植补充性食物；

（8）评估、研究并与 Bios - 3 装置（俄罗斯克拉斯诺亚尔斯克）、生物圈 2 号装置（美国亚利桑那州）和 CEEF 装置（日本六所村环境科学研究所）等开发项目开展适当合作。

下面，将对其中五项任务 [（4）（CELSS 实验设施）（5）（生物量生产舱）（6）（7）和（8）] 进行详细介绍。

3.1.2　CELSS 实验设施

开展 CELSS 实验设施项目研究的目的是发展可被用在空间站上的研究设备的概念，以便收集空间环境中高等作物生长的特定数据。构建该设备的目的是在一个密闭空间内识别和严格维护一组环境变量,以允许和确保作物在太空中快速而有效生长。该项目的实施途径是要求植物栽培研究人员为种植几种植物(如小麦、生菜、大豆和水稻)提出物理需求,如温度、光照强度、养分输送、气体组成和空气流速。这些要求是由一个被挑选出的科学工作组(Science Working Group)提出的。

在需求被确定之后,从事 CTF 项目的工程师和设计人员探索了将需求转换为硬件的方法。①开发传感器、控制系统及包装信息;②计算功率和体积需求;③制定冷却散热方案;④设计信息收集和分配系统。设计的一部分包括使设备与空间站实验室相适应,并确保空间站的能力(如动力、冷却系统和废水收集)与植物栽培装置的需求相匹配。最初的 CTF 设计是在 1988 年由 C. Straight 和 R. MacElroy 提出,后来在 M. Kliss、B. Borchers 和 C. Blackwell 等人的指导下得到进一步发展(Straight 和 MacElroy,1990)。

3.1.3 生物量生产舱

1985 年,NASA 肯尼迪航天中心启动了实验线路板项目(The Breadboard Project),主要由 W. Knot 和 J. Sager 负责,随后植物学家 R. Prince 和 R. Wheeler 也加入进来。Wheeler 博士对生物量生产舱及部分相关工作进行过专门介绍。

自 1985 年以来,NASA 肯尼迪航天中心一直在开展生物再生生命保障系统实验,以支持 NASA 的 CELSS 和高级生命保障(advanced life support,ALS)计划。用于这项实验的中心部分是一个大型密闭植物生长箱,称为生物量生产舱(biomass production chamber,BPC)。BPC 的容积为 113 m^3,其中的植物栽培面积为 20 m^2。光照采用 96 盏 400 W 的高压钠灯,但有 3 次采用了 400 W 的金属卤素灯。在所有的研究中,都是采用循环营养液膜技术(专有名词 nutrient film technique,NFT)进行植物栽培的。到目前为止,已经进行了 5 次小麦实验、5 次马铃薯实验、4 次大豆实验、5 次生菜实验、2 次番茄实验和 1 次水稻实验。有一次马铃薯实验连续进行了 418 d(4 次播种),另外一次小麦和马铃薯混合作物栽培实验连续进行了 339 d。这些研究为 ALS 分析提供了大量的作物生产数据样本,并对作物的光合作用、呼吸作用、蒸腾作用和所产生的挥发性有机化合物(如乙烯)浓度进行了直接测量。

另外，NASA肯尼迪航天中心实验线路板项目的其他研究还探索了生物废物处理和资源回收技术。到目前为止，这项实验的重点是处理不可食生物量：①为后面的种植回收矿物质；②尝试其他的食物生产选择方案（如真菌、酵母和鱼类培养）。处理不可食生物量的一般方法是利用液体搅拌式罐型反应器（liquid stirred tank reactor。包括好氧或厌氧两种类型）或固体堆肥技术（solid composting technique），最近的实验研究了将含有肥皂或尿液（高钠）的污水直接添加到植物栽培系统中的可能性。

迄今为止的结果表明，只要保持适当的环境控制，生物系统则会是具有弹性和可被预测的生命保障部件。然而，需要进一步开展实验来确定多作物系统（multi-crop system）的长期可靠性和性能（Prince和Knott，1989；Wheeler et al.，1991；Wheeler et al.，1993）。

3.1.4 先进生命保障系统实验平台

在20世纪90年代早期，该项目主要由约翰逊航天中心的D. Henninger、T. Tri和D. Barta发起，在其早期发展阶段称为BIO-Plex。该系统是NASA最大的生命保障实验系统，也是美国的第一个基于生物和物理-化学技术的有人驻留系统。在许多方面，该系统是NASA生命保障系统开发方法的巅峰之作，并整合了大学和商业实验室以及肯尼迪航天中心和艾姆斯研究中心开发的数据。图3.1给出了包含1名乘员的三个实验阶段。对这项工作的主要参考文献包括以下内容：①早期人体测试方案第一阶段研究总结报告（Early Human Testing Initiative Phase I Final Report，1996）；②月球-火星生命保障实验项目（LMLSTP）第二阶段研究总结报告（Lunar-Mars Life Support Test Project Phase II Final Report，1997）；③月球-火星生命保障实验项目第三阶段研究总结报告（Lunar-Mars Life Support Test Project Phase III Final Report，1998）（Barta和Henninger，1996；Behrend和Henninger，1998；Tri，1999；Rummel et al.，1998；Barta和Henninger，1994；Vodovotz，1998）。

先进生命保障系统实验平台（Advanced Life Support System Test Bed，ALSSTB）包括在优化体积、质量、功率和人力的限制下，利用农作物来实现生命保障功能，其目标是掌握几乎完全闭合的再生方法来实现先进生命保障的过

约翰逊航天中心	肯尼迪航天中心	艾姆斯研究中心
■ 再生技术集成 ■ 集成系统分析 ■ 用于与人相关的测试平台 　■ 星球表面居住生命保障 　■ 飞行器生命保障	■ 生物再生研究和技术开发 　■ 食物、氧气生成和水回收的植物研究 　■ 植物和人的废弃物生物降解循环 　■ 生物再生系统的微生物生态学研究	■ 物化再生研究和技术开发 　■ 大气再生研究 　■ 水回收研究 　■ 固体废物处理 　■ 系统建模分析和控制

（a）系统集成测试平台

（c）植物生物量生产

（e）固体废物处理研究

（b）研发中

（d）植物废弃物循环

（f）大气再生研究

图 3.1　美国 NASA 三个研究中心之间的工作关系

（信息来自美国 NASA 先进生命保障计划（Advanced Life Support Program）办公室和美国 NASA 总部生命与微重力科学与应用办公室（NASA Headquarters Office of Life and Microgravity Sciences and Applications）。网址：http://www.hq nasa gov/office/olmsa）。

程，所需的闭合率或再补给可能会因设计而异。NASA 约翰逊航天中心 ALSSTB 计划的目的如下：

（1）通过对有人驻留的生物和物理-化学生命保障集成系统开展长期实验，以验证再生生命保障技术（如大气再生、液体和固体废物回收和主动热控制）；

（2）提高再生生命保障部件和热控系统部件的技术成熟度（technology readiness level）；

（3）确定生命保障技术在地面上的应用方式。

为了实现这一目标，已经确定了一套协同活动方案来进行必要的研究、技术开发、集成和再生生命保障系统的验证,以提供安全、可靠和自给自足的人类生命保障系统。作为这些协同活动的一部分,已进行了四次有人驻留的系列先进生命保障系统实验(表3.1)。

表3.1 位于美国得克萨斯州休斯敦的NASA约翰逊航天中心月球－火星生命保障实验项目(LMLSTP)三阶段实施时间表

实验阶段	1994年	1995年	1996年	1997年	1998年
第一阶段:15 d 1人大气再生系统实验 装置:变压植物(VPGC)栽培舱		采购/建造/检验/实验	15 d 有人实验 1995年8月完成实验		
第二阶段:30 d 4人集成物化大气再生、水回收和温度控制系统实验 装置:生命保障系统集成装置(LSSIF)		实现/建造/检验/实验		30 d 有人实验 1996年7月完成实验	
第二阶段A:60 d 4人国际空间站集成环境控制与生命保障系统实验 装置:生命保障系统集成装置(LSSIF)			60 d 有人实验	建造/检验/试验 1997年3月完成实验	
第三阶段:90 d 4人集成物化与生物大气再生、水回收和温度控制系统试验 装置:生命保障系统集成装置 变压植物栽培舱			90 d 有人实验	采购/建造/检验/实验 1997年12月完成实验	

注:TCS:热控系统;ARS:大气再生系统;WRS:水回收系统。

1995年8月,NASA约翰逊航天中心组织开展了月球－火星生命保障实验项目(lunar - mars life support test project, LMLSTP)第Ⅰ阶段实验(Edeen和Barta, 1996),其目的是获得工程和科学数据,以证明只有小麦一种作物在15 d内为乘员提供大气再生的能力。该实验还利用水培法(hydroponics)和高强度光,在变压植物栽培舱(variable pressure growth chamber, VPGC)的密闭可控大气中,对小麦从种子到收获的作物生长和实验床性能进行了研究,该栽培舱被分为两部分,即植物栽培室和被用作人员居住室的气闸舱。

该实验的目标已被成功实现，证明栽培面积为 11.2 m² 的小麦作物可以在 15 d 内连续进行 CO_2 去除和 O_2 生产，以满足 1 名乘员的大气再生需求。此外，还证明了以不同方式控制作物光合速率的能力。该实验结果表明，植物可以被控制以提供与物理－化学系统相当的特定所需功能。这些控制系统已经被证明是自动运行的，这将是保障未来人类在太空长期存在的必要条件。同时，结果证明了植物系统作为人类生命保障系统一部分的鲁棒性（robustness）。

在这次实验的短时间内，气闸舱内的微生物数量有所增加。这与航天飞机和以前的密闭室实验是一致的。在所测量的水平上，并未发现对人或植物健康有影响的微生物。由于实验时间有限，尚不清楚微生物种群是否已达到稳定水平。在实验过程中所产生的微量气体污染物估计来自人、植物和设施系统。另外，乙烯和一氧化碳浓度的意外变化趋势值得进一步研究。

LMLSTP 第 Ⅱ 阶段实验从 1996 年 6 月 12 日开始，为期 30 d，共有 4 名乘员参加。主要实验目标是开发和实验一个人的综合生命保障系统，该系统能够在一个乘员舱内维持 4 名乘员生活 30 d。次要目标是：①提供大气再生子系统，该子系统能够从密闭舱的内部大气中去除 CO_2，从 CO_2 中回收 O_2，并在 30 d 内为 4 名乘员控制微量气体污染物；②提供水回收子系统，能够从卫生废水（淋浴、洗手、洗衣）、尿液和湿度冷凝水中回收饮用水，供 4 名乘员使用 30 d；③评估主动热控制子系统，该子系统能够从舱体内部获取热量，将热量输送到外部，并模拟在月球日（lunar day）环境条件下的散热能力。

LMLSTP 第 ⅡA 阶段实验开始于 1997 年 1 月 13 日，是验证再生生命保障技术的第三次有人驻留实验，这次实验使用的硬件是代表在国际空间站上用到的。像在第 Ⅱ 阶段，这是一次综合实验，回收 4 名乘员所需要的大气和水，这次实验被计划进行 60 d，这次实验的结果将与 NASA 马歇尔太空飞行中心对先进生命保障系统技术的评估和比较的实验结果相结合。1997 年 3 月 14 日，已成功完成了该实验。

上述第 Ⅱ 阶段的两次实验都是为了实验进行水和大气循环的物理－化学系统。二者都是成功的。更详细的描述请参考其他机关文献资料。

第 Ⅲ 阶段实验的总体目标是开展包含 4 名乘员并为期 90 d 的再生生命保障系统实验，以证明一种集成式生物和物理－化学生命保障系统。为了支撑这一目标,该实验证明了采用生物和物理-化学生命保障集成系统来生产饮用水的能力,并证明了使用主动热控制系统来维持一种"正常大气环境"(a shirt-sleeve environment)的能力。此外,该实验还获得了在系统中达到质量平衡、能量平衡以及确定所有子系统的特定功率所需的数据。

第Ⅲ阶段实验的一个特点是生物和物理-化学再生过程的整合。小麦是生物再生的关键组成部分(Barta 和 Henderson,1998;Brasseaux et al.,1998)。月球-火星生命保障实验项目Ⅲ期实验利用 VPGC 来满足 4 人乘组 91 d 的大气再生和食物生产需求。对小麦 USU - Apogee 品种的种植和收获采用一种阶梯式的方法(staged approach),以提供更均匀的大气再生水平和实现粮食的交错生产(staggered production)。在 91 d 的进人实验中,小麦作物平均每天为 1.1 个人提供相当于大气再生所需的 CO_2 去除量。结果发现,分阶段种植比单批次种植需要更集约化的营养液管理。实验证实,从不可食植物生物量中回收的营养物质可被有效地用于作物栽培。在同一水培系统中阶梯式种植多种作物时,需要对营养液的元素组成进行认真管理。

在第Ⅲ阶段的实验中,通过物理-化学系统和生物系统的结合实现大气再生(Brasseaux et al.,1998)。物理-化学系统由四床分子筛(four - bed molecular sieve)CO_2 去除子系统、CO_2 还原子系统、O_2 生成子系统和微量污染物控制子系统等组成。这些系统提供了约 75% 的大气再生,其余的大气再生是由小麦作物提供的。实验结果表明,在第Ⅲ阶段,物理-化学技术能够在密闭环境中为 4 名乘员在 90 d 内维持一种可接受的大气水平。此外,证明物理-化学和生物系统能够被有效地集成在一起而实现大气再生。

然而,应该指出的是,该实验的工作者关于进行大气再生的生物和物理-化学生命保障系统相容性的结论仅在质量方面是正确的。就数量而言,这种相同功能的重复必然导致大量不必要的困难和气体流动的不平衡。必须将从不可食植物生物量中回收营养物质的系统加入引入小麦的生命保障系统中,因为小麦与生菜不同,它含有不可食部分(Strayer et al.,1998)。

在第Ⅲ阶段中,对这一过程进行了远程测试。植物残体生物处理系统被设在肯尼迪航天中心。麦秸被运到那里,一经处理,则将其送回约翰逊航天中心,以用在营养液中。因此,在肯尼迪航天中心的密闭系统中,被用于氧化小麦残体有机物的氧并不是气体交换平衡的一部分。

作为JSC的91 d月球-火星生命保障实验项目第三阶段的一部分，实验线路板规模的好氧生物反应器（Breadboard Scale Aerobic Bioreactor）被用于生物处理小麦作物的不可食残体，以提供可循环的营养物质来保障在JSC中的作物生长。对过滤后的"汤状物"进行营养物质补充，然后将其运至JSC，并整合到VPGC小麦营养液中。在稳态生物反应器运行期间，JSC小麦残体的生物降解率恒定保持在45%。另外，为了提高闭合度，为生物再生生命保障系统设计了一套用于资源回收的废物焚化系统（Fisher et al.，1998；Patterson et al.，1996；Bubenheim和Wingnarajah，1995）。该系统在第Ⅲ阶段得到了应用。

在过去的3年中，犹他州立大学、NASA艾姆斯研究中心和国际反应工程公司（Reaction Engineering International）一直在致力于开发一种焚化系统，以用于再生长期生命保障系统废物材料中的组分。该系统包括一间流化床燃烧室（fluidized bed combustor）和一套催化烟气净化系统（catalytic flue gas clean up system）。犹他州立大学建造了一台实验性的焚化炉。之后，艾姆斯研究中心对该焚化炉进行了实验和改造，然后，1997年在第Ⅲ阶段的进入实验中使之实现了运行。迄今为止的化学分析和植物栽培实验表明，得到净化后的烟气可被作为植物生长的CO_2源，而不会对植物造成危害。从生物量和粪便中提取的灰分可被用于制备植物水培营养液而得到再生利用。冷凝水中金属含量高，这可能是由于焚烧炉和催化剂系统中的物质降解造成的。这可以通过改进焚化炉来使之得到控制。生物量和粪便饲喂系统存在一定的技术挑战，而其只是部分得到了满足。另外，生物量饲喂系统和粪便饲喂系统都远非是空间应用所要求的可靠系统（Fisher et al.，1998）。注意，我们在1970—1980年的Bios-3实验中尝试焚烧固体废物材料（秸秆）时也遇到了同样的问题，因此也把它们留给了未来的研究人员。

在保障月球-火星生命保障实验项目第三阶段实验时，使一套集成水回收系统运行了91 d。该系统结合生物和物理-化学过程，以处理含有卫生废水、尿液和湿度冷凝水的合成废水流。采用生物法对废水中的有机物进行了初步降解，并对废水中的铵进行了硝化处理。物理-化学系统从水中去除无机盐，并进行后处理。该集成系统在整个实验过程中为乘员提供了饮用水（Pickering和Edeen，

1998)。

M. Edeen 和 K. Pickering 对在第Ⅲ阶段取得的有益成果进行了很好的总结（Edeen 和 Pickering，1998）。"月球－火星生命保障实验项目第Ⅲ阶段实验是系列实验的最后一次，这些实验旨在评估再生生命保障系统在持续时间被逐渐延长时的性能。"第Ⅲ阶段的实验为美国太空计划（U. S. Space Program）开辟了新领域，它是第一次将生物和物理－化学系统结合起来，历时91 d 为4人乘组再生大气、水和固体废物。利用微生物反应器作为水回收系统的第一步。这个以生物为基础的系统持续回收了100%乘员所用过的水，其水质符合 NASA 严格的饮用水标准。大气再生系统是物理－化学硬件和小麦植株的结合，它们协同工作，清除和还原乘组人员新陈代谢产生的 CO_2，并提供 O_2。此外，乘组人员的粪便首次被用作碳源，在焚化系统中形成 CO_2。然后，CO_2 作为实验的一部分而被用来保障植物。小麦被收获后，其以面粉的形式被提供给乘员以用来烤制面包。总的来说，实验成功地证明了生物系统可以被整合成为再生生命保障系统的一部分。VPGC 和 GARDEN（在系统中配备了一个小型蔬菜栽培装置，其间培养了生菜。译者注）被成功证明了如何在为乘员提供食物的同时利用植物来实现大气再生。另外，成功证明了利用微生物来净化废水的能力，即开发了一套集成 WRS 来回收系统产生的所有废水，并处理尿液和卫生废水的混合液。作为对人的固体排泄物处理的第一次尝试，关于焚化炉的研究结果表明，从废物中回收碳并将其转化为 CO_2 供植物利用的概念是可行的。

不仅有必要报告进展，而且要分析实验中出现的困难、检测缺陷并陈述新的任务。Edeen 和 Pickering（1998）在同一篇文章中写道："然而，在许多领域还需要做进一步的工作。例如，需要了解阶梯式培养作物的养分管理，以防止植物遭遇胁迫。必须开发控制系统，以便在作物成熟快于或慢于预期以及收获需要与预测不符的情况下对事件做出反应。虽然粪便焚化被证明是成功的，但焚化炉的设计仍有很大的改进空间，浆状粪便的进料系统是足够的，也并不好用。整个系统体积与功率都很大，因此其必须被做得更小才能基本适合任何航天器。需要改进控制，以防止在非受控条件下运行，并且在物化大气再生系统的部件可靠性方面开展研究。预测故障并更好地识别故障及其原因，将有助于提高系统的整体性能，在水回收系统中存在两个主要技术问题。将食材转化为可食用材料是利用植物供人食用的关键。虽然生菜是按原样被食用的，但关于小麦的问题表明，这可能只是食品加工系统发展的冰山一角。此外，虽然焚化炉成功处理了人体废物，但真正的负荷将是不可食植物生物量，因此固体废物处理系统需要在这方面得到进一步考核。虽然微生物水处理系统在实验期间工作良好，但需要确定这些微生物系统的极限。例如，需要通过实验来确定可以处理的浓度极限和这些系统的运行范围。最后，综合控制系统需要考虑到整个生命保障系统的整体运行，并在没有人工干预的情况下进行必要调整，这将为乘员和地面人员带来巨大的时间回报。"

另外，一种称为 ALSSIT（Advanced Life Support Systems Integration Test Bed，先进生命保障系统集成实验平台，以前称为 BIO – Plex）的实验综合体，将成为未来人类在月球和地外星球表面长期驻留的基础。ALSSIT 项目的总体目标是在密闭受控条件下保障开展具有乘员的生物和物理–化学再生生命保障集成系统的长期高保真度大规模实验。在 48 h 的乘组人员轮换期间，将为 4 名乘员及最多 8 名乘员提供住宿。

ALSSIT 将由一系列相互连接的舱室组成，配备一套内部分布的公用设施系统，能够保障一个 4 人的实验团队在其中生活 1 年以上。完整的结构包括一个居住室、一个生命保障系统室、两个生物量生产室和一个实验室，所有这些舱室都将通过一个互联通道连接起来，并通过气闸舱可进出。该多舱实验综合体将由附近的控制中心进行监控。生命保障系统将实现大气再生、废物回收、固体废物处理、热管理、食物生产以及综合指挥与控制等功能。

为了实现这一目标，ALSSIT 将有能力保障代表未来地外星球表面系统的乘员规模并实验其持续时间。由于计划在几年内建成 ALSSIT，因此将其物理结构和一般实验能力分为两个不同的运行阶段。在运行的初始阶段，将进行生命保障系统实验，其中将为乘员生产约 45% 的食物，而对其余 55% 的食物进行补充。在运行的第二阶段，将进行系统集成实验，拟为乘员生产 90% 的食物。ALSSIT 将作为其他学科的中心，通过开展合作和协作性的实验和实验，而进行与未来星球探测任务相关的保障技术、工艺和程序等的研究与开发。当时，计划在 2004 年进行 240 d 的进人集成实验。

在 NASA 约翰逊航天中心已完成了第Ⅲ阶段实验研究，现在已经在人工生态系统中针对大型密闭平衡物质循环技术获得了两项实验结果。在我们的 Bios-3 实验和约翰逊航天中心的实验之间相差了半个地球的距离和近 1/4 个世纪的时间。美国的 BIO-Plex 实验综合体是在俄罗斯的 Bios-3 系统建成 20 年后建造的,它拥有无与伦比的分析设备以及监控和计算机数据处理系统。然而,尽管如此,但它们在理念、生物技术方法和主要成果等方面都非常相似。

在阅读第9章(Bios-3 中的实验介绍)后,读者将能够比较系统和结果,并能够判断其优缺点。然而,我们将在这里冒昧地得出一个结论。由于在世界科学界只有两个可被用于开展此类实验研究的实验系统(未来可能在日本和欧洲建造一个或两个以上的人工生态系统),因此此类复杂且成本高昂的实验应按照相互协调并可能是相互审查的程序进行。

科学界的每一个团队都可以获得或将在不久的将来获得不同类型的基本密闭的人工生态系统。考虑到它们不仅对未来的空间飞行的重要性,而且作为研究密闭生态系统可持续性的一种科学工具和在迫在眉睫的技术生态危机条件下作为地球生物圈的模型,自然应团结力量,如建立一个国际俱乐部,将人工密闭生态系统的拥有者联合起来。

3.1.5 生物圈2号

一个特殊的例子是生物圈2号,这是一个雄心勃勃的项目,1980—1990年由美国约翰·艾伦(Jorn Allen)和马克·尼尔森(Mark Nelson)设计,并由得克萨斯石油公司的千万富翁爱德华·巴斯(Edward Bass)慷慨赞助。该项目不仅吸引了科学界的注意,而且在很大程度上也吸引了公众的注意。大众媒体对该项目进行了很多讨论,但大多表达了一种消极的态度。项目的规模、雄心勃勃的目标和相互矛盾的结果值得特别考虑。

生物圈2号可以说是美国工程精灵的一次胜利。在亚利桑那州的沙漠中矗立了一座令人印象深刻的建筑:这个密封的建筑被建在占地为2英亩(1英亩 = 4 046.87 m^2)的土地上,里面包含地球上典型的生物群落——小型沙漠、草原、热带森林、海洋、荒野和农场,以及可供8人居住的居住区。假设在透明密闭的屋顶下进行光合作用,将使人工"生物圈"达到动态平衡状态,并保障其内所有生物的生命。

8 名狂热爱好者为生物圈 2 号牺牲了两年的生命。该项目的发起人凭直觉认为,在这个系统中,即使是粗略地模仿地球生物圈,该生物圈的主要特性也会被自动再现:由太阳能所驱动的平衡物质循环。然而,该系统的行为与直觉相反——并未建立起平衡,大气中的 O_2 浓度下降,而导致必须从外界将 O_2 泵入生物圈 2 号以拯救其中的生物圈人,从而使实验能够按照两年的设计时间继续进行。实验的发起者受到新闻界的猛烈批评,认为这次实验结果失败了。显然,由于在这项事业上投入巨额资金,因此批评之声愈演愈烈。的确,生物学家可以找到一种更有效(但可能不是那么壮观!)的方式来使用这笔经费(如果不提该项目的发起人没有从旨在促进科学发展的国家或私人基金中获得任何资金,那将是不公平的。这只是一个非常富有的人的善意,如果他愿意,他可以在拉斯维加斯输掉同样的钱)。还有一件更重要的事情需要考虑。在我们看来,如果这个实验只是被诅咒和遗忘,那将是真正的浪费。实验结果表明了两个非常重要的结论。

第一个是科学性结论。隔离地球生物圈中任意被选定的一个部分——其结构复杂且物种多样性丰富,这即使与生物圈在表面上相似,但也不能自动闭合其物质循环。系统中物质交换的动态平衡不能自发形成,因为循环是生物圈的基本属性而使之有可能持续运行下去。这意味着生物圈模拟器的设计者没有考虑维持生物圈中物质交换稳态化动态平衡的机制。这些主要机制、它们的进化起源方式和可持续性的限制等仍不得而知。这些机制,并非当今生物圈的写照,其必须得到保护而防止遭到破坏。生物圈 2 号的所谓"失败"是沿着这条路线取得的客观进展。

第二个是社会性而非科学性结论。在这 2 英亩(约 8 094 m^2)土地上投资的两亿美元未能调节其上面的大气层,而在整个地球上数百万英亩的陆地和海洋之上,我们却免费而永恒地拥有它,除非我们打破生殖机制。

在对关于生物圈 2 号实验的介绍进行总结后,我们应该承认,从严格意义上讲这不是一个科学实验。然而,科学史可以提供一些例子,说明当指向不完整知识的消极结果比积极结果更能有力地推动发展时,这次实验就不成问题了。

3.2 俄罗斯

首先应该再次指出的是，沃尔纳德斯基（V. I. Vernadsky）和齐奥尔科夫斯基（K. E. Tsiolkovsky）是在俄罗斯（苏联）关于开展密闭生态系统实验工作的概念先驱。

沃尔纳德斯基在星球规模上设计并阐述了作为一种基本实现密闭物质循环的生物圈概念（1926）。作为研究地球上生物地球化学过程的生态学的一个分支，在20世纪下半叶得到蓬勃发展，是沃尔纳德斯基的基本思想发展的当前阶段。当我们处理创建人工密闭生命保障系统的问题时，有必要记住从沃尔纳德斯基的基本思想中所得出的结论：只有在一个具有密闭物质循环的系统中，才有可能无限期地维持生命。

齐奥尔科夫斯基是俄罗斯（苏联）宇航学的先驱。在1895年和1926年所出版的书中，他展现了惊人的智慧，如定义了人类未来在太空活动的主要问题——从火箭引擎的机械学到人类在长期太空飞行中的生命保障。他预见了在航天器上利用植物再生人生存所需的环境，并为其中的人生产食物。在20世纪的第一个10年里，这是一种读起来像小说的愿景，但只过了半个世纪后，在人类历史上即出现了一个重要时刻——人类首次进入太空。

20世纪60年代，苏联开启了在密闭物质循环的基础上建立生物生命保障系统的实验工作。加加林（Yu. Gagarin）的首次飞行和随后成功的载人飞行为这项工作的发展提供了强大动力。建造月球基地并飞往火星和其他邻近星球似乎只需要用几十年的时间。科罗廖夫（S. P. Korolev）对此非常热衷。1965年，在他过早去世前不久，他告诉本书的第一作者："我必须带人们去其他星球，而我只有10年的时间（实际上就几个月！），我得快点！"他为推动生物再生生命保障系统的构建工作提供了强大的智慧和物质支持。

在莫斯科成立的生物医学问题研究所，组建了一个由医生和生物学家构成的团队，他们先后为第一次动物太空飞行和随后的苏联宇航员太空飞行做出了贡献。该研究所包括一个专门部门，为生物生命保障系统奠定了生物技术基础。20世纪60年代，该研究所在这一研究领域的创始人是加森科（O. G. Gazenko）、格林（A. M. Genin）、舍甫列夫（Ye. Ya. Shepelev）和梅列什科（G. I. Meleshko）。例如，舍甫列夫发展了密闭生态系统及其空间应用的一般生物学概念（1963，1966）。他还就人类居住的非平凡因素（nontrivial factor）提出了许多看法。

一开始，人们的注意力集中在微藻上。那时，美国已经首次进行了使用微藻作为大气再生者的实验（见3.1节）。日本科学家普及了微藻具有作为食物生产者的潜力（Nakamura，1961，1963，1963a）。在苏联，微藻的潜力引起了范伯格（G. G. Vainberg）和尼奇波罗维奇（A. A. Nichiporovich）的注意。谢梅年科（V. Ye. Semenenko）、弗拉迪莫罗娃（M. G. Vladimirova）和他的同事以及尼奇波罗维奇的同事对微藻进行了一系列生理生化研究，并就微藻的集约化大规模培养做出了多项生物技术决策（1967）。另外，乌克兰科学院微生物研究所的鲁边奇克（G. A. Rubenchik）和科尔久姆（V. A. Kordyum）将一株嗜热小球藻品种引入培养系统中，而苏联莫斯科和克拉斯诺亚尔斯克的研究人员在大多数关于人的生命保障实验中进一步采用了该品种（1969）。值得注意的是，30多年的集约化连续培养并没有导致该品种出现任何退化的迹象。显然，正是繁殖的连续性和从藻液中去除部分细胞的方式（这与稳定选择的自然过程类似），从而防止了藻液的遗传退化。

当第一台实验装置在IBMP被建成时，这一阶段的工作就可以认为是完成了，从而在人与微藻培养物之间进行了直接的气体交换，随后进行了水交换。在1964—1965年，共进行了5次实验，共有3台微藻培养装置，被放置于体积为5 m^3 的乘员舱室内。3台装置的体积各为15 L，培养密度为 10~12 g（干物质）·L^{-1}（根据人的需求进行连续供应），在实验的第 29~32 d 内进行了大气和水的再生。在实验过程中，由于人的呼吸商和微藻的同化商之间存在差异，因此它们之间的 CO_2 交换失衡，失衡率每天达到5%~17%。在部分实验中，小球藻的生物量占到乘员食谱食物的10%。在"人－微藻"系统中，大气中一氧化碳浓度、甲烷浓度和微生物数量等也表现出稳定状态。系统的大气闭合度达到90%。很明显，如果不闭合营养循环，则要进一步提高该系统的闭合度是不可能的。然而，同样明显的是，最初大量利用微藻作为食物的希望过于乐观。这是因为，藻类生物量的生化成分中含有60%以上的蛋白质和核酸，这不符合人类的营养需求——其中至少60%必须由碳水化合物提供。这就是在随后的实验中，把高等植物作为人的传统食物来源的原因。

另外,在达德金(V. P. Dadykin)的监督下所设计的温室是地面实验综合体(Ground Experimental Complex,即所谓的 GEC)的一部分。在其中进行的实验持续了 1 年(1968、1968a)。GEC 中的大气主要由物理-化学过程再生,而温室是新鲜蔬菜的来源。温室面积为 15 m^2,日平均生产干生物量为 482 g,其中可食生物量为 86 g(小麦 54 g,蔬菜 32 g)。加上小球藻的生物量,系统共提供了人所需 26% 的食物量和 19% 的热值。有一种替补方案可进一步闭合该系统——将未被利用的植物生物量转化为食物。从上面给出的数据可以看出,所生产的生物量中只有 18% 被用作食物。

后来,20 世纪 70 年代至 80 年代,舍甫列夫和梅列什科共同负责了一项研究,目的在于为人的生命保障系统筛选动物,以作为动物蛋白的生产者。可能的候选动物包括鹌鹑、鱼(Levinskikh 和 Sychev,1989)和软体动物。动物第一次在真正的太空飞行中接受了实验(Meleshko et al.,1991)。20 世纪 90 年代的一项主要成就是在"和平"号空间站上的人工气候室"Svet"(意思为"光")中进行了小麦种植。在俄美联合计划框架下,采用了犹他州立大学萨利斯伯里(F. Salisbury)所筛选出的超矮型小麦品种,他本人也参与了这些研究(Salisbury et al.,1995)。

与此同时,在克拉斯诺亚尔斯克,物理研究所生物物理室正在开展构建密闭生态生命保障系统的工作,该研究所后来发展成为俄罗斯科学院西伯利亚分院生物物理研究所(Institute of Biophysics of the Siberian Branch of the Russian Academy of Sciences)。1988 年以前,在物理研究所发表的作品与后来在生物物理研究所发表的作品为同一组研究人员所属。

为了开展医学-生理学方面的研究,即人对生活在生物再生生命保障系统中的反应及其作为乘员的安全性,生物物理研究所与生物医学问题研究所开展了合作研究,即他们在克拉斯诺亚尔斯克建立了一个实验室,并以人为乘员进行了实验。对于该工作,将就先前物理研究所做的结果及自 1989 年以来生物物理研究所做的结果在第 4 章中会更详细地讨论。

20 世纪 60 年代上半叶,在克拉斯诺亚尔斯克的物理研究所,研究人员组建了一个团队,目的是设计复杂程度不同的人工生态系统,并研究这类系统在必须被闭合条件下的特定性质。这项工作的真实动机是构建一个生物生命保障系统原型，它将陪伴人类走出地球生物圈。

这个多方面的问题需要生物学家、物理学家、数学家、设计师和医生等的共同努力。在30年的共同努力中，这项工作经历了以下几个阶段。1961—1965年，研究人员开发了用于密集连续微藻培养的生物技术，以便作为生物生命保障系统中大气和水再生的关键单元。1964—1965年，研究人员进行了被命名为Bios-1的"人—微藻"二元系统实验（Kirensky et al.，1967，1967a）。到了1969年，研究人员利用地下灌溉技术和水培法，详细制定了高等植物传送带式栽培（conveyer cultivation）的程序（Lisovsky和Shilenko，1971）。利用被命名为Bios-2的组合型系统，包括微藻、高等植物和人，开展了持续90 d的实验。实验结果表明，植物利用人的排泄物，完全可以实现气-水交换平衡和植物性食物的稳定再生。重要的是，已经证明通过选择适当的作物品种，完全可以实现植物的同化商和人的呼吸商之间的一致性。这些结果成为创建Bios-3综合体的基础，并于1971年开始在其中进行实验。他们的研究结果在1975年被详细发表，之后他们陆续出版了3部专著和发表了几十篇论文，其中大多数都被列在本书的参考文献中。

该综合体的根本区别在于独立控制：假定其实际上已经位于某一航天器中或地外星球站上，因此所有过程都由系统中的居住人员进行控制和维护，而且所有必要的信息都是从系统内获得。乘员饮食中的植物部分可以在系统内被完全再生（Lisovsky et al.，1969；Gitelson et al.，1976，1989）。1974—1985年，研究人员利用Bios-3综合体进行了持续半年之久的人的生命保障实验。在许多出版物中，将这些结果向科学界进行了分享。例如，将它们总结在用俄文出版的3部专著中（Gitelson et al.，1969；Lisovsky，1979；Gitelson et al.，1981），另外，自1967年以来，在国际宇航联合会（IAF）和空间研究委员会（COSPAR）主办的国际学术大会上进行了经常性报道，并在美国的一本科学杂志（BioScience）上做过报道（Salisbury，Gitelson和Lisovsky，1997）。

3.3 欧洲

据说，欧洲国家的科学界最初并不打算解决诸如建造一种完整的生物生命保障系统这样的问题。然而，该系统的要素得到了彻底而根本的发展，这是欧洲大学的传统文化使然。

在研究该系统的各个要素方面所取得的进展促进了下一步的发展，即通过将几个欧洲国家（法国、比利时、德国）以及加拿大所构建的各个独立单元组合在一起，从而建成密闭物质循环的模型系统。西班牙的巴塞罗那自治大学（Universitat Autònoma de Barcelona）被选为集成基地。这是在解决对整个人类具有重要意义的问题方面进行有效国际合作的一个良好范例。图3.2展示了MELISSA（Micro-Ecological Life Support System Alternative，微生态生命保障系统备选方案。作者注）工厂实验室（Pilot Plant Laboratory）的概况（MELISSA，1998）。

图3.2　MELISSA工厂实验室内局部外观图

欧洲航天局欧洲空间技术研究中心（ESA/ESTEC）组织了MELISSA项目的工作，这可被看作类同于上述美国的计划。该项目"旨在作为一种工具，以了解人工密闭生态系统的行为，并为未来长期载人航天任务（如月球基地驻留或火星飞行）的生物生命保障系统进行技术开发"。

该国际项目已经联合了以下多个单位：法国的国家科学研究中心（CNRS）/国际生物学计划组织（IBP）、克莱蒙费朗大学和ADERSA研究所；比利时的根特大学和法兰德斯技术研究院（VITO Mol）；西班牙的巴塞罗那自治大学；加拿大的圭尔夫大学（University of Guelph）。在该项目框架内，正在开发一套包含5个单元的水生生态系统，即从厌氧发酵罐（anaerobic fermenter）单元到由微藻和高等植物组成的光合单元。MELISSA 项目的基本运行原理如图 3.3 所示。

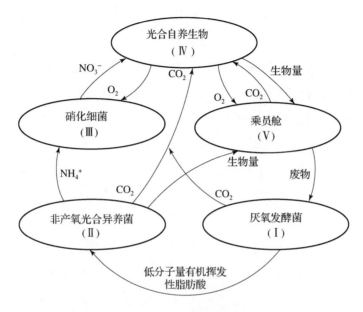

图 3.3　MELISSA 项目的基本运行原理

该项目的总体目标是通过循环利用人的排泄物（exometabolite）来闭合物质循环，从而再生食物。MELISSA 的起始单元是一个液化单元（liquefying compartment），用于对人的排泄物和乘员产生的其他废物进行生物降解。在高温或超高温的条件下，平均降解率均未超过 40%。有趣的是，在发展过程中形成并存在于自然粪便中的自生菌群（autochtonous bacterial consortium），被证明是比任何被实验的梭状芽孢杆菌属（*Clostridium*）或粪热杆菌属（*Coprothermobacter*）等微生物菌株要更好的转化菌。该处理过程的数学模型用处不大，显然是由这一多因素过程的复杂性所致。这项工作的实验部分是在比利时根特大学进行的。包括硝化过程在内的数学模型是由法国克莱蒙费朗大学建立的。

在 MELISSA 项目中，微藻单元以微藻型螺旋藻（microalga *Spirulina*）为代表，由 ESA‐ESTEC 的 C. Tamponnet、R. Binot、C. Lasser 和 C. Savage（1991）以及法国克莱蒙费朗大学的 J. Cornet、A. Marty 和 C. Dussap（1997）等分割开展研究（MELISSA，1998，1999）。他们所取得的一项重要创新，是将深红红螺菌（*Rhodospirillum rubrum*）作为挥发性脂肪酸吸收剂而引入培养系统中（MELISSA，1998）。由于不进行传统的植物性食物的再生，显然是不可能闭合食物链（food chain)的，因此在 MELISSA 项目中增加了一个高等植物单元。由加拿大圭尔夫大学的 M Dixon 和 G Cloutier 进行高等植物实验（MELISSA，1998），证实了早期在苏联（Lisovsky，1972）和美国（Bugbee 和 Salisbury，1988）对高等植物开展类似研究的结果。上述结果使 MELISSA 项目在创建生物生命保障系统原型的道路上有可能迈出重要一步。1988 年，在西班牙巴塞罗那自治大学建立了一个实验工厂实验室（MELISSA，1988），计划在 2003 年实现完全闭合。

为了研究太空环境因素对受控生态生命保障系统的影响（包括月球上低重力的影响），他们正在研制一种"光自养－异养"（photoautotroph – heterotroph）二元系统用于太空实验。因此，目前状态下欧航局的 MELISSA 项目是构建生物生命保障系统的一个重要步骤。新的要素是硝化（nutrification）单元（MELISSA，1998）和挥发性有机酸的吸收单元。对粪便矿化（mineralization）单元效率的详细分析表明，厌氧方法和我们之前研究过的好氧方法（Posadskaya，1976）对生命保障系统来说不够有效或太慢。因此，对于生命保障系统来说，用于废物矿化的物理化学单元是必不可少的。在 MELISSA 项目中，控制和过程建模算法的开发成为关注的焦点。目前，所提出的模型还不足以描述此类复杂的过程，但这种研究方法是合理和必要的（MELISSA，1998）。

另一种基本密闭的生态系统叫密闭平衡生物水生系统（Closed Equilibrated Biological Aquatic System，C. E. B. A. S。作者注），由德国波鸿大学的布吕姆（V. Bluem）负责设计，1998 年首次搭载航天飞机而被发射升空（Bluem，1998）。该系统的数学模型由位于克拉斯诺亚尔斯克的生物物理研究所建立。水生生态系统包括鱼类、水生无脊椎动物和水生植物。实验结果表明，在微重力条件下，该系统可以正常工作。1999 年，该系统成功进行了第二次飞行。它最终成了国际空间站生物实验中被频繁利用的设备之一（Bluem，1999，个人交流）。

3.4 日本

在日本，关于密闭生态系统的研究历史短暂却很光明。尽管日本研究人员首次报道了微藻的潜力，但在 20 世纪 70 年代至 80 年代，日本并没有进行任何有意义的生物生命保障系统研究。然而，在 20 世纪 90 年代，在国家的支持下启动了密闭生态实验装置（closed ecological experimental facility，CEEF）计划，并为此于 1990 年 12 月在本州青森县六所村（Rokkasho）成立了环境科学研究所（institute of environmental sciences，IES）。

我们可以满意地说，在 20 世纪 90 年代，日本研究人员在国家的大力支持下，朝着建立人工密闭生态系统的方向迈出了一大步。日本社会有着非常高的人口密度和岛民心态，他们能够理解生物圈问题对文明的至关重要性，因此支持这项工作是有道理的。由于认识到了这个问题，因此采取了明确行动。在之后的几年时间里，对 CEEF 项目进行了设计与基本实施。

CEEF 由三个用于植物栽培的子系统组成：密闭种植实验装置（closed plantation experiment facility，EPEF）、密闭动物饲养和居住实验装置（closed animal breeding 和 habitat experiment facility，CABHEF）及密闭陆圈－水圈实验装置（closed geo－hydrosphere experiment facility，CGHEF）（图 3.4）。种植舱内部局部构成如图 3.5 所示，CEEF 中的物质流、能量流和信息流配置关系如图 3.6 所示。在 CEEF 这一密闭系统中，其内被循环的物质由空调和物质处理子系统进行严格控制（图 3.7）。在该系统中，只有能量和信息是与外界交换的。每台装置可以独立运行或与另一台设施联合运行（图 3.6）。CEEF 的子系统是研究环境科学和其他领域的独特工具，如可作为载人飞行和火星基地生命保障系统的实验平台，并可用于解决全球气候变化问题和推进零排放的社会建设等（1988 年日本环境科学研究所 CEEF 发展纲要）。

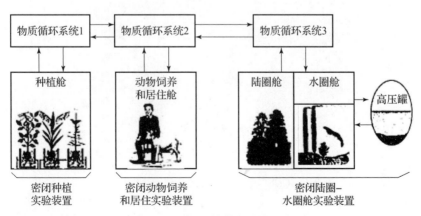

图 3.4　CEEF 的基本结构组成

图3.5 CEEF中人工光照种植舱内部局部构成

图3.6 CEEF中空调与物质处理子系统局部图

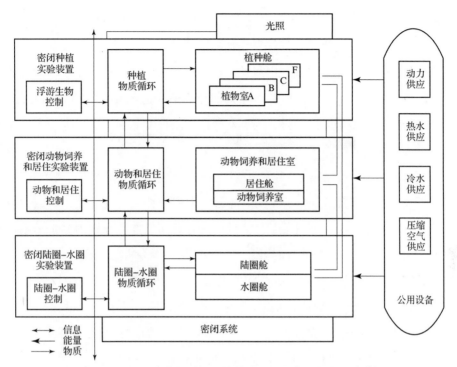

图 3.7　CEEF 中的物质流、能量流和信息流配置关系示意图

构建 CEEF 的一个重要动机是彻底查清生态系统中放射性元素通过代谢途径迁移的这一热门问题。另一个目标是模拟全球变化（特别是全球变暖）的生态后果。因此，密闭生态系统越来越认为不仅是在太空的恶劣环境中保障人类生存的一种手段，更主要是作为一种对地球生物圈问题开展实验研究的工具。设计用于实验的结构复杂性和成本与物理实验装置（如基本粒子加速器）的复杂性和成本相当。日本 CEEF 系统就是一个例子。

他们特别强调要设计一套物理－化学子系统，通过对废物和最终端产品的矿化而实现生物处理过程中物质的闭合循环，从而将元素返回到生物循环中——人工材料加工设备（Artificial Material Processing Equipment）。日本最大的工业公司——三井、日立、川崎等参与了设备制造和技术开发。CEEF 的构建完成后，将对研究形成密闭生物圈物质循环的过程发挥重要作用（事实上 1998 年已建成。译者注）。环境科学研究所的出版物详细介绍了 CEEF 及其子系统（Nitta，1998）。

通过比较 Bios－3 综合体（在西伯利亚运行）和 CEEF 系统，可以得出结论：它们是相辅相成的。CEEF 可以打破密闭物质循环而获得许多可被单独分析的部件，而 Bios-3 使我们有可能研究当它被关闭时出现的生态系统特性，而这些特性对于被单独利用的任何元素都不是特殊的。

有趣的是，由于在集成系统中能够进行循环过程和自动调节反馈，因此该系统被证明要简单得多。作为 CEEF 中由功能分离所引起的复杂化（complication）的一个例子，这里需要提到的是，为了避免代谢闭合度受到干扰，他们为系统内部的维护人员配备了类似于航天服的专用服装，以便这些人员的呼吸不与系统气体交换混合。然而，在 Bios-3 中，乘组人员负责整个系统的维护和控制，因此他们的呼吸是系统新陈代谢的一部分。不过，要研究特定过程而使用集成系统并不方便，有时甚至是根本不可能的。为此，最好转向日本被分解为多个子系统的"分析"系统。在 CEEF 中进行的第一次实验结果将会令人感兴趣。

考虑到美国几乎终止了 CELSS 的相关工作，并且俄罗斯的经济状况不允许继续目前的工作——在克拉斯诺亚尔斯克已进行了多年的地面全尺寸有人驻留的生物生命保障系统原型实验，这样，MELISSA、ALSSIT 和该日本项目则具有了特殊意义。

因此，目前世界上只有 7 个实验生态系统可被用来进行不同物质循环程度的研究。它们分别是：莫斯科生物医学问题研究所的地面实验综合体（Ground Experimental Complex）；克拉斯诺亚尔斯克生物物理研究所的 Bios-3 综合体；美国得克萨斯州约翰逊航天中心的 BIO-Plex 综合体；位于美国亚利桑那州的生物圈 2 号；德国波鸿大学的 C.E.B.A.S 水生生态系统；日本环境科学研究所的 CEEF 综合体；位于西班牙巴塞罗那自治大学根据欧洲项目框架正在建设的 MELISSA 实验工厂。

所有这些独特的设施都有一个共同的基础性目标——模拟生物圈，以及一个共同的实用性目标——建造人类的密闭生命保障系统。建造这些设施和利用它们开展实验都是非常复杂和昂贵的。由于这项工作对整个人类来说较为重要，因此在准备阶段和分析结果的同时协调实验是有意义的，就像原子物理学家合作使用世界上现存而为数不多的核粒子加速器一样。

读者可以从我们的简要回顾中得出结论，人工密闭生态系统的创建始于 20 世纪 50 年代，当时只有几个项目，现在已经发展成为一个快速发展的研究领域。这项工作对整个人类极为重要，但其实验复杂且成本昂贵，这就迫使我们在这一知识领域进一步开展国际合作，以实现我们的目标。

第 4 章
密闭生态系统中人的基本代谢状态与需求

目前，在地球上唯一存在并包罗万象的密闭生态系统是生物圈，其没有任何目的，人类甚至连一个目的都不知道。然而，与生物圈不同，人工密闭生态系统旨在实现特定目的。

用于人生命保障的密闭生态系统，其目的是凭借物质交换而为其中的人恢复最佳的生态栖息地。① 密闭生态系统的目标还应该是补偿人类外部代谢活动所带来的干扰。这些目标决定了系统的结构和设计需求。因此，我们称人单元（human component）为这样一种生态系统的基准要素，在这个意义上，该系统是作为对人的一种代谢平衡抵消物（metabolic counterbalance）而被建立的，并且与生活在其中的人相互作用。也就是说，在最小闭合条件下，系统应该消耗人体排泄的所有物质，并恢复人所消耗的所有物质。生态系统中的所有其他单元的功能都由人这种基准要素决定。

因此，这一章是专门介绍人类外部物质交换的，因为正是在这些信息的基础上，才可以考虑和设计这样一种系统，而且这些信息是需要作为本书其余章节的基础。正是基于本章所提出的知识，研究人员才规划和创建了用于人类生命保障的实验生态系统。

从 19 世纪下半叶开始，有人对人体物质交换和能量进行了深入研究，这是

---

① 人体代谢可被分为体内代谢（在机体中细胞和组织内的全部生化过程）和体外代谢（人与其周围环境间的物质交换，包括从环境中进行元素消耗和向环境中进行代谢产物的排泄）。这里，我们考虑的是人的体外代谢。

因为物理、化学和生理学方法开始发展而使这项研究成为可能，尽管我们关于人体外部物质交换的概念很可能是在 20 世纪中叶才被牢固确立的。之后，航空、航天和水下医学的发展推动了 20 世纪下半叶所开展的研究，从而证实了经典观点，而且阐述得更加清楚而准确。当为人体生命保障创建生态系统时，是根据被发表于 20 世纪五六十年代的关于人体外部物质交换和营养的大量数据和规范性文件来开展我们的实验工作。

4.1 人的能量需求

从营养物质中提取的能量使人的生命得以维持。必须确定密闭生态系统中人的能量消耗水平，以确定系统营养配给量中的能量含量，并计算系统中运行足够的热稳定装置所需的功率。

所有人的能量交换通常可被分为两类：维持生命功能所需的最低能量消耗和使机体活动所需的补充能量。

第一类称为基础代谢，相当于完全休息状态下的能量消耗水平。基础代谢没有标准值，它取决于各种决定生物体状态的内部和外部因素的影响。一个健康人体的基本能量交换已被很好地记录了下来，并且波动不会超过正常水平的 10%。

第二类人体的能量交换波动范围很大，影响其值的主要因素是肌肉活动强度。人体能量交换本质上主要取决于外部环境中各种因素的影响，而首先取决于大气温度。其他因素包括所吃食物的特性、食物的特殊动力效应（specific dynamic effect）、情感和心理活动。这绝非决定人体能量交换水平的全部因素，但它表明了最广义的生物体状态与其交换强度之间相互关系的复杂性。

然而，定义生物体平均能量消耗水平的实际任务由于与针对健康人所建立的既定模式没有任何长期明显的偏差而被大大简化。这取决于这样一个事实，即在短时间内能量消耗波动趋于平稳。这种平衡使人们能够根据体力消耗来建立能量交换标准。因此，对于体重 70 kg 的男性，如果其活动不包括大量体力消耗，则其每天需要 7 000~7 700 kJ 的能量。近年来发表的数据与表 4.1 所示的这些值没有区别（Eckart，1996）。

表 4.1　成年男性（体重 70 kg）日能量需求量预算

活动类型	能量消耗/(kJ·d^{-1})
一般预算	7 140
休息	8 400
休闲	9 660
工作	10 080~20 160

必须采用直接量热法（calorimetry）或间接量热法，来更准确地确定人体的能量消耗。在乘员被限制在一个房间内进行重复测量时，可以获得最可靠的结果。在这种实验中，可以重现真实的人类生活条件。食谱食物中的热量含量（kJ）可以根据人体的重量变化情况而被加以控制，同时对配给量进行必要的调整。通过这种方式，对生物生命保障系统中乘员的体重，可以在长达 6 个月的连续实验中使之成功保持在一个恒定水平，其波动不超过 830 g。

4.2　人的呼吸商

异养生物的能量，是营养物质中有机化合物中富含能量的化学键被氧化所致。能量也可以通过氧化具有较少能量储存的简单型有机物而获得。所产生的能量不取决于中间氧化产物的数量和组成，而是根据赫斯定律（Hess'law），由初始物质和最终氧化产物的结构决定。对于每一种营养物质，氧化产物（部分为 CO_2）的量完全对应于从大气中吸收的特定 O_2 量。这样，在生物体释放的能量、CO_2 和所吸收的 O_2 之间就存在一定的化学计量比（stoichiometrical ratio）。因此，生物体的能量消耗可以通过所吸收的 O_2 量来间接确定。

许多研究人员的数据表明，一名年轻成年男性平均每天吸收 550~6 00 L 的 O_2，并产生约 5 00 L 的 CO_2。在一天中，气体交换强度并不均匀。在 8 h 的睡眠中，一个人消耗的 O_2 比同等长度的清醒时间内要少约 2 倍。这种情况会使密闭系统大气中 O_2 和 CO_2 浓度出现波动。这种波动的幅度取决于人的体力活动的强度和持续时间与消除这种波动的设备效率之间的相关性。另外，波动幅度还取决于系统环境中的气体体积大小。

用来表示排出的 CO_2 量与吸收的 O_2 量之比值称为呼吸商（respiratory quotient）。呼吸商在平衡人体气体交换和大气再生过程中尤为重要。呼吸商的变化范围相当大，从 0.7（当只有脂肪被氧化时）到 1.0（当只有碳水化合物被氧化时）。大多数作者认为，0.82~0.89 是食用正常混合膳食期间的平均呼吸商。当一个人所食用的食物的生化成分符合生理标准时，则其日平均呼吸商为 0.89~0.90（Okladnikov 和 Kasaeva，1969）。如果不考虑食物的特定动力效应，则能量消耗的水平与生物体的需求相对应，而不取决于食物量。因此，食物的过量或缺乏只能改变体重和碳水化合物转化为脂肪的程度，反之亦然。在这些情况下，呼吸商可能并不能反映被氧化营养物质的比例。

这样，营养配给量的定性和定量组成会显著改变气体交换的程度。在为人类居住建造密闭生态系统时，则必须考虑到这一点。

4.3 人的食物需求

除了为生物体提供必要的能量外，营养物质还具有另一种生物合成的重要功能。一种全价（full value）的食物不仅要满足一个生物体的能量需求，而且要包含生物合成所需的具有最佳数量和比例的所有物质。

对于构成配给量的营养类型和数量来说，现有标准只是在可能值的合适区域中的一个特殊点（表 4.2 和表 4.3）。这个区域范围很宽。在相反的情况下，如果不监视食物摄入量，并且实际上不可能建立或观察到任何精确的标准，那么人的健康往往会受到影响。如果有可能为不同的人建立一种营养标准，以满足他们的生理需求，那么这意味着对于每个人的饮食组成有相当大的可接受的变化范围，而且在该范围内配给量可随着蛋白质、脂肪和碳水化合物的组成改变而改变，但不改变配给量作为食物来源的完整性。

表4.2 成人生理营养需求标准（根据成年人日活动的劳动强度而将他们分为四组）

营养类型	I	II	III	IV
蛋白质/g	109	122	141	163

续表

营养类型	I	II	III	IV
其中动物蛋白质/g	67	72	82	94
糖类/g	433	491	558	631
脂肪/g	106	116	134	153
其中动物脂肪/g	91	95	108	121
热量/kJ	3 208	3 592	4 112	4 678
其中来自动物性食物的热量/kJ	1 211	1 287	1 449	1 641

表4.3 所建议的航天员日营养物质摄入量

营养类型	俄罗斯航天员	美国航天员
能量/kJ	13 400	9 600~12 950
蛋白质/(g·kg^{-1}体重)	1.5	0.8
脂肪/(g·kg^{-1}体重)	1.4	1.3
糖类/(g·kg^{-1}体重)	4.5	4.8
磷/g	1.7	0.8
钠/g	4.5	3.5
铁/g	50	18
钙/g	—	0.8
镁/g	—	0.35
钾/g	—	2.7

在苏联许多地区，对经历不同气候条件的不同人群的食物摄入量进行的一系列研究证实了饮食的灵活性（Priputina et al., 1964）。结果证明，这些被观察者的食物的营养比例不同于所被接受的平均标准，但即便这样，这些人的健康状况仍完全令人满意。

消化系统具有广泛适应不同饮食条件和食物质量的能力，这是系统正常运行的一个重要因素。身体很快就能适应新的饮食结构。这种适应是通过消化液分泌的数量变化和发酵活动的变化而实现的（Ugolev，1958）。在该生理区域范围内，配给量成分的波动不仅认为是允许的，而且有助于维持消化系统的活力，特别是对像人类这样的杂食性物种。只有当这些界限被侵犯时，如必须适应只有一种主要营养物质构成的食物时，身体的发酵系统才会受到很大的压力，这样生物体内的物质交换过程就会受到阻碍。

对几位研究人员提出的建议进行比较后发现，只要在每天的食物中含有足够的能量，并且在该配给量中基本营养类型的数量在以下范围内（对于体重为70 kg的男性），就可以认为是完整的：蛋白质：100~105 g；脂肪：50~150 g；糖类：300~600 g。表4.3列出了俄罗斯航天员和美国航天员的模拟数据（analogous data）（Echart，1996）。

当为在密闭生态系统中的乘员生产食物时，有必要了解营养界限和蛋白质、脂肪和碳水化合物的比例变化允许值。这种知识对于平衡密闭大气再生系统中人与功能单元之间的气体交换也是必要的。

根据等力原理（principle of isodynamics），人的能量需求可以得到满足。这样，1 g氧化碳水化合物相当于1 g氧化蛋白质和0.45 g氧化脂肪。然而，在现实中，等力原理可以认为是有限的，因为除了是一种能源外，营养物质还发挥着一种结构功能，而且它们在这一功能中是不可互换的。

现在，我们来讨论人体对必需营养物质的需求。也就是说，对于那些不是由人体合成的营养物质，以被用于形成食物的蛋白质、糖类和脂肪的比例表示。成年男性每日所需的蛋白质为 0.8~1.2 g·kg^{-1}（体重）。必需氨基酸有组氨酸、亮氨酸、异亮氨酸、赖氨酸、蛋氨酸、苯丙氨酸、苏氨酸、缬氨酸和色氨酸。人体对各种必需氨基酸的详细需求见表4.4。必需氨基酸的主要来源是动物蛋白质。这解释了它们的本质。[①]

表4.4　成年男性和女性日氨基酸需求量

氨基酸种类	男性/(mg·d^{-1})	女性/(mg·d^{-1})
组氨酸	700	450

---

① 相同量的必需氨基酸可以从蔬菜中获得，但需要大量摄入。许多素食者有可能做到。

续表

氨基酸种类	男性/(mg·d^{-1})	女性/(mg·d^{-1})
异亮氨酸	1 100	620
亮氨酸	800	500
蛋氨酸		
不含胱氨酸	1 100	550
含有 810 mg 胱氨酸	200	180
苯丙氨酸		
不含酪氨酸	1 100	
含有 1 100 mg 酪氨酸	200	180
苏氨酸	500	300
色氨酸	250	160
缬氨酸	800	800
赖氨酸	800	800

一名成年男性每天对糖类的需求量为 5~7 g·kg^{-1}（体重）。因此，糖类占食物的比例很高，达到了 60%~70%。脂肪（脂类）由于其高热量含量，因此成为人的重要能量来源。一名成年男性每天需要的脂肪量约为 1 g·kg^{-1}（体重）。然而，脂肪的功能并没有因为其作为能量提供者而被耗尽，而是还参与结构的生物合成过程。许多生物合成所必需的脂肪酸是人体无法合成的。人体对必需脂肪酸的需求量是每天 10~15 g，这些脂肪酸大部分来自动物，但是素食者可以从植物性食物中获取。维生素被包含在必需营养物质中。人体对维生素的日需求量及其来源见表 4.5。

表 4.5 人体对维生素的日需求量及其来源

维生素种类	含有维生素的食物种类	日需求量/mg
视黄醇（A）	绿色蔬菜、胡萝卜、水果、牛奶、肝脏	0.8~1.2
钙化醇 D（D）	肝脏、动物脂肪	0.005~0.01

续表

维生素种类	含有维生素的食物种类	日需求量/mg
生育酚（E）	植物油、谷物	10~15
凝血维生素（K）	绿色蔬菜、肝脏	0.07~1.5
硫胺素（B_1）	肝脏、谷物、酵母	1.0~15
核黄素（B_2）	肝脏、牛奶、酵母	1.5~2.0
吡哆素（B_6）	绿色蔬菜、酵母、肝脏、谷物	1.8~2.0
钴胺素（B_{12}）	肝脏、鸡蛋、牛奶	0.005
烟酸（B_3）	肝脏、酵母、牛奶	15~20
叶酸（B_9）	绿叶蔬菜	0.4
泛酸（B_5）	肝脏、鸡蛋、酵母	8
生物素（H）	肝脏、鸡蛋、酵母	0.1~0.3
抗坏血酸（C）	柑橘类水果、马铃薯、绿叶蔬菜、红辣椒	75

为了保障人的生命，则必须给人体供给矿物质。矿物质在人体的许多功能中扮演着重要角色：保持平衡而稳定的身体内部环境，并使基本器官保持在正常状态。

表4.6列出了许多研究人员对基本矿物质的日配给需求量的建议。推荐量的巨大差异显而易见。建立一种矿物质"标准"，特别是一种最低限度的标准，肯定会遇到困难。出现这些困难的原因如下：矿物质在体内代谢过程中可被反复重用；实际上所有矿物质在某种程度上都储存在身体内；身体能够适应矿物质的严重不足或过剩。除此之外，人的代谢实际上从未受到这些矿物质的限制，因为这些矿物质的基本量随着食物摄入而进入人体，并因为在食物中矿物质的减少必然会导致其他食物营养物质的生理价值降低。

表4.6 人体日矿质元素需求量

参考文献来源	矿质元素种类/(g·d^{-1})					
	磷	镁	硫	钾	钠	钙
Kaplansky，1938	1.0~1.2	0.7	—	2.4	4.0~5.0	0.6~0.7

续表

参考文献来源	矿质元素种类/(g·d^{-1})					
	磷	镁	硫	钾	钠	钙
Nikolaev,1948	—	—	1.2	—	—	—
Shtenberg 等,1959,1961	1.5	0.5~0.7	1.2~1.3	2.0	4.0~5.0	0.8
Clark,1958	1.5	0.5	0.8	1.0	1.0	1.0
Pokrovsky,1964	1.0~1.5	0.3~0.5	—	2.5~5.0	4.0~6.0	0.8~1.0
Kraut,1966	0.84~1.12	—	—	—	—	0.98~1.19
Rappoport,1966	1.0	0.3	—	2.0~3.0	4.0~6.0	0.8
Dubrovina 等,1967	—	—	—	—	—	0.6~0.7
总范围	0.85~1.50	0.3~0.7	0.8~1.3	2.0~5.0	4.0~6.0	0.6~1.2

对于一种以单细胞藻类和高等植物作为再生单元的密闭生物系统来说，钠必须发挥的作用最令人关注，因为大多数植物并不利用它。人体对氯化钠（化学式为 NaCl）的日平均需求量约为 12 g。然而，许多作者坚持认为钠的这一用量过多，并指出从任何生理需求方面来讲这都是不合理的，因为身体能够快速并准确地根据摄入量而对之进行清除。在人的正常生活条件下，将盐的摄入量有可能减少到 4 g·d^{-1}，甚至是 3 g·d^{-1}。因此，确实有可能会安全减少盐的摄入量。然而，当食物的咸味比平时淡时，那么这种食物的"味道"就会发生变化。由于这种"味道"可能是在幼儿时期就已获得，因此，对这一点必须加以考虑。低盐食物会引起负面情绪，甚至会导致乘员拒绝进食。

矿物质通过人体粪便、尿液和少量的汗液排出体外。我们在实验室进行了由不同的人参与的长期实验，结果表明：70%~97% 的磷（P）、硫（S）、钾（K）、钠（Na）通过尿液排出，而只有 41% 的镁（Mg）和钙（Ca）通过尿液排出。每一种剩余的矿物质在粪便中被排出。有趣的是，随着时间的推移，人体以一种非常不规则的方式排泄矿物质。每日排除量的波动幅度往往大大超过食物摄入中所吸收矿物质量的波动幅度（Bazanova，1969）；也就是说，内部交换调节的精度不是很高。

关于人对微量元素的日常需求情况研究得甚至更少。由于在这方面的研究很少，所以只要把人对这些物质的日需求量看作由波克罗夫斯基（A. A. Pokrovsky）的工作中所介绍的物质量就足够了：铁：15 mg；锌：10~15 mg；锰：5~10 mg；铬：2~2.5 mg；铜：2 mg；钴：0.1~0.2 mg；钼：0.5 mg；硒：0.5 mg。其他研究人员的建议值与这些值没有显著差异，具体见表4.7。

表4.7　每日所需微量矿物质量及储存量（Pokrovsky，1964）

微量元素种类	体内储藏量/g	日需求量/mg
铁	4~5	10~12
锌	2~3	15
铜	0.10~0.15	1~5
锰	0.01~0.03	2~5
钼	0.001	0.2~0.5
硫	0.01~0.02	0.1~0.2
钴	0.01	<1
铬	0.006	0.02
氟	3	0.5~1.0

4.4　人的水交换需求

大多数研究人员已明确提出，在舒适的气候条件和适度的体力活动下，人体对水的日需求量为 2 200~2 500 mL·d^{-1}。水伴随食物并以饮料的形式进入人体；大约300 g的水是在营养物质氧化过程中在体内形成的，这就是所谓的代谢水（也称氧化水）。另外，水主要通过尿液（1 200~1 500 mL·d^{-1}）、粪便（100~200 mL·d^{-1}）、皮肤和黏膜的蒸发（750~1 000 mL·d^{-1}）等而被排出。

这些水的摄入量和排出量是平均值，在不同情况下会有显著变化。例如，体力劳动会导致肺的通气量（lung ventilation）增加，从而增加通过肺的水分损失。

这种损失量与工作强度成正比，可超过休息时呼吸排出水量的 2~5 倍。更重要的是通过皮肤失水。在进行体力劳动或环境温度较高时，排汗量可达 1.5~2.0 kg·h^{-1}，这样通过皮肤蒸发而实现的排汗对体温的调节作用显著增强。这些损失必须得到补偿，以保持体内环境稳定。

人体的最小水分损失量这个话题特别有趣。一天中水分损失的最少量约为 1 400 mL，其中 900 mL 通过汗液损失，而 500 mL 则通过尿液损失，这成为维持体温调节和清除所有代谢物所必需的最少水量。

外部代谢还需要一个水消耗点：满足卫生和家政需求。的确，在文献中关于狭义个人卫生程序（洗手、脸和身体）所需水量的数据非常少。然而，如果认为个人卫生与保持内衣和床上用品、衣服、鞋子和人周围的所有其他物体的卫生状况密不可分，那么必须注意的是，就密闭生态系统而言，这些卫生程序只处于发展的最早阶段。在人的孤立生存条件下，从广义上定义个人卫生的做法遇到了众所周知的困难。这是因为对于诸如"如何？""用什么？"和"用什么规则？"等问题必须进行回答时，则需要考虑数量和质量都受限的清洁和消毒物质以及水。

根据多年从事生物生命保障系统研究的工作经验，确定每人每天的最少卫生用水量平均为 6.5 L·d^{-1}·人$^{-1}$：3 L 用于洗手、脸和身体；0.5 L 用于加工食品；1.5 L 用于清洗餐具和厨房用品；约 1.5 L 用于洗内衣和床单。显然，这些数据只能作为一种参考。然而，大幅度地降低这些耗水量似乎不是权宜之计。

除此之外，为了让人体发挥正常功能，则需要将周围环境的化学成分和物理特征保持在规定的范围内。这些参数将在第 9 章的 Bios 这一人的生命保障实验系统的基础上予以详细介绍。

第 5 章
密闭生态系统的基本功能单元

5.1 密闭生态系统中各种生物再生途径

在密闭系统中，由于人氧化现成的有机物，因此他们是质量传递的异养生物；相反，在生物系统中他们的代谢对应体很自然的就是自养生物。这些自养生物利用人的氧化副产物合成有机物，并同时形成分子氧。在生物圈中，利用无机物进行有机物的初级合成几乎完全是由光合作用中利用太阳能的光养生物（phototroph，也称光能合成生物）来完成的。化能营养生物（chemotroph）与光养生物相比，其作用微乎其微。

在一个光为主要能量来源的密闭系统中，高等植物和低等植物可以作为自养因子。光合细菌（phototrophic bacteria。也称光养细菌）几乎不适合作为自养生物，因为它们：①是厌氧的；②需要特定的氢供体（H_2S）；③在光合作用过程中不释放 O_2。在中纬度地区，一天当中植物所利用的阳光光照中的光合有效辐射（photosynthetically active radiation，PAR），从在夜间时的 0 上升到在晴朗中午连续光照时的 $400 \sim 450 \ W \cdot m^{-2}$。因此，在生长期，PAR 在连续光照下平均相当于 $100 \sim 110 \ W \cdot m^{-2}$。在轨道和地球大气层边界之外，PAR 强度会显著增大，可达到约 $600 \ W \cdot m^{-2}$。即使在绕火星轨道运行时，PAR 强度也足够高，约为 $260 \ W \cdot m^{-2}$。在轨道条件下和在地球上，光合作用是在生命保障系统中制造有机物的一种很有前途的方法。

利用太阳直射光被证明是不可能或不切实际的（如在地下生态系统内、潜艇内、轨道上或远离太阳的行星上），并且当利用各种电源和人工光源来代替它时，那么利用光养生物的优点则远不是无可争议的。在这些条件下，基于化学营养生物在人工系统中的应用，那么利用该生物可能更为有利，尽管在自然系统中没有类似的用途。例如，氢氧化菌可能取代光养生物。

一般异养生物不能作为人类这种异养生物的代谢对应体。因此，在人类系统中，其他异养生物的参与并不像自养生物的参与那么必要，可以将异养生物的参与简化为辅助功能的发挥。这些功能是分解和矿化那些不能被这些生物体直接利用的人和自养生物的产物。例如，在人的液体和固体废物中所含的有机物、纤维素和自养生物的木质素。在系统中，作为独立单元而发挥作用的各种微生物，或在系统中作为其他单元的共生体，是最适合发挥这一作用的。

当合成对于系统中的其他单元尤其是对人合适或需要的新有机物时，会伴随着有机物的分解。低等生物（如真菌或滴虫等）以及各种高等异养生物（如鱼、鸟和哺乳动物）都可被作为此类异养合成者。因此，可以从最多样化的系统群中选出各种微生物、植物和动物，以便发挥维持人类生命保障系统所需的各种作用。

对自然界中所有有可能成为生物系统组成部分的植物、动物和微生物进行实证研究是不可能的，也可能是没有意义的，因为具有大约 50 万种可能的候选者。对潜在功能部件的初步选择可基于各种评价标准。在包括人在内的自然形成的生态物质交换周期中，物种的参与程度可以作为基本的选择标准之一。

然而，一种更可靠的标准是选择参与者，在此不主要根据它们在人类活动中所表现的传统特性，而主要根据它们与人和系统中其他部件的兼容性。也就是说，密闭系统参与者的选择应基于它们生产交换产品的实际能力，这些产品在质量上应是可接受的，以满足人的需求和系统中其他成分的需求，并基于它们利用人的代谢产物和系统中其他成分的能力。这样，该途径使得在迄今为止人类几乎没有利用过的许多植物、动物和微生物物种中开展广泛的初步探索势在必行。这种探索的好处是显而易见的，因为一个物种的生物合成产物很难满足人类的全部食物需求。参数考虑在使生物系统中这些物种作为生物部件而适应人类和彼此方面将发挥巨大作用。参数变化可以通过培养和遗传机制以及通过控制生物合成的质量方向来实现。然而，满足真实的和各种各样的人的需求（尤其是对食物的需求），显然只能通过创造一个包含多个物种作为再生单元的人类栖息地来实现。

如果系统要以一种自给自足的方式运行，那么定量控制生物部件的代谢过程就具有重要意义。在人工生态系统中，只有一个确定的控制结构才能保证各种交换过程的速率和方向的一致性。从这个角度来看，潜在系统组件的选择是基于这些组件可被控制或管理的程度。最易被控制的是单细胞生物，因为它们缺乏在复杂多细胞生物中形成并由超细胞决定的控制系统。即便如此，对于包括人在内的高等生物，实施某种程度的外部控制也是可能的。

在一个物种中，发生蒸腾过程的整体能量效率是另一个基本的物种选择标准，这可被用来确定一个物种是否适合作为密闭系统的组成部分。光合营养、化能营养和异养合成的效率系数决定能量和物质传递的有效性，因此，这些决定重量、体积、能量和其他密闭系统的特性，可通过在系统创建中使用的技术手段进行限制。自养生物和异养生物合成过程的高能量效率系数和异养分解者的零能量效率系数可以作为有利于选择特定物种的正向指标。

对以上物种选择的基本评价标准，可以根据所创建的密闭人工系统的类型和目的，通过大量更为具体的标准而进行大幅修改和补充。因此，实现一个或另一个特定的闭合，其中包括气体的闭合、气体和水的闭合或气体、水和食物的植物部分闭合，这实质上改变了系统参与者的兼容性要求。在各种条件下，即无论是在失重状态下还是在重力状态下，或无论使用自然能源还是使用人工能源等，该系统的运行方式都要求对选择标准进行一系列补充，并对拟用于密闭系统中的生物部件进行评估。

一些作者认为，有可能将有关系统部件的各种选择标准压缩为一个至高标准。通常，质量特性（mass characteristics）认为是拟用于太空的人类密闭生命保障系统的至高标准。有人尝试将密闭系统可靠性作为装配技术和生物系统部件时的基本评价标准（见第9章）。采用一种基本的、至高的并适用于诸如能耗、相容性及自繁殖等生物学特性的标准，那么这无疑是有吸引力的。

然而，不可能不考虑这样一个事实，如除了采用质量特性来评价生物部件的潜力外，也必须采用质量特性来评价技术部件。工程方法在多大程度上能够满足由至高评价标准所规定的各种技术部件的设计，这对至高评价标准的制定将具有决定性的影响。实际上，在利用质量标准或可靠性标准时，必须更多地考虑关于技术部件的工程能力，而不是潜在生物部件的能力。尽管这种至高评价标准具有重要意义，但在选择可能的生物部件/行动者时，它不应视为唯一和决定性因素。除此之外，任何至高评价标准只有基于在真实密闭系统中收集的关于各种生物部件能力的足够精确和实验确定的特征时，它才应被视为基本标准。

5.1.1 藻类和高等水生植物的光合作用

水生光养生物，即藻类，在生物圈内有机物的光合恢复（photosynthetic restoration）中起着重要作用。根据评估，在生物圈所合成的全部有机物为 1.64×10^{11} t，而通过藻类光合作用活动而生成的有机物年产量为 5.5×10^{10} t（Woodwell，1970）。

单细胞藻类（包括硅藻、绿藻、蓝藻和其他藻类），是海洋中初级有机物的主要生产者。通过对它们的生物和生态特征的多样性、细胞的生化组成和高潜在增殖率等进行综合评价，筛选出了很多物种，它们可作为密闭人工系统的潜在参与者。

当创建一个只对水和气体闭合的系统时，藻类的生化成分并不重要。在这种情况下，针对自养生物的主要物种选择标准将是它们能被控制的程度和它们利用能源的程度。从这个角度来看，下面的藻类则不太适合这种系统：红褐藻、多细胞藻、单细胞黄绿藻和金藻（goldea algae），其色素系统在光谱组成方面不适应可接受的光照，而且其有性繁殖方法复杂。

尽管硅藻在生物圈中产生有机物质的过程必不可少，但是其仍不是很理想的选择，因为它们的特定骨干结构含有大量的硅（占到生物量重量的20%~40%），而这种元素在密闭生态系统中是没有价值的，而且培养硅藻也比较困难。

最吸引人的候选者是各种各样的绿色和蓝绿色单细胞藻类，因为它们具有完美的自养能力、简单的无性繁殖方法以及广泛的生态可塑性。早在20世纪60年代，在保持基本生长参数处于最优水平的人工条件下，就对各种藻类物种和品种进行了人工培养，这表明这些物种和品种在相同光照条件下的生产力上限非常接近（Vladimirova et al.，1996；Lisovsky et al.，1996）。

这使得选择物种和品种更多地基于它们如何对栽培过程的技术特性做出反

应,而不是基于一个物种或品种对另一个物种或品种的生物优势。这些技术考虑包括温度梯度阻力、对藻液混合过程中所经历的机械效应的抵抗、保持悬浮状态的能力、不黏着在培养器的作业表面以及能够简单地从悬浮液中分离生物量等。对于藻类物种和品种选择,同样重要的标准是它们与人的液相/气相相容性,它们的"自相容性"(self-compatibility),即它们对自身产生并在藻液中积累的代谢物的抗性。

在藻类培养方面的经验使我们掌握了适应不同种类和品种所需要的不同方法。例如,所有被实验的小球藻和栅藻(Scenedesmus)都有致密的细胞膜(cell envelope),因此能够自由地承受离心泵和分离器的密集培养混合,并使它们的细胞在高速离心过程中不会被破坏。其他藻类,如星胞藻(Asteromonas)和扁藻(Platymonas),它们都有很大的细胞及很薄的细胞膜,因此不能承受这种培养技术;一旦它们的细胞被破坏,则当混合速度缓慢时,尽管它们停留在悬浮状态,但很快就会在悬浮液的作业表面上沉淀下来。

对于许多藻类,如杜氏藻(Dunaliella)、星胞藻和其他在培养中表现出高生产力的藻类,在其营养液中需要加入高浓度的盐(Masyuk,1966;Milko,1963;Voskresenskii 和 Yurina,1965;Yurina,1966)。以上情况使得它们在密闭系统条件下不如小球藻和其他淡水种类那样容易被接受,因为后面这些藻类对藻液一定程度的盐碱化具有足够的抵抗力(Trukhin,1976;Rerberg 和 Vorobyeva,1967;Lisovsky 和 Sypnevskaya,1969)。

不仅在藻类的属与种之间,甚至在同一种内的不同品种之间,对其细胞周围的营养液中人的液体代谢物浓度的可接受程度也有很大差异。例如,根据 Rerberg 和 Vorobyeva(1964)获得的数据,在所研究的 9 个小球藻品种中只有 2 个品种对这些代谢物表现出高耐受性,而在 4 个栅藻品种中只有 2 个品种表现出同样的耐受性。在很大程度上,对细胞藻液中人体代谢物的耐受性和在生命活动过程中利用代谢物的能力具有菌藻类培养物的特点,即它们实际上是一种藻类-细菌共生群落(Rerberg 和 Vorobyeva,1964)。不同藻类对人体代谢物耐受性的强弱,可能与它们对这类群落中细菌成分的兼容性程度的不同有关。

很多学者以小球藻为研究对象,研究了小球藻在被重复利用的营养液中所产生代谢物的积累对小球藻的影响(Kuzmina 和 Kovrov,1967;Tauts,1966;

Meleshko et al.，1967；Kurapova，1969）。结果表明，小球藻对这种代谢积累物有很强的抗性。在人工光照下，小球藻的长期集约化培养表明其生长无季节节律（Feoktistova，1965；Vladimirova et al.，1966）。

通过简单列举各种藻类的差异则可明显看出，单细胞小球藻具有最多优点，因此它们最适合在密闭系统中得到应用。然而，很难说是否只有小球藻具有这一系列的特点，或者是否得出这个结论是因为小球藻是被研究的最佳藻类。尽管如此，鉴于目前的知识水平，在建立和开展仅对气体和水闭合的人的生命保障系统的实验时，几个小球藻物种和品种是最有希望作为候选光养生物的部件。正是小球藻引起了许多研究人员的注意，他们先后研究了密闭生态系统的理论变型种类（theoretical variant）（Myers，1954；Stern，1966；Nakamura，1961；Nichiporovich，1963；Krauss，1964），并业已开发了集成有动物的系统（Golueke 和 Oswald，1963；Masachito，1964；Savkin et al.，1970）和集成有人的系统（Kirensky et al.，1967，1967a；Gitelson et al.，1970）。与此同时，许多研究人员已经研究了其他几种单细胞绿藻［如栅藻和衣藻（*Chlamydomonas*）］和蓝绿藻［如鱼腥藻（*Anabaena*）、组囊蓝细菌（*Anacystic*）和微囊藻（*Microcystis*）］作为小球藻的替代品，在密闭系统中发挥气水交换生物单元的作用（Nakamura，1963；Vladimirova et al.，1966；Galkina et al.，1967；Semenenko et al.，1969；Bolsunovsky 和 Zhavoronkov，1996）。

在进行藻类筛选的工作中，找到一种方法来闭合与食物有关的系统是比较复杂的。如果一种藻类，如小球藻，能够满足人对 O_2 的日需求量，那么在同一时期它也能产生 400~500 g 的生物量。对小球藻生化成分的大量研究表明，每天收获的小球藻含有大量人体需要的所有氨基酸，以及充足的维生素补充量、足量的脂肪和一系列灰分元素。然而，就人体的需求而言，这一收获物中碳水化合物的含量不足（Combs，1952；Schieler et al.，1953；Aach，1955；Sisakyan et al.，1962）。

利用大量小球藻和栅藻作为动物和人的直接食物的尝试并未产生正面结果。除消化率降低外，对动物和人体的功能产生了一系列有害的影响（Powell et al.，1961；Krauss，1962；Bychkov et al.，1967）。人们认为，如果从单细胞藻类的生物量中单独提取食用物质，或者从生物量中消除有毒或过敏物质，那么利用藻类作为食物的可能性就会大得多（Bychkov et al.，1967）。用从小球藻提取的蛋白质喂养大鼠的实验证明，该蛋白质具有完整的生物学价值（Klyushkina 和 Fofanov，1967；Klyushkina et al.，1967）。然而，以上蛋白质的提取工艺仍很复杂，需要进一步加以发展。

许多人提倡螺旋藻这种蓝绿藻可能具有的食用价值（Abakumova 和 Fofanov，1972；Dillon 和 Phan，1993）。然而，关于这种藻类的生化数据目前还很有限，而且尚未进行将其作为食物而大量食用的直接实验。目前，最积极的做法是寻找比小球藻更能满足人类营养需求的藻类。除了开展针对提高单细胞藻类食物价值的选择性育种等特殊工作外，还可以假设，即使在数千个物种中，也不可能找到一个能够完全满足人类基本食物需求的物种。

然而，藻类满足人类食物需求的方式只是问题的一方面。另一方面，藻类是否可以直接或通过具有分解作用的异养生物，来满足自身对来自人体排泄物中生物元素的需求。例如，当把人体排泄物中的生物元素与小球藻所需的生物元素进行比较时，就会发现存在许多差异。小球藻需要的氮、钾和硫的量比在人体排泄物中所存在的量要多。同时，小球藻细胞并未完全利用人体排泄物中所含的钙、钠和氯（Bazanova 和 Kovrov，1968；Bazanova，1969）。

综上所述，考虑到藻类的研究现状，可以得出结论，单细胞绿藻，主要是小球藻，可能还有一些单细胞形式的蓝绿藻（如螺旋藻），对于创建密闭生态系统过程中的实验开发来说，它们是并且仍然是已知藻类中最合适的模式对象（model object）。

除了螺旋藻外，单细胞藻类基本上从未用作人类的食物，而其他的藻类，如海带（*Laminaria*）、石莼（*Ulva*）、翅藻（*Alaria*）和 *Porfira* 等则作为众所周知的食物，在许多地区都被专门培养（Yamakawa，1953；Barashkov，1963）。但是，吃这些海藻的人更多的是把它们当作沙拉原料，而不是主食。因此，这些藻类的可食性根本不能证明它们适合作为人类饮食的主要成分。它们的许多生化特性，如特有的碳水化合物和氨基酸类型以及它们的高灰分含量（ashiness）等，致使它们无法被考虑作为再生食物的主要候选自养生物。此外，这些藻类具有复杂的有性繁殖周期，需要特定的光照和盐碱环境，而且很难适合采用有限体积的培养液进行集约化培养。对其他多细胞藻类从生化角度来说研究得很少，而从营养角度来说研究得就更少，因此它们在密闭系统中被选定用作再生食物的部件或单元还为时过早。在大气和水再生方面，所有多细胞藻类无疑都比不上单细胞藻类，因为其生物学特性导致培养它们所需的技术较为复杂。

高等水生植物，主要是浮萍（duckweed。也称青萍或绿萍），人们已经在一系列的研究中将其作为密闭系统中可能的自养单元而进行了讨论（Nichiporovich，1963）。浮萍的价值在于其简单的营养繁殖方法，以及它对几种动物的完全可食性，如对鸭子，以及其可能的高生产率。然而，关于浮萍的各种培育实验都尚未证实它的高生产率。在天然池塘及人工营养藻液中，利用自然光培育几种不同种类的浮萍时，按干生物量计算的收获量通常每天为 $7\sim12\ g\cdot m^{-2}$（Landolt，1957；Schulz，1962；Sukhoverkhov，1964；Taubaev et al.，1971；Muzafarov et al.，1971）。只有在实验室条件下，所培育的浮萍品种"wolfr"，其每天的收获量可达到 $25\ g\cdot m^{-2}$（Nakarmura，1961）。

许多作者注意到浮萍对鱼、水鸟、猪和其他家畜等的巨大食物营养价值（Nikolaeva，1956；Schultz，1962；Galkina，1964；Muzafarov et al.，1968；Taubaev et al.，1971；Abdullaev，1971；等）。浮萍通常被用作哺乳动物的补充性食物，但一般不作为主食。现在并不知道是否有人进行过利用浮萍作为人的食物的尝试。以上讨论还不能说明在密闭系统（首先包括传统种植的作物）中，作为光养生物单元的高等水生植物比高等陆生植物具有任何优势。

5.1.2 高等陆地植物的光合作用

像藻类一样，在密闭系统中高等光养陆地生物能够发挥多功能单元的作用。原则上，藻类和陆地生物都能够通过处理人的气体和液体排泄物，以及矿化其固体排泄物来再生大气、水和食物。对于那些需要再生全价值食物以及水和大气的封闭系统时，利用单细胞藻类和其他低等植物作为食物再生单元的前景还很不明朗。因此，最先也是最有可能扮演这个多功能生保物质再生单元角色的是高等植物（Tsiolkovsky，1964；Dadykin，1968a）。

为密闭生态系统选择高等植物物种时，必须同时考虑许多标准。例如，达德金（Dadykin，1968）提出了以下针对生命保障系统的植物选择标准：①具有高生产力；②能够最大限度地满足人对总质量和生化成分的要求；③与人相互之间具有良好的生物相容性；④不排放任何有害于人的气体排泄物。附加标准要求：①植物的最佳生长温度和湿度与人的最佳体感温度和湿度相一致；②将植物的收获物加工为食物的技术简单；③植物可被制成多种菜肴。这些也是很重要的标准。

V. G. Chuchkin 及其同事（1975）将藻液的选择与以下特性联系起来：①利用植物生产多糖的难易程度；②植物被用来制成不同菜肴的可能性；③接收所供应的食物配量中的食物与所生产的植物生物量之间的平衡比例。同时，必须强调的是，在生命保障系统中引进高等植物，只有在这些单元的质量小于整个所供应食物配量系统的条件下才是合理的。根据这些学者所做的计算，如果系统的运行周期为 5 年，则可以实现必要的质量限制：①植物的光合效率不小于 7%~8%；②总生物量的可食用部分不低于 70%；③平均光照时间为 22 $h \cdot d^{-1}$；④PAR不小于 150 $W \cdot m^{-2}$。

上述标准即使考虑到它们的传统性质，也可认为是由达德金命名的"高生产率"一般标准的具体化。上述工作中制定的其余标准并不是相互排斥的，而是可被充分作为选择高等植物以用于生命保障系统的决定因子（orienting factor）。

在我们看来，对于在自主运行时保持密闭多年的系统，引入控制植物繁殖的标准是有意义的。仅基于储藏种子进行植物种植不如通过生产新种子（块茎或插枝等）而实现全生命周期繁殖的可靠性高，这是因为储藏种子存在种龄问题，而且它们在紧急情况下可能会意外失活（Gitelsonet al., 1975）。因此，对于采用种子繁殖的植物，还有一个附加的标准：必须是自花授粉（self - pollination）或单性生殖（apomixis）。这是因为异花授粉需要特殊的媒介来运输花粉，这就降低了种子和果实结实率的可靠性。不仅如此，那些风媒传粉的植物还将大量的花粉抛向空气，由于许多植物的花粉是一种强过敏源，因此它们最终会污染该密闭系统。许多学者更精确地定义和扩展了选择标准，将标准的数量增加到 20 个或甚至更多（Milov 和 Balakireva, 1975; Nikishanova, 1977; Hoff et al., 1982; Tibbits 和 Alford, 1982; Hill, 1984; 等）。显然，在 20 多万种被子植物中，没有一个物种可以同时满足以上所列举的所有条件。

该领域的许多学者已经并仍在建议，可以将马铃薯和甘薯栽培种均纳入密闭生态系统中而成为高等植物单元（Golueke 和 Oswald, 1963; Nilovskaya 和

Bokovaya，1967；Dadykin，1968；Lebedeva et al.，1969；Milov 和 Balakireva，1975；Tibbits 和 Alford，1982；Hill，1984；Wheeler 和 Tibbitts，1986，1987）。支持这两个栽培种的主要理由是：①它们的可食生物量产量与总生物量产量之比高（即收获指数高）；②它们富含碳水化合物和维生素；③它们在被用作食物之前只需要很少的加工。然而，在考虑这些栽培种时，还需要对其他一些因素加以考虑。这两种作物存在的主要问题包括：①其单位质量和单位体积的可食用部分中的热量含量较低；②马铃薯作为蔬菜的食用方法太过单调；③这两种作物均需要一定的光周期（在生殖期均需要短日照），这会导致所需的栽培面积扩大。

大部分人通过食用粮食来满足其对植物性食物的基本需求。以下事实应引起致力于创造生命保障系统和为这些系统选择高等植物的研究人员的注意。首先，谷物产品易消化；其次，许多粮食作物进行自花授粉，并因此仅产生少量空气传播的花粉，而不像有些植物会产生大量这样的花粉。另外，粮食作物可以在持续和强烈的光照下生长（水稻除外）。即使考虑到这些积极的因素，粮食作物也往往因为其收获指数低和在加工收获产品时遇到的技术困难而被拒绝作为生命保障系统中可能的光养生物单元（Dadykin，1968；Dadykin 和 Nikishanova，1969）。显然，在生命保障系统中引入粮食作物的负面反应是由于它们认为生产力较低，而这首先是因为对其作为光合系统的潜力问题进行研究太少的结果。

众所周知，露天种植的粮食作物对太阳能的利用率很低，这是因为这些作物在大田的生长和发育条件往往远远达不到最佳状态。20 世纪 60 至 80 年代，在人工光照优化条件下对粮食作物（主要是小麦）进行的研究表明，粮食作物的总生产率并不低于其他高产作物，如甜菜和胡萝卜（Moshkov，1966；Lisovsky 和 Shilenko，1971）。此外，很明显，在超过正午日照强度 1.5~2 倍的高辐射条件下，致密（密植）的小麦群落可以显著提高生产率（Polonsky et al.，1977；Polonsky 和 Lisovskyal，1980；Bugbee 和 Salisbury，1988）。以上研究结果，为进一步强化在密闭生命保障系统中再生大气、水和部分传统食物，并同时减小植物所占的面积和体积的过程开辟了广阔前景。这样，将粮食作物视为有价值的候选者就有了充分依据，从而可以使之在未来面向长期载人生命保障的密闭系统中，以及在此类系统的实验模型中，均发挥主导作用。

在密闭生态系统中，除了再生预期的 O_2 和水之外，粮食、蔬菜和块茎植物也能够再生植物蛋白质、主要的碳水化合物和大部分必需维生素。然而，它们不能再生含有足量必需脂肪酸的植物油。因此，在密闭生态系统中，那些能产生大量营养性脂肪的植物可能是理想的潜在成分。起初，许多被用在农业生产中生产植物油的作物似乎不太可能被用于密闭生命保障系统，因为这些植物的体积大且收获指数低。这些不良品质在橄榄、向日葵、棉花、芝麻、油菜和其他作物中都有体现。另一些产油植物则几乎没有希望，因为它们可能有毒，如罂粟和芥末。因此，研究人员最感兴趣的主要是豆科中的大豆和花生等传统作物，以及长期被遗忘的莎草科中的油莎果（*Cyperus esculentus L.*，也称荸荠，英文为 chufa）（Milov 和 Balakireva，1975；Lisovsky et al.，1979）。

大豆和花生会产生脂肪，同时还会产生大量的植物蛋白质。在油莎果的球茎中，含有大约20%的脂肪和高达50%的淀粉（干物质）。因为这些事实，这些栽培作物是今天最有可能被加入人的密闭生命保障系统光合作用单元的组成中，以再生全部植物性食物。从以上的讨论中可以清楚地看出，供人食用的全部植物性食物的再生任务不能由选择一种进行光合作用的植物来决定。人需要补充蛋白质、碳水化合物、脂肪、维生素和其他物质，而这些物质实际上只能通过建立由许多物种组成的高等植物单元来提供。如果该系统要利用许多高等植物，那么用于单个物种的诸如高生产率、高能量效率和其他部分选择标准可被降级而作为参考背景，这样满足封闭状态下人的营养需求的能力将成为更重要的选择标准。

5.1.3 微生物的化学合成

一些微生物，如硫细菌、铁细菌、固氮细菌、氢化细菌（hydrogenating bacteria），能够根据还原或未完全氧化的化合物氧化所获得的能量来合成有机物。例如，氢化细菌利用分子氢被氧化成水时产生的能量进行生长。根据以下总方程，它们通过利用分子氧和还原 CO_2 中的碳来做到这一点：

$$6H_2 + 2O_2 + CO_2 \rightarrow CH_2O + 5H_2O \tag{5.1}$$

将电能用于电解水，可获得所需量的 O_2 和还原氢（氢气，H_2）：

$$6H_2O \rightarrow 6H_2 + 3O_2 \tag{5.2}$$

而且在这一过程中，对于氢化细菌反应为多余的 O_2 被释放出来，这些 O_2 可以保障人的呼吸。在人的呼吸过程中，有机物的氧化利用对于氢化细菌为多余的 O_2，并产生对氢化细菌来说非常必要的 CO_2 和代谢水：

$$CH_2O + O_2 \rightarrow CO_2 + H_2O \tag{5.3}$$

如果认为氢化细菌的生物量适合作为营养物质，则这些整体反应过程可被看作是大气、水甚至食物的一种平衡交换。

早在 20 世纪 60 年代，就有利用氢化细菌作为人类居住地生物再生系统组成部分的想法（Mattson，1966；Imshenetsky，1964；等）。接着，研究人员开发了持续培养这些细菌的技术，以及利用人的液体排泄物作为氮源的方法。另外，进行了生物量的生化分析，以及细菌生物量作为动物饲料的适宜性评价实验等（Bongers 和 Kok，1964；Galloway 和 Kumar，1969；Kesler et al.，1983）。遗憾的是，利用氢化细菌的生物合成产物喂养动物的一系列正面实验结果未能在人体实验中得到证实（Waslien 和 Galloway，1969）。

在国际宇航大会（international astronautical congress，IAC）上，已经对利用氢化细菌构建生物再生系统的可能性讨论过很多次了（例如，1973 年在苏联巴库召开，1995 年在希腊雅典召开），认为氢化细菌具有的部分有利特性是：①高能效；②能够利用电能，而不是光合作用的能量，这很重要，因为这样就没有必要把电能转化成光能；③已具备成熟的连续集约培养技术；④直接利用人体排泄物的可能性。首先，对氢化细菌在密闭系统中的气和水交换功能进行了研究。然而，在开展"人-氢化细菌"系统实验的可能性方面，所存在的一些问题挫伤了包括我们在内的很多研究人员的积极性。这主要包括：①利用爆炸性气（O_2 和 H_2）组分工作的氢化细菌培养装置的安全性问题；②实现人与危险的爆炸性氢化细菌培养装置之间的气体交换的技术复杂性；③生物量本身如何能被利用这一悬而未决的问题。到目前为止，尚未构建成这样的系统。因此，在本书描述在密闭系统中所进行实验的章节中，并未涉及利用氢化细菌和其他化学合成生物的那些系统。

从原则上讲，其他化学合成细菌是很有希望在密闭循环中得到应用的。这些化学合成细菌从氧化亚铁、硫和其他元素中获取能量。它们在与氢化细菌相关的过程中不存在固有的爆炸危险，并且已经开发了通过能量基质的直接电恢复（direct electrical restoration of the energy substrate）来培养细菌的工艺流程（Kovrov et al., 1967）。然而，这些细菌尚未被作为密闭系统的组成部分而加以研究。

5.1.4 异养生物的合成与分解

当生物的物质交换被以理想方式闭合时，异养单元（heterotrophic link）应将系统中自养单元（autotrophic link）合成的所有化合物分解为简单的初始物质，并且应将在分解过程中释放的所有能量转换为热量，然后将该热量从系统中完全带走。

在一个驻人的密闭生命保障系统中，人自身扮演着主要的异养生物的角色，并对系统中其余物质交换速率进行调节以补充人的物质交换需求。然而，目前还没有一种已知的自养生物能够充分利用人的所有气态、液态和固态废物，并同时又能生产适合作为人的食物的生物量。此外，没有理由期望在自然界中可以找到这样一对物种-反式物种（species-antitype。反式物种，也称相反的物种类型），从而使它们的代谢完全互补。显然，进化从来没有朝着创造此类孤立的生态系统的方向发展；相反，每个物种在整个生物圈的物质交换方面都像一个开放系统一样相互作用，并努力占据尽可能多的地方。因此，有必要为旨在保障所有人的物质交换需求的密闭系统创建一个多物种生态系统。该生态系统应同时利用自养生物和异养生物来降低系统效率系数。

系统中的异养生物发挥三种功能。最重要的是将质量上不适合或过量供人直接食用的基本生物量转化为天然不存在或光养生物合成产品中缺乏的物质，以生产人的全价值营养品（动物蛋白质和脂肪）。该异养功能是独特的，因为到目前为止，自养生物和化学合成生物还不能取代它。异养生物的另外两种功能是分解不被植物吸收的人体代谢物和分解人体不需要的自养生物合成产物。最好是能找到一种可以同时实现这三种功能的生物单元，但这种可能性不大。更有可能的是，将这些功能划分到两个执行单元，即第一个单元将生物量转化为人的食物，而第二个单元将所有其他系统的代谢物进行矿化。

最能完全发挥第一种功能的生物单元可能是家畜，它们可利用绿色植物的生物量生产奶、肉和蛋。然而，这尽管满足了人对动物蛋白质的需求，但同时也给系统带来了相当大的复杂性。这样，在这方面就需要完成几项工作：①为动物提供全价值定量饲料；②在密闭系统条件下为它们创造一个合适的生活环境；③将它们的排泄物和不可食用部分返回到物质交换回路。

这些工作并不比那些为人自身提供生命保障的工作能够简单多少。除此之外，对生物能的总体考虑表明，在人和初级生物量生产单元之间引入一个过渡营养层次（interim trophic level），将会使人对在光合作用中捕获并沿着这条营养渠道输送的能量利用效率减少至少10%，甚至达到15%。

早在20世纪60年代，有人首次开展了密闭系统中家畜（包括山羊、兔子、鸭子、鸡）饲养和繁殖的理论和实验研究（Abakumova et al.，1965；Voronin和Polivoda，1967）。他们证明，在一个相对较小的区域内实现鸡、鸭、兔子和山羊等动物产品的自动化和集约化生产是完全可行的。

当引入家畜后，系统能量效率的损失与通过计算所预测的结果一致。因此，根据I. A. Abakumova及其同事在研究中获得的数据，为了满足一名宇航员对肉类的需求，需要饲养30只不同年龄的鸭子或37只鸡。养活这些家禽所需的O_2量几乎是养活宇航员所需要的两倍；另外，它们排出的CO_2量也相应增加。

此外，动物平衡饮食及其代谢物的消费问题尚未得到解决。今天我们根据对这个问题的理解而得出这样的结论：动物可能作为异养单元而被引入密闭系统中，但其代价是使该系统大大复杂化且规模也随之扩大，并会使其能源利用效率大幅下降。因此，研究人员自然要努力寻找另一种更有效的方法来满足人对动物食品的需求。他们所建议培养的动物包括食草性鱼类、陆生软体动物、昆虫（蝗虫）、低等蟹类和原生动物，另外建议培养酵母、真菌及动物细胞或组织。

就鱼类而言，它们生活环境的密度构成了一个巨大难题，因为其种群密度几乎是陆地动物的1 000倍。对于软体动物、昆虫和螃蟹等种类，均尚未得到充分研究，因此无法明确说明它们的价值，而只有在对这门学科有更深入了解的基础上才能勾勒出来。接下来，主要任务是为这些动物找到足够的食物，而这可能比给人提供食物要困难得多。然而，必须补充的是，目前已经开发出来太空养鱼系统（Bluem，1988），这样就为接收实验数据提供了机会，从而可计算与生物生命保障系统创建相关的各种参数。

有关原生动物、酵母菌和真菌的密集培养技术已经得到了充分发展，但作为人的食物，它们的蛋白质是否能够完全取代传统的动物蛋白质还有待证明。只有明确地解决了这一根本问题，对其做进一步培养技术改进才有意义。

引人注意的是，在紧凑型反应器中，在受控条件下进行动物细胞和组织的集约化培养而有望生产动物蛋白质。然而，多细胞生物组织需要复杂的营养液而使得这一过程暂时无法在大范围内实现，因为多细胞生物的细胞在许多成分方面都是营养缺陷型的（auxotrophic），从而导致它们必须从血液中吸收多种物质。在密闭系统中，从初级生物量中获得组织的问题尤其复杂。为组织保持无菌环境并控制组织在培养液中的分化和增殖的工作，其难度要略小一点。因此，目前我们还没有看到讨论在生命保障系统中应用动物组织的可能性的坚实基础。

要确保在生态系统中各个生物再生单元的代谢与人的代谢之间达成一致，那么最有希望的途径是通过基因工程将该系统中培育的光养植物的物质交换方向转变为人所需以下产品的合成：传统上由动物产品提供的氨基酸、肽、蛋白质、脂肪酸和其他物质。但是，要在密闭系统中真正应用这样的项目，还需要几十年的时间。

在密闭系统中，异养生物的第二种和第三种功能是降解代谢产物和死锁产物（deadlock product）：人的固体排泄物和茎、根、叶等植物的不可食用部分，其中主要是纤维素和木质素。有机物的降解有两种可能的途径：好氧降解和厌氧降解途径。后一种途径更为普遍，因为这种途径可以得到更多的物质，但其强度较低，并产生大量需要进一步加以利用的气体和液体产品。例如，在厌氧处理过程中释放的甲烷可以被甲烷氧化细菌利用，但这意味着又需要引入一个单元。而且，在密闭系统中这些甲烷氧化细菌的生物合成产物现在没有去处。另外，通过厌氧法工艺处理纤维素和木质素，并将可消费的最终产物返回到物质交换回路的完整技术方案尚未形成。

另外，人们对在密闭系统条件下处理人体排泄物的好氧微生物降解方法开展了较为深入的研究（Rerberg et al.，1968）。根据第8章和第9章所述的真实实验数据，可以在密闭实验系统条件下评价曝气罐（aeration tank）的性能。当反应罐曝气密集且生活环境处于平衡状态时，则代谢产物和死锁产物可以得到相对快速和彻底的降解。在生物量系统中，所谓的活性污泥是保障矿化的有效成分。利用这种生物量作为动物蛋白质的替代品将是一种巨大的收获，而且这样做在生物化学实验方面具有先例，但没有支持这种替代品的直接生理学实验。

目前，对于不可食用植物部分（包括秸秆、根、蔬菜不可食的茎和叶），一种很有前途的生物矿化的可能方法是利用高等真菌（如平菇）来处理它们。正如 I. M. Pankova 等（1985）研究证明，当采用的技术适当时，真菌可氧化高达50%的不可食植物生物量。在这个过程中，真菌形成了可食用的肉质体，其重量达到了秸秆重量的10%。未能被真菌利用的残留物主要是纤维素和木质素，以及菌丝。根据 Manukovsky 等（1996）的研究结果，可以利用加利福尼亚蚯蚓对残留物进行深度降解，然后处理物可被用作植物的营养基质。

上述部分介绍了在密闭生态系统中利用异养生物进行废物生物降解的几种方法。然而，评价每一种方法的真正优缺点尚需要开展进一步的实验研究。

5.2　维持系统闭合所需的物理-化学处理途径

很难设想，系统中生活的各种生物，在其生命保障过程中所形成的每一种物质都能找到消费者，而且这些消费者能够完全利用这些物质。如果利用高等生物，那么对于一种完全密闭的生态系统来说，这种情况是可以想象的，但只能作为一种显然难以实现的理想而已。系统中生物所不需要的物质或在生物过程中被消费得不够快的物质会不可避免地抑制系统的长期运行，原因有两个：①一部分物质会脱离物质循环；②这些死锁或被缓慢消费的产物会污染人或其他生物的生活环境。即使是少量的累积物质（例如系统大气中的碳氧化物、乙烯和其他物质）也能引起系统的破坏。

显然，需要一个特殊单元来使得不被生物降解的物质返回到物质循环中去，否则要实现人工生态系统的长期存在是不可能的。解决这一问题的最简单方法是将有机物矿化成矿物成分、碳和水的高价氧化物（higher oxide）。在许多情况下，当物质的累积量可被忽略不计，但即使是这种累积也是不可接受时，则不仅可以进行氧化，而且可以利用化学与物理相结合的方法而使这些物质摆脱与生物体生命介质的接触。尽管在这两种情况下都可以采用生物氧化法，但这种方法可被用于清除系统大气和乘员饮用水中的有毒挥发物。

在生态系统中，对于死锁产品具有两种解决途径。第一种是对污染大气和水的少量物质进行净化。这种净化可以通过吸附这些物质或将它们与终端氧化产物一起浓缩或独自进行浓缩而完成。第二种是氧化系统中未被利用的有机物质，目的是将生物量中的碳、氧和氢等基本成分返回到物质交换过程中。

必须注意的是，在这些解决途径之间没有明确的界限。借助铂－钯催化剂的催化氧化作用（Gusarov et al.，1967、1973；Sinyak et al.，1971），或通过活性炭的吸附作用（Kirensky et al.，1967），则可以成功实现对系统大气中挥发物的净化。水净化的问题可用类似的方法解决，即可以在与空气混合的过热蒸汽中进行催化氧化，或通过活性炭和离子交换树脂对挥发物进行吸附（Ballod et al.，1967），以及在低压或冻干过程中进行蒸发（Moiseev et al.，1967；Gusarov et al.，1967；Sinyak et al.，1972）。另外，Seryapin 等（1966）对电渗法进行了研究。再者，S. V. Chizhov 和 Yu. E. Sinyak（1973）对从非传统来源获取饮用水的方法率先进行了评论。

目前，水和大气中各种污染物的净化方法已经很多，因此可以考虑主要解决这一问题。在每个具体实例中，以污染物的质量和数量为出发点而选择最佳的净化方法。当利用吸附法净化系统中的水或大气时，这些污染物则会从物质交换循环中脱离。当吸附剂在净化过程之后未被进一步利用时，则该吸附法可被用在那些只能短期运行的系统中。

当物质交换不仅对大气和水闭合，而且对营养物质也闭合时，就需要采用物理－化学过程来氧化系统中的某些有机物质。当系统要达到食物的完全闭合时，则不可食生物量与可食生物量会同时产生。不可食生物量产品包括植物的根、茎、叶和餐厨垃圾。可能有必要氧化异养降解无法奏效的不可食生物量部分。如果部分食物来自储存物而非在系统内得到生产，那么就有必要去除从储存食品所引入的元素，以保持物质交换平衡。最好的选择是去除不可食生物量中的元素，以抵消从这些储存食品引进的元素。如果系统产生的不可食生物量大于从外部引入系统的储存食品的数量，那么剩余的则必须被氧化并返回到物质交换回路中。人的固体废物一般也认为是不可食生物量，尽管它只占到一般不可食生物量的一小部分。

利用物理－化学方法氧化不可食生物量的问题不像净化系统中大气和水的问题那样紧迫。只有在以下两种情况下才需要进行物理－化学氧化：①该系统在人的食物交换方面基本上是闭合的，也就是说，食物仅由系统内生物部件提供，而不是由外面的储存食品提供；②当不可食生物量不经受任何异养分解（也称为"生物氧化"）时。多年来，已经开发了氧化不可食有机物的物理－化学方法。其中一种方法是"湿式燃烧"（wet combustion。也称湿燃烧法），即在高温高压下对水中的溶解物和悬浮物进行氧化（Agre et al.，1966；Gusarov et al.；1967；Drigo et al.，1967）。另一种方法，是在不同类型的燃烧炉中，如竖炉（shaft furnace）和旋风炉（cyclone furnace），对不同含水率的细小和较大的生物颗粒进行热燃烧（thermal combustion）（Balin et al.，1967）。

这些氧化法与系统中生物单元排出的终端产物高度一致，而且这些产物首先是系统中自养生物可吸收利用的 CO_2 和 H_2O。在湿式燃烧过程中，矿物质成分保留在溶液中而可供植物利用。另外，在热燃烧过程中，一部分灰分可以溶解在水中或酸液中，而这些酸可以从空气中的氮氧化物和硫氧化物中获得，它们是生物量燃烧的结果。通过这一过程所产生的溶液，可以作为自养生物营养液中的成分。目前，最受欢迎的方法是热燃烧，因为它不需要对底物进行精细研磨，也不需要高压，而且比湿式燃烧更经济和更节能，特别是在氧化秸秆、蔬菜不可食茎叶和厨房垃圾等大量物质的情况下。

在对构建人的密闭生态生命保障系统的可能方法进行总结之后，可以确定，在这样一个系统中的强制性参与者，应该是一种以自养生物单元的形式对人形成代谢平衡。这种生物单元可能包括单细胞藻类、高等植物或化学营养细菌。自养生物和人，即异养生物，就其性质而言可以形成密闭物质交换的基础。不过，在这样一个系统中还存在尚待解决的问题：为人提供动物蛋白，并使自养生物合成的产物返回到物质交换回路。然而，该系统完全可以提供大气和水的闭合交换，并在很大程度上可以实现营养闭合，而在消耗代谢产物的同时为人提供食物的植物部分。分解单元的作用可以通过其他异养生物和物理－化学过程来实现。

因此，构建"人－自养生物"生态系统可能是一种权宜之计，如果这被证明是成功的，那么，通过引入能够分解剩余物质和死锁物质的单元而使其结构复杂化，从而尽力扩大下一个系统的闭合范围。正是以这种方式，关于保障人类生存的密闭生态系统研究才得以发展。这项研究将在接下来的章节中予以介绍。

第 6 章
密闭生态系统中微藻受控连续培养技术

在第 5 章中,介绍了利用绿色植物的光合作用作为密闭生态系统中人类生命保障物质主要再生方法的潜力。为了实现这一潜力,必须发展一种技术手段,以确保系统中的光合作用与人的代谢具有相同的连续性和可持续性。

在对该过程的一次设计中,微藻被选为人的代谢保障单元。单细胞藻类特别适合这种类型的密闭系统,原因如下。

(1) 几乎藻类细胞的所有生物量都是能够促进与之相关的光合作用和生物合成过程的一种"器官",而且在其中完全没有惰性或死亡的生物量。

(2) 潜在的生长速率和增殖率极高。在最佳条件下,细胞每隔两三个小时就能分裂一次。

(3) 在实验条件下,光合作用的光能利用效率可达到 10% 以上。从理论上讲,它可以高达 19%。

(4) 人的排泄物可被作为微藻生源元素(biogenic element)的来源,并且微藻也可以直接从大气中获取 CO_2。

(5) 微藻代谢具有极强的可塑性和可控性,因此其生物量中的蛋白质含量可以保持在 20%~70% 的范围内。

(6) 微藻悬浮液适合于被进行技术加工。这是因为,容易将其细胞放入离心机进行混合和喷洒,而且不会对它们造成实质性损害。

(7) 在连续微藻培养物中,自动选择(autoselection)为微藻提供了有力保护,并确保培养的可持续性不受伤害。

(8) 在最佳生长条件下,微藻不需要特殊的抗菌措施,并且可被在有菌营养液中进行培养。

以上所有特性使微藻成为生物生命保障系统中主要再生工具中一种极具吸引力的候选者。人们花费了大量精力来寻找一种培养藻类的方法，以确保物质交换的平衡以及整个系统的平衡。为了充分利用上述特性的优势，该工艺流程必须使微藻培养能够充分体现其集约性、可持续性和可控性。

考虑到这些目标，本书的前两位作者（J. I. Gitelson 和 G. M. Lisovsky）建立了一套综合实验设施，在其中开展了小球藻（*Chlorella vulgaris*）研究。小球藻为嗜热品种，由乌克兰科学院微生物研究所的 I. M. Rubenchik 和 V. A. Kordum 提供。在该综合设施中开展实验时，得到了 I. A. Terskov 和 J. I. Gitelson 的悉心指导。B. G. Kovrov、A. A. Shtol、E. S. Melnikov、A. S. Budanov 和 V. S. Filimonov 等人设计了培养装置，并开发了相关培养技术。F. Ya. Sidko、V. N. Belyanin 和 N. S. Eroshin 研究了微藻的光学性质和藻液的光照条件。V. A. Batov 研究了小球藻培养的温度条件。M. I. Bazanova、G. I. Sadikova 和 R. I. Kuzmina 研究了藻液的化学营养条件。Yu. N. Okladnikov 和 G. E. Kasaeva 研究了气体营养条件。M. S. Rerberg、M. S. Rerberg、L. S. Tirranen 以及 L. A. Somova 和 M. Posadskaya 等分别研究了微生物区系。

6.1 微藻连续培养

决定单细胞生物的生长速率有内部和外部两类因子。其中，内部因子包括两种：①细胞基因组中特定物种的遗传密码固有的最大解码和复制率；②参与细胞自我繁殖周期的最慢酶的最大生长速率。培养液中的外部因子包括四种：①生长所必需的营养物质；②能量；③水；④其他可以刺激或抑制生长的因素。

一般来说，由其遗传密码决定的单细胞生物的潜在生长速率会反复超过这种相同遗传密码在自然界中发挥作用的平均速率。在实验中，研究人员可以创造不限制细胞生长速率的最佳条件，从而得出遗传编码的最大自我繁殖率。在针对生物发光海洋细菌，即鳆发光杆菌（*Photobacterium leiognathi*）的这样一个实验中，细胞的复制速率为 8~10 min（Gitelson et al.，1973）。如果一个细胞的所有后代都以这样的速率生长，那么仅仅 16 h 后它们的总生物量就会超过地球的体积，而在 1 d 之内，生物量就会扩展到太阳系之外。这种计算有助于我们认识到细胞遗传密码在生物合成速率和生长速率方面的巨大潜力。当然，在现实生活中，由于外部因素会阻碍无限生长，因此这种情况一般不会在短时间内发生。

然而，在自然界中，这种对特定物种有利或无限制的因素组合一般很少会瞬间出现。即使藻类繁殖开始爆发，并在海洋中出现"红色浮游生物开花"（red plankton blossom）这一壮观景象，但生长的爆发仍是短暂的，并会以"赤潮"结束。此时，细胞会迅速耗尽生长所必需的一种因子，然后开始大量死亡。在自然环境中，细胞群体数量的增长总是受到一种或另一种必要因子不足的限制。这种不足的因子称为限制因子（limiting factor）。

当细胞偶然进入一种最佳即非限制性的营养液时，它们就会生长繁殖，直到耗尽生长所必需的一种因子，而当它们这样做时，它们自己也使培养液受到限制。如果这个速率只能在短时间内偶然实现，那为什么自然会赋予细胞如此高的潜在增殖率？显然，这种潜力是物种在竞争条件下一个强大的生存工具。当无限生长的有利条件偶然出现时，那些生长最快的物种会胜出，因为它们可以更充分地利用所存在的幸运时刻，直到培养液再次受到限制。

这就是该过程在自然界中的运行方式。不过，问题总会出现。能否创造出一种人工条件，使这些外部因素持续保持在最佳水平，从而使细胞的内部机制发挥其潜力，并在一代又一代以最大速率促进生长，同时仍然产生有用的产品？

似乎只要简单地制备出一种不受限制的培养液，就可以维持这种最大的生长。唯一的问题是，细胞本身在生长过程中会破坏这种最佳的培养液。它们会消耗生长所必需的物质，并排泄出抑制生长的其他物质。因此，使细胞达到最快生长不仅在于要为细胞制备最佳培养液，而且在于通过消除生长细胞本身引入的变化来不断地恢复培养液。如果这样做的速率与细胞生长改变培养液的速率相当，那么处于动态平衡状态的"恒定培养液"就是令人满意的结果。

这种培养液将像河流一样恒定而流动。由于培养液是不断优化的，那么细胞的生长速率将会始终达到最大。这就是连续培养的原则。通过对图 6.1 进行研究和推断，则可以更容易地理解连续培养的原理。该图示意性地说明了细胞群体增长对时间的典型依赖关系（在两种培养模式下，在藻细胞的生长高峰期，会排掉光生物反应器中的部分藻悬浮液，并同时添加等量的培养液）。

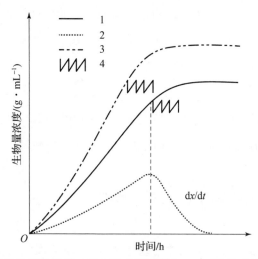

图 6.1　藻细胞群体增长（藻细胞生物量浓度）对时间的典型依赖关系

（1—在特定条件下藻细胞生长速率；2—藻细胞生物量增长率；3—在参数较优组合下的藻细胞生长速率；4—藻细胞密度在最佳培养条件下的稳定状态）。

在图 6.1 的滞后期（lag phase），所接种的细胞适应了培养液，并开始加速生长。在指数生长阶段（exponential phase），它们达到了最大增长率。在指数生长阶段之后，其中一种因子就会被耗尽并因此成为限制因子，这时细胞的增长率就会下降到与其分裂率（division rate）和死亡率相当的水平。此时，细胞总数保持不变。最后一个阶段被叫作稳态阶段（steady state phase）。这种情况的出现在自然界中是很典型的。已知存在于分批培养液中的细胞群体也经历了这些相同的阶段。

现在想象一下，在指数生长阶段的某一点，细胞质量的增加被不断地减缓。同时，物质完全以细胞在生长过程中消耗它们的速率被不断地送回到培养液，而细胞排泄到培养液中的那些物质则被予以清除。所得到的藻培养物其细胞数量恒定，且其周围始终具有适宜的培养液，因此这些细胞将以给定条件下所允许的最大速率生长。这是一种密度仪或浊度仪式的连续流动培养方法，如图 6.1 中的锯齿形曲线 4 所示。

在指数生长阶段的任何一点都可以建立一种连续培养模式，但最有效的点是在这个阶段过渡到稳态阶段之前的最高点。这意味着，建立连续培养模式的最有效的点是在细胞浓度最高和细胞生长速度最快的地方。在这些条件下，每台培养装置的产量会达到最大。

连续流动培养还有另一个不太明显但却很重要的优点。这种流动既能防止细胞的生长速率下降,又能防止生长缓慢的突变体或受损细胞出现累积。对这一重要特性将在 6.7 节中做进一步讨论,因为它对生物再生生命保障系统的开发和评价至关重要。

事实上,早在 20 世纪 20 年代,连续培养就已在实验中实施,后来在微生物工业中得到了更为广泛的应用。

6.2 微藻培养物生长的数学模型

本节包含基于实验数据并经实验数据确认的藻类细胞生长和增殖的数学模型。基于该模型的计算结果被用于设计藻类光生物反应器以及其中被采用的工艺过程。细胞群体动态学的数学建模有着悠久的发展历史。对由单细胞生物组成并被作为一种特殊群体类型的藻液进行了研究,而且该藻液已成为数学建模的对象。描述藻液中微生物种群数量动态的经典方程首先由 Monod,然后由 Novik 和 Szilard 制定(Monod, 1950; Novick 和 Szilard, 1950),这些方程是该领域一系列工作的出发点。

技术微生物学通常基于对异养微生物培养物的研究。这一领域的进展,就其本质而言,要求加速发展这些藻液的数学模型。Monod – Ierusalimsky(1965)模型是代表异养连续培养最广泛的模型。它已成为该领域的经典模型。该模型由以下方程式表达为

$$\frac{dx}{dt} = \mu \cdot x - Dx \quad (6.1)$$

$$\frac{dS}{dt} = D \cdot (S_o - S) - \mu \cdot \alpha \cdot x \quad (6.2)$$

$$\frac{dP}{dt} = -\beta \cdot \mu \cdot x - DP \quad (6.3)$$

$$\mu = \mu_m \frac{K_p \cdot S}{\left(K_s + S + \dfrac{S^2}{K_m}\right) \cdot (K_p + P)} \quad (6.4)$$

式中:x 为藻液生物量浓度;μ 为特定的细胞生长速率;D 为藻液稀释度;

S 为限制生长速率的营养液组分的浓度；S_0 为进入藻类光生物反应器营养液的底物浓度；α 表示单位生物量合成中所消耗的培养液量的系数；P 为藻液中的代谢物浓度；β 表示单位生物量合成中所产生的代谢分泌物；K_s、K_m 和 K_p 为常数。

该模型的式（6.1）、式（6.2）和式（6.3）没有固有的生物学特异性，它们既可以描述异养微生物培养物，也可以描述自养微生物培养物，还可以描述伴随着从原料连续合成某种产品并同时产生副产品的一大类化学工艺过程。

该模型的式（6.4）反映特定细胞的生长速率对营养液条件的依赖关系。特别是，该等式表达了两个依赖关系：①生长速率取决于培养液中限制或抑制细胞生长的特定成分浓度；②生长速率取决于培养液中具有抑制作用的代谢物浓度。也就是说，该方程描述了细胞对培养液中参数组合的特定反应。

然而，微藻是光自养生物。光自养生长的特点是它会受到光和培养液中溶解物质的限制。由于藻液光照时会消耗大量的光线，因此微藻培养的特点体现在光是主要的限制因子。事实上，为了确保最大限度地利用光这一因子，则光必须是主要的限制因子。虽然矿物成分也会限制微藻生长，但是在培养液中保持这些成分的稳定而充足的供应是极其容易的。

除了光照外，在真正的微藻培养条件下，最常限制细胞生长速率的参数是作为碳源的 CO_2。因此，我们详细研究了微藻生长速率对光照强度和 CO_2 浓度的依赖关系。然而，任何对单细胞微藻培养物生产率的考虑都必须首先将微藻对光强的依赖作为限制因子。

6.2.1 单细胞微藻生长对光照的依赖关系

Kovrov 等（1967）着手设计了一个单细胞光自养培养物生长模型。在这一尝试中，他们完全依赖于实验数据和依赖关系。在这些实验中，以小球藻嗜热品种的连续培养物为研究对象。小球藻细胞生长在光学致密的平坦层中。实验材料已被体系化，这使得其能够以极其简单的依赖关系的形式呈现（图6.2）。

图 6.2 中的 y 轴表示细胞叶绿素的光合作用强度 μ/β，其中 μ 表示细胞比生长速率（cell specific growth rate），β 表示在进行细胞生长速率测量时细胞培养物中的叶绿素相对含量。x 轴表示光合细胞器单位时间吸收的光能剂量，即单位时间内单位色素重量所吸收的光能量：

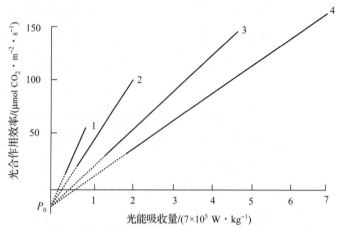

图 6.2 微藻细胞叶绿素光合作用效率 μ/β 与单位时间由叶绿素在不同平层表面光照下吸收 PAR 剂量 D 之间的关系

($1—E_0 = 44.5 \text{ W} \cdot \text{m}^2$；$2—E_0 = 102 \text{ W} \cdot \text{m}^2$；$3—E_0 = 250 \text{ W} \cdot \text{m}^2$；$4—E_0 = 361 \text{ W} \cdot \text{m}^2$)。

$$D = \frac{E_{\text{吸收}}}{\beta \cdot \bar{x}} = \frac{E_0}{\beta \cdot \bar{x}} \cdot (1 - e^{-l\beta \bar{x}}), \text{W/kg} \tag{6.5}$$

式中：E_0 为藻培养液表面的光照强度（$\text{W} \cdot \text{m}^{-2}$）；$\bar{x}$ 为细胞生物量表面浓度（kg（细胞干物质）$\cdot \text{m}^{-2}$）（被照光的藻培养液表面）；L 为叶绿素吸收白光的比系数，$L = 4.6 \times 10^3 \text{ m}^2 \cdot \text{kg}^{-1}$。

式（6.5）及其组成部分是根据 N.S. Eroshin 等 (1964) 和 F. Ya. Sidko 等 (1967) 所收集的数据计算得出的，应当和下面描述微藻光学特性的信息一起予以考虑。

式（6.5）是在假设微藻细胞悬浮液中的光吸收符合朗伯-比尔定律 (Lambert-Beer law) 的前提下形成的。实际上，悬浮液中弯曲衰减光（curved attenuated light）的特性使其公式化表示与式（6.5）中的参数存在指数级差异，尽管这种差异仅在光衰减很多的显著光学深度时才会变得重要。因此，根据朗伯-比尔定律，计算 D 时的任何误差都不会超过实验测量 x、l、β 和 μ 值时的误差。

在所考虑的坐标值区域内的实验数据产生了一系列直线。这些直线可以向下延伸（图 6.2 中的虚线）到光能小剂量值区域，直到它们在 y 轴的负半部分相交。图中的每条直线都说明了当藻培养液表面被恒定白光照射时，其光合作用效率 μ/β 对单位时间所吸收光能剂量的依赖关系。通过改变藻培养液的生物量表面浓度，可以在恒定光照条件下改变单位时间内所吸收的光能剂量。利用光学致密培养层收集各种照明强度的所有实验数据，在此透光率小于3%，因此可对其忽略不计。

式（6.6）用于描述图6.2中的直线族，从而阐明藻液中的细胞生长速率：

$$\frac{\mu}{\beta} = \frac{K \cdot D}{E_0 + q} - P_0 \quad (6.6)$$

式中：实验常数K和q定义为$K = (0.192 \text{ kg} \cdot \text{m}^{-2} \cdot \text{d}^{-1})$和$q = 243 \text{ W} \cdot \text{m}^{-2}$；$P_0$是图6.2中$y$轴上从0到虚线交点的这一段。

该段是负值，这按照生物学的解释是，它代表了在没有光的情况下微藻生物量的减少值，这是因为在黑暗中藻培养液的呼吸作用不能通过光合作用得到补偿。由于对生长速率与色素含量的关系是沿着y轴进行描述，因此可以得出以下结论：

$$P_0 = \frac{\gamma}{\beta} \quad (6.7)$$

式中：γ为呼吸因子，用与细胞比生长速率μ相同的单位予以表示（d^{-1}）。

根据测量，$\gamma = 0.32$（d^{-1}）。将式（6.5）和式（6.7）中P_0和D的值代入式（6.6），则得到更明确的细胞比生长速率：

$$\mu = \frac{KE_0}{\bar{x} \cdot (E_0 - q)} \cdot (1 - e^{-\beta \bar{x}}) - \gamma \quad (6.8)$$

注意，式（6.8）不适用于具有无限小生物量浓度（$x \to 0$）的培养层，因为在现实中一层细胞的厚度不会薄于一个细胞。由式（6.8）描述的细胞单层生长速率对光照的依赖关系如图6.3中的曲线2所示。本次计算的层宽取5 mm。另外，给图6.3中的曲线1还绘制了表示稀释藻培养液中细胞生长速率的实验曲线。曲线1是根据V. N. Belyanin（1964）的实验数据构建的，它考虑了光强增加时细胞叶绿素含量的降低，但并没有考虑细胞的几何参数。曲线1和曲线2具有相似的性质，并且它们在原点附近重合。

藻培养液生产率（culture productivity，P），即单位时间内单位光照面积上所增加的细胞生物量（$\text{kg} \cdot \text{m}^{-2} \cdot \text{d}^{-1}$），其计算公式如下：

$$P = \frac{KE_0}{\bar{x}(E_0 + q)}(1 - e^{-\beta \bar{x}}) - \gamma \bar{x} \quad (6.9)$$

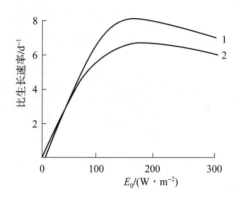

图6.3 藻培养液光学薄层中的细胞比生长速率与藻液表面光照强度之间的关系

(1—根据 V. N. Belyanin 的数据得出的实验依赖关系；2—由式（6.8）得出的单层细胞的理论曲线)。

系数 $1-e^{-l\beta\bar{x}}$ 表示光吸收层，对于光学致密层或全吸收层，该系数接近于"1"（close to unity）。对于这样的藻培养液，其生产率可由以下等式表示为

$$P = K \frac{E_0}{E_0 + q} - \gamma \bar{x} \tag{6.10}$$

很有趣的是，式（6.10）中的第一个参数是类似于著名的米氏方程（Michaelis – Menten equation）的一种夸张表达形式（hyperbole）。在该式中，用光照 E_0 代替了底物，常数 q 类似于米氏方程中的常数，其数值等于生产率为最大值一半时的光照值。最大生产率由系数 $k = (0.192 \text{ kg} \cdot \text{m}^{-2} \cdot \text{d}^{-1})$ 引入。

尽管作者并未研究这个问题，但在式（6.10）和米氏方程中，这些依赖关系的形式相同，因此这一事实可能证明了两个系统在吸收量子和分子的细胞机制方面也存在相似的结构形式。利用式（6.9），可将光合作用效率用下式表示，即

$$\eta = \frac{QP}{TE_0(1-e^{-l\beta\bar{x}})} = \frac{Q}{TE_0(1-e^{-l\beta\bar{x}})} \times \left[\frac{KE_0}{E_0+q} - \gamma\bar{x}\right] \tag{6.11}$$

式中：T 为时间单位为 1 d（$1 \text{ d} = 8.64 \times 10^4 \text{ s}$）时的标准化乘数，$T = 8.64 \times 10^4$；$Q$ 为微藻生物量的比热含量（specific calorie content）。

通过实验，确定微藻生物量的比热含量为 5 435 cal·g^{-1}。当微藻被在完全矿化的营养液中培养时，则所有这些能量都来自光。当以尿素为氮源进行培养时，则必须从以上数字中减去细胞在生物量合成过程中吸收的尿素的卡路里含量。当尿素消耗量为 170 mg·g^{-1} 及其卡路里含量约为 2 700 cal·g^{-1} 时，则吸收

的光能达到 $Q = 5\ 435 - 460 = 4\ 975\ \text{cal} \cdot \text{g}^{-1}$。当在培养中采用尿素作为氮源时，该数值则应当被用于计算微藻光合作用的效率系数。

根据式（6.9），则易于确定在给定光照强度下保障达到最大微藻培养物生产率的最佳细胞生物量浓度。采取 $d\eta/dt = 0$，则可推导如下：

$$\bar{x}_{最佳} = \frac{1}{l\beta} \ln \frac{E_0 K l \beta}{\gamma (E_0 + q)} \qquad (6.12)$$

将式（6.12）代入式（6.9），则生产率对光照的依赖关系为

$$P_{最佳} = K \frac{E_0}{E_0 + q} - \frac{\gamma}{l\beta} \left(1 - \ln \frac{E_0 K l \beta}{\gamma (E_0 + q)} \right) \qquad (6.13)$$

另外，光合作用的性能系数为

$$\eta = \frac{Q}{TE_0 \left(1 - \dfrac{\gamma (E_0 + q)}{E_0 K l \beta} \right)} \times \left[\frac{K E_0}{E_0 + q} - \frac{\gamma}{l\beta} \left(1 - \ln \frac{E_0 K l \beta}{\gamma (E_0 + q)} \right) \right] \qquad (6.14)$$

式（6.12）~ 式（6.14）三者之间的依赖关系如图 6.4 所示。利用式（6.14）并不能够计算最大可能的光合效率，因为该式针对的是促成最高生产率的条件，因此这两者并不相同。这样，我们可以看到，当藻液为光学致密和实际上对光完全吸收时，则可以达到最大的生产力，而光合作用的最大性能系数只能在层宽最小（即当只有一个单层细胞时）的情况下才能达到。图 6.4 所示为 $x = 1.5\ \text{g} \cdot \text{m}^{-2}$ 时的光合效率图，该图与单层细胞的光合效率近似。

从图 6.4 可以看出，单层细胞的光合效率要高于最优层，但最优层的生产率要明显高于单层细胞。在不同光照强度下，通过微藻生物量的最优表面浓度值（x）（图 6.4 中的曲线 2），可计算穿透微藻培养物最优层的光量。在不同光照强度下，该值从 E_0 的 2.5% 到 6% 不等。与此一起，生产率式（6.9）中的共乘数 $1 - e^{-l\beta \bar{x}}$ 总是很接近于"1"。式（6.9）的第二个参数描述了微藻培养物的呼吸，并包含共乘数 x。第二个参数与第一个参数相比较小。因此，可以说，当各层光学密集时，微藻培养物的生产率则首先是光照强度的函数，而仅略微取决于生物量浓度。

图 6.5 展示了具有不同生物量表面浓度的微藻培养物生产率对不同光照强度的依赖关系图。这些曲线具有：①与式（6.12）相称的最大值；②在浓度较低的

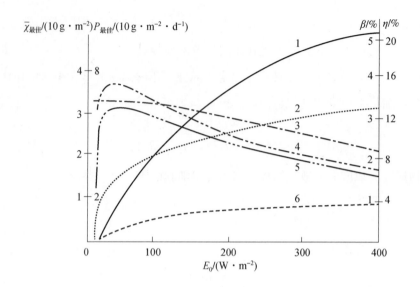

图 6.4 6 种参数对表面光照强度的依赖关系

(1—最佳培养层的生产率（$P_{最佳}$）；2—生物量最优表面浓度（$\bar{x}_{最佳}$）；3—藻类细胞中的叶绿素浓度（β）；4—单层细胞的光合作用性能系数；5—最优层的光合作用性能系数（η）；6—单层细胞的生产率）。

范围，当这一层细胞没有完全吸收光线时，就会急剧下降；③由微藻培养物的呼吸作用所引起的高浓度细胞层生产率的逐渐线性下降。由图 6.5 可知，在 $x_{最佳}$ 的附近，存在一个生物量浓度变化达到 2 倍的区域：$1.75 \times 10^{-2} \sim 3.5 \times 10 \, \text{g} \cdot \text{m}^{-2}$，而且在这个区域之间的微藻培养物生产率的变化不超过 5%。该数量与测定微藻培养物生产率时的实验误差数量级相同。

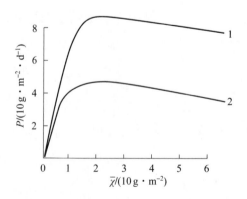

图 6.5 两种光照强度下微藻细胞层的生产率对生物量表面浓度的依赖关系

(1—光照强度为 $250 \, \text{W} \cdot \text{m}^{-2}$；2—光照强度为 $100 \, \text{W} \cdot \text{m}^{-2}$)。

这意味着在一个较宽的区域内,培养过程中的生产率对生物量的变化不敏感,因此在建立自动调节生物量浓度的方法时,这个区域至关重要。当式(6.8)和式(6.9)被设定为 0 时,光合作用的补偿点则会变得较为清晰:

$$E_{补偿} = q \frac{\gamma x}{K(1 - e^{-l\beta \bar{x}}) - \gamma \bar{x}} \qquad (6.15)$$

式(6.15)清楚地表明,代表光合作用补偿点($E_{补偿}$)的值不是常数,而是生物量表面浓度的函数。结果表明,单层细胞的光合作用补偿点为 3 W·m^{-2},其中 $x = 1.5$ g·m^{-2},而对于完全吸收细胞层,$x = 30$ g·m^{-2},其光合作用补偿点已增至 13 W·m^{-2}。

上述所有的依赖关系都是从一侧光照的培养层获取的。当转换到双侧光照时,实验表明藻液会以一种加性方式(in an additive way)进行反应。对这样一层的生产率表述为

$$P_2 = K(1 - e^{-l\beta \bar{x}})\left(\frac{E_{01}}{E_{01} + q} + \frac{E_{02}}{E_{02} + q}\right) - \lambda \bar{x} \qquad (6.16)$$

式中:E_{01} 和 E_{02} 分别为微藻细胞层的第一侧面和第二侧面的光照强度;P_2 为单位面积细胞层在两种光照强度下的生产率。

当 E_{01} 和 E_{02} 相等时,有

$$P_2 = 2K\frac{E_0}{E_0 + q} - \gamma \bar{x} \qquad (6.17)$$

式(6.17)清楚地表明,从两侧光照的细胞层生产率是仅一侧光照时所达到生产率的两倍以上。因此,这一细胞层也具有较高的光合作用性能系数。而且,单侧最优层的最大光合效率为 13%(图 6.4 中曲线 5),而同一层的双面光照的最大光合效率为 14.4%。

然而,当光照强度较高时,这种差异则并不显著。因此,在进行实际计算时,当藻液被安排在平坦平行层中时,则有助于利用生产率方程来进行双侧光照下单位被照面的生产率计算:

$$P_2 = K\frac{E_0}{E_0 + q}(1 - e^{-l\beta \bar{x}}) - \frac{1}{2}\gamma \bar{x} \qquad (6.18)$$

对于另一种几何形式更为复杂的细胞层,可以转换藻液生产率方程。例如,

根据式（6.6）和式（6.9），对于内部均匀光照并装有藻液的圆柱体光生物反应器，可做如下描述：

$$P_{圆柱体} = \mu \bar{x} = \frac{K\beta D}{E_0 + q} - \lambda \bar{x} \tag{6.19}$$

在这种情况下，可对单位时间内所吸收的光能剂量定义如下：考虑到圆柱体圆周单位弧长辐射的所有光能都被对应于弧的扇形吸收是正确的，因为藻液的均匀性和圆柱体表面上所有点的相同发光度确保了任何选定扇区与其相邻扇区之间的能量交换是等效的（图6.6）。

图6.6 内部均匀光照并装有藻液的圆柱体

在等同于直径的路径上的光吸收系数为 $(1 - e^{-l\beta x 2R})$，式中，x 为生物量体积浓度与表面浓度的关系，表示为 $x = 2\bar{x}/R$，R 是圆柱体半径。这时，单位时间内被吸收的光能剂量为

$$D = \frac{2E_0}{Rx\beta}(1 - e^{4l\beta x 2R}) \tag{6.20}$$

对于一个装有藻液的圆柱体，其单位表面积的生产率为

$$P_{圆柱体} = K \frac{E_0}{E_0 + q} l - e - 4l\beta \bar{x} - \gamma \bar{x} \tag{6.21}$$

采用已经描述的方法找到最佳生物量，并将其代入方程（6.21），可导出圆柱体的以下方程：利用上述方法求得最优生物量浓度，并将其代入式（6.21），可推导出关于圆柱体的如下等式：

$$P_{圆柱体最佳} = K \frac{E_0}{E_0 + q} - \frac{\gamma}{4l\beta}\left(1 + \ln \frac{4Kl\beta E_0}{\gamma(E_0 + q)}\right) \tag{6.22}$$

利用类似方法，计算出关于装有藻液的球体的最佳生产率：

$$P_{球体最佳} = K \frac{E_0}{E_0 + q} - \frac{\gamma}{6l\beta}\left(1 + \ln \frac{6Kl\beta E_0}{\gamma(E_0 + q)}\right) \tag{6.23}$$

当对稠密层［式（6.14）］、圆柱体［式（6.22）］和球体［式（6.23）］中藻液的最佳生产率方程进行比较时可以看出，方程的第一个参数是相同的，而第二个参数则是由于藻液呼吸和光渗透造成的损失之和。因此，这取决于盛装藻液的几何结构的容量。

上述所有方程都涉及"表观光合作用"（apparent photosynthesis），即藻液真正的光合作用受到了呼吸作用的调整。然而，在现有模型的框架内合理评价光合作用是可能的。如果描述呼吸的方程式（6.11）的参数被设定为 0，$\gamma - x = 0$，那么光合效率为

$$\eta = \frac{QK}{l(E_0 + q)} \quad (6.24)$$

也就是说，光合效率取决于生物量，与光照成反比。当 $E_0 \to 0$ 时，得到最大光合效率，则上述定义值为常数，等于 19.1%。该常数没有超出已知理论预测的范围。

必须特别注意参数 β，因为这个参数存在于所有模型方程中。β 代表藻细胞生物量的光合色素含量，是藻液光照和生物量表面浓度 x 的一个极其复杂的函数。直到现在，对 β 尚无令人满意的数学描述。对于完全吸收的培养层，已经具有了这种依赖性（图 6.4 中曲线 4）。利用这些信息，针对上述所有模型方程（β 是一个常量）的计算均可得到修正。然而，如果计算的是完全吸收的培养层，即当 $e^{-l\beta x} = 0$ 时，则没有太大必要修正生产率。如式（6.10）所示，在这种情况下参数 β 不进入计算。另外，在 $E_0 < 100 \text{ W} \cdot \text{m}^{-2}$ 的低光照强度下，β 的变化在该区域变化不大，因此也不需要跟踪 β 的变化。但在计算高光照强度（300~400 $\text{W} \cdot \text{m}^{-2}$）和低光密度下的生长速率和藻液生产率时，则需要计算 β 的变化。

上面介绍的关于密集和平行层中藻液的生产率方程，可被用于进行构建藻类光生物反应器，以实现目标生产率所需的计算。这些计算情况将在 6.4 节中予以介绍。根据这些计算构建了培养装置，而且其长期应用结果证实了这些计算结果和方程的准确性。实验确定计算准确性的基本参数取值范围为：表面培养光照强度被设置为 25~400 $\text{W} \cdot \text{m}^{-2}$，而生物量表面浓度被设置为 1.5~100 $\text{g} \cdot \text{m}^{-2}$。

6.2.2 薄层藻类培养

从描述藻类细胞生长依赖于光照的基本方程式（6.6）可以看出，生长速率与单位时间内被吸收的光能剂量成正比，而与培养光照强度成反比。在不增加藻液表面光照的情况下，增加单位时间的光能剂量，则可能加速生长（或增加光合效率）。在实验条件下，当藻层光学厚度或生物量浓度 x 被减小时，这很容易实

现。在这种情况下,细胞层不会完全吸收。即使如此,如果在第一薄层的下方放置一个细胞层,要确保第二层与第一层不粘连或混合,然后将第三层也以类似的方式放置,并一直向下放置直到对光实现全部吸收,从而就可以有效地避免光损失。

将藻液划分为不混合层的层数很容易通过数值示例演示。以 300 $W \cdot m^{-2}$ 的强度从一侧照射培养层。设最优生物量浓度为 30 $g \cdot m^{-2}$(图 6.4),设生产率为 94.3 $g \cdot m^{-2} \cdot d^{-1}$,设光合效率为 8.2%。将这一层分成两个不混合的相同层。现在第一层的光照强度仍为 300~400 $W \cdot m^{-2}$,而第二层:$E_{02} = E_{01} \times e^{-l\beta \bar{x}} = 48.5$ $W \cdot m^{-2}$。由式(6.9)可知,上、下两层的生产率分别为 $P = 87.2$ $g \cdot m^{-2} \cdot d^{-1}$ 和 $P = 22.8$ $g \cdot m^{-2} \cdot d^{-1}$,两者之和为 110 $g \cdot m^{-2} \cdot d^{-1}$,比整个层被划分前的生产率高出 16%。相应地,光合效率在分层后从 8.2% 提高到了 9.5%。

当藻液被分割成无限多个薄层时,就会出现藻液多层的极端情况。对于位于某一深度 $\bar{x}$、厚度为 $d\bar{x}$ 的单层藻液,而且被用光强为 E_i 的光源照射,那么在单位时间被叶绿素吸收的光能剂量为

$$\lim_{\bar{x} \to 0} D = \lim_{\bar{x} \to 0} \frac{E_i}{\beta \bar{x}} (1 - e^{-l\beta \bar{x}}) = lE_i \qquad (6.25)$$

由式(6.6)和式(6.7)可知,该层细胞的生长速率为

$$\mu_i = K \frac{D\beta}{E_i + q} - \gamma = \frac{E_i}{E_i + q} - \gamma \qquad (6.26)$$

每一单层的生产率为

$$P_i = \mu_i d\bar{x} \left(Kl\beta \frac{E_i}{E_i + q} - \gamma \right) d\bar{x} \qquad (6.27)$$

隔离单层的表面照度为

$$E_1 = E_0 e^{-l\beta \bar{x}} \qquad (6.28)$$

将式(6.28)代入式(6.27)中,并积分不同厚度层 $\bar{x}$ 的生产率,当藻液由无限多个不混合的无限薄层组成时,则可得出以下藻液生产率的等式:

$$P = \int_0^{\bar{x}} \left(Kl\beta \frac{E_0 e^{-l\beta \bar{x}}}{E_0 e^{-l\beta \bar{x}} + q} \right) d\bar{x} = (Kl\beta - \gamma)\bar{x} - Kln \frac{E_0 + qe^{l\beta \bar{x}}}{E_0 + q} \qquad (6.29)$$

当 $dP/dx = 0$ 时，这样一层的最佳藻类生物量浓度为

$$\bar{x}_{最佳} = \frac{1}{l\beta}\ln\frac{E_0(Kl\beta - \gamma)}{\gamma q} \tag{6.30}$$

这里，研究的案例是固定化细胞的藻液。技术上的困难阻碍了这种藻液的形成。其最接近的类似物可能是由数量有限的层组成的藻液，其中每一层都是细胞单层。

这些培养层可以被透明的分隔物分割，而且在其中的细胞在被连续照光时可以自由混合。在此，生产率方程呈如下形式：

$$P = \frac{K}{x}(1 - e^{-l\beta\bar{x}})\left[\bar{x} - \frac{1}{l\beta}\ln\frac{E_0 + q}{E_0 + qe^{l\beta\bar{x}}}\right] - \gamma\bar{x} \tag{6.31}$$

图 6.7 显示了薄层藻液而非常规混合藻液的生产率和光合效率曲线。单细胞藻类的多层次培养尚未经过充分的实验研究。因此，将不再使用本节前面介绍的依赖项。然而，已经发表的实验结果证实，通过将一种光学致密藻液分成非混合层，则可以显著提高藻类的生产率（Sidko et al.，1967）。

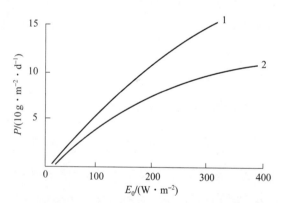

图 6.7 两种藻类培养层的生产率对表面光照强度的依赖关系

（1—带固定细胞的藻类培养层；2—带混合层的藻类培养层。

两种情况下的生物量表面浓度均为 $x = 30 \text{ g} \cdot \text{m}^{-2}$）。

6.2.3 CO_2 浓度对藻类生长的影响

我们之前提过，微藻培养物的生长通常不受光照的限制，因为正是在光照强度最大的时候，光合效率才会达到最大。但在某些情况下，CO_2 会成为限制因

素。例如，当在密闭系统中使用微藻培养物来再生大气时，由于某种原因，乘员提供给藻类的 CO_2 会被切断（Kirensky et al., 1967a, b）。在本节中，根据研究人员对这种依赖关系开展研究后所积累的资料，试图从理论上进行归纳（Kovrov et al., 1969）。

藻类生物量中碳含量超过了 50%。溶解在培养液中的 CO_2 实际上是这种碳的唯一来源。合成 1 g 海藻生物量所需的 CO_2 为 1 L（1.96 g），也就是说，这一需求量比所有其他营养成分的需求量要大一个数量级。因此，利用 CO_2 来保障藻类的集约生长需要相当大的资金，同时还需要了解藻类的生长是如何依赖于这个参数的。

所有研究藻类细胞生长速率对气相 S_0 中 CO_2 浓度（在此这一浓度与藻液的较为接近）依赖性 μ 的学者都注意到，对于 μ 和 S_0 中的坐标，当接近饱和时，这种依赖性以上升曲线的形式出现。然而，饱和区域的初始值在作者之间有很大的差异，即 CO_2 从 0.1% 到 10% 不等（Myers, 1954, 1958; Meleshko 和 Krasotchenko, 1965; Meleshko et al., 1993）。

在设计当前的模型时，作者采用了他们自己的实验数据（Kovrov et al., 1969; Shtol et al., 1976），以及 Bartosh（1965）获得的数据。通过对 $\mu - S_0$ 依赖性变化的定性分析，他们对模型提出了一种基本假设，即根据米氏方程，藻类细胞的生长速率取决于营养液中的溶解 CO_2 浓度：

$$\mu = \mu_m \frac{S}{K_s + S} \tag{6.32}$$

式中：μ_m 为溶液中存在过剩 CO_2 但不限制生长时的细胞生长速率；S 为细胞周围溶液中 CO_2 的浓度；K_s 为米氏常数，它在数值上等于细胞生长速率为 $\mu_m/2$ 时的溶解 CO_2 浓度。

溶解 CO_2 浓度取决于它在气相中的浓度和藻液消耗它的速率，该浓度可被用以下这些术语表示。从亨利定律（Henry's law）可得：

$$\frac{dS}{dt} = Ka(S_s - S) \tag{6.33}$$

式中：K 为基于气液阈值的传质系数（mass transfer coefficient on the gas – liquid threshold）（$m^3 \cdot s^{-1}$）；a 为在气液界面上的传质面积（$m^2 \cdot m^{-3}$）（以单位藻液

体积表示)。

当藻液的物理和化学条件不变(这是连续培养的特点)时,则 K 和 a 的量就不变,并且可以用 A 代替,在此 $Ka = A$。在物理意义上,系数 $A(s^{-1})$ 是在从 S_s 中减去 $S(S_s - S)$ 的条件下,CO_2 在藻液中每秒所溶解的体积量。当 S_s 是培养液中 CO_2 的饱和浓度,且与培养液相邻的气体混合物中存在给定浓度的 $CO_2(S_0)$ 时,也就是说,$S_s = S_0 \varphi$,其中 φ 是给定物理条件下培养液中的 CO_2 溶解度系数,则这些条件就会出现。对于这些计算,藻液中的气体压力认为是恒定的,并等于大气压力,这样就使我们可以根据气体混合物中的 CO_2 浓度而不是其分压进行操作。

当藻液中的气体交换达到动态平衡时,这种情况在连续培养中的恒定生长条件下会不可避免地发生,气体在培养液中的溶解速率等于细胞对气体的消耗速率:$dS/dt = \mu xy$,其中,x 为藻液中的生物量细胞体积浓度($kg \cdot m^{-3}$);y 是用来合成单位生物量细胞的 CO_2 气体($m^3 \cdot kg^{-1}$)。

利用引入的等式,亨利定律可被重新表述为

$$\mu xy = A(S_0 - S) \tag{6.34}$$

由此可以看出,溶液中的 CO_2 浓度为

$$S = S_0 - \frac{\mu xy}{A} \tag{6.35}$$

将此 CO_2 气体浓度代入米氏方程式(6.32)求解,得到藻类在气相中的比生长速率对 CO_2 浓度的依赖关系:

$$\mu = \frac{1}{2xy}(\mu_m xy + K_s A + S_0 \varphi A) - \sqrt{(\mu_m xy + K_s A + S_0 \phi A)^2 - 4\mu_m xy S_0 A} \tag{6.36}$$

那么,单位体积($kg \cdot m^{-3} \cdot d^{-1}$)中的藻液生产率为

$$P_l = \frac{P_m y + K_s A + S_0 \varphi A}{2y} - \sqrt{\frac{(P_m y + K_s A + S_0 \phi A)^2}{4y^2} - \frac{P_m S_0 \varphi A}{y}} \tag{6.37}$$

式中:$P_m = m_m x$ 表示当 CO_2 浓度不限制生长时,单位体积藻液的生产率。

对上述等式中的常数 A 和 K_s,不能通过直接测量来成功确定。这是因为,这样的测量只能通过测量剧烈起泡藻液(用到 A)中的气泡表面积,或者通过测量培养装置培养液中溶解 CO_2 的极低浓度来完成(用到 K_s),而且这些测量精度不

够高。不过，对这些常数可通过实验数据来间接确定。

在实验中，如果 CO_2 严重限制藻液的生长（也就是说，在给定的光照条件下，培养物的生产率比 P_m 要低百分之几十），那么可以预期，溶液中的 CO_2 浓度与饱和浓度相比会很小，即 $S≈0$。那么，在式（6.34）中代入 $xy=P$ 和 $S=0$，可得：

$$A = \frac{y}{\phi} \frac{P}{S_0} = \frac{y}{\phi} \tan\alpha \tag{6.38}$$

注意，y 和 φ 是常数。然后，A 由 $P=f(S_0)$ 曲线初始部分斜率的正切角来确定（图6.8），并可由位于所研究相关性上升部分区域的一个实验点来确定。

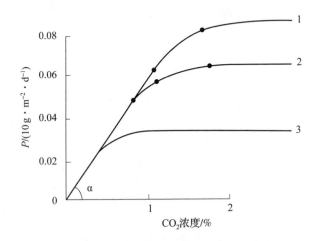

图6.8 不同光强下处于最优浓度的藻类培养层的生产率对在培养装置中所获得的混合物中 CO_2 浓度的依赖关系

1—$E_0=270\ W·m^{-2}$，2—$E_0=170\ W·m^{-2}$，3—$E_0=64\ W·m^{-2}$。每个培养层厚度为 5 m，从两侧照射（对每一层每一边的生产率均沿着 y 轴进行绘制（Shtol et al., 1976））。

参量 A 是向藻液供应气体的气体混合物流量和光生物反应器几何参数的函数。实验研究表明，对于水平平行而被垂直放置的透明小容器形式的光生物反应器，可通过以下简单关系予以描述：

$$A = \delta \frac{m}{c} \tag{6.39}$$

式中：m 为鼓泡期间通过光生物反应器的气体混合物流速（$m^3·s^{-1}$）；c 为光生

物反应器水平横截面的面积（m^2）。

实验证明，这种关系在 $0\sim5\times10^{-4}\ m^3\cdot m^{-2}\cdot s^{-1}$ 的特定气体流速范围内是合理的。当气体流速较大时，在光生物反应器单位体积内的气量并不增加。这是因为，这种增加被实验装置的结构特性，即光生物反应器中培养层的较薄物理厚度所抑制。

式（6.32）的应用范围有限，它只适用于特定光生物反应器类型，但类似的依赖关系可被很容易地用于其他设备。与 A 不同的是，常数 K_s 描述给定的藻类品种或类群。K_s 与实施培养过程无关。当实验中藻液的生产率为 $P_m/2$ 时，可根据实验数据计算出 K_s，这意味着气相中的 CO_2 浓度等于 K_s。现在，如果气相中 CO_2 浓度为 S_0，则式（6.35）可被转化为如下形式：

$$K_s = S_0\varphi - \frac{P_m y}{2A} \qquad (6.40)$$

将实验中定义的 P_m、S_0、A 和常量 φ 及 y 代入式（6.40），并规定受试品种的浓度为 $K_s = 1\ 000\ g\cdot m^{-3}$。这对于在光生物反应器中进行直接分析来说是一种非常低的浓度。有趣的是，这一浓度接近于水与大气接触时获得的饱和浓度（$S_0 = 0.000\ 3$）。

这里提出的增长模型只是第一个近似值，前提是光生物反应器输出处的气体 CO_2 浓度与输入处气体 CO_2 浓度的差异可以忽略不计。在相反的情况下，平均浓度（$S_{进}+S_{出}$）/2）必须被用在 S_0 的容量计算中。虽然该平均浓度不是绝对的，但它更精确，也更能反映真实情况。该模型也没有考虑由于气泡的存在而导致光生物反应器单位体积中藻液量的减少。因此，进行生产率计算时应考虑到光生物反应器液相的体积，因为液相的体积总是小于光生物反应器的体积。

如前所述，当前模型中所采用的变量 μ_m 和 P_m，表征了当 CO_2 过剩，即生长不受该底物限制时藻液生长的情况。在这种情况下，可通过培养液中的矿物成分或细胞中的生理学（遗传学）机制，或者更有趣的是可从实用角度通过光照 E_0 这一限制因素来阐明藻液的生长特性。所以，我们看到 $P_m = f(E_0)$ 更具有特征性。当描述 $P_m = f(E_0)$ 时，使用生物量表面浓度 x，以及表面生产率 P（$kg\cdot m^{-2}\cdot d^{-1}$），而在模型中，$P_{vol} = f(S_0)$，而 P 和 P_m 是培养物的日单位体积生产率（$kg\cdot m^{-3}\cdot d^{-1}$）。单位体积生产率 P_{vol} 与表面产率 P 之间的关系为 $P = P_{vol}d$，其中 d 为培养物照层的厚度（m）。在此基础上，得到了单位体积的光照培养层表面的一般生产率方程：

$$P = \frac{P_E y - d(K_s A + S_0 \varphi A)}{2y} - d\sqrt{\frac{\left(\frac{P_E}{d} y + K_s A + S_0 \varphi A\right)^2}{4y^2} - \frac{\frac{P_E}{d} S_0 \varphi A}{y}} \quad (6.41)$$

在此，P_E 是在式（6.9）中描述的具有单侧光照并取决于光强的细胞层表面生产率，而且也是在式（6.16）和式（6.17）中所描述的具有双侧光照的细胞层表面生产率。

图6.8中，表示了几种光照强度下细胞层表面生产率与藻液中溶解 CO_2 浓度之间的关系。这些曲线与实验曲线相吻合，这说明在描述依赖性 $\mu = f(S_{CO_2})$ 时，对于米氏方程的适用性所做的初始假设是正确的。

目前，关于细胞生长依赖于光照和 CO_2 浓度的模型表明，当 CO_2 浓度较低时，细胞生长则只取决于这个参数。另外，该模型也证明了相反的情况：当 CO_2 浓度很高时，也就是说处在饱和区，则生长只取决于光照。然而，在一个特定的平均场（average field），则这两个因素都会影响增长。目前的数学模型还可以计算出培养装置一定的生产率、光合效率和 CO_2 饱和度等参数。

6.3 微藻悬浮液的光学特性及其光照制度

光是微藻的能量来源，就像其对于所有绿色植物一样。它们的生长往往受到缺乏光能的限制。

在培养中，光是最昂贵的资源。为了确保光能够被完全吸收而不被浪费，应将光生物反应器中的细胞悬浮液密度保持在较高水平。在高密度藻液中，每个细胞不仅会消耗光能，而且会像荧屏一样来分散和选择性地吸收光线。在吸收光线的过程中，有些细胞会遮住其他细胞的光线。为了确保所有细胞在培养期间都有均等接受最佳光照的机会，需要将在光生物反应器中的细胞混合。这就保证了细胞不断地改变位置，即有时会碰巧落在表面的强光下，而有时碰巧会被隐藏在藻液的深处。在光生物反应器中，所有这些因素的相互作用会导致光分布呈现出高度复杂的三维构型。最终，正是这种光照分布构型决定了光能利用效率和所培养藻类的生产率。

需要特别注意的是，优化光生物反应器中的光分布并不等同于能够优化光生物反应器中每个细胞的光照条件。相反，在某些条件下，有些细胞可能会受到光缺乏的强烈限制，尽管光生物反应器本身以最有效的方式利用光，即整个细胞群体以最优的方式吸收光。因此，解决最佳光吸收的问题不是针对单个细胞，而是针对整个细胞群体。

由此可见，在优化藻类生产率方面，最重要的任务首先是制定三维光场（light field）在装有悬浮液的光生物反应器中的形成途径，以及该光场如何依赖于群体中细胞的光学特性及其浓度。

为了将这些原理具体应用于确定光场如何在细胞中得到单独发展和利用，以及如何在整个悬浮液中最大限度地提高光合效率的问题，则需要对下列主要问题进行研究：①细胞本身的光学特性；②在悬浮液中的光吸收和光散射之间的关系如何开展取决于细胞浓度和色素含量；③光谱组成如何决定它渗透到藻类悬浮液的深度；④藻类生长速率对光照强度的依赖性。最后，以这些因素为依据，提出微藻培养装置的工程设计方法。

当光合作用是保障微藻培养的主要手段时，要想获得最有效的培养效果，则最根本的困难在于为藻液提供光能，即在细胞非常密集的情况下如何实现对光的充分吸收，从而使藻液最大限度地利用光。另外，非常密集的藻液也有其自身的问题。

位于表面的细胞会受到过多的光照，而一旦接收了过多光照，它们的光利用系数（光合效率）就会下降。位于培养装置深处的细胞可被位于它们上面的细胞层遮挡，这样到达它们的光能就会比补偿它们在呼吸作用上需要消耗的能量要少。也就是说，下层细胞的生存条件低于光合作用的补偿点。在该补偿点以下，细胞只消耗能量而不产生新的细胞。

因此，了解藻类的光学特性对于为密集藻类培养创造最佳的光照模式是非常重要的。需要了解悬浮液的光学特性，以便计算出微藻悬浮液中存在的光场，并对光合作用过程中的光能利用效率进行定量估算。

我们以小球藻为样品研究了其光学特性。许多年里，我们研究所的 F. Ya. Sidko 及其同事对小球藻开展了系统研究。他们在《为人类居住设计的实验生态系统》(*Experimental Ecological Systems Designed for Human Habitation*) 一书中发表了相关实验结果 (Gitelson et al., 1975)。

6.3.1 基于藻类光学特性的光合效率最大化调节

微藻悬浮液的主要光学特性，即小球藻悬浮液与提取的叶绿体和叶绿素溶液的消光系数的对比情况如图 6.9 所示；图 6.10 所示为小球藻悬浮液相对于浓度的透射光谱；图 6.11 所示为小球藻悬浮液中光衰减随悬浮液浓度的光谱依赖性；图 6.12 表明小球藻悬浮液的最大吸收光谱区为 680 nm，而最小吸收光谱区为 555 nm；图 6.13 为描述小球藻悬浮液中光能分布的一组图，这取决于光源的光谱组成和悬浮细胞的浓度。

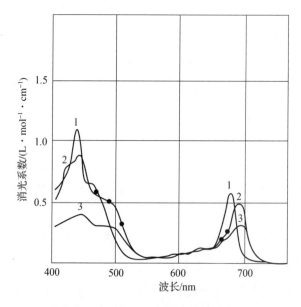

图 6.9　小球藻、叶绿体及叶绿素溶液的消光系数 ξ 比较

(1—酒精溶液中的色素；2—在细胞间营养液中被破坏的叶绿体的微粒；3—小球藻悬浮液)。

这些数据为计算藻类光生物反应器的光照条件和预期产率等提供了可靠基础。上述微藻细胞悬浮液的光学特性可用于测定光合效率。本节的其余部分将重点在于应用这些光学特性来实现这一目标。

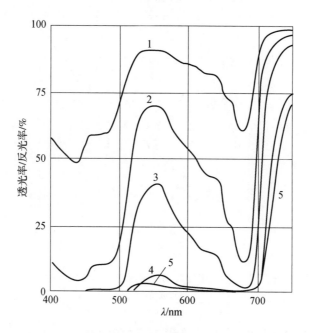

图 6.10 小球藻不同浓度悬浮液的透射光谱 1~4 及反射光谱 5 比较
(Belyanine et al., 1964)

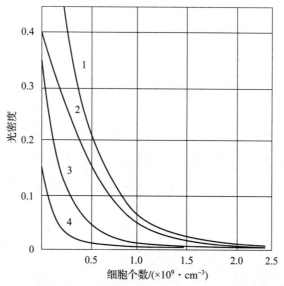

图 6.11 不同光质在不同密度细胞中的透光率（衰减率的反比）比较

(1—汞灯总光强；2—绿光；3—红光；4—蓝光（表面上总光照强度被任意取为1))。

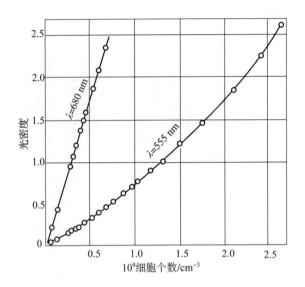

图 6.12　两种波长下小球藻光密度与细胞浓度之间的关系（悬浮层厚度为 3 mm）

6.3.2　几种光周期模式对小球藻生产率的影响

如果对维持微藻光合作用的一个或多个参数进行周期性的改变，那么细胞的光合效率就会随着这些波动的频率和幅度而发生变化。藻液的生产率在很大程度上取决于过渡过程的持续时间和幅度。例如，当在轨道空间站培养装置中进行微藻培养时，藻液所接收到的光照会随着轨道站参数的变化而周期性地发生变化。因此，研究光周期对微藻生产率的影响是很自然的（当卫星围绕地球旋转时，这种情况就会发生）。

针对上述要求，Belyanin 等（1964）等研究了不同光照强度下光周期对小球藻生产率和光合效率的影响。他们在研究中，选择了一种光周期条件来模拟每 90 min 绕地球一周的轨道器上可能出现的情况。在这种旋转周期中，光期为 54 min，暗期为 36 min。

用不同的光照强度（85～310 W·m^{-2} PAR）来研究周期性改变光照和黑暗暴露时间对藻液的影响。在每种光照强度下，将培养温度都维持在最佳水平的 ±0.2 ℃ 范围以内。在暗期，我们几乎没有观察到温度梯度。这排除了温度对微藻生产力可能产生的影响。在光期，向这种藻液中通入含有 3% CO_2 的空气。

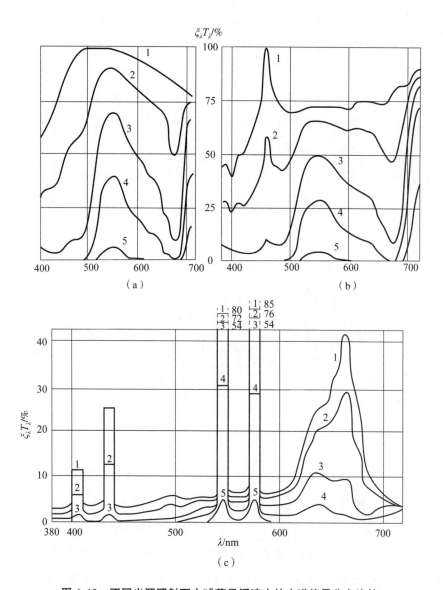

图 6.13　不同光源照射下小球藻悬浮液中的光谱能量分布比较

(a) 日光；(b) 氙灯；(c) 荧光灯

(1—藻液表面光通量的光谱密度（以相对单位表示）；

2~5—通过表面浓度分别为 1.9×10^7 细胞·cm^{-1}、8.0×10^7 细胞·cm^{-1}、1.75×10^8 细胞·cm^{-1}

和 4.5×10^8 细胞·cm^{-1} 的细胞悬浮液层的光通量中光谱能量分布）。

在暗期，向藻液继续通气，但空气中不含 CO_2。藻液的 pH 值被保持在 7 ± 0.5。而且，在每次暗期之后，在恢复光照的同时会再次启动 CO_2 供应。

我们可以通过连续光密度传感器在每个周期所产生的读数,来追踪在光周期和暗周期变化期间藻类生产率的动态变化情况。图 6.14 显示,一旦再次进入光期,藻细胞则几乎立即开始生长。然而,在暗期,由于呼吸作用不能通过光合作用得到补偿,因此藻类悬浮体的光密度会随着细胞损失生物量而下降。在图 6.14 中,黑暗中细胞生物量损失的过程被显示为在黑暗期间由于底物被消耗在细胞的呼吸作用中而导致光密度下降。因此,为了达到初始的光密度水平,从暗期到光期的过渡需要一定的补偿时间。与连续光照下的藻液生产率相比,这种补偿时间导致了生产率下降。补偿时间的长短取决于光照强度,会随着光照强度的减小而延长。

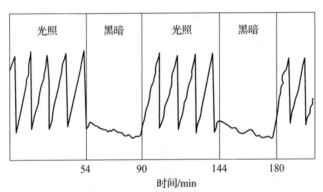

图 6.14 藻细胞在光暗周期交替条件下的光密度读数曲线

图 6.15 显示了在光-暗循环并在不同连续光照强度下微藻培养物相对生产率的比较结果。在图 6.15 中,x 轴表示光照强度,而沿着 y 轴,表示以下两个参数:①在连续光照下 P_l 获得的生产率相对差异(曲线1);②在光-暗交替期间 P_{l-d} 达到的生产率,并且只根据光周期计算(曲线2)。绘制曲线2时,由于黑期呼吸作用造成的生物量损失认为是每天生物量的14%,因此这些损失量被加到黑暗-光照条件下所实现的藻液生产率中。

实验表明,在暗期结束后,藻类生产率有一段时间会恢复到前一个光期的水平。恢复期的长短取决于细胞在黑暗中暴露的时间长短。例如,在黑暗环境中暴露 8 h 后,藻液在 2~3 h 内可恢复生长速率,但在黑暗环境中暴露 20 h 后,则需要在 9 h 后可恢复生长速度。一般来说,当暗期持续 3~8 h 时,恢复时间不会超过 4 h。

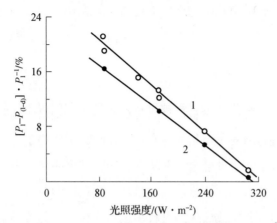

图 6.15　在光暗循环并在不同连续光照强度下微藻培养物的相对生产率比较

（1—在连续光照下 P_l 获得的相对生产率；2—在光-暗交替期间 P_{l-d} 达到的相对生产率）。

6.4　藻类光生物反应器设计

"培养装置"（cultivator）这一术语，指的是被设计用于支持单细胞藻类长期培养的综合设备，其目的在于使藻类生长过程的基本参数值保持在实验目标规定的必要范围内。培养装置的主要部件是光生物反应器（photobioreactor，也称光反应器，photoreactor）。在光生物反应器中，微藻细胞受到光的作用，而光能被用来进行光合作用。

本部分内容是基于在许多培养装置的建造过程中所获得的实用知识。这些培养装置及其建造方法是在 B. G. Kovrov 的领导下发展起来的。他及其同事发表了他们的设计规范和实施细节（Shtol et al.，1976）。

6.4.1　关于培养装置设计的一些初步看法

已知藻类的最大光合效率对应于约 50 W·m^{-2} 的光照强度，在此强度下接近 14%（Belyanin et al.，1964；Kovrov et al.，1969）。当光照强度进一步升高时，光合效率则迅速下降，例如当光照强度达到 400 W·m^{-2} 时，光合效率仅为 6%。即便如此，当光照强度达到 400 W·m^{-2}，即明显高于地球表面的光照强度时，则藻类培养物单位面积的生产率也会继续增长到很高的值。当光照强度高而光合效率低时，则用于合成单位生物量所消耗的电能就会很大。因此，如果实验不需要高的光照强度，那么在不高于 300 $W \cdot m^{-2}$ 的光照强度下进行实验则更有意义。

6.4.2 材料

用于零件和组件制造的材料选择非常重要，往往是培养装置设计是否成功的决定性因素。有些材料对藻类培养是有毒的，因此不能用于直接接触藻类的部件制造，这些材料包括铜及其合金、铅及其合金、许多品牌的黑色和红色橡胶垫片和垫圈，以及某些重金属的合金。第二类是不受欢迎的材料，是那些由于长时间与藻类接触而会出现腐蚀或破坏的材料。这些材料不是与藻类培养物本身接触而腐烂，而是与各种微生物同时腐烂。几种品牌的普通碳素结构钢、工具钢和铝合金在有菌培养环境中并不耐用。经验表明，最适合的材料是合金不锈钢、钛合金、氟塑料和白色真空橡胶。被预涂阳极化处理层的铝合金可用于制造与藻液表面接触的厚壁零件（如外壳和法兰）。被用作透明受光壁的最佳材料是有机玻璃（plexiglass）。如果在设计和负载允许的情况下，有时也可以采用普通玻璃或石英玻璃。铜合金，如黄铜或青铜、镁合金和其他合金，可被用于制造与藻液或其营养液不直接接触的部件。

6.4.3 混合

藻类培养需要不断对藻液进行混合，以便为细胞提供营养并带走它们的排泄物。藻类培养的一个特点是，当处理薄培养层时，需要大面积的光照接收区，这就使用于直接混合藻液的机械混合器的安装变得复杂。实际上，有两种基本的藻液混合方法。

如果培养装置是为在正常的地面条件下工作而设计的，也就是说，当重力是一种主动力时，最简单的混合方法是通过空气和 CO_2 的气体混合物喷射。采用这种方法有两个目的：一是为藻液提供气体交换并进行藻液混合；二是通过调节引入藻液的气体量，从而可以改变藻液的混合强度。在正常情况下，每 0.1 L/min 的气体足以混合 1 L 的藻液。如果引入较此更多的气体，则整个光生物反应器就会充满泡沫，这反过来又增加了光的损失，这是由于其通过在两个反应杯壁之间形成并沿其整个长度行进的多个气泡从光生物反应器中传输出来。

第二种混合方法需要创建一个闭合回路,藻液通过该回路被以特定的高速率紊流输送。对于这种方法,光接收区由藻液流冲洗。这种方法既可以在有重力的情况下使用,也可以在无重力的情况下使用。两种混合方法也可以根据需要组合使用。

6.4.4 藻类细胞的表面黏附问题

小球藻细胞和其他藻类细胞一样,能够附着在接触面上。它们特别喜欢附着在发光的表面。当藻类培养过程中出现一些不利因素,如过热、pH 值异常高或低或某一营养成分成为限制因素等,则这种黏附就会更加严重。藻类细胞对光感受区的表面"污染"会降低藻液的生产率,对热量和气体交换产生不利影响,因此无疑是一种普遍的有害现象。几乎所有的材料都会受到污染:金属、有机玻璃、橡胶、玻璃和塑料,包括氟塑料。对付污染最有效的方法与混合藻液的方法是一样的,即喷射或创造藻液在其中不断移动的一些回路。在第一种情况下,当气泡通过藻液上升时,它们会清除附着在细胞壁上的藻类细胞。以同样的方式,当藻液流沿回路以不低于 $1\ m\cdot s^{-1}$ 的速度移动时,它则会抑制细胞在细胞壁上的积累。在设计培养装置时,应特别注意在光接收区和闭合回路组件处使流体动力学阴影(hydrodynamic shadow)尽量少出现。这将确保藻液流率不被减慢,而且气泡不被这些组件的表面捕获。

6.4.5 泡沫出现与泡沫消除

微藻细胞会向周围培养液中释放大量有机物,在某些情况下,其体积相当于所合成生物量的 20%。这些物质起乳化剂的作用而产生一种稳定性泡沫。当藻液被剧烈鼓气和/或藻液处于紊流运动状态时,则在培养装置中会产生大量泡沫。这种泡沫存在时间很长,除非采取特殊措施将其打碎,否则它会填充气体管道、储存容器、装有传感器的腔室以及气体冷却器等。

实验证据表明,有多种方法可用来进行泡沫消除,它们主要包括化学消泡器、内置型叶片、其他机械装置及液体或气体流动装置等。这些方法中最可靠的是在培养装置设计中加入离心分离器/泡沫破碎机。这种分离器/泡沫破碎机被安装在光接收区之外。分离器破坏伴随着气流的泡沫,并把它分成气体和液体两部分。

分离器/消泡器的结构框图如图6.16所示。泡沫由液相和气相组成，通过输入接头（input coupling）进入分离器，并落在离心器（spinning rotor）上，在此气泡由叶片打碎成单个液滴。

所有藻类光生物反应器必须包括以下部分和系统：①营养液添加系统；②生物量收获与筛选系统；③气体交换与混合系统；④恒温系统；⑤培养液控制系统；⑥光生物反应器主体；⑦光照系统；⑧辅助设备。微藻培养装置的结构框图如图6.17所示。

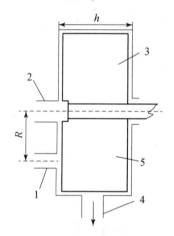

图6.16 分离器/消泡器的结构框图
（1—藻液输入接头；2—气体输出接头；
3—离心头；4—液体输出接头；
5—分离器）。

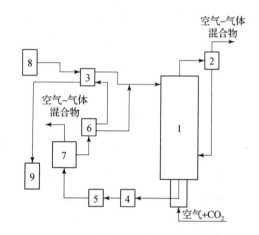

图6.17 微藻培养装置的结构框图
（1—光生物反应器主体；2—消泡器；3—泵剂量组件；
4—温度传感器；5—pH值传感器；6—光密度传感器；
7—主泵；8—营养液储箱；9—收获物储箱）。

6.4.6 光生物反应器基本结构设计

在培养装置中，其主要部件是光生物反应器（PBR），它是藻类生长的容器，因为光能就是在这里被吸收的。在最早建造的培养装置中，玻璃烧瓶或敞开的大桶等被用作光生物反应器（Shtol et al.，1976）。后来，开发了几种不同结构类型的光生物反应器，从而使藻类的培养过程延长。

研究证明，带有扁平平行容器（Flat 和 Parallel cuvette）的PBR非常简单易用。如图6.18所示，PBR的主要成分为容器，它由后壁和前壁组成，而在后壁和前壁之间用隔板隔开。藻液占据了位于隔板和前后壁内的空间。当光照是双面的时候，则前后壁都由透明材料制成，通常由有机玻璃制成。将金属外壳安装在组件的外部以加强组件，并使在组装和使用 PBR 期间出现的两侧应力达到均匀分布。整个包的前后壁、外壳和隔板由螺栓和螺母按不同间隔进行固定。这种反应容器的设计使组装和拆卸变得容易，从而简化了对从操作中取出的反应容器部件进行更换及其清洗的步骤。曝气头位于反应容器的下半部分。曝气头以细小气泡的形式将气体混合物引入反应容器。气体和泡沫出口位于反应容器的上半部分。此外，反应容器还有营养液供应入口，以及从反应容器排出藻液的出口。该入口和出口也是反应容器与密闭外壳连接的地方。在该密闭外壳中，藻液经过装有温度传感器、pH 值传感器和其他传感装置的系统进行循环。

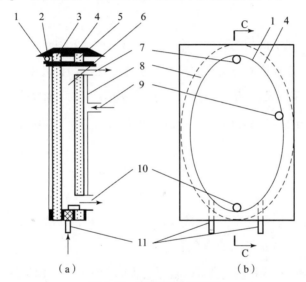

图 6.18　反应器组件框图

（a）反应器主体纵剖面示意图；（b）反应器主体俯视投影半面布局图
（1—螺栓；2—螺母；3—后壁；4—垫片；5—前壁；6—藻液占据的内部空间；
7—气泡出口；8—金属外壳；9—营养液供应入口；10—藻液排出口；11—曝气头）。

藻液的恒温控制是通过热交换器来完成的，该热交换器可被安装在系统的任何地方。另外，也可以通过水套来进行恒温控制，也就是使水套紧贴反应器的外壁。

6.4.7　基本扁平平行容器的光生物反应器设计参数计算

计算培养装置光接收表面处的光照强度有两种方法，而选择哪种方法取决于当前实验的目的和条件。第一种方法强调获得较高的光合效率,而第二种方法则强调获得较高的生产率。

如果需要获得尽可能高的光合效率,则使用式(6.14)计算藻液的表面光照强度。在这种情况下,藻液会以最好的方式利用光,但由于光照强度相对较低,因此由单位光接收表面产生的生产率将会很低。

为了从单位光接收面获得最大的生产率,光照强度应该达到250~300 W·m² PAR或更高。其最大值取决于所用的建筑材料和为光接收表面所计划的工作进度,以便它们能够处理强光和高温。在这样的条件下,光合效率会降低。为了使用第二种计算方法达到相同的生产率,则需要一个明显更小的光接收表面积。

换句话说,在获得相同的生产率方面,第一种计算方法在能源消耗方面更经济,而第二种计算方法需要更小的尺寸和质量。在应用设计中,光照强度通常在上述极值之间,而光照强度的选择取决于每种情况下的具体条件和培养目的。当培养装置设计需要双面光照时,可利用从式(6.18)导出的公式计算最佳生产率:

$$P_{最佳} = \frac{kE_0}{E_0+q} - \frac{\gamma}{2l\beta}\left[1 + \ln\frac{2lk\beta E_0}{\gamma(E_0+q)}\right] \tag{6.42}$$

现在,将总目标生产率$P_{总目标}$除以最佳生产率$P_{最佳}$,就可以得到PBR光接收表面的总面积。对由此得出的面积必须再增加10%~15%,因为在工作过程中,10%~15%的PBR光接收表面会被来自曝气头的气泡占据,而当气泡穿过PBR时,其会进一步形成与前壁和后壁同时接触的气穴(gas pocket)。

如果输入气体的CO_2浓度较低,那么在进行PBR的设计中也应该考虑这个参数。该计算取决于PBR中最小的藻液层厚度。

6.4.8　CO_2浓度处于饱和时的光生物反应器设计

在6.2节中,对确定PBR气体交换参数A的近似方程式(6.39)已做过介绍。该参数值越大,那么在培养液中达到给定光合效率所需的CO_2浓度就越低。对于以垂直放置的扁平平行容器,而且其喷射气体混合物的速率约等于700 m³·s⁻¹·m⁻²(反应器水平截面积)的PBR,其参数A约为5 000 m³·m⁻²·s⁻¹。

根据米氏方程，从理论上可以得出细胞的生长速度只有在底物浓度无限时才会达到极限，在这种情况下，底物浓度是一种被 CO_2 无限饱和的培养液。由于这个原因，我们对产生 90% 饱和过程的 CO_2 浓度进行了计算，也就是说，对使增长率（或生产率）等于最大值 0.9（$P = 0.9\ Pm$）的 CO_2 浓度进行了计算。将给定的值代入式（6.36），并指定混合气体 S_{OH} 中的 CO_2 浓度，则得：

$$S_{OH} = 9\frac{K_s}{\varphi} + 0.9\frac{P_m}{\varphi A} \tag{6.43}$$

将常数值代入式（6.43），并将培养温度设定为 37 ℃，则得

$$S_{OH} = 1.55 \times 10^{-3} + 1.55\frac{P_m}{A} \tag{6.44}$$

由于第二项显著大于第一项，因此由式（6.44）可以得出，气相中饱和 CO_2 浓度越低，藻液的单位体积生产率就越低。在 6.2 节中，我们证明了当藻类培养受到光的限制时，培养层的物理厚度并不影响光生物反应器单位被照表面积的生产率。因此，物理层厚度可以随机变化而不会损失培养装置的生产率或光合效率。物理层的厚度与藻液的单位体积生产率和产生最大光合效率所需的 CO_2 量成反比。这意味着，如果指定了所计划的培养装置的气体交换参数 A，并且如果指定了 PBR 的光照强度（或光接收表面单位面积的生产率），那么我们则可以计算出在气相中给定的 CO_2 浓度下光合作用将达到最大值时的藻液层厚度。

例如，将从两侧光照的藻液培养层光照强度设定为 300 $W \cdot m^{-2}$，并在气相中 CO_2 浓度为 1% 的情况下，为了达到潜在可实现的 90% 的光合生产率，则必须采取以下步骤。

（1）根据式（6.17），确定光照强度为 300 $W \cdot m^{-2}$ 时的藻液培养物表面生产率，假设该层完全吸收时 $x = 3 \times 10^{-2}\ kg \cdot m^{-2}$，且光照为双面，则微藻培养物的表面生产率为 0.202 $kg \cdot m^{-2} \cdot d^{-1}$。

（2）已知给定类型的气体交换参数 $A = 5\ 000\ m^3 \cdot m^{-2} \cdot s^{-1}$，利用式（6.44），确定在 1% 的 CO_2 浓度下达到最大光合效率且细胞生长速度不受限制时的单位体积生产率为 27.3 $kg \cdot m^{-3} \cdot d^{-1}$。

（3）将表面生产率除以体积生产率，则光生物反应器中的藻液层厚度为 d = 0.007 4 m，即 7.4 mm。

因此，如在低 CO_2 浓度下工作，则会导致光生物反应器中的微藻培养层增厚，这就意味着会增大微藻培养物的体积。

6.4.9 藻液营养供应与收获系统

在光合作用过程中，藻类细胞的生物量会不断增加，对培养液中溶解的矿质营养物质的需求也不断增加。对于每种光照强度，都必须保持一种最佳的藻类生物量浓度。在非限制或抑制藻类生长的限度内，保持培养液中溶解的营养物质也很重要。计算所需的适当培养液营养水平的原则如 6.5 节所述。

为解决培养装置中的养分供应问题，需要一个剂量组件，其功能是定期向光生物反应器中加入一定体积的营养液，同时从光生物反应器中取出相同体积的藻液。从设计上来说，该装置（图 6.19）由剂量计、阀门机构、营养液储箱和被撤除并收集的藻液储箱等组成。剂量计是一个封闭容器，通常由有机玻璃制成，并被一层橡胶膜分成两个腔室。这两个腔室中的一个室通过阀门连接到被撤除并收集的藻液储箱，并通过另一个阀门连接到光生物反应器。另一个室通过阀门与光生物反应器连接，并通过阀门与营养液储箱连接。阀门机构由驱动装置组成。驱动装置具有两种类型：一种是机械式的，即由一台低功率的低速电机组成，该电机使凸轮运动；另一种是电磁阀或气动阀，其能够成对关闭和打开阀门。

其工作频率与藻类培养物的生长速率成正比，而与剂量计的容量成反比。剂量控制由一支光密度流量传感器自动调节。

6.4.10 用于稳定生物量和培养液的光密度自动调节系统

光密度（浊度）调节是连续培养过程的关键，因为如果保持光密度不变，那么所有其他参数都与该密度相关而稳定下来。在密度自动调节系统（density automatic adjustment system）中，给藻类培养物供应的营养液部分对光密度有调节作用：随着营养液浓度的增加，光密度会降低。从一种密度自动调节系统的结构设计图纸可以看出，藻类悬浮液的光密度是通过负反馈作用的单一调节参数。培养液中营养元素的浓度由一个开式回路进行调节，且该回路具有细胞生长这种扰动补偿作用。

因此，应用简单的双位调节法则是一个好主意，其连同剂量计这种驱动机

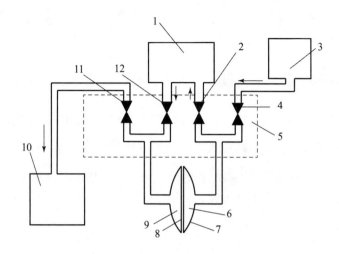

图 6.19　剂量计组件结构示意图

(1—光生物反应器；2—从剂量计到光生物反应器的营养液供应阀；3—营养液储箱；
4—从营养液储箱到剂量计的营养液供应阀；5—阀门机构；6—剂量计内藻类培养室；
7—剂量计；8—橡胶膜；9—剂量计内藻类培养室；10—藻液收集箱；
11—从剂量计到藻液收集箱的藻液供应阀；12—从光生物反应器到剂量计的藻液供应阀)。

构，可以向光生物反应器提供营养液。

光密度传感器是密度自动调节系统中最复杂也是最关键的部分之一，采用了连续型和离散型两种光学传感器类型。连续型传感器的透流试管（flow-through cuvette）被安装在光生物反应器上。利用一台泵将藻液从光生物反应器中吸出，并使之流经上述传感器的透流试管，在此待它流回光生物反应器之前对藻液进行各种测量。离散型传感器通常被配备一台采样装置，因此它可被安装在光生物反应器或其试管上的任何地方。传感器信号传输到二次设备，在那里可以被读取和调节信号。

换句话说，尽管在技术上是通过一套离散的脉冲驱动解决方案实现的，但在培养装置中的培养过程在功能上仍然是连续的。这样一种培养过程称为准连续（quasi-continuous）过程或拟连续过程。与连续培养过程相比，准连续过程的优点正好与离散型数控计算机相比模拟计算机的优点相同。

仅仅是这个简单的解决方案就能让培养装置在几个月的时间里进行自给自足的运行，并在密闭生态系统中再生大气，从而为人的呼吸提供条件，在本书后面的章节将会对此进行介绍。有信心将准连续过程推荐给微生物工业，以使之在连续培养系统中得到广泛应用。

6.4.11 藻液温度调节系统及小球藻光合效率与温度之间的关系

从图6.20（Batov，1967）可以看出，保持藻类培养温度在最佳限度内对培养结果有决定性的影响，因此在藻类光生物反应器的设计中必须包括热交换器，以便去除藻类光生物反应器中来自光源的多余热量。虽然光合作用发生在很宽的温度范围内，但本书所基于的研究只探索了光合效率相对较高的温度范围。

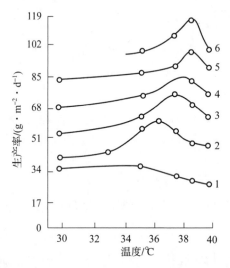

图6.20　小球藻的生产率对密集培养中6种表面光照强度下温度的依赖关系

（6种光照强度：1—120；2—174；3—318；4—370；5—435；6—755（W·m^{-2}））。

可以预期，在密集悬浮液中照射细胞的不均匀方式反映了光合效率对温度的依赖性。图6.20显示了6种藻液生产率对温度依赖关系的曲线。这些曲线是在将各种强度的光照射到容纳密集微藻悬浮液的光生物反应器表面时获得的。细胞体积占藻悬浮液总体积的2%~5%。

从图6.20可以清楚地看出，随着温度的升高，藻液的生产率也提高，而且曲线经过了其最大值。当藻液光照强度增加时，则最佳温度向较高一侧移动，但不超过38.5℃。当温度高于最佳值时，则藻液培养物的生产力急剧下降。当温度达到临界值时，微藻的光合作用则完全停止。温度曲线可被分成两部分。在这两部分中，左边表示刺激光合作用的温度，右边表示抑制光合作用的温度。

在高产培养模式下，光合效率仅达 5%~8%。因此，对未被利用的光能和所有的红外辐射能都必须以热能的形式从培养装置中去除［详情参见 Shtol (1976)］。值得一提的是，悬浮液温度稳定所需的精度取决于培养装置的生产率（图6.21）。假设由于温度不稳定而导致培养装置的生产率下降了 2%，那么 ±2.5% 的温度精度对于 118 W·m² 的光照强度就够。当光照强度进一步增大时，则所需的精度也随之增大。悬浮液温度稳定所需精度的选择，取决于所允许的培养装置生产率损失的大小和被应用的调节系统的实际特性。

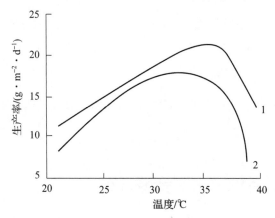

图 6.21　在不同光照强度下小球藻悬浮液温度调节所允许精度的确定

（1—光照强度为 290 W·m^{-2}；2—光照强度为 118 W·m^{-2}）。

6.4.12　混合与气体交换系统

如果使用曝气头对藻液进行混合和气体交换，则在光生物反应器之前的系统部分安装以下组件（图6.22）：CO_2 气源（这些资源可以是动物或人等生物体）、空气压缩机和气体流量计。在系统流程中，光生物反应器之后的组件是分离器/消泡器和气体冷却器。

在流经光生物反应器的过程中，混合气体变得富含 O_2 并失去 CO_2。泡沫和气体的混合物在分离器/消泡器中分离成气体和液体。接下来，气体进入冷却器，而将液体（藻液）引导回到光生物反应器。气体在冷却器中放出水分（冷凝水），然后一起离开培养装置。冷却器可以有各种各样的设计。在每种情况下，

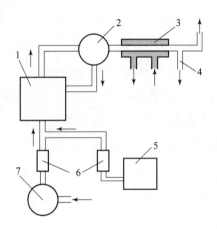

图 6.22 基于曝气头的藻液混合和气体交换基本工作原理图

(1—光生物反应器；2—分离器/消泡器；3—气体冷却器；4—冷凝水出口；

5—CO_2 气源；6—气体流量计；7—空气压缩机)。

对它们的尺寸和吸热率是根据通过冷却器的气体量以及气体和冷却剂的温度进行计算而确定的。

6.5 藻类连续培养用营养液开发

6.5.1 营养液概况

被广泛用于微藻培养的营养液是由 Tamiya、Myers、Pratt 和 Knopp 开发的。这些营养液是为周期性微藻培养而开发的。因此，在向连续密集化培养过渡时，有必要严格把握这些营养液的适用性。

为了连续培养的目的，提出了将两种成分不同的营养液串联使用的想法。在培养过程中，第一种营养液被从外面以连续或小剂量的方式供给光生物反应器，这种营养液称为校正营养液（corrected nutritive medium）；第二种营养液包围藻液中的细胞，同样从光生物反应器中以连续或脉冲的方式与细胞一起被去除。第二种营养液称为背景营养液（background medium），与第一种校正营养液的区别在于其中的营养元素浓度较低。

为了找出校正营养液和背景营养液中元素浓度之间的联系，提出了以下描述连续培养的方程：

$$\frac{dS}{dt} = D(S_0 - S) - g\mu X \tag{6.45}$$

式中：S_0 为在校正营养液中某种元素的浓度；S 为在背景营养液中该元素的浓度；g 为单位生物量合成过程中的元素消耗量（$g \cdot g^{-1}$）；X 为藻液中的生物量浓度；D 为稀释度；μ 为细胞生长速率。

当连续过程处于稳态（平衡状态）时，则 $dS/dt = 0$，$D = m$。将其代入式(6.45)，可得

$$S_0 = S + gX \tag{6.46}$$

式（6.46）表明，藻液中的细胞生物量浓度越高，而且在合成单位生物量消耗的元素量越高，则校正营养液和背景营养液的元素浓度差异就越大。由式（6.46）可以很容易地得到采用作为校正营养液的每种已知营养液条件下的最大细胞生物量浓度：$X = (S_0 - S)/g$。

如果一种营养液元素被细胞完全用完，即 $S = 0$，则 $X_{最大值} = S_0/g$。例如，如果在 Tamiya 标准营养液中，KNO_3 的浓度是 $5 \text{ g} \cdot \text{L}^{-1}$，那么其中氮的浓度，也就是 S_0 的浓度，则为 $0.7 \text{ g} \cdot \text{L}^{-1}$。在此氮浓度下，藻类最大生物量浓度为 $8.75 \text{ g} \cdot \text{L}^{-1}$。也就是说，Tamiya 营养液不允许在生物量浓度高于 $8.75 \text{ g} \cdot \text{L}^{-1}$ 的情况下进行连续培养。

表 6.1 中列出了可得到最大生物量浓度的营养液特性。利用这些特性来获得最大生物量浓度的前提是，氮的供应不限制细胞生长。

表 6.1 连续培养下不同营养液中所获得的最大生物量浓度值比较（计算基于氮的消耗）

营养液种类	氮源化合物	氮源化合物浓度/($g \cdot L^{-1}$)	氮浓度/($g \cdot L^{-1}$)	氮消耗量/[$g \cdot g^{-1}$(生物量)]	最大生物量浓度/($g \cdot g^{-1}$)
Tamiya	硝酸钾	5.000	0.694 0	0.08	8.700
Myers	硝酸钾	1.213	0.168 0	0.08	2.100
Pratt	硝酸钾	0.100	0.014 0	0.08	0.174
Benecke	硝酸钙	0.500	0.085 0	0.08	1.070

续表

营养液种类	氮源化合物	氮源化合物浓度/(g·L^{-1})	氮浓度/(g·L^{-1})	氮消耗量/[g·g^{-1}(生物量)]	最大生物量浓度/(g·g^{-1})
ChO-10	硝酸钙	0.040	0.006 8	0.08	0.085
Knop	硝酸钾	1.000	0.157 0	0.08	1.970
Knop（未稀释过）	硝酸钙	0.100	—	—	—
Yaguzhinsky	硝酸钾	0.500	0.700 0	0.08	0.870
Craig-Trellis（未稀释过）	硝酸钾	7.600	1.050 0	0.08	13.200

从表 6.1 可以明显看出，即使是氮含量最高的营养液——Craig-Trellis 未稀释营养液，也能够促使微藻培养，但其生物量浓度不高于 13.2 g(干重)·L^{-1}。可以进行类似的计算来确定关于其他营养液元素的最大生物量浓度。该计算表明，每个元素的供给量并不同，并且当该营养液被投入使用时，一些元素会被完全消耗并阻止藻细胞生长，但其他元素根本未被耗尽而只是简单地被从具有背景营养液的光生物反应器中去除。另外，针对 Tamiya 营养液样品中的各种元素进行了计算，其结果如表 6.2 所示。

表 6.2 在 Tamiya 营养液中培养获得最大生物量浓度（8.7 g·L^{-1}）的基本元素用量

元素种类	营养液中元素浓度/(g·L^{-1})	细胞所消耗的元素量/(g·g^{-1})	获得最大生物量所消耗的元素量/(g·L^{-1})	利用率/%
氮	0.694	0.080 0	0.690 0	100.0
硫	0.325	0.003 2	0.027 8	8.5
镁	0.244	0.005 0	0.043 5	18.0
钾	2.290	0.012 0	0.104 0	4.5
磷	0.285	0.118 0	0.157 0	55.0
总计	3.838	0.218 2	1.022 3	27.0

表 6.2 显示，利用 Tamiya 营养液培养微藻时，氮元素先被耗尽，然后细胞将停止生长。然而，其他营养液元素远未被消耗殆尽，而只消耗了其总量的 27%。剩下的 73% 将与背景营养液一起被丢弃。为了让细胞能够完全利用营养液，则所有标准营养液都必须被平衡营养液所取代——在该平衡营养液中，所有生物元素都被以同等程度一起被消耗掉。

6.5.2 氮源

氮是营养液中非常重要的生物元素。每合成 1 g 生物量需要消耗 80~100 mg 的氮，这要比营养液中所有其他矿物元素的消耗量高出好几倍。有学者对所有氮源进行了比较研究，以确定它们对特定种类的微藻进行连续密度自动调节培养的适宜性（Gitelson et al., 1964）。

将硝酸钾（KNO_3）、硝酸铵（NH_4NO_3）、碳酸氢铵（NH_4HCO_3）和尿素 [$(NH_2)_2CO$] 作为氮源进行了研究。在硝酸钾的实验中，由于在营养液中积累了镁，因此立即发现营养液发生了碱化。这是可以预料到的，由于细胞消耗的氮比镁要多得多，因此未被吸收的镁就会积累。这种积累导致 pH 值升高到 11，这反过来又首先降低了藻液生产率，然后导致生长完全停止。不幸的是，最重要的成分氮元素只占化合物重量的 13.6%。

人们曾尝试用另一种阳离子来代替镁这种阳离子，即藻细胞会更多地吸收这种阳离子——硝酸铵中的铵离子（该化合物中其氮含量要高达 35% 之多）。然而，结果表明，这些细胞对铵根的吸收要明显高于硝酸根。造成这一问题的原因是，从生理学上讲硝酸铵是一种酸性盐，它会显著降低营养液的 pH 值。在实验中，pH 值下降到了 3.5，这样就导致藻细胞停止生长。

在下一个实验中，将能够使营养液酸化的阴离子 NO_3^- 用更充足的阴离子 HCO_3^- 所取代。然后，对所得到的化合物 NH_4HCO_3 进行实验。对于 NH_4HCO_3，将大量的氨从离开光生物反应器的废气中予以消除。这一情况导致无法将该化合物用于驻人系统。

再下一个被研究的化合物是尿素形式的氮，尽管在分批培养中它未能产生令人满意的结果（Pinevich et al., 1961）。在校正营养液中，利用尿素作为氮源并未遇到任何障碍。由于该化合物中的氮不是离子形式,所以它的消耗对营养液的 pH 值未造成显著影响。在这种情况下,首先会使藻液的生物量浓度高达 30~40 g·L^{-1}。其次,它使上述连续监测藻液的 pH 值成为可能,这反过来又简化了该过程所需的设备。

这些实验证明,在背景营养液中氮的浓度变化范围很大,而该氮对生长速率的影响很小。将氮浓度保持在 70~400 mg·L^{-1} 范围,可以延长连续培养过程。此外,尿素尤其适用于密闭系统,因为人体主要是以这种化合物的形式排出氮。

6.5.3 背景营养液中基本生物元素的浓度

微藻培养所需的其余生物元素为钾、磷、镁和硫。研究已确定了单位细胞生物量生长所需的每种元素的量,并找到了在密集连续藻类培养时特定条件下的最佳背景营养液浓度。

为了进行该实验,必须对一种元素的浓度进行控制,而使其他元素的浓度保持在先前已知的最优范围内。在标准营养液中,这是不可能实现的,因为当使用标准盐时,元素的阴离子和阳离子是成对存在的。为了克服这一困难,还使用了其他化合物,如磷酸二氢钠(NaH$_2$PO$_4$)、氯化镁(MgCl$_2$)和硫酸钠(Na$_2$SO$_4$),以"解开"它们的元素。因此,使用了由相应的酸和碱组成的营养液(Gitelson et al., 1967),实验结果如表 6.3 所示。

表 6.3 连续微藻密度自动调节培养中生物元素的最小需求量和最小背景浓度

元素	最低需求 /(g·g^{-1})	非限制生长的最低 背景浓度/(g·L^{-1})	当 X = 15 g·L^{-1} 时的利用率/%
磷	0.011 9	0.000	100
镁	0.003 3	0.015	92
硫	0.004 3	0.000	100
钾	0.010 7	0.015	92

由表 6.3 可知,支持细胞生长的背景浓度非常低。对于磷和硫,这些浓度处于用于测定它们的方法的灵敏度极限。这一事实使我们能够以非常高的生物元素

利用率进行培养，因为细胞几乎会吸收所有这些物质。然而，在这种培养过程中会在方法上遇到一些众所周知的困难。这些困难与需要达到非常精确的生物量细胞浓度稳定有关。因此，在许多情况下，必须放弃充分利用营养液中的生物元素，以便允许背景元素浓度的预期增加，从而提高整个过程的可持续性和可靠性。

这些实验产生的生物元素的背景浓度表明，在给定情况下，细胞生长受到另一个因素即光能的限制，因为所有实验都是利用完全吸收光的光学致密培养层进行的。

然而，并未进行专门的实验来确定最佳背景浓度的范围。这是因为，当"人－微藻"密闭共生系统被建立起来的时候，背景浓度的下限是主要的关注点。然而，根据小球藻连续培养的长期工作经验可以得出，所有基本元素的背景浓度增加到每升百分之一毫克，而这并不会对藻细胞生长产生不利影响；相反，它们在单位生物量合成中的消耗量会增加。

6.5.4 微藻对人体排泄物的利用

对于"人－微藻"密闭系统来说，一个极其重要的问题是微藻是否能够将未经处理的人体粪便转化为它的营养液，还是微藻是否要求对这些粪便进行或多或少的初步处理，例如，这些粪便必须经过某种生物或物理－化学矿化？

在微藻培养工作刚开始时，在实验室条件下并未使用包括人体粪便在内的营养液，但微藻已在污水净化实践中被应用多年（Vinberg，1960；Vinberg et al.，1966）。在接种有微藻的生物池塘中净化污水的经验表明，微藻可以吸收人体排泄物。然而，这不能作为这一处理过程可以被"照原样"转移到密闭系统的证据。

在生物池塘中，水质净化程度极低。在池塘的培养物中，生活有各种各样的微藻、细菌、真菌和原生动物。不仅如此，该过程的目的不是提高微藻的生产率，而是净化水质。不过，在密闭系统中，这两个问题必须同时得到解决。

1961 年，在实验室条件下启动了利用人体粪便培养小球藻的研究工作。在我们的实验中，生物元素的唯一来源认为是人体粪便和气态 CO_2（Rerberg 和 Kuzmina，1964；Rerberg et al.，1968）。这些实验表明，可以从人体粪便中获取符合国家饮用水标准的水。

以尿液作为营养液成分的实验获得了良好结果,即小球藻在这种营养液中生长得和在纯合成营养液中一样好。对在实验过程中营养液中尿液最大用量的计算结果表明,尿液能够完全满足藻细胞对氮的要求。另外,实验还表明,在密闭系统中,人的尿液可以被微藻接受,而不需要进行任何预处理。

6.5.5　背景营养液中的微藻代谢物

当利用微藻作为"人—微藻"系统中的一种功能单元时,就出现了对该单元供水的问题。这就是所谓的生产用水(technological water。或叫工艺用水)。在密闭系统中,用于制备营养液的需水量大大超过了所有其他的需水量。此外,在基于微藻培养的废物回收过程中,利用离心机将细胞与营养液进行分离时,会释放出几乎相同的水量。这是唯一可以被重复利用的水源,以满足藻细胞对生产用水的需求。

多次重复使用营养液会导致代谢物的积累。假如营养液中代谢物的存在不会在第一次使用时阻碍细胞的生长,但这并不意味着它不会在随后的重复使用中抑制细胞的生长,因为代谢物是随着每次使用而积累的。由于累积的代谢物会随着重复利用营养液而阻碍细胞的生长,因此如果这个问题不能得到解决,则必须在系统中加入一台净水辅助装置。

因此,必须对重复利用这种营养液的可能性进行研究。在营养液中加入人体尿液会导致实验复杂化。这种复杂性是由这样一个事实决定的,即在封闭系统中以这种能力利用人体尿液是最有效的,这意味着结合研究小球藻代谢物和从尿液进入系统的人体代谢物的影响是合理的。

实验结果表明,代谢物并不阻碍细胞生长或低于测量精度的范围。到实验结束时,培养物的生产率比初始值下降了15%~17%,这完全可以用营养液透明度的下降来解释。在实验过程中,营养液呈浑浊状,而颜色成为土黄色。结果发现,总入射光的15%~20%被营养液中的杂质所吸收。

实验并未证明营养液氧化度(oxidizability)呈现预期增长。由人体尿液引入营养液的NaCl浓度应随氧化度的增加而增加。实验和计算结果如图6.23所示,它们证实了上述所做计算的正确性。

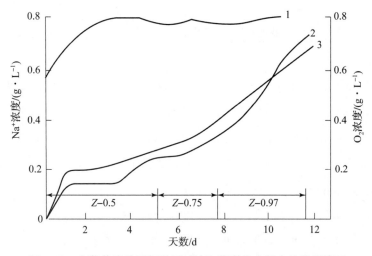

图 6.23　在营养液被重复利用时钠和代谢物在其中的积累情况

(1—营养液氧化度，$g \cdot L^{-1}$；2—观察到的 Na^+ 浓度，$g \cdot L^{-1}$；

3—计算所得的 Na^+ 浓度，$g \cdot L^{-1}$；Z—营养液重复利用因子)。

由于缺乏代谢物的积累，而代谢物的积累是由氧化性生长的缺乏决定的，这就迫使人们认为，在所培养的藻液中不仅存在代谢物来源，而且也存在代谢物消费者。这样的消费者可能是在非无菌培养物中与小球藻共存的微生物。在实验过程中，微生物对营养液变化的积极反应证实了这一假设：假单胞菌属（*Pseudomonas*）开始在细菌中占优势。

因此，所开展的实验结果表明，即使将人体尿液引入营养液中，原则上该营养液也可被重复利用。人体代谢物和藻类物代谢物本身并不会阻碍细胞生长，尽管它们确实会因为纯物理原因而降低生产率，即营养液变得不透明并且会吸收光线。当重复利用系数较高时，也存在氯化钠在营养液中积累的危险。

为了确定氯化钠积累对营养液重复利用系数的限制值，研究了不同 NaCl 浓度对微藻培养物生长的影响（Rerberg 和 Vorobyeva，1967）。研究表明，在 NaCl 浓度高达 $10\ g \cdot L^{-1}$ 的条件下，小球藻培养物达到稳态光合作用是可能的，尽管生产率会略有下降（Lisovsky 和 Sypnevskaya，1969）。

将营养液中 NaCl 的极限浓度设为 $10\ g \cdot L^{-1}$ 时，则可很容易计算出给定营养液的重复利用系数。这样就能够计算用于从培养装置去除 NaCl 的真空蒸馏器或系统中其他设备的日负荷。

6.6 微藻生物化学成分控制

在为保障人类生命而设计的密闭生态系统中的条件，对构成该系统的生物种群之间的物质循环提出了严格要求。这意味着来自密闭系统中一个功能单元的所有生物合成产物应该由该系统中的其他功能单元消耗。对于各种生物来说，这种和谐而互补的生物合成遗传程序组合不太可能是绝对的，但这在多大程度上是可以实现的，要取决于生态系统的闭合程度。

从小球藻生物量生化成分与人的定量饮食的比较中可以看出，二者之间的互补性非常差。例如，小球藻细胞的蛋白质含量超过60%，而蛋白质在人的饮食中的比例不应超过25%。另外，占人的饮食一半以上的碳水化合物，在小球藻生物量中所占比例都不超过20%。

即使考虑到实际使用藻类作为食物的可能性存在疑问，或者至少是很小，但仍然存在这样一个事实，即藻类培养产品和人对食物的需求并不一致。除了这种不协调之外，还有其他的问题，从而给它们在封闭系统中共存造成了困难。假设藻类只能为人再生大气和水，而不能作为食物。由于生化成分的差异，人的呼吸商与藻类同化商不一致，当CO_2不足时，O_2就会过度生产。另外，人体排泄物的元素组成，在密闭系统中应该作为微藻生物元素的来源，但却不符合后者的要求，例如，会出现明显的氮缺失。

从这些考虑出发，我们将采用参数化方法来研究控制小球藻细胞生物合成方向性的可能性，即并不是直接改变基因组，而是通过改变各种外部生物合成参数来产生特定表型。其任务是揭示小球藻生物合成的可塑性极限，并确定如何使其更好地补充人的需要。实验研究了小球藻的生物合成方向性是如何随着藻细胞培养物受到其中各种生物元素的限制而发生变化的。

利用稳定的物理参数，对小球藻细胞在连续培养过程中生化成分的变化进行了研究。在研究每种生物元素对藻细胞培养物的影响之前，有一个背景阶段。对背景营养液和校正营养液的组成进行改变，以阻止生物合成，从而能够研究其中一种生物元素对培养物的影响。为了诱导磷缺失，用等摩尔量的碳酸氢钾（$KHCO_3$）取代磷酸二氢钾（KH_2PO_4）。为了诱导钾缺失，磷酸二氢钾被磷酸二氢钠（NaH_2PO_4）所取代。为了诱导硫缺失，七水硫酸镁（$MgSO_4 \cdot 7H_2O$）被等摩尔量的氯化镁（$MgCl_2$）所取代，而为了诱导镁缺失，氯化镁被硫酸钠（$NaSO_4$）所取代。

在背景期之后，用水冲洗细胞悬浮液三次，并在缺乏上述一种生物元素的营养液中重新进行悬浮。然后再把它放回培养装置，而此时在这个准备的过程中，已对培养装置进行了彻底冲洗。这些条件意味着要进行密集生物合成。每隔6 h读一次数，以分析营养液和生物量。

（1）生物合成被氮阻断后生物量的生物化学转化。当把氮从营养液中去除后，生物合成速率在最初的几个小时就开始下降；6 h后，生物合成速率会从初始水平下降29%，而在接下来的30 h内会降至0。同时，生物量的生物化学成分也发生了深刻变化。

（2）缺硫条件下生物量的生物化学转化。在前11 h，从营养液中去除硫可使生物合成速率降低17%。30 h后，在没有硫的情况下，生物合成速率降至0。

（3）缺磷条件下生物量的生物化学转化。在前18 h，营养液中不含磷并不影响生物合成速率，但在此之后，生物合成速率逐渐降低。在接下来的28 h中，生物合成速率降至0。在生物量中的细胞生物化学组成在蛋白质、脂肪和碳水化合物的比例上发生了深刻变化。

（4）缺钾条件下生物量的生物化学转化。当钾从营养液中被去除时，生物合成率降低了9%。之后，在接下来的7 h内，生物合成速率急剧下降到原来的67%，而之后这一速率又上升到最初生长速率的78%。在接下来的29 h，生物合成速率降为0。

（5）生物合成受镁限制时生物量的生物化学转化。当镁从营养液中被去除后，生物合成速率在前10 h下降26%。在22 h之后，生物合成速率跌至初始值的67%。又在接下来的6 h中，生物合成的短期增长达到初始增长率的70%，而取而代之的是生长速率逐渐下降，直到38 h后达到0。

这些实验结果证明，从营养液中去除其中一种生物元素不会导致生物合成过程立即停止，但会导致该过程逐渐延迟。生物合成只有在生物量显著增加后才会停止。当氮从营养液中被除去时，细胞内的氮供应足以维持生物量18倍的增长。

研究发现，细胞生物量的具体变化取决于限制性元素。当氮是限制性元素时，生物合成方向的转变会最快而最深。氮是蛋白质结构的关键元素，它的缺失会导致细胞内部器官的重组，从而使蛋白质合成减少23%。在氮缺失期间，碳被还原为碳水化合物的循环可能具有特殊意义。在该过程中，碳水化合物的含量增加了5倍。此外，相当一部分碳被用于脂肪形成。与此相关的是，细胞脂肪的储量几乎增加了2倍。

其余的生物元素，可根据其缺失对生物合成速率的影响按降序排列：硫、磷、镁、钾。缺硫时，优先合成碳水化合物。碳水化合物的总含量会增加近4倍，而蛋白质和脂类的含量会分别减少15%和20%。在磷和镁缺失期间，小球藻的代谢向碳水化合物合成的方向转移。营养液中不含磷使其总碳水化合物含量增加2倍。与此同时，营养液中的蛋白质含量减少15%，而脂肪含量减少20%。尽管镁缺失对脂肪含量几乎没有改变，但会使细胞中碳水化合物含量增加25%，而蛋白质含量减少20%。

从上述实验结果可以得出，当营养液中氮、磷、硫或镁缺失时，而且其他生物合成参数保持不变时，则藻细胞的生物合成将向提高碳水化合物合成的方向转移。碳水化合物含量主要由于半纤维素的积累而增加。在实验快要结束时，当氮、硫、磷和镁元素被分别断供的情况下，半纤维素的数量会分别增加4倍、5倍、6倍和3倍。

另外，采用缺钾营养液的培养结果表明，缺乏这种生物元素会导致脂质生物量合成增加，其含量会提高2倍，而蛋白质和碳水化合物的生物量合成略有减少，其含量均下降了12%。在碳水化合物中，只有水溶性糖的含量增加，而淀粉和半纤维素的合成量均减少。

从营养液中去除一种生物元素会导致细胞叶绿素含量显著降低。例如，氮、硫、磷、钾和镁5种元素分别缺失时，细胞叶绿素含量会分别下降57%、62%、75%、44%和31%。缺磷对叶绿素合成所造成的不利影响最大，而缺镁对叶绿素合成所造成的不利影响最小。[①]

[①] 虽然镁是叶绿素合成的基本元素，但作为其组成部分，缺镁对小球藻生物合成的影响要小于缺氮或缺磷。其原因可能是合成单位生物量所需的镁量较低。

这些生物元素中任何一种的缺失都会减少其他元素在生物量中的结合。在生物量中，元素被排除的方式取决于缺乏哪种生物元素。结果表明，在考虑细胞遗传密码的情况下，不仅微藻的生长速率受到控制，而且生物合成过程的目标方向也可以在较宽的范围内发生改变。生物合成过程的控制不是通过直接干扰其基因来实现的，而是通过所被研究的外部参数的变化来实现的。这种控制生物合成过程的方法称为参数化方法（parametric method）。从本节的结果可以看出，参数化控制是非常有效的。然而，必须牢记的是，细胞生物化学成分的深刻变化必须通过降低生物合成速率来弥补。

除了在创建基于微藻培养的生物再生生命保障系统的任务中应用外，定向生物合成的参数化控制还可以解决其他两个问题：①利用人的呼吸商解决微藻的同化商；②使藻类生物量中的生物化学成分及其蛋白质、碳水化合物和脂肪的比例更接近这些物质在人的饮食中所需要的比例。

6.7 生物保障系统中藻类连续培养的可持续性和可靠性

6.7.1 生物系统的可持续性和可靠性优势

在讨论生命保障系统设计的可选方案时，重要的是要确定哪个系统更为可靠：基于物理-化学过程的生命保障系统或基于生物过程的生命保障系统。空间技术设计者知道物理-化学过程比生物过程要简单。由此，他们直观地得出结论：物理-化学过程更可靠。然而，这是不真实的，或者至少值得商榷。

自我恢复原则（principle of self-restoration）是决定生命如何被组织的一般原则之一。这一原则可能使永生成为可能。自我恢复原则赋予生物系统一种可靠性，这种可靠性是任何现代技术手段都无法达到的，除非而且仅在技术手段能够复制生物被组织所依据的原则之一的情况下才能实现。

因此，本节介绍了一个在微藻细胞群背景下探索自我恢复的实验。除了多细胞生物中高度特化的细胞外，每个活细胞都具有自我繁殖的能力。这种能力是由每个细胞基因组中所包含的完整信息来实现的，这些信息对于自我繁殖是必需和充分的。细胞还包含读取和理解该信息所需的全部细胞器。从外部看，细胞只需要刺激或阻止增殖的信号。

说到繁殖，细胞是自主的。这意味着，如果一个细胞群经历了某种灾难而只有一个细胞存活了下来，那么这个细胞就足以恢复整个种群：它将通过一系列细胞分裂而利用其后代扩大培养物的数量。这不仅是一种应急机制，生命在它的日常运作中也使用这种机制。

一个简单的例子说明了这一点。每毫升血液含有 50 亿个红细胞，这意味着在一个健康的成年人体内大约有 2.5×10^{13} 个红细胞。红细胞的平均寿命为 100 d。这意味着每天大约有 1% 的人，其体内约有 2.5×10^{11} 个细胞发生死亡，并被新的细胞取代，这些新的细胞以骨髓细胞的形式出现并不断分裂。我们甚至没有注意到这个过程。血液系统在良好的调节状态下运行，因此我们不可能注意到血液中红细胞浓度的波动。但是，如果细胞的破坏超过正常水平。例如，出现失血，那么细胞就会加速繁殖以弥补失血，从而恢复血液的正常成分。这种自我调节而恢复的机制是生命系统可持续性的基础。然而，技术手段从来都不是以这种方式被构建的。每一种技术仪器都有其特殊功能，一旦其出现故障，则只能被采用完全不同的仪器来进行恢复。

只有一种自主细胞的自我繁殖和自我修复机制，但它被用于两种情况，从而为生物系统提供了无与伦比的可靠性：它能维持正常的细胞浓度，并在细胞丢失时能恢复正常的细胞浓度。毫不奇怪，这种生物机制比技术机制更可靠。作为对设计师的一种安慰，进化只是比发明者有更多的时间来完善它的创造。

要在太空飞行或其他恶劣环境中得到应用，稳定性是创建和评估人的生命保障系统中最重要的标准之一。微藻的连续培养使我们有机会在统计学上支持的定量实验中验证这些定性判断，从而对生物生命保障系统中所采用的生物技术过程的可持续性和可靠性进行定量评估。连续培养物的参数可以通过对其施加一定剂量的损伤物质，然后观察其恢复过程来定量估计。这为生物系统，更准确地说，为作为一种人的生保物质再生手段的微藻种群的可持续性和可靠性提供了一种衡量标准。

本书作者利用小球藻的嗜热品种开展了这些实验。对所有实验，均是在 6.2 节所述的实验综合体中进行的（图 6.24）。

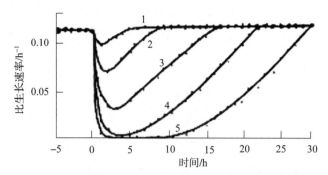

图 6.24 暴露于 5 种紫外线辐射剂量下的小球藻细胞的比生长速率 μ 的动态变化情况

（5 种紫外辐射剂量：1—2.8×10^2 J·g^{-1}；2—5.6×10^2 J·g^{-1}；3—11.2×10^2 J·g^{-1}；4—16.8×10^2 J·g^{-1}；5—22.4×10^2 J·g^{-1}）。

6.7.2 基本实验方法

可以通过实验研究微藻的自修复过程，并在稳态连续培养的基础上建立微藻自修复过程的数学模型。为此，采用密度自动调节模式进行小球藻连续培养。控制装置根据培养物的生长速率计算出适当的养分稀释率，并对其进行自动控制。

为了研究各种物理和化学因素如何影响细胞内的过程，以及如何影响种群的变化，则必须使所有生物合成参数保持恒定。该实验综合体能够控制细胞的生存条件，并保持以下培养参数不变：细胞悬浮液浓度、营养液组成和浓度以及混合气体中 CO_2 浓度。在这些实验中，对于给定的培养条件和细胞状态，使细胞浓度自动保持恒定，而不考虑生长速率的变化。

每个实验包括三个阶段：①用来建立稳态生长条件的背景期（20~24 h），而且初始生长速率为在该阶段确定的生长速率；②效应期，藻类被暴露于破坏环境下 25~40 min（不同实验的剂量不同）；③后效应期，即对暴露后的效应研究最少 24 h，最多 3 d。在这些条件下，对生态系统中各种因素影响的反应进行了可靠和明确的追踪。由于培养过程高度稳定，因此结果能被可靠复制。

在我们的实验综合体中，损伤效应来自一个紫外线（UV）发射源和一支流通石英管，石英管被置于一个体积为 200 cm^3 的特殊保护金属外壳中，占到培养装置中培养物体积的 25%。紫外线发射源是一盏水银石英灯，被安装在距离外壳 20 cm 处的地方。外壳被集成在培养液循环回路中，从而使培养物在流经培养装置组件时暴露在紫外线辐射下。培养物以恒定速率通过循环回路和被照射的光生物反应器罐体，并被连续混合。在照射时间内，所有细胞均接受到等量的紫外线辐射，功率剂量为 200 kerg·cm^{-2}·s^{-1}。

为了补偿藻细胞仅在效应期暴露于紫外线辐射而所有参数在三期均被保持恒定的事实，紫外线发射源应始终保持开启状态，并在背景期和后效应期间打开位于外壳内的 2.5 mm 厚的滤光片，以传输可见光谱并吸收紫外线辐射。另外，使连续培养的小球藻经受紫外线辐射的损伤作用后，测定了首先出现的藻类生长速率下降量和随后自我恢复过程中出现的生长速率增加量。

6.7.3 主要实验结果

在非同步小球藻种群中，各个细胞对有害的紫外线辐射因子表现出不同程度的敏感性。有些细胞受到了致命的损伤，有些细胞受到了可逆的损伤，而有些细胞则完好无损。这三类细胞的比例取决于辐射剂量和培养条件。在群体中经历过紫外线照射而受到影响的单个细胞表现为细胞生长速率下降。在后效应期的自我修复过程中，受损细胞自我修复，而未受损细胞进行繁殖。未受损细胞的繁殖速度越快，则种群自我更新的速度就越快。由于这种修复过程发生在连续的培养物中，因此流动消除了死亡和损坏的细胞，且种群会自发保留和积累快速生长的细胞。在这方面，流动式密度自动调节培养是对达尔文自然选择过程的直接模拟。

以紫外线照射后的初期增长率与最低比增长率之比作为一种标志，来评估紫外线照射对种群的破坏性影响。恢复过程的强度是通过测定培养物恢复到未暴露培养物典型的比生长速率所需的时间来衡量的，即藻液达到初始生长速率所需的时间。

在这一系列的不同实验中，在光照、温度和 CO_2 浓度等基本参数均保持恒定的情况下，研究了高紫外线辐射是如何影响细胞数量的。结果发现，使损伤效应变化最大的参数是细胞生长速率。损伤效应随培养物生长速率的增加而增加，并随培养物生长速率的降低而降低。以最优生长速率生长的种群其生长速率下降幅度最大，这证实了最活跃的细胞生长状态是最容易受到各种损伤因子影响的观点。

紫外辐射的最终效果基本上取决于一系列原因和因素，包括：①遗传因素，即细胞中DNA（脱氧核糖核酸）的倍性和核苷酸成分；②生理因素，即不同生长阶段和不同营养条件。

图6.24显示了在不同的紫外线剂量下培养后获得的比生长速率的动态变化。紫外线辐射的破坏作用取决于剂量。不同实验得到的剂量效应曲线均为S形（图6.25）。

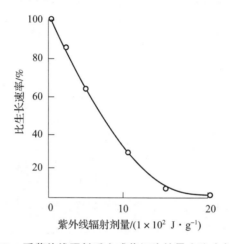

图6.25 受紫外线照射后小球藻细胞的最小比生长速率

被紫外线照射后的细胞的存活率总是取决于至少两个相互竞争的因素：损伤率与修复率（Korogodin，1991）。在我们的实验中，藻液培养是在密度自动调节的条件下进行的，这意味着生物量浓度被保持不变。营养液供应率以及受损细胞从培养装置中被去除的速率，取决于式（6.47）所表达的培养物生长速率：

$$N = N_0 e^{-\mu t} \qquad (6.47)$$

式中：N为指定时刻t的细胞数量；N_0为初始时刻的细胞数量；μ为单位时间内生物量的相对增量，单个细胞的去除率取决于通过培养装置的营养液的量。

在后效应期的培养物增长率越高，种群被恢复的强度就越大。简单计算表明，在后效应期的生长速率μ下，需要3份体积的营养液才能去除95%的初始细胞，换句话说，即为3 μt。因此，在最佳温度下，当生长速率达到最高时，种群的恢复速率应该比在其他温度下要更快。

对恢复时间根据细胞的去除程度进行表达（μt程度，其中μt等于通过培养装置并等同于总培养装置体积的营养液量），以便将从悬浮液中移除受损个体相关的种群恢复过程的部分与细胞恢复实际发生的部分分开（如果有的话）。图 6.26 显示了在后效应期三种温度下的特定生长速率恢复对初始生长速率（100%）的依赖关系，在效应期间所施加的紫外线辐射强度为 11.2×10^2 J/g，x 轴表示恢复时间，以单位 μt 表示。

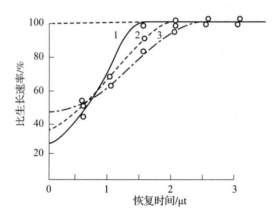

图 6.26 受到 11.2×10^2 J/g 剂量的紫外线照射后小球藻细胞的比生长速率恢复情况

（以上紫外线照射后的 3 种培养温度：1~37 ℃；2~40 ℃；3~28 ℃）。

图 6.26 表明，在这三种情况下，受损细胞从培养液中被移除的速度越快，则比生长速率恢复的速度就越快。这表明，群体移除受损细胞并同时进行细胞修复，恢复速度在 37 ℃时比在 40 ℃时快，在 40 ℃时比在 28 ℃时快。

6.7.4 紫外线辐射实验结果的数学建模

根据以上观察结果，提出了一种描述生物合成过程在紫外线照射后恢复方式的数学模型。种群的条件以初始比生长速率 μ 为特征，如上定义为单位时间内生物量的相对增量。这种比生长速率可以通过改变一个或多个培养参数或作用于培养物的外部因素来改变。系统的特征时间尺度为 $1/\mu$。当作用时间远小于 $1/\mu$ 时，其影响可认为是瞬时的。

在暴露于紫外线辐射后，部分种群死亡，这意味着它不会出现生物量增加，这样通过不断流动将其从培养装置中清除。另一部分在效应期的第一部分保持不变（正常），也就是说，它继续按照初始增长速率 $\mu = \mu_d$ 进行生长。第三部分细胞受到不同程度的损伤。在后效应期的后面,受损细胞开始像正常细胞一样活动;它们中的部分死亡,部分以一定速率繁殖,而其速率较初始增长速率 μ 或慢或快。

作为第一个近似值,受损细胞可认为符合以下条件:向正常细胞的比转化率 α;比死亡率 β;比繁殖率 γ。换言之,我们假设当未将细胞从整个受损细胞群中移除时,那么单位时间内恢复正常运行的细胞数为一个 N_{dam},则 βN_{dam} 为死亡细胞数量,γN_{dam} 为繁殖细胞数量。

系数 α、β 和 γ 的大小和性质取决于紫外线的冲击脉冲,一般而言,这些系数是时间的函数。在接下来的近似计算中,引入一系列具有不同程度损伤的细胞群,分别用 α_i、β_i 和 γ_i 表示。由于培养过程是一个密度自动调节的连续过程,因此在每一类中,均会有一定数量的细胞被以 $\mu_d = \mu_d(t)$ 的速率从培养装置中除去。在上述条件下,种群行为可以用下列方程来描述:

$$\frac{dN_{\text{正常}}}{dt} = \mu N_{\text{正常}} - \mu_d N_{\text{正常}} + \alpha N_{\text{受损}} \tag{6.48}$$

$$\frac{dN_{\text{受损}}}{dt} = \gamma N_{\text{受损}} - \mu_d N_{\text{受损}} - \alpha N_{\text{受损}} - \beta N_{\text{受损}} \tag{6.49}$$

$$\frac{dN_{\text{死亡}}}{dt} = -\mu_d N_{\text{死亡}} + \beta N_{\text{受损}} \tag{6.50}$$

式中:$N_{\text{正常}}$、$N_{\text{受损}}$、$N_{\text{死亡}}$ 分别为单位培养物体积内正常细胞数、受损细胞数和死亡细胞数。系统中生物量浓度保持恒定。

也就是说,对于异步培养,可通过下式表达:

$$N_{\text{正常}} + N_{\text{受损}} + N_{\text{死亡}} = N = 常数 \tag{6.51}$$

则

$$\frac{d(N_{\text{正常}} + N_{\text{受损}} + N_{\text{死亡}})}{dt} = 0 \tag{6.52}$$

对式(6.48)+式(6.49)+式(6.50)求和:

$$\frac{d(N_{\text{正常}} + N_{\text{受损}} + N_{\text{死亡}})}{dt} = \mu N_{\text{正常}} + \gamma N_{\text{受损}} - \mu_d(N_{\text{正常}} + N_{\text{受损}} + N_{\text{死亡}}) = 0 \tag{6.53}$$

由此可以推出 μ_d:

$$\mu_d = \mu \frac{N_{\text{正常}}}{N} + \gamma \frac{N_{\text{受损}}}{N} \tag{6.54}$$

式（6.48）~式（6.51）可用来考虑单个瞬时冲击脉冲对系统的影响。为了求解式（6.48）~式（6.51），假设系数 α、β 和 γ 的特征变异时间远大于 $1/m$，这样，α、β 和 γ 可被视为常数。注意，对于系数 α、β 和 γ 的变化时间远小于 $1/\mu$ 的相反情况，则相对容易找到其解决方案。这样，通过以下公式可得出 μ_d：

$$\mu_d = \frac{(\mu_0 - \varphi_0)e^{\mu l} + \varphi_0 e^{\beta r}}{1 + \frac{(\mu_0 - \varphi_0)(e^{\mu l} - 1)}{\mu} + \frac{\varphi_0(e^{\beta r} - 1)}{B}} \tag{6.55}$$

其中

$$\varphi_0 = \frac{A}{\mu - B} y_0 \, ; \ \mu_0 = \mu_d(t = 0) \, ; \ \varphi_0 = \varphi(t = 0)$$

$$A = \gamma^2 - \gamma(\alpha + \beta + \mu) + \alpha\mu \, ; \ B = \gamma - \alpha - \beta$$

对极限情况的研究表明，该模型能够描述紫外线损伤期间最典型的过程。该模型的框架可被用来描述其他情况，而不仅仅是紫外线影响的情况。当对系数进行适当修改时，该模型也可被用于连续冲击的情况。连续培养技术比其他技术能够分离出生长速率更快的细胞。在密度自动调节培养中，如同在自然界中一样，选择应遵循达到最大生长速率的过程这一基本原则。

这些实验和建模结果有可能使我们能够评价单细胞藻类种群作为生命保障系统组成部分在存在各种冲击效应（如紫外线和电离辐射等）下的稳定性。在受到破坏因素影响后的恢复过程，可能是存在于生物生命保障系统中有关自我恢复过程的信息来源。

6.7.5 结束语

正如读者在本章中所看到的，培养装置中藻类细胞群的光合作用过程是可预测的、稳定的和可控的。光合作用可被比作具有自催化作用（autocatalysis）的化学合成，但它们之间只有一个区别：该生物技术过程在所产生的合成有机物质的多样性方面超过了任何现代化学的制造过程，这为光合作用这一生物技术在太空和地球上的应用开辟了广阔前景。

第 7 章
密闭生态系统中高等植物受控连续栽培技术

7.1 用于生保物质再生的植物种及其品种筛选

与藻类一样，高等陆生植物在密闭生态系统中也起着多功能单元的作用。原则上，它们可以利用人的气体和液体废物以及矿化后的固体废物，而为人再生大气、水和食物。对单细胞藻类和其他低等植物再生食物的能力是未知的，尽管在这一点上已开展了长期和综合的实验。因此，许多研究人员认为高等植物在密闭生态系统中是最有可能实现这些再生功能的单元，并有望实现大量或接近完全的食物再生。

包括这一节在内的整个第 7 章，主要介绍了苏联和俄罗斯对高等植物的研究，而这些研究在 20 世纪 60 至 80 年代为创建和研究包括人和高等植物在内的不同类型的实验性密闭系统提供了基础。1980—1990 年，美国的 Bugbee、Salisbury、Tibbits 和 Wheeler 等人在这方面开展了大量而广泛的研究。这项研究证实了我们的基本推测，并进一步发展了高等植物作为人的生保物质潜在再生者的思想。

在为密闭系统选择高等植物时，最重要的标准是满足人对食物的需求。如第 5 章所示，在自然界或在人工栽培下，没有单独任何一种可食植物能够完全满足人对碳水化合物、植物蛋白质、脂肪、维生素和矿物质的需求。因此，只有设计出一种特殊配制的植物产品组合，并在密闭系统中作为一个多组分单元加以保障，才能满足人对日常食品的需求。

对密闭系统在体积、面积、重量和能耗方面的合理限制决定了植物选择的另一个重要标准：它们的高生产率水平。在评估植物生产率时，必须牢记以下几点。

（1）从单位面积收获的植物生物量的含水量因作物而异：从谷物的12%~15%到黄瓜的95%~96%。因此，在比较不同作物的收成时，必须将其转换成"硬通货单位"，即单位干重。

（2）收成不仅要根据面积计算产量，还应根据时间计算产量，因为不同的植物具有不同的生长期，即使是同一种作物的不同品种，其生长期也可能会由于不同的栽培制度而有所不同。从狭义上讲，将在生长期内于单位时间内单位面积上所收获的干生物量（$g \cdot m^{-2} \cdot d^{-1}$）用作生产率指标。

（3）对植物进行以下评价是很重要的：①总生物生产率，以及它的气体和水交换功能；②以干可食生物量表示的农业生产率（$g \cdot m^{-2} \cdot d^{-1}$），或用总生物量的百分比（收获指数，harvest index）表示。

（4）对产品的能量值，应根据被用于光合作用的光合有效辐射（PAR，380~710 nm）的辐射能进行调整，① 这表征了种植的能量效率。能量效率不应与光合效率相混淆，因为在后者中不考虑由于次生生物合成或植物呼吸作用等引起的能量损失。

一般来说，高产的标准应该是高总生产率、高收获指数和高能源效率的最佳组合。对于任何一种作物，这些特征都不能认为是完整或恒定的。它们在很大程度上取决于栽培制度的方向，也取决于被用于创建栽培种的选择过程。

必须对所选作物采用更严格的生产率标准，以提供人类所需生物量的主要部分。在系统的整个质量传递中，对于具有较小比质量（specific mass）的作物（如生菜或香草），可以根据这一生产率标准而不对其进行十分严格的评价。另外，在进行植物种和栽培品种选择以便纳入实验性密闭系统时，还考虑了以下一系列附加标准。

（1）植物栽培和产品加工技术要求：①基本操作数量尽量少；②辅助设备具有良好性能，或要减少人在对其操作过程中所花费的时间。

---

① 我们认为，PAR（测量单位为 $W \cdot m^{-2}$），比植物生理学家经常使用的 PPF（测量单位为光子）更能够方便地被用于评估密闭系统中植物能量交换的过程，因为必须根据辐射通量的光谱将 PPF 转换为能量单位。

(2) 系统中不同作物和同一作物不同生长阶段具备生态兼容性，目的是统一种植制度，并消除为不同作物及其不同生长阶段建立特定生态位（ecological niche）的必要性。

(3) 通过种子繁殖或扦插进行自主再生。这就避免了在密闭系统中需要在手边进行种子（球茎等）储存。相反，从系统中可收获新鲜植物。

(4) 通过种子繁殖的情况下进行自花授粉。这就限制了必须投放到植物周围的花粉量。

然而，只有当植物能够充分满足前面所探讨的标准时，基于这些和其他几个标准而对任何植物进行评估才有意义：能够满足人的食物需求，并确保高生产率水平。

从人的需求开始，每日定量食物的植物部分应包含：①45~50 g 蛋白质；②20~25 g 脂肪，其中 3~6 g 是必需脂肪酸；③400~500 g 碳水化合物，其中约 80% 是淀粉多糖类；④所需的维生素和矿物质成分；⑤能够保证味觉多样性的充分并主观确定的成分集合。

当考虑到这些人的食物需求量时，很显然，提供气体交换、水交换和定量食物的植物部分的高等植物单元必须包括淀粉作物。在地球上，粮食和马铃薯是文明世界中淀粉的主要来源，但包括粮食产品（如面包和粗面粉等）的饮食比包括体积更大且更单调的马铃薯的饮食要更受欢迎。不过，许多粮食作物（如小麦、黑麦、大麦和燕麦）都是长日照作物。这样，与获得相同生产率的马铃薯或水稻和玉米等短日照作物所需的种植面积相比，它们能够在较小的种植面积和连续光照下得以种植。

在长日照粮食作物中，小麦因其产品质量高、栽培技术和产品加工工艺简单而被看作高等植物单元的主要作物。因为黑麦是异花授粉，并且在开花过程中会向空气中释放大量的花粉，所以其不宜在密闭系统中得到应用。通常，大麦和燕麦都有粗粒，因此需要进行复杂加工。粗粒作物的产量较低，不太抗病，除非经过精心挑选，否则其在单位时间内和单位面积上的生产率无法与小麦相比。然而，这并不意味着马铃薯和粗粒大麦等作物不能被少量加入高等植物单元。如果医学生物学指标表明这是必要的，那么这些作物可被用来增加膳食品种。

从现有的大量小麦品种中，应优先选择短茎并结无芒穗子的春季品种。除其他外，这些品种应收获指数高且耐密植。在密闭系统实验的第一阶段，选用了早熟、中等高度并无芒的 Skala 品种。之后，选用了 Sonora-64 品种。与 Skala 品种相比，它的生长速度较慢且抗倒伏能力很强，但它所结的穗子带芒，且生产率较低。为了克服 Skala 品种的中等株高和 Sonora 品种的麦芒等不足，Lisovsky 利用这两个品种培育出了一个 232 杂交品种（见7.2节）。该 232 杂交品种结合了双亲的优良品质，而且无重大缺陷。从 1972 年开始，正是利用这个小麦品种开展了所有包含高等植物和人的密闭系统实验。①

小麦和其他粮食作物几乎不产生含有必需脂肪酸的植物脂肪，而这些脂肪酸在膳食中是最重要的。在努力增加系统中素食产量的同时，生产足够的植物脂肪的问题与生产足够的蛋白质和碳水化合物的问题并存。

对许多产油（油质的）植物进行了研究，同时考虑到上面列举的选择密闭系统作物的一般标准。对这些产油植物在人工光照下进行培养和观察，并对文献中有关这些植物的大量数据进行了分析。像向日葵、亚麻和芥菜等这些分布广泛的作物，对于其茎、根和叶等收获物的较大比质量来说，其中的可食用部分非常少。另外，从种子中去油后剩下的油饼用途不明。大豆和花生在密闭系统中也没有什么用处，因为它们具有特定的发育特征，即需要短日照，而且对于花生来说，使胚珠受精（inseminate the seed bud）的过程较为复杂。一种比较有前途的作物是来自莎草科的油莎果（*Cyperus esculentus* L.，英文为 chufa，也称荸荠。Shilenko et al.，1979）。油莎果为无性繁殖，在其根系上形成许多可食用的块茎，这些块茎长 15~20 mm，宽 5~10 mm［图7.1（a）和图7.2（b）］。油莎果对延长每天的光照，甚至是 24 h 的光照做出了积极反应。而且，油莎果在水培条件下也生长良好。油莎果在球茎被播种后 70~90 d 即可予以采收。在 PAR 为 120~150 W·m^{-2} 的人工光照条件下，完全干生物量的生产率为 3.5~4.5 kg·m^{-2}，其中块茎在收获指数为 50%~60% 时其生产率达到 2.0~2.5 kg·m^{-2}。油莎果单位时间单位面积内可食部分的生产率不低于甚至高于小麦。干油莎果块茎含有 20%~25% 的脂肪，约 60% 的碳水化合物，其中约一半是淀粉类，并含有约 8% 的蛋白质。

---

① B. Bugbee 和他的同事公布了一种高产矮秆小麦品种，名为 Apogee（Bugbee et al.，1996）。

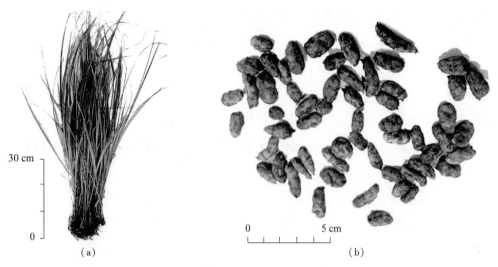

图 7.1 在 Bios-3 人工气候室中栽培的油莎果植株及其所结的块茎

(a) 油莎果植株；(b) 油莎果植株所结的块茎

不饱和脂肪酸油酸和亚麻酸在脂肪组成中占主导地位，占总脂肪酸的 76%。这证明了油莎果脂肪的高食用价值。在人的饮食中加入 130 g·d^{-1} 的油莎果的实验表明，实验对象对该产品没有不良反应（Okladnikov et al.，1977）。经简单计算表明，食用 100~150 g·d^{-1} 的油莎果块茎完全能够满足人体对包括必需脂肪酸在内的植物脂肪的日需求。此外，油莎果还可以补充小麦提供碳水化合物，包括多糖。油莎果的选择品种尚不清楚。在实验中，一个油莎果样品来自俄罗斯油质培养物研究所（Russian Institute of Oleaginous Cultures）。

当小麦和油莎果在密闭系统中为人提供植物定量食物的主要干物质部分时，那么需要保留 10%~20% 的种植面积，以用于种植其他蔬菜。因此，对蔬菜不应因其高生产率予以分类，而应因其满足人对维生素、有机酸以及味觉、芳香、矿物质和其他物质需求的能力而予以分类。有关各种蔬菜作物的文献主要来自大田或温室条件的实验数据，它们为评价这些作物作为密闭生态系统中高等植物单元的一部分可能达到的性能潜力提供了相对丰富的预备材料。但是，必须对某些特性做出特殊解释，或对计算系统内质量传递率所需的数据进行定量改进。例如：①这些作物是否可以在连续光照或其他光周期条件下生长，如果可以，它们在连续光照或其他光周期条件下的生产率水平；②能否采用无土栽培技术；③在完全人工条件下培养时产物的生化及矿物质成分等。考虑到这些目的，在人工气候室中的受控条件下对若干种蔬菜作物进行了实验：胡萝卜、甜菜（table beet）、芜菁（turnip）、萝卜、豌豆（green bean）、番茄、黄瓜、球茎甘蓝（kohlrabi）、羽衣甘蓝（kale）、洋葱、莳萝（dill）、酸叶草（sorrel）等。

通过开展这些实验，将甜菜、胡萝卜、萝卜、黄瓜、酸叶草、莳萝和洋葱选为密闭系统高等植物单元中的主要蔬菜成分。这类蔬菜能够提供足够多样化的膳食配制品、必要数量的维生素、味觉物质和芳香物质。胡萝卜、甜菜、洋葱和黄瓜的生产率与小麦和油莎果这两种主要作物相近。莳萝和羽衣甘蓝等绿色作物可以作为甜菜和胡萝卜的伴生作物种植，因此它们不需要占用单独的种植面积。7.6节列出了在完全人工条件下所栽培的这些作物其更为详细的生产率特性和生化成分。

像芜菁、番茄、马铃薯、球茎甘蓝、酸叶草和其他一些作物，可以被包括在高等植物单元的组成中。然而，由于它们的可食性有限（如芜菁和酸叶草），或者有的与个别作物（包括马铃薯和番茄）的生长条件要求不一致而导致在一般气候条件及连续光照条件下的生产率极低，因此认为没必要将它们纳入该密闭系统。

应该注意的是，许多蔬菜作物包含大量品种，这些品种在生物学、形态学和生物化学等某些方面可能会有各自的特性。通常，某一特定品种的某一特性使其不适合或根本无法在密闭系统中得到应用，但这种作物的其他品种则被证明是完全令人满意的。例如，许多早熟的萝卜品种，包括带有白尖的红色Saks及其他品种，通过持续光照，可以使它们有机会在长出合适的根之前开花，而Virovsky White、Red Giant和其他品种的根产量都很高。根为细长形的萝卜、胡萝卜和甜菜品种需要20~25 cm深的可生根基质层，而根为短粗形或圆形的品种，正常收获物需要的基质层厚度为7~10 cm。另外，不需要授粉的无籽黄瓜品种比昆虫授粉的品种更多产，而且在技术上更适合等。因此，人们认为最好不要局限于需要根据品种选择合适品种的问题，而是要研究在植物选择中的具体方向问题，以便在密闭系统中保障人的生命。

7.2 高等植物单元中植物筛选方法完善

在人工气候室中所种植的那些在质量传递功能方面理想的植物，它们所产生的生物量应具有以下特点：①完全可以被人食用；②其生物化学成分完全符合人的需求；③其对 CO_2、水和矿质养分的需求完全可以由人的废物来满足。这样的植物在自然界并不存在。通常，大多数适于作为食物的高等植物不能完全被食用，而那些少数可以被全部食用的植物却不能满足人对食物的所有需求。

使植物更接近人的需求的最有效但不是最快的途径是对它们进行育种。这种必要性源于在"空间作物种植"条件下对植物提出的一系列具体要求。与此相关，将该领域育种工作中的主要任务具体化，从而有利于为今后育种工作指明方向。

从完善食物价值的角度出发，可以为密闭生态系统进行高等植物育种设想两个主要方向：①增加在总生物量收获物中的可食用部分比例；②对可食用部分的生物化学进行定性"推动"，以更充分地满足人的需求。必须指出的是，在大多数情况下，在这些方向上的植物育种对促进农业用途将同样有用。

增加可食生物量的占比可通过两条不同的途径实现：第一条途径包括增加可食用部分的收成，相应减少不可食用部分的收成，同时保持或增加总收成。这种育种目标的好处是显而易见的。第二条途径是减少生物量收成中的不可食用部分，同时减少总生物量收成，并保持可食用部分收成不变。第二条途径的优点是通过减少需要特殊处理或为死锁产品的物质来增加参考元素和执行元素的"可闭合性"（closability）。

这两条途径都假定育种是以植物结构的基本重组为基础的。对于粮食作物，如小麦，这首先意味着：①缩短茎，甚至达到创建只长有叶片和麦穗的莲座丛形结构的地步；②减少根系重量，由于在人工营养液中有丰富的矿物质供应，因此该目标是可以实现的；③消除穗芒等。

对于像黄瓜和番茄这样的作物，这不仅意味着总茎和根质量的减少，而且意味着在长寿命的叶和茎器官上持续而重复地结果。对于根类作物来说，这意味着减少叶片上芽的数量或增加它们的食物营养价值，就像 B. S. Moshkov 对卷心菜-萝卜杂交作物所做的那样（Moshkov, 1966）。通常，通过一般的大田育种工作来解决这些问题需要数年甚至几十年的时间。然而，当在人工高光照强度下进行培养时——这是为密闭系统培育植物的必要背景，育种过程可被加快 4~6 倍，因此可以更快地解决这些问题。

选择物种及其品种以及通过育种来完善其品质时所涉及的任务是多种多样的。在许多情况下，如果通过引入一些其他作物可以将总产品的生物化学按所需方向推进，则不必通过育种来改变生物合成的生化方向。例如，如果一种不影响系统单元结构的油料作物能够满足人对植物脂肪的需求，那么通过一个长期而复杂的育种过程来增加小麦籽粒的脂肪含量则是不合适的。因此，植物满足人类需求的生化"推动"与其说发生在单独物种的层面上，不如说发生在由协同物种组成的整个执行单元的层面上。为了完善各种作物产品生化成分的育种工作，可以将其分解为一系列分项工作。例如，包括增加蛋白质氨基酸的完整性、增加维生素含量、减少难消化物质的数量、完善生物量的工艺和口感特性等。

对植物物种和品种进行选择和育种，以确保其与人体气体交换的兼容性是一个更为普遍的问题。培育植物以便使其生化特性符合人的要求，同时使植物的同化商与人的呼吸商保持一致。除了这种"总的"兼容性外，育种还必须针对植物对来自人和其他系统单元的大量空气交换产物的抗性，以及对其自身气体交换产物的抗性。

人类仅通过呼吸就能释放出多达150种气源物质（Kustov和Tiunov，1969），它们对植物的影响非常明显。另外，植物本身会释放出数百种物质，如碳氢化合物、醛类、醇类、酮类、醚类等（Mokhnachev和Kuzmin，1966）。而且，不同植物种类会产生不同种类和数量的气体物质（Dadykin et al.，1967；Dadykin，1970）。

所有这些物质都还远未被确认，但在已知的物质中有一些被证明是有毒的。因此，一些研究者认为，密闭系统中的植物化感活性（allelopathic activity）将成为他们合作研究的主要内容之一（Dadykin，1970a；Dadykin和Nilovskaya，1969）。最后，众所周知，植物不仅会释放有机物，还会从人和植物的气体交换中吸收一系列有机物。因此，在为密闭系统进行植物选择和育种以有利于人的气体交换的兼容性时，必须考虑植物的以下能力。

（1）对人体、自身和其他系统单元所产生的有毒物质很少。

（2）对人体和其他系统单元以及系统设备所释放的气体物质具有抗性。

（3）吸收由自身和其他系统单元释放而对人体有毒的物质。

根据这些特征而进行植物选育仍然是一件极其困难和复杂的事情，因为关于人的气体交换化学研究甚少,而对植物气体交换的了解就更是少之又少。目前还没有研究和评价植物生产和吸收气体物质的方法。因此,必须在密闭栽培系统的大气中气体物质的目标背景范围内开展研究工作。

在密闭系统中,利用人的液体排泄物和固体废物作为植物矿质营养元素来源,会产生一系列有关植物选择和育种的问题。由于大部分植物矿质营养元素都存在于人体的液体排泄物中(Bazanova,1969),因此似乎有希望只需对盐进行少量调整即可将它们直接应用到高等植物中。在这种情况下,植物应能够:①以尿素作为氮素的主要营养形式;②耐加有 NaCl 盐的营养液;③吸收 NaCl 盐高达其总干重的 1%~5%,以便将从人体进入营养液的食盐除去;④耐受营养液中含有来自液体排泄物的有机物,如尿酸(ureic acid)、肌酐(creatinine)和嘌呤(purine);⑤与处理这些有机物的微生物区系兼容等。人体排泄的固体废物不能被直接用于高等植物。因此,如果要利用它们,则必须使之经过初步的生物或物理-化学矿化处理而变成可被植物利用的化合物。

不同的高等植物具有不同的生态学要求,如果这一单元由几种植物组成,那么为每种植物建立一个独立的生态位将极其困难。因此,我们需要人为地使植物的需求接近一般生境的需求,如大气温度、湿度、日照时间、光谱组成等。

V. P. Dadykin(1968a)认为,可以在密闭系统中利用植物使大气温度和湿度接近人的舒适区要求。然而,实际情况是,人针对植物开展工作所需的时间会越来越少,因此几乎没有必要在高等植物生长区内保持与人舒适区相称的条件。另外,考虑到光合作用、植物生长速度和散热等因素均得到了加强,因此将大气温度和湿度维持在系统中所有植物允许的最高水平,而人对此仍可承受则似乎更为有利。因此,所有植物的选择和育种都应该根据它们的嗜热性和亲水性来进行。

在该单元中,所有植物的一个非常理想的生态特性是它们对连续光照的适应性,或者至少连续光照不被一些情况下的特殊要求所排斥。例如,在月球的极昼极夜模式下。克服光照周期性(photoperiodicity)将大大有助于简化植物光照模式的管理程序,并在提高种植强度的同时,更好地利用系统的工作面积和体积。可以说,通过植物筛选可以解决这个问题。另外,在研究人工生态系统中形成光自养单元的植物的生态学特性时,必须注意提高植物对各种紧急情况(如过热、长久黑暗及减压)的抗性要求。

最后，需要提到由于植物栽培的特殊性而引起的选择和育种任务。目前不可能以这种方式明确制定出所有任务，因为尚未详细制定出在密闭系统中被证明是可接受的植物栽培技术。然而，更确定的是，植物应该具有如下特征：①高度低，而且叶片紧凑或呈莲座丛状，从而可以简化培养物输送技术（culture conveyor technology）；②短而近似圆的根；③几乎与茎相垂直的叶面方向，这有利于从顶部施加强光照射。

从上述选育任务出发，在人工光照条件下对各种植物品种进行了评价，并对该模式中所采用的一种植物——春小麦进行了育种研究。从克拉斯诺亚尔斯克农业研究所（Krasnoyarsk Agricultural Research Institute）所用到的 800 多个春小麦样本中，选择了大约 40 个具有高产穗的中早熟及中低产小麦样本。短穗小麦的一些样品则来自圣彼得堡植物畜牧全联盟研究所（All – Union Institute of Plant Husbandry in Saint Petersburg）。在光照培养条件下对这些样本的比较评估表明，其中很少可被用于人的密闭生命保障系统中。最后，只选择采用 Skala 和 Sonora – 64 这两个小麦品种。这两个品种在光照培养条件下的生长期接近，且从发芽到成熟共 60~70 d。Skala 品种是受试的短生长期样品中生产率最高者之一。然而，其茎秆高达 90~100 cm，而且在颗粒形成期容易倒伏。Sonora – 64 是一个矮生品种，在人工光照条件下高度只有 60~80 cm，比 Skala 更抗倒伏，Skala 在生长早期就形成了宽而密的叶片。在生产率方面，Skala 较 Sonora – 64 要低 20%~30%，而且它的另一个缺陷是带有麦芒。

在每个品种中优良品质和缺陷品质的同时存在，为希望通过育种来开发新品种——只结合有 Skala 和 Sonora 品种的优良品质而不包含它们的缺陷品质——提供了基础。考虑到这一目的，人们在光照培养条件下对 Skala 和 Sonora – 64 两个品种进行了强制杂交（forced hybridization hybridization）。另外，利用不同高产及中等生育期品种的花粉对 Sonora – 64 品种进行自由授粉，其产生了数百个自发杂种（spontaneous hybrid）。

从第三代开始，所有这些杂种都被用于单次和重复的个体选择。根据下面的所列性状进行选择：①生育周期短（在 Sonora – 64 品种的范围内）；②叶片发育快并呈直立状；③无芒；④麦穗中籽粒产量高；⑤籽粒大；⑥收获指数高；⑦根据单位生长时间和其他因素计算出的高生产率。

在温度为 22~26 ℃ 和光照强度为 60~80 W·m^{-2} 的连续人工光照条件下，通过水培法进行了亲本和杂交材料培育、几代育种材料培育以及随后的分类实验。在人工气候室中的 4 年工作期间，共培养了 6~12 代的各种杂交系，最终的首选项为品种 232。品种 232 成功地将 Sonora-64 的矮生品质和紧密而垂直的叶片排列与 Skala 的无芒和高收获产量结合在一起，而其生育期与亲本接近。在 3 次重复验证（表 7.1）的竞争实验期间，在人工气候室中对该品种进行的评价结果表明，该品种优于其亲本，因此允许在密闭系统高等植物单元中的整个系列实验中以 "Line 232" 的名称使用该品种（Lisovsky，1972；Gitelson et al.，1975）。

表 7.1　在人工气候室中对春小麦品种 232 和亲本进行的"竞争性"实验比较

（栽培面积为 0.36 m^2，3 次重复，成对比较）

品种类型	平均株高/cm	产量/(g·m^{-2})		麦粒产量相对值/%	收获指数/%
		地上生物量	麦粒		
Sonora-64	58	908	313	100.0	34.5
Skala	89	1 343	432	138.0	32.2
Line 232	59	879	472	136.7	48.6

显然，小麦育种工作并没有像本章前面所述的那样解决了这一领域的所有问题。尽管如此，这项工作却生动地表明，在完全受控的条件下——这在一定程度上近似于未来在密闭系统中种植小麦的条件，小麦可被及时而有效地进行改良。近年来，B. Bugbee 和他的同事在这方面取得了很大进展（Bugbee et al.，1996）。

7.3　人工条件下植物栽培的光照和温度制度

密闭系统中初级生产者所蕴含的能量，即植物在光合作用时积累的辐射光能或辐射人工光能，是推动生物物质交换的能量。因此，当存在有利的温度条件时，植物栽培光照条件是植物的定量和定性生产率指标的主要决定因素。决定植物生长状态的三个主要光照条件如下：①落在种植区域的光照功率，所测区域在光合有效辐射范围，光波长为 380~710 nm；②光期和暗期交替的节奏，也就是光周期的节奏；③光照的光谱组成。由于不可能提供稳定的光周期和所需的辐射强度——在一天中光照强度的变化幅度为 0~400~450 W·m^{-2}，因此不可能采用自然光（阳光）来研究不同的定向高等植物栽培。阳光不能被利用的另一个原因是，它不可能产生各种各样的光周期，包括一天 24 h 的连续光照和跨越数天的连续光照。因此，实际上所有关于植物栽培光照制度发展的研究都是在各种特殊的称为人工气候室的实验室装置中采用人工光照进行的。

为了评价整个高等植物群体作为一套光合作用系统的特性，在这样那样的实验条件下对单个植株或叶片进行光合作用的速率检测就足够了。另外，有必要对整个高等植物种群进行整体研究。为此，他们采用了密闭人工气候室，其中可以在整个生长期培养足够数量的相互作用的植物。后面，大量植株将称为"群落"。连续气体交换控制，主要是指人工气候室内 CO_2 浓度的连续控制，要求在不破坏植物完整性的情况下能够快速评估植物群落对其他各种条件变化的累积响应。从 20 世纪 60 年代开始，这种方法得到了研究人员的广泛认同（Tranquillini，1967；Lisovsky et al.，1968；Laptev 和 Nilovskaya，1968）。

为了研究不同作物群落的气体交换，开发和建立了几种密闭的人工气候室，因此实现了对植物生长条件的调控。实验室所用到的人工气候室的栽培面积为 1.5~2.1 m^2，例如，在其中可同时种植几百株萝卜或几千株小麦。人工气候室中栽培室的容积为 2 000~3 100 L。在实验中所用到的各种人工气候室的主要性能均一致，其基本结构框图如图 7.2 所示。

人工气候室中的栽培室为立方体或平行六面体，由被黏合在一起的亚克力塑料板或被焊接在一起的不锈钢板组成，带有一个玻璃天花板和一道密封门。其光源为下列的一种：①一盏或两盏 6 kW 的氙灯（xenon lamp。也称氙气灯）；②四碘环灯（four iodine loop lamp）KI - 220 - 1000；③2~4 个宽规格金属卤素灯；④基于锂、镓、铟等稀有金属的特制灯，其发射光谱范围很宽。

在光源与植物之间，有一层 6~8 mm 厚的硅酸盐玻璃和一层 35~50 mm 厚的流水。这层流水吸收了大部分红外辐射。在人工气候室的水培系统中，根基质是一层膨胀型陶土颗粒（expanded clay aggregate），其厚度可达 20 cm，而在人工气候室中雾培或空气地下灌溉栽培（air subirrigation culture）系统中，根空间则未

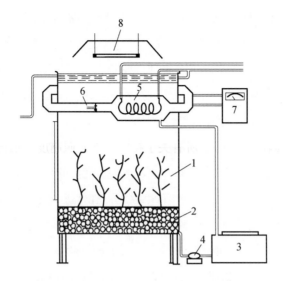

图 7.2　密闭人工气候室基本结构框图

(1—人工气候室栽培室；2—装满基质的栽培床部分；3—营养液储箱；4—营养液注射泵；
5—带冷水盘管的空调装置；6—空调风机；7—气体分析器；8—光源)。

被填充。营养液从与栽培室相连的密封罐中被定期泵入根区。罐内装有营养液温度自动调节装置。空气调节（简称空调）装置的作用是使蒸发水冷凝，并保持目标气温。空调装置由聚氯乙烯（PVC）制成，与栽培室相接，并配备有：①一台用于空气循环的风扇；②一根水冷盘管；③一部加热元件。蒸发冷凝水最终被返回到营养液中。

将一台光学 - 声学气体分析仪（AO - 2209 或 Infralit）连接到栽培室，其 CO_2 浓度分级测量范围为 0~1% 或 0~2%，并连续记录人工气候室中的 CO_2 浓度。在一套继电器脉冲调节系统（relay - impulse regulation system）的帮助下，CO_2 浓度被保持在目标值内。当 CO_2 气体流入时，人工气候室中的气压变化通过一个可调容积稳压器来平衡。在图 7.2 中未包括该稳压器。在人工气候室中，植物在光合作用过程中形成的多余氧气，通过排风每几天被向外释放一次。光照强度可通过利用可调点火器改变氙灯的电压来调节，或者可通过改变所安装灯的数量来调节。利用 Yanishevsky 辐射强度计对光照强度进行连续记录，并将其信号传递至自动记录装置。将该辐射强度计的读数与以下测量数据进行比较：①利用照度计 Yu - 16 在植物顶部的 16 个不同点上所获得的定期测量值；②利用

Kozyrev 植物辐射强度计（phytopyranometer）所获得的 PAR 测量值。对于高度为 30 cm 的植株，在上述 16 个不同的点进行测量时，其最高照度和最低照度与平均照度相差 20%。当植株高度为 70 cm 时，在安装有两盏氙灯的人工气候室中其光分布变差，个别点偏离平均照度达到 $-40+65\%$。然而，这种情况不会发生在安装有 4 盏或更多低功率灯的人工气候室中。

为了保持空气温度，在从栽培室到空调单元的空气输出处设置了一个接触式温度计。当空气升温超过目标温度时，接触式温度计的信号就会驱使打开一个夹紧装置（pinching device），这样冷却管中的水则会进入空调机的水冷却器。之后，空气温度的下降使温度计的触点分离，从而使夹紧装置停止向冷却器供水。当人工气候室中的光源被关闭时，由一个持续工作的电空气加热器提供加热。另外当打开电暖器时，空气温度也会以同样的方式得到调节。空气温度记录系统与空气温度调节系统相独立。它由以下部分组成：①一支被安装在从人工气候室排出空气的路径上的热敏电阻；②一台连续记录热敏电阻信号的装置。对热敏电阻的读数与位于人工气候室内的干热温度计的读数进行定期核验。

根系的温度可以通过加热或冷却营养液维持在目标范围内，方法是将营养液定期泵入根生长区。营养液的温度与空气温度的调节方式相同。然而，在大多数的实验中，不需要专门调节根系温度，因为根系被植株遮蔽，这样从栽培层表面的自由蒸发就会导致根系和地上层之间有一个 $3 \sim 4\ ℃$ 的温度梯度，足以使根系处保持较为适宜的温度环境。

除了特殊的人工气候室由特殊的调节系统提供空气的情况外，所有人工气候室中的湿度取决于所研究植物的空气温度、光照和蒸腾能力。湿度通常在 $60\% \sim 85\%$ 之间波动。当温度和光照条件稳定时，空气湿度偏离平均值的幅度不会超过 5%。

在上述人工气候室中，各种参数被保持恒定或被设置以实现目标值。在以下范围内，每个参数都是被独立改变的：①光照的 PAR 平均强度在 $20 \sim 150\ W \cdot m^{-2}$ 之间变化，与目标值相差 10%；②光照时间为每天 $0 \sim 24\ h$；③气温在 $20 \sim 30\ ℃ \pm 1\ ℃$ 之间变化；④根区温度为 $15 \sim 25\ ℃ \pm 2\ ℃$；⑤空气中 CO_2 浓度变化范围为 $0 \sim 2\% \pm 0.1\%$。

实验室人工气候室允许把各种高等植物的一个群落作为一个独立的光合作用

系统来研究。它还可以将群落的累积能量和质量传递特性作为一个整体和功能单元来收集，以便这些数据被用来进行计算，并为高等植物构建密闭系统。另外，最重要的是，在密闭系统中培育的植物生产率是由为该特定系统建立的光照条件所决定的。

为采用人工光照的生产条件所建议的光照强度通常被设定得很低（20~60 W·m^{-2}），首先，因为这种强度是根据电力的经济支出来决定的，而不是根据任何生理学优化来决定的（Leman，1961；Van der Win 和 Myer，1962；Latyshev，1967；Kenkhem，1967）。的确，如果群落在这种光照水平下会有足够多的叶表面，以便能够吸收 PAR 区域中 80%~90% 的入射能量，而且如果群落可以实现高收获能源系数（10%~12%），那么它的生产率将会足够高，即达到 15~45 g（干重）·m^{-2}·d^{-1}。然而，当一个群落具有较大的叶面积和相应较高的生物量产量时，那么其在呼吸作用中就会消耗较多的有机物。另外，具有小而集中型叶表面的群落对光利用很差。因此，当光照强度较低时，要实现高产栽培几乎是不可能的。另外，为了促进密集植物栽培，从生理学上确定最佳光照强度更为可取，如通过考虑叶片光合作用的光曲线。

众所周知，当光照强度在可见光区增加时，叶片的光合速率会增加到一定程度，而随后则会达到光合光饱和度。对于具有不同光适应机制的植物叶片，其光合光饱和度是不同的。另外，不同植物的光合光饱和度也会随着温度、CO_2 浓度及大量其他因素的不同而发生不同程度的变化。在大气 CO_2 浓度条件下，只要 PAR 达到 60~120 W·m^{-2}，大多数高等植物叶片的光合速率会接近最大值。然而，随着对植物光合结构研究工作的发展（Boysenlensen，1932；Watson，1952；Nichiprovich，1955，1956，1966），人们产生了这样的想法，即除了叶片的光合生产率外，还有其他几个因素对光利用在总收获物形成过程中的作用具有重大影响：①叶面积指数；②叶空间分布方向；③植物光合作用与呼吸作用的比率，包括茎、根和其他植物部分的呼吸。因此，在确定群落在密闭系统中实现总气体交换时的最优 PAR 水平时，仅仅考虑叶片光合作用的光曲线是不够的。

小麦叶片的光合效率随光强增加至 95~120 W·m^{-2} 而增加（Friend，1964；

Stoy，1965；Wardlow，1967）。当 CO_2 浓度增加到 0.3%~0.4% 时，小麦的光合效率（Stoy，1965；Wardlow，1967）增加，就像其他粮食和蔬菜一样（Ford 和 Thorne，1967；Nilovskaya，1968）。20~30 ℃ 范围内的温度对光合速率影响不大。另外，不同苗龄对小麦叶片光合速率的影响也不显著（Stoy，1965）。已有研究结果表明，当条件完全最优时，则认为 50~60 $W \cdot m^{-2}$ 的 PAR 水平对于植物群落是最低允许值。然而，还必须开展实验，以确定最佳光照强度，这将有助于小麦和其他植物的种植率指标和种植能量效率达到足够高。

为了评价小麦群落的光合作用是如何依赖于辐照水平的，在密闭人工气候室中开展了一系列的实验。人工气候室的栽培面积为 2.14 m^2，体积为 3 100 L。春小麦 Sonora - 64 的栽培密度为 660 株·m^{-2}。栽培方法是在膨胀型陶土颗粒上利用 Knop 营养液进行水培。人工气候室中的空气温度在光照时为 22 ℃ ±1 ℃，在黑暗时为 20 ℃ ±1 ℃，呼吸作用被保持在特定水平。将空气中的 CO_2 浓度维持在 0.4%~1.4%，并将空气湿度维持在 75%~85%。光合速率和呼吸速率是根据群落对 CO_2 的吸收（和排放）来确定的，例如假设有 1 m^2 的种植面积受到阶梯式和多样式的光照，则其 PAR 强度范围为 0~120 W/m^2。在剩下的时间里，光照强度被昼夜连续保持在 80~100 $W \cdot m^{-2}$。每周一次，将两组 5 株植物作为样品从人工气候室取出，以确定生物量和叶表面的增加速率。最后，对实验结果采用回归分析法进行数据处理。

计算结果表明，单位种植面积的小麦群落在相同光照下的可见光合速率随植株苗龄而变化（图 7.3）。光合速率在叶管（leaf - tube）形成初期（15~17 d）至花期结束（35~37 d）期间较为稳定。这一时期，群落在黑暗中进行很强的呼吸作用成为其主要特征。

照射到具有阔叶面群落的光照强度的任何变化（保持在 20~120 $W \cdot m^{-2}$ 的范围内）与光合速率的变化几乎呈线性关系（图 7.4）。利用线性回归方程和植株苗龄计算得到的光合补偿点为 25~41.6 $W \cdot m^{-2}$。当光照强度增加到研究极限值 120 $W \cdot m^{-2}$ 时，群落的能效系数也逐渐增大。当植株正在形成叶管和开花期间，将光照强度稳定在 120 $W \cdot m^{-2}$ PAR 时，能源效率系数会达到 10%~11%（图 7.5）。尽管 120 $W \cdot m^{-2}$ PAR 的光照强度是单个叶片的光合饱和强度，但这种强度远远不是叶片表面充分发育的群落的光合饱和强度。

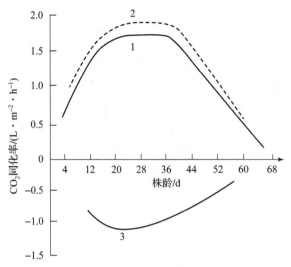

图 7.3 小麦群落在生长期间的表观光合速率

(1—光照强度为 88~96 W·m² PAR；2—光照强度为 104~112 W·m² PAR；

3—小麦群落的暗呼吸率)。

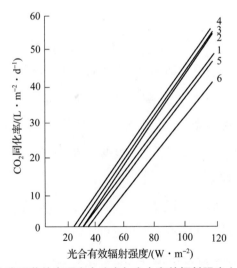

图 7.4 小麦群落的表观光合速率与光合有效辐射强度之间的关系

(1—17~18 d；2—22~24 d；3—26~27 d；4—33~34 d；5—40~41 d；6—44~45 d)。

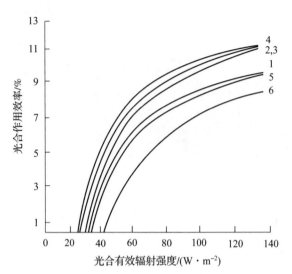

图7.5　小麦群落的光合效率与不同株龄时不同光合有效辐射强度之间的关系

(1—17~18 d；2—22~24 d；3—26~27d；4—33~34 d；5—40~41 d；6—44~45 d)。

高等植物的高群落生产率是由于高等植物会产生大量的生物量，而这又是由于非光合器官的呼吸作用增加和光合补偿点所引起。只有当光照强度远大于光合补偿点时，具有大量生物量的群落才能达到较高的能量效率。对于单片叶子的光合作用，的确是光照强度越低，而光合效率却越高。然而，对于一个高产的群落来说，其可见光合效率并非如此。当使用能量效率标准测定光合活性时，实验中获得的数据支持这样的假设，即小麦群落的最佳光合活性位于这些实验研究的光照强度区间的上限或略高于上限，即 120 W·m^{-2}。同时，在光照强度为 120 W·m^{-2} 时，小麦群落的可见光合速率并未表现出任何饱和的迹象 (图7.4)。这意味着，在光照强度为 120 W·m^{-2} 的条件下，提高小麦群落生产率的任何潜力仍有待探索。

20 世纪 70 年代，苏联科学院西伯利亚分院生物物理研究所开展了一系列实验研究，其中所采用的光照强度大大超过中午的阳光强度 (Polonskyet al., 1977, 1977a; Polonsky 和 Lisovsky, 1980)。实验结果表明，当光照强度达到 700~1 200 W·m^{-2} PAR 时，即当它超过在中午阳光照射下 PAR 的 2 倍或更多时，小麦群落的生物量总生产率和粮食生产率均得到了提高 (图7.6)。然而，只有大幅度改变小麦群落本身的结构，即显著增加其种植密度，从每平方米 500~800

株增加到每平方米 2 000~4 000 株，才能实现高 PAR 强度下的生产力。这样，群落的光学结构发生了变化：单位种植面积内的叶片表面积增加，叶片取向近似垂直，因此群落内部的光分布更加高效。不过，当光照强度增加时，生产单元的能量消耗会增加（图 7.7），也就是说，生产单元的能量效率会相应降低。

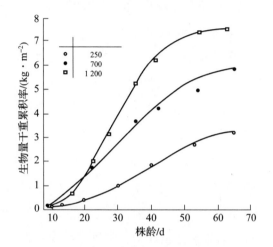

图 7.6 三种光照强度条件下小麦植株的生物量干重累积率与株龄的关系（Polonsky et al.，1980）

（○：250 W·m^{-2}；●：700 W·m^{-2}；□：1 200 W·m^{-2}）。

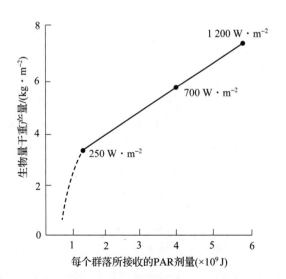

图 7.7 最终植株生物量干重产量与光照强度的关系（Polonsky et al.，1980）

另外，美国犹他州立大学 Bugbee 和 Salisbury（1988，1989）的类似研究表明，对品种选择、温度、光周期、CO_2 浓度及其他栽培条件要素等进行优化，均会有助于更好地获得收获指数、能效系数、籽粒结构和其他指标。但总体而言，本研究证实了先前作者的结论，即当光照强度增加时，使小麦群落结构发生改变可以提高其生产率，但其代价是会降低生产过程的能效系数。另外，关于萝卜群落也获得了类似数据（Tikhomirov et al.，1976）。

因此，解决了在密闭系统中植物栽培的最佳光照强度问题。生物学家是系统设计者，他们可以选择两个相反的优化标准之一开展工作，即他们瞄准 120～200 $W \cdot m^{-2}$ PAR 下的高能效系数，或者是瞄准单位面积的高生产率。后者的代价是每个生产单元的能源消耗不断增加，但在栽培面积、系统体积、设备材料等方面提供了节约优势。显然，真正的选择将是这两种系统的折中。折中的解决方案将取决于未来生命保障系统的技术参数。目前，科学家们已经相当精确地研究了做出这种决定所需要的生物参数。地球大气层外的太阳光的光谱组成与 PAR 范围内（380～710 nm）的等能量谱相似。如果利用太阳光对植物进行照射，可借助导光器（light conductor。也称光导管）将适合植物生长的太阳光部分导入生命保障系统内，其主要作用是去除波长 <380 nm 的紫外线。紫外线的波长越短，对植物的生长影响越不利，而且似乎没有证据表明植物需要紫外线。另外，去除太阳光中的红外线可以减小生命保障系统中热控系统的负荷。然而，人工光照的实验结果表明（Tikhomirov et al.，1991），将总光照通量中的红外线部分降低到 40% 以下时（光通量为 150 $W \cdot m^{-2}$ PAR），则小麦的生育期会更长，而且其日平均生产率会更低（图 7.8）。此外，以上作者在萝卜实验中也得到了类似结果。由于在整个太阳光中红外线所占的比例不超过 50%，因此减少生命保障系统内整体辐射通量中的这一部分几乎是不值得的。

通过消除一个或另一个光谱区域来校正 PAR 范围内的太阳光光谱组成，可以降低生命保障系统中辐射通量的总强度。此外，目前还没有强有力的观点认为，通过校正"白色"太阳光，有可能会显著提高植物的生产率或提高产品的质量。

因此，利用太阳光将只需要消除其光谱中的紫外线部分，这可以利用一个简单的过滤器来实现。当然，必须至少将这降低到长波紫外线区域（大于 350 nm）。相对于其他光谱区域，在大气层外的太阳光认为是非常适合生命保障系统中的植物

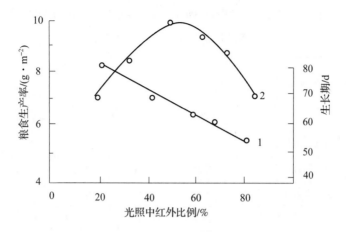

图 7.8　在 150 W·m^{-2} PAR 的辐射通量强度中不同红外线占比对小麦群落的生长期（1）和生产率（2）的影响

光照。如果在生命保障系统中使用人工光源，那么在 PAR 范围内的辐射通量光谱组成问题就会变得更加复杂。首先，人工光源辐射（锂、镓-铟或钠灯）在某些光谱区域，通常比"白色"光源具有更高的电-光能转化系数，而这本身就能使它们更为经济；其次，植物利用某些光谱区域的光能效率——根据群落的实际生产率而不是通过叶片的真正光合作用来估计，会根据光照强度和植物种类而急剧变化（Zolotukhin et al., 1978; Tikhomirov et al., 1991）。例如，当小麦在其生长期间只用光照强度为 100 W·m^{-2} 的红光（600~700 nm，汞-锂灯）或只用相同光照强度的绿光（500~600 nm，汞-镓灯）照射时，收获物的结构组成发育良好，且其总产量和籽粒产量正常。然而，在蓝光（400~500 nm，汞-铟灯）照射下，在与上述相同光照强度下生长的小麦与之前在红光或绿光照射下的情况不同，即其植株上的籽粒数量非常少，而且每千粒种子的重量很轻。这样，在该蓝光照射下栽培的小麦其总产量比在红光或绿光照射下降低了 25%，而籽粒产量比在红光或绿光照射下降低了 60%。另外，在光照强度为 600 W·m^{-2} 时，在绿光或红光照射下植株的生产率提高了 2~2.5 倍，而在蓝光照射下植株的生产率提高得更多，尤其是其籽粒生产率提高了 8 倍；然而，在该高光照强度的蓝光照射下植株或籽粒的生产率比在相同光照强度的红光或绿光照射下的仍然差了很多（表 7.2）（Zolotukhin et al., 1978）。

表7.2 在辐射通量强度分别为 100 W·m^{-2} 和 600 W·m^{-2} 的 PAR 区域下种植的小麦品种 232 的生产率和收获物结构组成

光照强度 /(W·m^{-2})	PAR 波长 范围/nm	总数		千粒重 /g	生生期 /d	日平均生产率 /[g(干重)·m^{-2}·d^{-1}]	
		植株	种子			总生物量	种子
100	400~500	1.0	7.0	15.9	85	7.4	1.2
	500~600	1.7	20.5	33.0	80	20.6	8.6
	600~700	1.1	20.8	27.0	80	19.3	8.0
600	400~500	1.0	27.1	30.8	80	23.3	9.6
	500~600	3.0	41.7	29.8	75	47.1	16.7
	600~700	3.2	55.3	30.4	75	51.8	22.8

然而，在萝卜实验中，情况有所不同（表7.3）。在低光照强度（50 W·m^{-2}）条件下，萝卜的总生产率在红光下最高、而在蓝光下最低。在光照强度为 200 W·m^{-2} 时，在红光下萝卜产量下降了 50% 以上，而在蓝光下萝卜产量增加了 1.5 倍以上。因此，PAR 光谱区域对小麦和萝卜生产过程的影响几乎是相反的（Lisovsky et al.，1983）。对其他一些作物（如黄瓜、番茄、玉米等）的类似实验证明，集约栽培的不同植物种类对某些光谱区域表现出特殊响应（Tikhomirov et al.，1987）。值得注意的是，在每种光谱区域（如蓝光、绿光或红光）中，没有一种光谱能够比"白光"引起更高的生产率。然而，两种或三种光谱成分的不同组合——其中一种或另一种光谱占优势，可能比具有同等能量及同等比例的蓝光、绿光和红光的白光要更有效。

表7.3 不同辐射通量下，在一定 PAR 区域生长的萝卜品种 Virovski White 的日平均生产率　　单位：[g(干重)·m^{-2}·d^{-1}(株龄为 24 d)]

光谱波长/nm	PAR 强度		
	50 W·m^{-2}	100 W·m^{-2}	200 W·m^{-2}
400~500	8.3	10.4	14.6
500~600	9.2	15.8	12.5
600~700	11.2	5.4	2.1

因此，通过优化辐射通量的光谱组成，则有可能在一定的辐射通量下选择一种对作物有益的特定光区。然而，假如要为整个高等植物单元创造光照条件，那么与阳光类似的白光仍然是最普遍的。例如，氙灯可被用来产生类似光谱的人工光源。

植物的日平均生产率在很大程度上取决于它们受到光合作用辐射的时间，因为植物每天接受的辐射能被定义为辐射强度乘以一天的辐射时间。在地球上，植物接受自然光照的时间由一天的时间长度决定，而这主要取决于当地的地理纬度和季节。在赤道附近，一天大约持续12 h，而在北极地区，日光的长度从冬季的 0 h 到夏季的 24 h 不等。在地球之外，只有在火星上，白天和黑夜的持续时间或多或少是相似的，在此，决定季节变化的白昼长度和行星轴与轨道面之间的倾斜角几乎与在地球上的相同。在其他可能需要利用密闭生态系统来长期保障人类生命的地外环境中，会用到太阳能（在近地轨道和星际飞行中，或者在月球上等），但在此地球日是不能复制的。

每种独立的生命保障系统可能有自己的"本地日"：比如在低地球轨道附近每个光照日将只持续 1.5~2 h，在月球上具有 29.5 个地球日，但在具有明确姿态控制的行星际飞行中，"本地日"是无穷无尽的，因为航天器的一侧被阳光照射，而另一侧总是黑暗的。因此，在人工密闭生态系统中，由植物的生物特性决定其辐射时间，一天的时间可以根据需要任意长，而不考虑地球日的长度和其中的日光部分。

已知，根据它们对昼夜相对时间（光周期）的响应，可将所有植物大致分为三类：①短日照植物，需要 12~14 h 的日光和 10~12 h 的连续黑暗交替才能开花；②长日照植物，在这个过程中，花期的转变会受到每天 10~12 h 内持续黑暗的阻碍；③日中性植物，开花可以不受日照时间的影响。虽然光周期反应主要表现为植物发育速率的加快或减慢，但它也可能决定植物的总生产率。

应该记住，一天中光照周期的持续时间，连同辐射通量，决定了植物每日能量平衡的活跃部分，以及在白天光合作用过程中积累的有机物与在夜间暗呼吸过程中消耗的有机物的比率。因此，原则上来讲，使全天连续光照似乎是有利的，以便提高单位时间单位面积的植物产量。

20 世纪 20 年代初，Harvey（1922）和 Maksimov（1925）分别认识到，连续

人工光照模式可被用于"从种子到种子"的植物栽培。例如，Maksimov（1925）采用连续光照模式来栽培春小麦、大麦、豌豆和其他长日照作物。实验结果表明，与 12 h 的光照周期相比，连续光照促进了春小麦和大麦的生长发育，并提高了植物的干物质生产率。N. Maksimov 认为，这可以通过减少呼吸作用的消耗来解释。其他作者的数据显示，暗呼吸作用强度相当高。例如，R. King 和 L. Evans 报道称，叶面积发达的小麦暗呼吸强度为每小时 $14 \sim 15$ mg $CO_2 \cdot dm^{-2}$ 种植面积，而在 85 $W \cdot m^{-2}$ 下的真正光合作用不超过每小时 $30 \sim 35$ mg $CO_2 \cdot dm^{-2}$ 种植面积（King 和 Evans，1967）。5 周龄小麦植株每天光照 12 h，光照强度为 135 $W \cdot m^{-2}$，每克干生物量每小时吸收 $11.8 \sim 13.5$ mg CO_2，夜间每克生物量每小时呼出 1.5 mg CO_2（15 ℃）至 4.5 mg CO_2（30 ℃），即白天合成有机物的 $21\% \sim 38\%$ 被用于呼吸作用（Friend，1964）。

我们利用春小麦（品种 Skala 和 Sonora-64）进行的实验表明，在温度为 $20 \sim 22$ ℃ 条件下，高产群落形成了超过 300 g（干物质）$\cdot m^{-2}$ 的生物量，但同时会导致很高的暗呼吸速率，可达到 0.8 L $CO_2 \cdot m^{-2}$（种植面积）$\cdot h^{-1}$。同一群落在 100 $W \cdot m^2$ 光强下的净光合效率为 $1.6 \sim 1.8$ L $CO_2 \cdot m^{-2}$（种植面积）$\cdot h^{-1}$。简单计算表明，在连续光照条件下，群落的 CO_2 日同化量可以达到 1.5 L × 24 h = 38.4 L $\cdot d^{-1}$，而在光照时间为 18 h 的情况下，光合同化速率减去暗呼吸速率后仅为 1.6 L × 18 h − 0.8 L × 6 h = 24.0 L $\cdot d^{-1}$。

这些计算结果在专门实验中得到了验证。在密闭人工气候室中，研究了两个相同小麦群落的光合效率。一个群落是被连续光照，而另一个群落生长在 16 h 光期和 8 h 暗期的光周期下。以上两种条件下的光强均为 $80 \sim 90$ $W \cdot m^{-2}$，光期温度被维持在 22 ℃ ± 2.5 ℃，其中 2.5 ℃ 是单个最大偏差（single maximum deviation）；在暗期中的温度为 16 ℃ ± 3 ℃。两种光周期条件下的其他情况相同。

从图 7.9 可以看出，当植物的生长速率较高时，两种光周期条件下的净光合效率非常接近。在有光周期的实验中，暗呼吸速率达到净光合速率的 30%。另一项研究结果表明，在连续光照条件下，该群落的总 CO_2 同化率为 $33.8 \sim 35.6$ L $\cdot m^{-2} \cdot d^{-1}$，而在具有 8 小时的暗期时，该群落的总 CO_2 同化率仅为 $19.6 \sim 21.0$ L $\cdot m^{-2} \cdot d^{-1}$（图 7.10）。

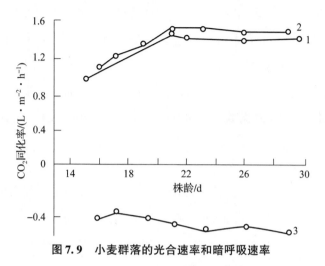

图 7.9　小麦群落的光合速率和暗呼吸速率

（1—连续光照；2—16 h 光期；3—在 16 h 光期∶8h 暗期的光周期下生长的小麦群落的暗呼吸速率）。

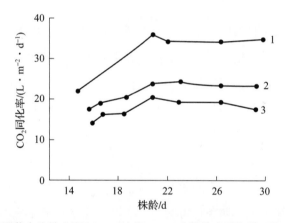

图 7.10　小麦群落在连续光照和 16 h 光期∶8 h 暗期的光照条件下的日 CO_2 同化率

（1—连续光照；2—16 h 光期；3—16 h 光期（具有暗呼吸））。

因此，与连续光照相比，16 h 的光周期不仅使小麦的光合系统在黑暗时间"空闲"，而且造成了前期合成物质在暗期呼吸时的不必要消耗。

即使在低光照强度条件下，连续光照也能促进小麦和大麦等长日照禾本科作物的生长发育。然而，这可能会导致生殖器官发育率和生物量积累率的比例失调，从而形成低产短命植物。因此，通过选择一种足够高的光照强度，可以实现生长和发育速率之间的协调。

我们对不同的春小麦和大麦品种进行了大量实验，结果表明，持续光照和很高的光照强度（100～140 W·m^{-2}）非常适合种植这些作物。尽管植物的生长速率加快及生产枝（productive shoot）生长茂密，但是每穗粒数相当多，且千粒重保持正常，即植物的这种生长现象绝不是短暂的。群落的生物生产率（即干生物量）也相当高，即达到了 30～50 g·m^{-2}·d^{-1}，其中麦粒达到了 10～17 g·m^{-2}·d^{-1}。对于被实验过的早熟品种来说，这样的生产率表明在这些光照条件下植物呈密集生长。

另外的实验结果表明，在足够高的 PAR 强度下（80～140 W·m^{-2}），连续光照是春小麦和大麦密集栽培的充分条件。进一步提高光照强度可能会增加群落的生产率，但其代价是会降低能源效率（Polonsky et al.，1977，1977a；Bugbe 和 Salisbury，1988）。这就是为什么在这里讨论的不是对于群落生产潜力最优的小麦或大麦栽培条件，而是讨论有利于解决在密闭生态系统的创建和实验研究中出现问题的条件。

评价一种或另一种植物栽培条件是否适合在密闭系统内繁殖而不是利用从大田收获的储存种子繁殖植物时，一个重要参数必须是连续世代中品种质量的可遗传性。几年来，我们研究了小麦品种 Skala 和 Sonora-64，使它们在连续高强度人工光照条件下繁殖了 6～10 代，结果未观察到任何品种退化的问题。在相似的光照条件下培养，它们具有稳定的产量以及形态和生物学特性。

因此，小麦的连续光照，加之足够高的光照强度以维持活跃的光合作用，从而确保了群落很高的总生产率和收获指数，并确保了连续几代的品种基因型得以保存。因此，所研究的光照条件可被视为有助于建立和研究密闭生态系统，其中包括小麦（或大麦）以作为高等植物单元的组成部分。尽管在连续光照下加速小麦的生长基本上符合栽培的目的，但许多作者认为，种植另一种长日照作物萝卜是不可取的，因为在这样的连续光照下植物很早就进入繁殖期，而且往往没有时间来形成根。

另外，B. S. Moshkov（1966）表明，连续高强度光照会延缓萝卜（品种为 Pink-with-a-White-Tip）的发育，而且该光照条件在植物出芽后的 12～14 d 内对重达 30 g 的根的形成造成了影响。萝卜（和任何其他作物）在密闭系统中连续进行光合作用是可取的，其原因与关于小麦的相同。还应指出的是，出于实用和经济的目的，在连续人工光照下密集栽培萝卜更可取，因为与在 14～18 h 的光照下相比,这是利用种植面积和设备的一种更加合理的方式。

我们旨为在密闭系统中种植萝卜而进行了光照条件的选择(Lisovsky 和 Shilenko,1970),结果表明这种作物可以在连续光照下进行高效生长。在这种情况下,萝卜品种的选择决定了产量。在众多受试品种中,如 Duganskii 和 Virovskii White、晚熟品种在连续光照下能有效利用光能,并在 22~24 d 内形成块根,块根产量达到 4~6 kg(鲜生物量)$\cdot m^{-2}$,而生物生产率达到 25~30 g(干生物量)$\cdot m^{-2}$。

另外,我们的其他研究结果表明,连续光照可被有效地用于种植许多其他作物,如豌豆、胡萝卜、甜菜、油莎果、芜菁、黄瓜、洋葱、酸叶草等。其中一些作物经实验后被纳入高等植物单元体系中。在连续光照条件下,这种多物种单元实现了大气、水和蔬菜食物的再生。然而针对有些作物(如马铃薯、番茄、大豆和水稻),我们在连续光照下种植并未取得令人满意的结果。如果认为有必要将这些作物纳入密闭系统,那么它们将需要一个单独的"生态位",光照时间为 12~16 h,暗期为 8~12 h。

应当强调的是,如果植物在突发情况下或由于有目的的改变而偏离上述情况,那么它们会为光照条件表现出广泛的可塑性。以连续光照下生长良好的植物为例。如果在紧急情况下,在 1~2 h 到 1~2 d 的时间间隔内停止光照,那么植物的光合作用将会在此期间停止,且植物的发育会有所减缓,但不会发生不可逆转的变化。然而,较长的(3 d 或更长)连续黑暗期可能对植物造成不利影响,尤其对繁殖更是如此。为了消除这些影响,应采取特别措施,如降低环境温度。为了促使短日照作物生长发育良好,需要根据作物的不同而定期进行昼(12~14 h)和夜(10~12 h)的光照时间交替。在连续多日照射的短日照作物中,发现它们出现了以下变化,例如番茄叶片变黄且子房脱落,而玉米和大豆种子的形成开始较晚等。另外,在 Bios – 3 实验综合体中,我们尝试在连续光照下种植长日照马铃薯和其他长日照作物,但均未取得成功,具体表现为可食用部分的产量很低(Zamknutaya et al.,1979)。

总的来说,植物对光照条件与自然节律的各种偏差的耐受性相当高。为了证实这一说法,可以在此展示植物生理学家在一系列实验中获得的结果。在光/暗交替分别为 30 min、60 min 和 120 min 的条件下,结球甘蓝(*Brassica oleracea L.*

也称卷心菜、包心菜或圆白菜。原文为 *Brassica abissinica*,可能有误。译者注)的生长结果表明,即使在这样的条件下,植物也能生长和开花,但与连续光照条件下相比,其发育速度变慢了(Moshkov,1973)。

在 V. P. Dadykin 的实验中(1976),在"低轨道卫星光周期模式下"(60 min 光期:30 min 暗期),萝卜和羽衣甘蓝完成了其全生命周期的生长。结果表明,在此轨道上作物所接收到的太阳能与在地球上通常 16 h 光期:8 h 暗期的光周期下所接收到的太阳能基本相同。另外,我们课题组开发了在连续 15 d 光照和连续 15 d 黑暗交替的"月球光周期"下种植大量作物(包括小麦、大麦、甜菜、胡萝卜等)的程序(Mizrakh et al.,1973;Terskov et al.,1978)。

除非创造出特殊条件使植物能够在"月夜"的长时间黑暗中存活下来,否则任何植物都不可能在"月球光周期"下生长和发育。研究表明,在长时间的暗期将大气温度降至 3 ℃,可以显著减缓多种植物的生物过程,而且对它们不会造成损害。处于滞育(hypobiosis。也称低生活力)状态的植物可以长时间在无光条件下存活。例如,在"月球光周期"下生长的春小麦的实验表明,尽管在"月夜"之后叶片中的色素和碳水化合物含量有所下降,但生长发育的过程实际上并未受到干扰。在此条件下,植物从发芽到成熟的生长期(只考虑光照期)与在连续光照下植物的生长期相同。

总的生长期长度只因为"月夜"的长度而变长。在连续光照条件下(对照)栽培的春小麦的生长周期为 60 d,而在"月球光周期"下栽培的小麦的生长周期为 4 个"月昼"(15 d×4)和在它们之间的 3 个"月夜"(15 d×3)的时间长度总和,即共计 105 d。在这样的条件下所种植的小麦籽粒可被很好地用作食物和种子材料。值得注意的是,小麦植株在发育的早期,即在第一个和第二个"月夜",对长时间的黑暗更为敏感:在第一个"月夜",即使是短暂的温度升高,也会对生殖器官的形成造成严重破坏。

除了小麦,我们还尝试在"月球光周期"下种植一些耐寒和耐热的作物。然而,利用喜热作物(如番茄和大豆)所进行的实验尚未取得令人满意的结果。相反在"月球光周期"下,已成功种植了耐寒作物(包括大麦、胡萝卜、甜菜、芜菁、萝卜、莳萝),它们均能够完成从发芽到成熟的全生长周期,而且产生的可食生物量的营养质量可与在连续光照下栽培的植物的营养质量相媲美

(Lisovsky et al.，1979）。

这些例子足以证明，许多高等植物有可能会适应昼夜间隔时间相对持久的变化。我们可以断言，在人工密闭生态系统中，植物的种植不会因为出现各种突发事件而受到严重影响，如突然关灯或者在适当的时间未能关灯。我们还可以肯定地说，当自然光可被利用时，"轨道"和"月球"光周期将非常适合植物的生长和发育。

7.4　高等植物的连续栽培

在植物生长过程中，光合速率是变化的，这与密闭生态系统的主要单元——人的相对稳定的气体交换是不一致的。仅出于这个原因，如果要求植物在该系统中发挥气体交换的功能，就应该拒绝在整个种植区进行传统的均衡苗龄栽培，或叫"同步"栽培。此外，在大多数农作物中，大部分可食生物量是在生长末期形成的，而且食物在整个植物生长期都必须被储存起来。再者，在收获和种植这两项耗费劳力的操作之间的时间间隔将会太长，而且人完成工作量的时间分布也会不均匀。

在密闭生态系统中，这些困难可以通过创造同时由几组不同苗龄阶段植株构成的阶梯式或传送带式栽培方法（也称连续栽培）来克服。自20世纪60年代以来，为了实现工业化水培和构建密闭生态系统的目标，人们一直在研究高等植物连续栽培的实用性（Dadykin et al.，1967；Chuchkin，1967；Lisovsky et al.，1969）。在密闭生态系统中，连续栽培的主要功能是：①使光自养单元的总气体交换保持在一个相对稳定的水平，以影响与人的直接气体交换；②确保用于维持单元运作的能源和劳动力支出在时间上得到统一分配；③定期向系统内的人员供应新鲜植物产品（对于粮食产品来说，这一要求不是强制性的）。

决定传送带式栽培装置中的苗龄间隔而同时存在的最佳苗龄作物数量，取决于作物的特性、对劳动支出的节奏和数量的要求、收获难易程度、种植产品的储存和加工、系统中气体环境成分变化的允许限度和由其气体体积决定的系统缓冲性能等。指导传送带式栽培装置的苗龄选择的组织和技术原则可能会发生变化，这取决于工艺的性质和它们被逐渐发展的程度，也取决于将系统作为一个整体进行安排的选定变量,即目前无法予以准确定义的条件。因此,对于系统的一个或另一个变量来说,在高等光自养生物的连续培养中,确定最佳苗龄组的数量还为时过早。

然而,即使是现在,根据现有的实验数据,我们仍然可以根据苗龄组的数量来确定多苗龄连续培养物的气体交换特性。已知不同高等植物的这些特性,如果还知道生命保障系统的乘员等其他气体交换单元的时间气体交换特性,那么就可以计算出生命保障系统中被研究作物所占据的任何区域中大气成分的动态变化值。

系统中气体环境组成的变化,主要受限于气相中 CO_2 浓度的变化,因为认为氮气或惰性气体的浓度是恒定的,而人耐受 O_2 浓度的变化范围要比耐受 CO_2 浓度的变化范围宽得多。当然,这两种浓度是紧密相关的。这就是为什么接下来的计算只关注系统中大气中的 CO_2 量。为了找到将 CO_2 浓度变化保持在人体允许范围内所需要的传送带式栽培装置中植物苗龄组的最小数量,我们可以将一种作物(例如小麦)作为高等植物单元,而将人作为系统中的代谢平衡单元。系统闭合的一个必要条件是,在整个生长期内,相同苗龄的小麦群落的日平均 CO_2 同化量应当等于人体的日 CO_2 产生量(该数量认为基本均匀)。然而,在生长期的不同阶段,相同株龄($n=1$)小麦群落的实际 CO_2 消耗量将会不同于所要求的日平均消耗量(图 7.11,$n=1$)。在生长期的开始和结束阶段,CO_2 的日平均消耗量将低于所要求的日平均消耗量,而在生长期的中间阶段,即在快速生长阶段,群落的实际日 CO_2 消耗量将高于日平均消耗量。让我们用 $+\alpha$ 和 $-\alpha$ 表示在一个方向或另一个方向上的日偏差。那么,系统中植物在高光合作用阶段的 CO_2 消耗量的总偏差为 $\Sigma(+\alpha)$,而植物在光合作用阶段的 CO_2 缺乏量为 $\Sigma(-\alpha)$。当以图形方式计算时,这些偏差的绝对值是相等的,当 $n=1$ 时为 $\pm 6\,584$ L(图 7.11)。显然,即使在一个人拥有 100 m³ 大气的系统中,大气中 CO_2 的体积含量变化也将达到 $\pm 6.58\%$,这是绝对不允许的。

在包含两个植物苗龄组的群落($n=2$)中,在一个苗龄组的光合作用速率的"间隙"(gap)将被另一个苗龄组光合作用速率的增加部分予以补偿(图 7.11,$n=2$),此时的偏差范围 $\Sigma(+\alpha)$ 和 $\Sigma(-\alpha)$ 不会超过 ± 888 L。然而,即使在体积很大的系统中,这样的偏差对人来说也是无法容忍的。对于 $n=4$ 的情况也是如此。在所考虑的情况中,只有在包含 8 个苗龄组的系统中,这些偏差

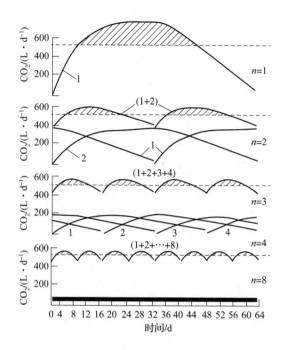

图 7.11 密闭系统中小麦植株所被估计的日平均 CO_2 同化量的偏差与传送带式栽培装置中小麦不同苗龄组数 n 之间的关系

（植物种植面积为 20 m^2，平均光照强度为 88~96 $W \cdot m^{-2}$；虚线表示人的日平均 CO_2 产生量和植物的日平均 CO_2 吸收量（525 $L \cdot d^{-1}$）；1、2、3…为传送带式栽培装置中每个小麦苗龄组各自的同化曲线；(1+2)、(1+2+3+4) 和 (1+2+…+8) 为异龄群落中所有苗龄组的净同化曲线）。

才不会超过 ±11 L（图 7.11，$n=8$）。这对一个人来说，即使系统的大气容积（10~30 m^3）很小，但在很大程度上也可以接受。

$\Sigma(+\alpha)$ 和 $\Sigma(-\alpha)$ 不仅取决于传送带式栽培装置中所选的植物苗龄组的数量，还取决于每个作物种和品种的光合作用苗龄曲线的特性，也取决于栽培条件的特性。例如，图 7.12（$n=1$）显示了同龄萝卜群落的实际 CO_2 消耗量的日偏差。随着萝卜传送带式栽培装置中苗龄组的数量逐渐增加（图 7.12；$n=2$，$n=4$，$n=8$），这些偏差就会逐渐消除。可以肯定地说，在传送带式栽培装置中的任何一种作物，至少有 8 个苗龄组可以在封闭系统中提供人和植物光合作用均可接受的基本一致的 CO_2 浓度。

通过实验得到的不同作物和不同栽培方式下的光合作用苗龄曲线，均可用描述该曲线的方程进行经验拟合，从而可以计算出不同苗龄植株的气体交换。1972

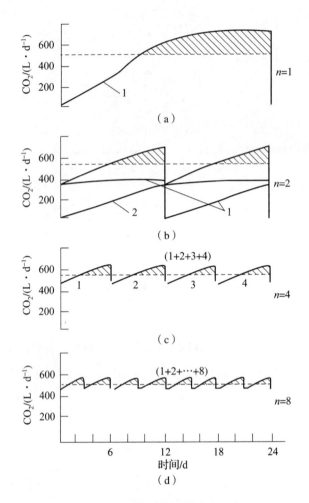

图 7.12 密闭系统中萝卜植株所被估计的日平均 CO_2 同化量与传送带式栽培装置中萝卜不同苗龄组数 n 之间的关系

(植物种植面积为 20 m^2，平均光照强度为 88~96 $W \cdot m^{-2}$；虚线表示人的日平均 CO_2 产生量和植物的日平均 CO_2 吸收量（525 $L \cdot d^{-1}$）；1、2、3…为传送带式栽培装置中每个萝卜苗龄组各自的同化曲线；(1+2)、(1+2+3+4) 和 (1+2+…+8) 为异龄群落中所有苗龄组的净同化曲线)。

年，B. Kovrov 和 G. Lisovsky 报道称对上述小麦和萝卜的光合作用苗龄曲线进行了计算，当然结果是一样的。

当密闭系统中同时包含几组不同苗龄的植株时，系统中 CO_2 浓度的整体变化量介于单独培养物所引起的变量之间。因此，利用高等植物连续培养物进行大气再生可以稳定生命保障系统大气中 CO_2 的吸收速率，即使被种植的不同苗龄组的植物很少（6~8 种，取决于作物）。

通过一种苗龄"作物轮作"（crop rotation），可以实现同时栽培几个植物苗龄组的种植连续性，即每个单独的地块都有自己的种植和收获日期，而不同于这种作物的其他地块。这种栽培模式既适合在基质上栽培（包括土壤栽培、膨化矿物水培、聚合物颗粒栽培），也适合在没有基质的情况下栽培［包括水培法和雾培法（aeroponics。也称气培法）］。

另一种保持栽培连续性的方法是构建适当的植物传送带式栽培装置，在其中将进入下一苗龄组的植株按一定顺序进行转移，使成熟植株到达该装置的末端，然后在此予以收获。另外，在收获的同时，在该装置的开始处进行新的播种。第二种方法主要适用于无基质栽培植物。该方法虽然技术上比较复杂，但它比第一种方法更有前途，因为在转移植物时，通过改变植株之间的距离而可以更好地利用光照面积。这两种连续栽培方法都得到了深入的发展和研究，主要用于蔬菜作物栽培（Dadykin et al., 1967；Chuchkin, 1967；Dadykin, 1968；Lebedeva et al., 1969）。

小麦和其他粮食作物由于其生物和经济方面的特殊性，其栽培方法和程序也就具有一定的特征，如未有二次茎增厚、分蘖时间长、在高产群落中植株密度高等。我们认为，在空气地下灌溉栽培方法（air subirrigated culture）中，粮食作物的连续栽培会受到最合理的影响。这种栽培的想法是由 V. Artsikhovsky（1915）提出的。这一想法的核心在于，在空气中被自由悬挂并得到以一定方式固定的植物的根，被定期浸泡在营养液中。不幸的是，该想法未能得到发展。

我们已经发展了以下利用空气地下灌溉培养技术进行粮食作物连续栽培的方法。首先，在黑暗而潮湿的室内对小麦种子（或大麦及裸燕麦）在滤纸上进行育苗。然后，将它们放入特殊塑料板上面的孔穴中，而在整个生命周期中植株一直被牢牢地固定在那里。沿着塑料板的底部具有用于扎根的缝隙。孔穴和缝隙的尺寸以及塑料板的高度必须满足以下要求：①幼苗绝对不能从孔穴中掉出来；②胚芽和节根必须能够自由生长；③成体植株必须能够被垂直放置。带有植株的种植板如图 7.13 所示。

将已发芽的种子放入种植板中后，放在黑暗潮湿的室内放置约 2 d，直到幼苗的胚芽鞘足够高（平均而言，与种植板的上缘一样高），以及胚根从侧面的缝

图 7.13 带有小麦植株的播种盘

隙中出现。然后,将装有幼苗的种植板放在人工气候室中进行光照,这是植物生长期的起点。

为了更有效地利用人工气候室内的光照面积,首先将种植板以较短的间隔放置,并将其安装到特殊架子的插槽中。随着植株长大,将种植板进行移动以增大它们之间的距离,可对位置进行多次改变,直到茎不再伸长为止。然后,使植物的营养面积(nutrition area)保持不变,直到植株成熟。在其生命周期的最初几天,将种植密度保持为 1 600~3 200 株·m^{-2},而从茎伸长期至成熟期,则将种植密度减少为 800~1 100 株·m^{-2}。根据关于水培小麦的实验结果,我们选择了比大田更大的种植密度。这些结果与以下证据是一致的,即如果植物得到充分的养分和光照,那么作物密度越大,则其产量就越高。

被固定在种植板孔穴中的植株,在生长过程中穿过了种植板上的缝隙而松散地悬挂,并在其生长后期分散在人工气候室底部。实验表明,为避免根系交错而阻碍种植板的重排,则无须将种植板固定在距人工气候室底部 60 mm 以上的位置。然后,在人工气候室底部上的根部最活跃的部分铺上一层薄薄的营养液,这样使营养液供应之间的间隔时间可以持续长达半个小时。只有 1~9 d 的幼龄植株短根很少,因此可能需要在种植板的下面增加一些托盘,以便即时保留部分营养液。

为了说明这一点,在其中一个实验中,每 27 min 向根部提供一次营养液。将人工气候室底部分成 12 个大小相等的部分,并将每个部分都用胶管连接到液压控制阀的 12 个管道中的一条管道上,该管道与连续工作的泵相连。将营养液泵入各个部分约需 2.3 min。而且，营养液被重力吸引进泵也需要同样的时间。营养液供应间隔约为 22 min。按照这个程序，则该实验系统中不需要营养液储箱。小麦每平方米种植面积所需的营养液量仅为 12~15 L。

在我们的实验中，营养液的单位负荷为每升营养液供养 80 株小麦。经计算获知，通常在人工气候室中植物生物量的集约增长必然会导致营养液中的部分元素在一两天内被完全吸收掉。当植物优先消耗阴离子时，甚至可能会导致 pH 值更早发生不必要的变化。因此，必须经常通过添加一定计算量的盐和酸来校正营养液（在 24 h 内添加多达 4 次，见 7.5 节）。

在连续空气地下灌溉栽培方法条件下，植株的叶面积发育迅速，具有品种特有的胚根数量，并迅速而活跃地形成节状根系。另外，连续光照诱导的植物生长速率加快并不影响正常植物习性的形成。而且，尽管作物群落十分密集（1 000~1 100 株·m^{-2}），但成熟小麦植株也会发育出足够数量的芽（包括总芽数和生产芽数）。结果，本实验中收获产量达到了 1 380 穗·m^{-2}。千粒重是该受试小麦品种的典型特征。连续培养下小麦的生产率为 43.8 g(干重)·m^{-2}·d^{-1}，包括 11.2 g 的籽粒，也就是说，这并不低于相同光照条件下同一水培小麦品种的生产率。

分别持续两个月到 1 年不等的 10 多次实验证明，上面所提到的栽培方法和程序对于在人工气候室中栽培小麦和大麦是可接受并也是可靠的。与基于基质的水培法和雾培法相比，在人工气候室中进行粮食作物的连续空气地下灌溉培养具有一定优势。

与基于膨胀型陶土颗粒、珍珠岩或任何其他填充物的水培法相比，连续空气地下灌溉栽培方法会更有效地利用人工气候室的光照区域，因为在此幼苗可被彼此放置得更近。根据计算，如果要在膨胀型陶土颗粒上种植与上述实验中相同数量的植物，则必须将人工气候室中的光照面积增加 16.7%。在实验中，不仅幼嫩植株而且成熟植株都可被近距离隔开，这样就能够节省 33.3% 的光照面积。由于植株未被固定在恒定的营养区域，因此在其生命周期的早期阶段，对它们之间的距离可以根据其苗龄变化而改变，从而可以显著提高影响光能利用的群落叶面积指数。在这种情况下，在植物生命周期的早期，单位光面积下的生物量产量及群落叶面积指数与植物栽培面积未被改变时相比较均有所提高。

1 m^2 小麦种植面积的种植板和支架重量约为 10 kg，这较相同种植面积的膨胀型陶土颗粒的重量要少约 5 倍。而且，所有设备都可被重复使用。空气地下灌溉栽培方法对于成熟植物根系的收获和测量均非常方便，而在水培法中从各种固体基质中提取所有根系则是一种烦琐的过程。将上述植物栽培方法应用在实验系统中的一大优点是，用于固定植物的材料几乎不能吸收或解吸任何物质，如养分或毒物。此外，当采用具有拓展表面的填料时，研究单元中的质量交换过程比在任何固体基质中都要容易得多，而且结果也要准确得多。与用营养液喷洒自由悬挂的根系（雾培）的各种方法不同，我们所介绍的方法不需要任何复杂的管道系统来为每株植物提供营养液（这在高种植密度的培养系统中尤其难以实现），也不需要许多带有复杂而棘手结构的喷雾器。

另外，根系从种植板上伸出并向人工气候室底部伸展，因此其会接收到入射光而在根系上面会导致藻类生长，而且由于营养液在水–密闭系统中未被更换，因此藻类可能会成为对高等植物有害的代谢物来源。通过使种植板之间的间隙变暗和用不透明材料制作种植板，可以抑制根部的藻类生长。在许多不同的实验中，连续和常规同龄小麦空气地下灌溉栽培方法都得到了成功应用，这表明这种方法和培养程序不仅对构建密闭生态系统，而且对开展植物生理学和农业化学等实验研究具有很大优势。

然而，这种方法只能被用在自然引力条件下，如在地球、月球或火星表面上，或者在具有足够人工重力的飞船上。在微重力条件下，仍然在用多孔或纤维基质进行植物栽培实验，但这些基质很难被长时间使用，因为它们会被根系弄脏，并被代谢物污染。NASA 肯尼迪航天中心的研究人员提出了在微重力条件下种植植物的方法和栽培程序，即只在栽培装置内创造人工重力。例如，在带有植物的旋转圆盘上采用雾培技术，使用带有多孔填料的管道，通过多孔填料进行营养液输送（Dreschel 和 Sager, 1989）等。不过，这些方法均未在真实的微重力环境中得到验证。因此，在太空微重力环境中种植高等植物的时候，希望这些主要是技术上的困难能够得以克服。

■ 7.5　气体和水交换及植物营养液

若想在植物与人类之间能够直接进行气体交换，则需要为植物创造人类可以接受的条件。由于进化，人类呼吸作用和植物光合作用的主要成分，即 O_2 和 CO_2，在地球大气中的含量对人和植物来说都是最理想的。在正常大气压条件下，通常的 O_2 体积浓度约为21%，该浓度可认为对人和植物都是合适的。对于许多植物——密闭系统中潜在的功能部件，O_2 浓度升高到24%~26%会降低表观光合作用，并增加暗呼吸（Nilovskaya，1973）。同样，植物也会受到大气低 O_2 浓度（1.5%~4.0%）的不利影响。例如，在 Gerband 和 Andre 的实验中，在4%大气 O_2 浓度下生长的小麦开始抽穗的时间比对照晚了 10 d，而且穗内未结颗粒。

另外，正常的大气 CO_2 浓度约为0.03%，这对植物来说已经足够了，尽管这一浓度还没有达到光合作用的饱和状态。研究表明，CO_2 浓度升高到0.1%~0.3%，有时达到1.0%，会在一定程度上增加光合作用（Nilovskaya，1973；Salisbury et al.，1995），但进一步升高则会开始抑制光合作用。0.008%~0.01%的 CO_2 浓度可被视为植物进行表观光合作用的下限值。在最佳光照和大气温度下，使光合作用达到饱和的 CO_2 浓度为0.15%~1.0%；否则，CO_2 浓度通常会降低光合作用强度，不过这一过程可逆。在大多数医生看来，人类可以在所含 CO_2 浓度足以使植物的光合作用达到饱和的大气中生活和工作。

通常被表示为相对湿度的大气最佳水汽含量，对于不同植物种类是有所不同的。例如，根据所被接受的种植蔬菜的温室标准，番茄对大气相对湿度要求较低，为45%~70%，而黄瓜所需的最佳大气相对湿度为85%~95%。Mizrakh 等（1969）的研究表明，春小麦的光合效率在相对湿度为40%~70%时基本保持不变，但在85%时则会下降。在人的密闭生命保障系统中，即使具有直接的气体交换，但人的居住地与植物栽培舱之间是被相互分离的，因此在每个部分的大气湿度都可以很容易地得到优化。然而，我们认为在密闭实验系统中，没有理由为多物种植物群落中的每种植物优化大气湿度。在我们的长期实验中（Gitelson et al.，1975；Lisovsky，1979），将人工气候室中的大气相对湿度保持在65%~75%，并为根系提供充足的水分，从而使系统内所有植物的生产率都相当令人满意。

为了优化不同人工栽培方法对植物的供水，选择了特定的营养液输送频率（如根部浸泡和喷洒等），该频率是由所栽培的物种及其苗龄特性、根区栽培基质的性质、温度和湿度等决定的。植物根系与营养液的持续接触会导致根系损伤，因此不宜过于频繁地供应营养液。根据经验，即使在炎热的夏天进行开阔水培（采用膨胀型陶土颗粒或蛭石），一天内给植物进行营养液供应也不需要超过4次（Bently，1965；Davtyan，1967）。另外，在连续人工光照条件下，给在膨胀型陶土颗粒上水培的各种粮食作物供应营养液时，在其生长早期和成熟期每天供应两次而在生长活跃期每天供应4次就足够了。

显然，连续空气地下灌溉栽培法必须更频繁地进行供水。据统计，为了使干生物量平均增加 $50~g\cdot m^{-2}\cdot d^{-1}$，每小时需要使用 $0.3\sim0.4~L$ 的水。每平方米种植面积上的植物根系质量相对较小，水不能在其上储存几个小时。滴落在根部表面的液态水分布不均匀，因此会导致根部某些区域干燥，这对幼苗尤其有害。还有一种危险是，如果根部的液态水被完全吸收，那么在根部表面的盐浓度可能会增加。因此，为了充分满足植物对水分的需要以防止根系干燥，应向基于连续空气地下灌溉栽培法的小麦每小时供应 $2\sim3$ 次营养液。

在密闭人工气候室中，从植物的蒸腾水量和从基质部分蒸发的水量很容易得到测量。重复测量结果表明，在上述条件下，连续小麦培养群落在光照区域会产生 $6.2\sim7.1~L\cdot m^{-2}\cdot d^{-1}$ 的冷凝水。在实验中，在 18 h 光：6 h 暗的光周期下，通过水培方式种植的蔬菜作物的多组分且非同龄的群落（包括番茄、萝卜、黄瓜、甜菜、胡萝卜等），产生了大约相同数量的冷凝水。因此，$2\sim3~m^2$ 的高等植物可以定量提供一个人每天所需的饮用水和卫生用水。R. I. Kuzmina 对在我们的实验中得到的小麦蒸腾水分冷凝水的质量进行了分析。结果表明，除总氮含量外，其低盐、低有机物含量和 pH 值等特征均符合公认标准。总氮主要以氨的形式存在。在经过提纯和矿化处理后，冷凝水可被安全地用作饮用水，另外在简单煮沸后可作为卫生用水。

为了满足人对 O_2 和食物的需求，所需要的种植面积必须比满足饮用水和卫生用水供应需要的面积大几倍。因此，在一个人与高等植物之间有充分气体交换的系统中，会出现蒸发水分的多余冷凝水，由于这部分水对人无用，必须使之返回到营养液中。简单计算表明，植物蒸腾水量达到 $6\sim8~L\cdot m^{-2}\cdot d^{-1}$，而 $1~m^2$ 种植面积的空气地下灌溉培养需要 $12\sim15~L$ 的营养液，因此在人工气候室内的水分必须每 2 d 经过一次完全循环。我们在密闭人工气候室中进行了几次实验，在 $4\sim6$ 个月里，由单一物种和多物种群落所产生的蒸腾水分冷凝水被用作栽培水源。在所有的实验中，均取得了十分满意的结果。

在密闭系统中，向植物进行矿质养分和水分供应的基本问题源于营养液不可改变性的条件。正如 Davtyan 所指出的那样，不同研究人员针对植物的水培法、砾石培法和空气地下灌溉栽培法所提出的营养液种类繁多，这远远超出了我们目前的科学理解能力（Davtyan，1967）。在大多数情况下，研究人员试图在稳定的 pH 值等条件下长期使用这种营养液而不对其进行校正（Hewitt，1952；Zhurbitsky，1968）。在密闭系统中，在生长于体积受限的营养液中的集约化栽培群落中，必须对营养液的组成进行校正，而且必须比在某些实验研究或工业化水培中所进行的频次更高。在我们的连续小麦培养实验中，群落区域的营养液只有 $12\sim15\ L\cdot m^{-2}$。当矿物元素被活跃吸收时，则干重生物量可增加到 $50\ g\cdot m^{-2}\cdot d^{-1}$。从表 7.4 可以看出植物生产率与营养液体积之间的关系，为了达到该生产率，大多数元素，如 Knop 营养液中的元素，会在 $1.7\sim3.1\ d$ 内被完全消耗掉。另外，由于植株根系对营养液中的阳离子和阴离子的吸收程度并不平衡，因此营养液 pH 值的意外变化甚至会更早发生。

表 7.4 连续培养中植物对矿质元素的吸收速率

元素	日干生物量增量中含量 /mg/50 g（干生物量）	Knop 营养液中元素含量 /mg/15 L（营养液）	全元素吸收的额定时间/d
钾	1.52	2.52	1.66
钙	0.29	3.67	12.7
镁	0.12	0.37	3.07
磷	0.34	0.85	2.51
硫	0.17	0.49	2.87
氮	1.05	3.08	3.00

大多数其他标准的营养液所含的矿质养分较少，因此甚至会被很快耗尽。由于植物对矿质养分的需求会随着其发育阶段的不同而不同，因此有人建议根据植株的苗龄来改变营养液成分（Zhurbitsky，1963，1965；Aliev；1966）。然而，对于连续培养，在其中同时存在有许多种苗龄组，这样为每个苗龄组引入一种单独

的营养液并对其进行校正是一项极其复杂的工作。因此，首先我们考虑了在营养成分大致恒定的营养液中进行连续植物培养的可行性，而营养成分一般通过进行适当添加来补充。

考虑到所有生长参数的稳定性，可以通过测量生物量中的元素量来确定添加到高等植物连续培养营养液中的元素量。虽然每个苗龄段的植株以不同的程度吸收不同的元素，但在单位时间内被所有苗龄段植株吸收的元素总量将由在同一时间生产的生物量中所含的元素组成。因此，我们可以用与藻类连续培养相同的方法来计算连续高等植物培养中营养液的校正用量（见第6章）：

$$m = C_b P + CV \tag{7.1}$$

式中：m 为每日所用校正添加液中的元素量（mg）；C_b 为所收获生物量中的元素含量（$mg \cdot g^{-1}$）；C 为营养液中的元素含量（$mg \cdot L^{-1}$）；P 为干重产量（$g \cdot d^{-1}$）；V 为从人工气候室中所移除的营养液体积（用于样品分析及技术损失等）（$L \cdot d^{-1}$）。如果 $V = 0$，则每种元素的校正添加量等于该元素的被去除量，这时，$m = C_b P$。

在这种情况下，如若要确定单位时间内添加到营养液中的任何元素的校正液量，就必须测量同一时间内作物产生的生物量所吸收掉的元素量。必须引入校正添加液的频率，其将由被最快吸收的元素浓度与选定浓度的允许偏差所决定。例如，在小麦的集约化灌溉培养条件下，由于钾从 Knop 营养液中被完全吸收掉只用 1.66 d，因此对营养液必须每 6~10 h 校正一次。

另外，也可以利用类似的方式来维持营养液中微量元素的最佳浓度。值得注意的是，霍格兰（Hoagland）、贝特洛（Bertlo）和其他营养液配方的标准微量元素对于这种情况是不够的。在这些营养液中，微量元素的相对浓度绝不是最优的（Hewitt，1960）。由于标准溶液中微量元素含量与植物生物量中的微量元素含量不匹配，因此它们更不适合在连续培养下对营养液进行校正。因此，我们必须根据植物生物量中微量元素的含量，制备含有微量元素并使之处于最佳浓度的营养液，并根据上述公式计算出被加入校正添加液中的每种微量元素的量。

在大多数连续灌溉小麦培养实验中，我们假设营养液中正常的微量元素浓度是标准 Knop 营养液配方中微量元素的浓度。Knop 营养液配方中的微量元素浓度如表 7.5 所示。

表7.5 Knop 营养液配方中的微量元素浓度

元素种类	浓度/(mg·L^{-1})
铁	3.5
硼	1.0
锰	0.5
铜	0.2
锌	0.2
钼	0.1

当小麦生产率为 50 g（干生物量）·m^{-2}·d^{-1}时，则每平方米小麦群落每日所需要添加的校正营养液中包含的物质成分及其质量如表 7.6 所示。

表7.6 每平方米小麦群落每日所需要添加的校正营养液中包含的物质成分及其质量

化合物种类	重量/g	化合物种类	质量/g
硝酸钾	3.95	磷酸	1.08
四水合硝酸钙	1.58	七水合硫酸镁	1.26
硝酸	1.90	一水合柠檬酸铁	0.10

根据其他作物矿物组成的特性，可以用类似的方法计算其他作物的校正液添加量。在盐中按适当比例添加所需量的元素是不可能的，因此，校正添加液还包含硝酸和磷酸。这里，除了所列的盐和酸之外，还添加了微量元素（硼、铜、锰、锌、钼）等盐类，它们的总重量小于 1 g（微量元素）·kg^{-1}（生物量）。这种成分的校正液不仅使这些元素保持在规定的浓度，而且使 pH 值保持在 5.8~6.5 之间。

如果系统中高等植物单元的生产率处于稳定状态，那么可以不对营养液的化学成分进行分析而是根据计算结果对其进行适当校正。然而，在真正的实验中，需要对营养液进行定期分析，因为：①植物生产率和产量结构可能不同；②实验的目的之一是获得关于不同过程的动力学和协调程度的数据。在大多数长期实验中，对营养液样品中的大量元素（macronutrient）每周分析一次，而对微量元素

(micronutrient)每月分析一次。如有需要，根据分析结果对其进行校正。

在成分恒定的营养液中，从植物种子萌发到植株成熟的连续植物培养结果表明，植物对元素的吸收可能与它们的实际需求不同。例如，在空气地下灌溉栽培条件下，在 Knop 营养液中生长的小麦植株与在土壤中生长的小麦植株的矿物组成不同。其主要区别是，在空气地下灌溉栽培下，植株的根和芽中的矿质养分含量较高。可以认为，造成这种现象的原因是植物在最后生长阶段会被动吸收元素，而在大田生长的小麦一旦达到乳熟期就会停止对矿物质的吸收。被动元素吸收的假设可以从下面推导出来：在我们的实验中，与大田条件（Olifer, 1965）相比，在成熟植株的茎中含有大量以可移动离子 K^+ 和 NO_3^- 形式等存在的元素。例如，在大田栽培植物的茎中未测到硝酸盐，而在灌溉培养植物的茎中却发现了硝酸盐，就氮而言，其占到干生物量的 0.4%～0.5%。在我们的实验中，过多的磷和钙被根系生物量去除。

很久以前，许多研究人员就证明，如果小麦植株在生长早期获得了足够养分，那么在其生命周期的最后阶段，从营养液中去除部分元素并不会降低其产量（Ovechkin, 1940; Podvalkova, 1959; Pavlov, 1969; 等）。

逐步从营养液中去除元素可能会使在实验中采用的空气地下灌溉栽培方法异常复杂化。因此，该研究的任务是找到植株的苗龄，此时就可以根据该苗龄而同时并彻底地从营养液中去除所有的营养元素，并可避免植物生产率下降。为此，我们进行了连续空气地下灌溉的小麦培养实验，包括 21 个苗龄组，苗龄间隔时间为 3 d。这些植物被栽培在完整的 Knop 营养液中，每周更换两次。在完全 Knop 营养液中收获了几批次从发芽到成熟苗龄组的作物后，开始向具有 21 个苗龄组的整个"传送带式栽培装置"供应自来水以进行比对。进一步用水而不是营养液进行灌溉，可便于估计 3～63 d 营养不良植物的生产率和化学成分（从生长期结束时算起）。

共进行了两次重复实验，结果相似。如图 7.14 所示，在生长末期（在营养液中生长 36～39 d 后），在自来水中生长 25～27 d 后，并未引起小麦总生物量或籽粒产量下降。浇水时间越长，产量越低，也就是在营养液中生长的时间越短，产量越低。在生命周期的最后 24～27 d，在水中生长的植物中，总生物量的籽粒分数（grain fraction）显著增加，两次重复的平均籽粒分数为 39.7%，而对照组为33.4%。较长时间的用水灌溉会显著降低这一参数。在营养液和水中分别生长36~38 d和24~27 d的植物,在所形成的籽粒中的矿质养分(氮除外)比例较对照组的低了¼,而在茎和根中的比例较对照组的更是低了两倍(表7.7)。

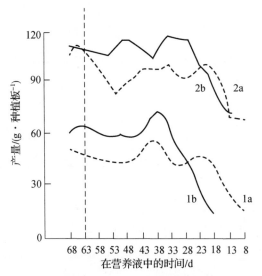

图7.14 在两次先在Knop营养液后在水中培养的重复实验(a和b)中所收获籽粒(1a和1b)和不可食部分(包括茎、麦壳和根,2a和2b)的生产率比较

表7.7 在整个生长期均生长在Knop营养液(对照)和在生长期的最后24~27 d生长在水中(处理)的小麦生物量中营养元素比较

元素种类	实验种类	元素含量/% (在干物质中的占比)		
		籽粒	茎部	根部
磷	对照	0.62	0.68	2.80
	处理	0.48	0.43	1.00
钾	对照	0.55	5.22	1.11
	处理	0.43	3.33	1.37
钙	对照	0.08	1.43	5.53
	处理	0.04	0.80	2.12
镁	对照	0.25	0.36	0.52
	处理	0.19	0.22	0.21

续表

元素种类	实验种类	元素含量/% （在干物质中的占比）		
		籽粒	茎部	根部
硫	对照	0.23	0.41	0.61
	处理	0.22	0.23	0.58
磷+钾+钙+镁+硫	对照	1.73	8.10	10.57
	处理	1.35	4.01	5.28
总氮	对照	2.50	1.69	4.45
	处理	2.57	1.25	3.90

实验表明，利用空气地下灌溉法培养的小麦在整个生命周期中不需要在全营养液中生长。此外，如果这样做，则总产量结构在一定程度上会恶化，且植物会过量吸收某些矿质元素，而这些元素主要积累在枝条和根系中，这对密闭系统极为不利。在连续培养中，成熟植株过度盐析的现象似乎可以通过降低校正添加液中的营养元素含量来防止。然而，实验表明这种方法是不可行的，因为根系发达的成熟植株会从营养要求较高但根吸收表面较小的幼苗那里截留养分。实验证明，更合理的方法是先在全营养液中培养小麦植株38~40 d，然后在纯水中进一步培养。

油莎果和蔬菜作物的种植似乎没有造成被动吸收过量营养元素的问题，因为它们通常是在采摘成熟期被收割，而这要远远早于生物成熟期。另外，在Knop营养液中水培的萝卜根和其他一些作物中的矿质组成，与田间栽培的这些作物种和栽培品种的矿质组成相似（Trubachev et al.，1975）。

理想情况下，在密闭生命保障系统中，植物对矿质养分的需求必须完全由来自异养单元（人类）的废物中的矿物质成分来满足。如果只由植物的光合作用为人类提供O_2，那么每天必须在系统中合成0.7~0.8 kg的干生物量。将每天的人体矿物交换范围与"平均"植物0.75 kg干生物量的矿物成分进行比较（表7.8），我们可以看到，将植物生物量用作食物可以完全满足人体对除钠和氯以外的基本矿物元素的需求。

表 7.8　人与植物矿物质交换的比较

元素	0.75 kg "平均植物" 干生物量矿质组成/g	人体日矿质交换量/g	人体日产液体废物矿质组成/g	以下两种废物所导致的植物供应最小不平衡量/g	
				液体废物	所有废物
氮	12~15	12~16	10~14	0	0
磷	2.5~4	1~1.5	0.7~1	−0.5	−1
钾	8~20	2.5~5	2.3~4.5	−3.5	−3
钙	4~6	0.8~1	0.3~0.4	−3.6	−3
镁	1.5~2	0.3~0.5	0.1~0.2	−1.3	−1
硫	2	1	0.8	−1.2	−1
钠	1	4~6	4~6	+3.0	+3
氯	2	5~7	5~7	+3.0	+3
铁	0.5	0.02	—	−0.5	−0.5

在一种有植物的气体平衡系统中，即使一个人每天只能消耗 0.3~0.4 kg 的植物生物量（干重），而且某些产品（粮食和根系）中的矿物成分通常比"普通"植物中的矿物成分略少，但植物能够为人提供蛋白质配给量所含植物部分中的磷、钾、钙、镁、硫、铁和氮。

人类废弃物不能为植物提供充分的矿物质营养。然而，密闭生态系统将能够从植物对废物最大限度的利用中大大受益。很明显，在经历了初步的物化或生物矿化作用（mineralization）后，人体废物可被高等植物成功利用。然而，这将使系统更加复杂，并增加了额外用于热控、热催化或其他某种氧化的单元，或者增加了用于生物矿化的特殊单元，如曝气池（Varlamov et al.，1967）。

出于卫生原因，在密闭系统中不允许高等植物直接利用人的固体排泄物。至于直接利用含有人体释放的大部分矿物元素的液体废物的想法，似乎值得我们研究，因为植物在利用尿素作为根系养分中氮源（Kalinkevich，1964；Curuc，1967；等）、在适度氯化钠盐化营养液上生长（Genkel，1954；Petra，1968；Strogonov et al.，1970）以及主动或被动地从营养液中吸收钠和氯等的能力都令人相当乐观。

与直接利用人体尿液相关的主要问题是：植物几乎不需要任何钠离子和氯离子，而且人体排出的有机氮不能成为许多植物的唯一氮源。此外，出于卫生和心理上的原因，对于其可食用部分（如块茎、球茎、根）与营养液直接接触的植物，最好避免在营养液中使用未经处理的尿液。

20 世纪 70 年代，我们利用小麦传送带式栽培系统来研究直接利用人的活动产生液体废物的可能性（模拟厨房、淋浴和水池的生活污水，以及天然尿液）。植物利用生活污水［用软皂（也称钾皂）代替硬皂（又称钠皂）］未遇到任何困难。然而，当时尝试利用天然尿液失败了（Lisovsky，1979）。在 16~18 m^2 的小麦栽培面积中，只有将一个人的日产尿量分两步或三步加入营养液（总体积为 200~220 L）中，且给各苗龄组均补充普通营养液时，才能获得接近对照组的小麦产量。在含有人体尿液的营养液中生长的小麦籽粒的生化成分与对照小麦籽粒的相似。由成熟植株从溶液中吸收的氯化钠占到根系干重的 1.16%，而在茎中较少（0.54%），且在籽粒中仅占微量（0.003%）（Shilenko et al.，1985）。尿液的添加并没有引起营养液中氯化钠浓度的快速增加，这是由于被小麦的根和茎吸收的缘故。后来，营养液中的氯化钠浓度逐渐达到 1.5 $g·L^{-1}$ 的稳定水平，这对小麦的生产率几乎没有影响。因此，这项研究为在"人-高等植物"密闭系统的实验中直接利用人体尿液指明了方向。在这样的一个实验中，实际上已完成了该项研究（见 9.4 节）。

7.6　人工条件下栽培植物的生产率和生物量质量评价

为了判断我们是否选择一套适当的人工光照、栽培以及植物的气、水、矿物元素供应等综合措施，在进行系统有人密闭实验之前，我们可以在对照实验中利用被作为综合多物种群落而种植的主要作物产品的生产率和质量等的数据。在几组对照实验中，植物在人工气候室中用氙灯连续照射，提供了 130~145 $W·m^{-2}$ 的辐射通量强度（radiant flux intensity，也称光照强度）。利用空气地下灌溉栽培法进行小麦培养；油莎果、胡萝卜、甜菜等作物被水培于膨胀型陶土颗粒中。Knop 营养液未被更换，但其成分被定期校正。大气 CO_2 浓度要么与大气中的相同，要么被提高到 0.2%。大气温度为 23~25 ℃，大气相对湿度为 65%~75%。表 7.9 列出了一个生长周期内作物的代表性产量和日生产率。从表中可以明显看出，产量最高的作物是小麦、油莎果和胡萝卜（以莳萝为伴生作物），也就是说，这些作物必须在高等植物单元中占主导地位。

表 7.9　Bios-3 人工气候室中不同作物的生产率比较

作物种/品种	生长期/d	生长期内产量/(g·m^{-2})			
		总生物量		可食生物量	
		鲜重	干重	鲜重	干重
小麦/品种 232	63	—	3 128	—	1 118
油莎果	90	14 500	4 556	4 464	2 476
胡萝卜/品种 Chantane	80	24 219	3 491	12 322	1 709
甜菜/品种 Bordo	80	17 149	1 813	7 125	927
萝卜/品种 Virovsky White	27	8 705	624	5 330	342

作物种/品种	生长期/d	生产率/(g·m^{-2}·d^{-1})				收获指数/%
		总生物量		可食生物量		
		鲜重	干重	鲜重	干重	
小麦/品种 232	63	—	50.5	—	17.7	35.1
油莎果	90	161.1	50.6	49.6	27.6	54.3
胡萝卜/品种 Chantane	80	302.7	43.6	154.1	21.3	49.0
甜菜/品种 Bordo	80	214.4	22.9	89.1	11.6	50.6
萝卜/品种 Virovsky White	27	322.4	23.1	197.4	12.6	54.7

应该指出的是，主要作物的生产过程非常节能。在生长期内，它们的生物量平均利用总入射光强的 5%~7%，而在生长最活跃的时期，该值会高达 10%~11%（Chuchalin, 1980）。除了表 7.9 中所列出的作物外，我们还研究了黄瓜、大葱（welsh onion）、洋葱（bulb onion）和其他一些作为味觉、嗅觉和维生素补剂的蔬菜作物。这些作物既不能在密闭系统中占据较大面积，也不能对高等植物

单元的总生产率产生显著影响。因此，这就是对它们不予讨论的原因。

许多作者对人工光照条件下生长的植物产品质量进行了分析（Moshkov，1966；Dadykin et al.，1967；Rozov，1973）。然而，在大多数论文中，并未对同一作物的实验产品和大田产品的质量进行过比较，即便有过，所涉及的样品量也很少。因此，为了将我们的研究建立在大田作物生物化学丰富的文献数据基础上，即使是暂时性的，也必须找出在所选择的条件下生长的植物与大田生长的植物在生化组成上有多少相似性。

为此，Trubachev 等（1970；1975）在连续人工光照条件下，对通过空气地下灌溉栽培法和水培法栽培的小麦生物量进行了大量分析研究，并对在 18 h 和连续人工光照条件下水培的几种蔬菜作物也进行了研究。同时，在俄罗斯西伯利亚克拉斯诺亚尔斯克（森林草原区）附近大田的淋溶黑钙土（leached chernozem soil）中，研究了在一般生长季节（1967 年和 1971 年）及大田条件下生长的相同作物种和品种。

人工气候室种植的小麦籽粒的总生化成分与大田种植的小麦籽粒的没有太大差异（表 7.10）。不过，人工气候室种植的小麦籽粒粗蛋白含量稍高，这是由于与大田条件相比，气温持续升高而引起籽粒灌浆速率加快所致。然而，在大气湿度和温度条件不同的年份，这些差异在大田种植的小麦品种 Skala 的波动范围内。

表 7.10　不同条件下种植的小麦品种 Skala 籽粒的生化成分比较　　　　单位：（%）

生长条件	粗蛋白	不含纤维素的碳水化合物	纤维素	脂肪	灰分
大田	12.5	80.3	2.8	2.5	1.7
人工气候室，第一代水培	15.4	80.0	2.2	1.7	2.2
人工气候室，第二代水培	15.7	77.2	2.7	2.0	—
人工气候室，空气地下灌溉法栽培（三个样品的平均值）	14.4	76.1	2.0	1.3	2.7

无论是在大田还是在人工气候室中，所种植的小麦籽粒都含有相同种类的氨基酸，包括必需氨基酸（essential amino acids）。不同籽粒样品中各种氨基酸（蛋

氨酸除外）的含量变化不大。必需氨基酸的比例基本相同（表7.11），但在人工气候室种植的含有大量粗蛋白的籽粒中，必需氨基酸的绝对含量稍高。因此，就生化特性而言，在人工气候室种植的籽粒至少与在大田种植的一样好。

表 7.11 不同条件下种植的小麦品种 Skala 的必需氨基酸含量比较（占干物质的百分比）

氨基酸含量	大田	人工气候室		
		第一代水培人工气候室	第二代水培人工气候室	空气地下灌溉栽培
总氨基酸	8.64	9.55	9.45	10.22
总必需氨基酸	2.92	3.15	3.31	3.24
必需氨基酸占总氨基酸的百分比	34.5	33.0	35.0	31.7

表7.12分别给出了大田和人工气候室中栽培蔬菜的总体生化特性。在人工气候室中种植的大多数蔬菜的糖含量较低，而纤维素含量较高。胡萝卜、甜菜及尤其是黄瓜的氮含量也有所增加。其原因可能是，这些植株生长较快而达到收获成熟期更早，因此收获指数较低。然而，我们认为，所记录的差异并不显著，因此可以断言，在大田和人工气候室中栽培的蔬菜成分在质量上是相似的。表7.13证实了这一点，显示出在人工气候室中栽培的蔬菜含有我们测定的所有必需氨基酸，尽管它们的总量略小。值得注意的是，在人工气候室中种植的蔬菜含有较高水平的谷氨酰胺，表明在旺盛生长期采收的植物体内存在活性氨基酸和蛋白质的合成。

表 7.12 大田和人工气候室中栽培蔬菜可食部分中的生化成分（占干物质的百分比）

单位:%

蔬菜作物生长环境	总数	粗蛋白	无氮提取物		纤维素	脂肪	灰分
			糖类	其他			
胡萝卜							
大田	1.4	8.7	51.5	25.27	7.3	0.63	6.6
人工气候室	1.8	11.2	42.3	31.23	8.8	1.47	5.6

续表

蔬菜作物生长环境	总数	粗蛋白	无氮提取物		纤维素	脂肪	灰分
			糖类	其他			
甜菜							
大田	2.3	14.4	63.0	6.88	6.4	0.22	9.1
人工气候室	2.8	17.5	53.0	12.98	7.6	0.62	8.3
萝卜							
大田	2.5	15.6	24.2	38.57	8.0	1.13	12.5
人工气候室	2.2	13.7	28.7	34.25	8.8	0.25	14.3
芫荽							
大田	2.6	16.2	37.7	28.89	6.8	1.31	9.1
人工气候室	2.2	13.7	40.0	28.6	7.8	2.20	7.7
番茄							
大田	3.3	20.6	29.4	31.60	8.4	—	10.0
人工气候室	2.9	18.1	20.8	40.10	9.9	—	11.1
黄瓜							
大田	2.5	15.6	28.3	25.99	8.1	0.91	11.1
人工气候室	3.9	24.4	16.8	37.58	9.0	1.22	11.0
洋葱							
大田	4.0	25.0	36.5	12.25	7.6	1.95	16.7
人工气候室	3.5	21.9	34.3	21.30	6.5	—	16.0

表7.13 大田（1）和人工气候室（2）中栽培蔬菜的氨基酸组成（占干物质的百分比）

单位:%

氨基酸种类	胡萝卜		甜菜		黄瓜	
	1	2	1	2	1	2
胱氨酸	微量	0.02	—	0.47	0.14	0.13
赖氨酸+组氨酸	0.24	0.20	0.43	0.49	0.45	0.55

续表

氨基酸种类	胡萝卜		甜菜		黄瓜	
	1	2	1	2	1	2
精氨酸	0.58	0.22	0.40	0.36	0.86	0.65
天冬酰胺	0.21	0.46	0.64	1.70	1.14	0.93
丝氨酸	0.37	0.27	0.35	0.38	0.43	0.52
甘氨酸	0.54	0.43	0.46	0.52	0.74	0.84
谷氨酰胺	2.22	1.28	3.80	3.20	4.27	2.54
苏氨酸	0.52	0.46	0.37	0.48	0.68	0.66
丙氨酸	0.70	0.69	0.63	0.57	0.70	0.61
脯氨酸	0.75	0.33	0.62	0.43	0.58	0.74
酪氨酸	—	0.15	—	—	0.27	0.28
蛋氨酸	0.25	0.13	0.48	0.25	0.14	0.18
缬氨酸	0.45	0.58	—	0.45	0.75	0.87
苯丙氨酸	0.26	0.46	0.24	0.26	0.77	0.78
亮氨酸	0.93	1.07	0.69	0.93	2.01	1.19
总氨基酸	9.59	6.75	9.11	9.59	13.93	11.47
总必需氨基酸	2.86	2.90	2.21	2.86	4.80	4.23
总必需氨基酸占总氨基酸的百分比	29.8	42.90	24.2	29.8	41.68	36.87

就抗坏血酸和胡萝卜素含量来说,在人工气候室中种植的蔬菜与在大田种植的蔬菜相比表现良好(表 7.14)。这意味着,在人工气候室条件下种植的蔬菜作物有可能成为密闭生态系统中的"维生素生产者"。

表7.14 在大田与人工气候室中栽培的蔬菜可食用部分产品中抗坏血酸和胡萝卜素含量比较　　单位：/(mg·100 g^{-1}(产品))

蔬菜种类	抗坏血酸含量		胡萝卜素含量	
	田间	人工气候室	田间	人工气候室
萝卜	21.3	37.6	—	—
芜菁	34.0	26.2	—	—
甜菜	9.6	18.8	—	—
胡萝卜	9.7	8.8	2.6	3.4
番茄	14.0	18.2	1.9	1.6
黄瓜	6.5	9.9	—	—
莳萝	—	121.9	—	—
洋葱	46.5	57.8	—	—

在上述实验中，在加有 Knop 营养液的膨胀型陶土颗粒中水培的萝卜根和其他作物的微量元素含量与大田种植的作物和品种的微量元素含量类似（表7.15）。

表7.15 在大田（1）和在人工气候室中（2）水培蔬菜根的矿物质组成占总干物质的百分比　　单位：%

元素	萝卜		芜菁		胡萝卜		甜菜	
	1	2	1	2	1	2	1	2
磷	0.60	0.68	0.58	0.58	0.52	0.44	0.44	0.48
钾	6.00	6.10	4.40	2.65	2.60	1.70	3.66	3.50
钙	0.56	0.60	0.46	0.46	0.36	0.41	0.24	0.37
镁	0.26	0.36	0.23	0.23	0.22	0.20	0.37	0.36
硫	0.47	0.51	0.69	0.59	0.19	0.22	0.22	0.26
总计	7.89	8.25	3.36	4.51	3.89	2.97	4.93	4.97

正如 Tsvetkova 等（1970）所报道的那样，长期用于种植蔬菜的膨胀型陶土颗粒，其积累的铝浓度会超过食品允许的水平。另外，蔬菜有可能会吸收从用于

制造水泵、软管、托盘等材料中滤出的其他有害元素。通过对栽培于大田淋溶黑钙土中和人工气候室膨胀型陶土颗粒中的蔬菜微量元素组成的研究后发现，营养液中的锰、硼、铜、锌等微量元素的积累浓度在上述两种栽培条件下的蔬菜根中明显一致（表7.16）。鉴于此，没有证据表明膨胀型陶土颗粒会在根部积累铝，这也可能是由于当地的膨胀型陶土颗粒比 Tsvetkova 所用于研究的要更持久。因此，在创建实验性密闭系统时，如仅根据这些数据（Tsvetkova et al.，1970）而完全拒绝使用膨胀型陶土颗粒则并不合理。

表7.16　在大田（1）和在人工气候室中（2）水培蔬菜根中的微量元素含量　单位：$mg \cdot kg^{-1}$（干生物量））

元素	萝卜		胡萝卜		甜菜	
	1	2	1	2	1	2
锰	18.8	7.4	20.6	17.5	34.5	37.4
硼	53.8	58.6	53.3	42.5	23.6	27.5
铜	1.3	2.3	2.8	3.0	8.0	8.4
锌	15.0	2.9	10.0	19.0	15.4	17.5
钼	0.0	1.0	0.1	0.6	0.1	0.8
铝	375.0	58.6	106.0	75.0	50.9	91.7
铬	1.4	2.4	0.6	1.6	0.9	2.4
镍	0.9	2.4	0.6	1.5	0.9	1.8

有趣的是，在人工气候室中栽培的蔬菜作物所含的钼、铬和镍是大田栽培的2~10倍。钼是营养液的组成部分，可被人工气候室中栽培的蔬菜吸收，而铬和镍均未包括在营养液中。它们既可能是用于制备营养液的盐的混合物（采用化学纯和分析纯盐），也可能是来自建筑材料的浸出物，主要来自含有18%的铬和10%的镍的不锈钢。由于每日的定量蔬菜（300~600 g 鲜重）中所含的铬和镍在人体允许的限度内，因此在建立密闭实验系统时，这些元素的存在似乎可被忽略不计。

总的来说，在人工气候室和大田中栽培作物的比较分析表明：这两组植物的可食部分在大量元素和微量元素含量、碳水化合物、脂肪、含氮物质、氨基酸和维生素组成含量方面都极为相似。这意味着，在人工气候室条件下生产的蔬菜产品是有完全价值的。总体来说，科学家可以依靠在大田种植的蔬菜产品的定性特征来评估它们是否适合作为密闭生态系统的候选蔬菜。然而，在实际构建密闭实验系统时，将需要参考明确的栽培条件而有目的地开展详细分析，以获得所选作物种类和品种的生化特性。

对候选作物总生物量进行定性评价，不仅要考虑可食生物量的食用价值，还要考虑不可食生物量的比例和组成。据俄罗斯品种实验站（Russian Cultivar - testing Station）报道，在所收获的春小麦地上生物量中的籽粒重量占比为20.6%~42.0%（Nosatovsky，1957）。在我们的实验中，地上生物量的籽粒重量占比随光照，特别是温度的变化而变化：品种Skala的籽粒重量占比为24.7%~39.0%，而矮秆型品种232的籽粒重量占比为35.1%~48%。同样，对于大田种植的萝卜，其叶与根的质量比为6.1~0.5，即新鲜生物量产量中根重量占比为14%~67%，这取决于所处生命周期的阶段、品种及其他因素（Kalacheva，1971）。在我们的实验中，根据栽培条件，这一比例为39%~65%。

高等植物的不可食生物量可能是密闭生态系统质量交换的一种"死胡同"。目前来看，主要有两种解决方案：①在系统内将其储存到一定量后集中带走；②在系统内将其进行化学或生物氧化降解处理。这些过程所需的氧气量将等于植物在合成这种生物量过程中所产生的氧气量。通常，并不希望使用储存物代替系统中再生的可食用生物量来降低系统的闭合度，但也并不希望通过生物量氧化使系统变得更大和更复杂。解决这一问题的理想方法是尽可能增加总生物量的可食生物量，并使系统中产生的生物量质量最大限度地满足人的需求。同时，可以使人的呼吸商和植物的同化商更能够相互接近。

第 8 章
Bios – 1 和 Bios – 2 实验装置研制与实验

8.1 "人—微藻"二元生态生命保障系统

第 6 章介绍了作为生态系统一个单元环节的连续微藻培养的研究情况，包括它的生态位的准确定义、培养过程的数学模拟以及微藻培养的稳定延长过程和特定生产率的实现，从而为设计包括人在内的长期运行的实验系统奠定了基础。密闭生态系统的创建需要对系统中所有质量交换过程实现技术开发，而连续微藻培养是关键过程，但不是唯一过程。

8.1.1 二元系统中密闭气体和水交换基本技术方案

在进行密闭气体和水交换的"人–微藻"系统中，人体从系统储存食品中获得束缚能（bound energy），并以热量的形式将其散发到外部环境中。微藻从外界以辐射能的形式获得自由能，将其以束缚态转移到生物量的系统储存物中，并将其部分转化为热量。在系统运行的过程中，在自由能流入、光合作用中自由能结合、人对食物的氧化过程中自由能释放以及作为热量的折旧能（depreciated energy）耗散之间建立起了动态平衡。

如果系统内的食物链是闭合的，则不需要储存未被再生的食物产品（它们都将被再生），并且束缚能直接被从生产者传递到消费者。可以说，始终只需要临时储存作为缓冲区，因为生产和消耗的速率并不始终相同（图 8.1）。与能量一样，系统内物质在各个单元之间不断移动；在稳态过程中，进入系统中每个单元的任何元素的流入速率等于其流出速率。当满足等速率条件时,系统则越接近理想状态,那么其维持自给自足状态的时间也就越长。

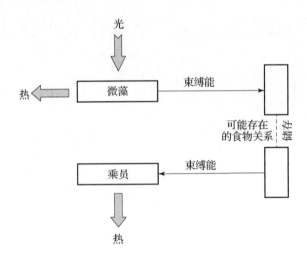

图 8.1　"人—微藻"系统能量交换关系

与能量一样,系统物质在各单元之间不断移动;在稳态过程中创建系统以完成以下任务为前提:满足人对 O_2 和饮用水、烹饪用水和清洁用水的需求;为微藻单元提供光能、水分、营养成分和 CO_2。在分析了许多变量之后,图 8.2 所示的方案得到认可。

如图 8.2 所示,通过向密封舱 1 供应来自藻类光生物反应器 2 生成的气体来满足人的呼吸需求,其中密封舱 1 是乘员在实验期间居住的地方。在这个过程中,气体通过热交换器 3 而对其进行除湿,并每天产生 2~4 L 的冷凝水;然后,使冷凝水通过活性炭过滤器 4 净化后进入密封舱。另外,通过压缩机5 将空气从密封舱中抽出后泵入藻类光生物反应器 2,在此人呼出的 CO_2 由藻类吸收,从而完成气体循环。

在热交换器 3 上形成的冷凝水被用来供人饮用和烹饪。冷凝水通过计量泵6,每天取 1.5 L 利用过滤器 7 进行过滤,然后向被过滤后的水中加入盐和微量元素,以改善其口感。卫生用水有多种来源。第一种来源是在热交换器 3 上形成的冷凝水,由计量泵 6 定量供给;第二种来源是密封舱大气的冷凝水,它是在该舱内工作的空调装置上形成的(未在本技术途径中显示);第三种来源是由蒸馏装置 8 提供的藻类培养物离心液的真空蒸馏水;第四种来源是来自外部的水分供

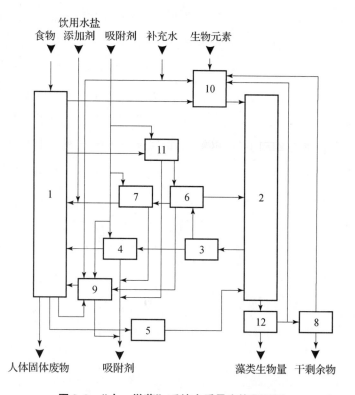

图 8.2 "人—微藻"系统中质量交换原理图

(1—密封舱；2—藻类光生物反应器；3—热交换器；4—活性炭过滤器；5—压缩机；6—冷凝水和废水计量泵；7—饮用水过滤器；8—蒸馏装置；9—卫生用水过滤器；10—营养液储箱；11—废水过滤器；12—离心机)。

应，以弥补由于取走含有水分的分析产品而造成的水分损失。

　　由于系统中有几种卫生用水的来源，因此在实验过程中可以调节水的交换，这是由于对此类水的需求不断变化所需要的。在一般清洗、清洁和洗涤的时间，水交换会显著增加。在该二元系统中所进行的实验中，人的食物需求完全由外部来源（进入系统的脱水食品）提供。将人的液体排泄物从密封舱中取出，并以未经处理的状态提供给藻类营养液储箱 10。另外，将所用过的卫生用水从密封舱输送到"人-微藻"系统中的废水过滤器 11，然后通过计量泵 6 被供应到藻类光生物反应器 2。该计量泵 6 被用过的卫生用水供应到藻类光生物反应器的速率与冷凝水的去除速率相一致。必须协调这些流量，以保持藻类光生物反应器中的悬浮液体积恒定。

　　将人的固体排泄物从系统中带走。从粪便中去除的水量为 $50 \sim 70 \ \mathrm{g \cdot d^{-1}}$，大致相当于人体产生的代谢水量与微藻单元中分解的光解水量之差。在该二元系统中，对微藻的要求通过以下方式得以满足：微藻光合作用所需的 CO_2 作为乘员舱大气的一部分而进入光生物反应器；将部分生物元素与人体尿液一起供给藻类营养液储箱10。然而，如此数量的生物元素，特别是氮，并不足以合成如此数量的生物量来吸收人体产生的所有 CO_2。营养液的生物元素由系统外部来源进行补充（储存）。它是盐或碱和酸的混合物，具有均衡的元素组成。构成营养液的主要水源是人体尿液、微藻悬浮液的离心液12和离心液的真空蒸馏液8。

对光合作用产物通过以下方式进行去除。将由藻类光生物反应器产生的富氧空气通过过滤器返回到人的居住舱。根据用于监视悬浮液光密度的自动传感器的指令，将藻类悬浮液的一部分供给离心机12进行分离。之后，将其中90%的离心液输送到营养液储箱中，而将剩余部分进行真空蒸馏8。所得蒸馏水被用于制备卫生用水和营养液，而干剩余物（大部分为氯化钠）被从系统中去除。

使离心机中的湿生物量经过冷冻干燥后，将生成的冷凝水返回水回路，而将干生物量第二次从系统中去除，并被人的冻干食品所代替。图8.3显示了"人-微藻"二元系统中物质交换的定性模式。

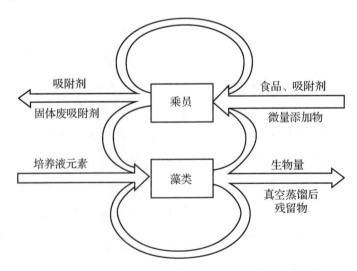

图8.3 "人-微藻"二元系统中物质交换的定性模式

8.1.2 二元生命保障系统中生物技术和物理 – 化学过程设计

在密闭"人 – 微藻"系统中，物质循环是在一整套过程的帮助下来实现的。这些过程包括微藻在具有细菌的共生群落中的连续高密度培养、水和气体净化、密封舱内大气调节以及营养液制备等。第 6 章已较为详细地介绍了微藻的培养。在这一小节中，我们将讨论在"人 – 微藻"二元系统中饮用水、烹饪水和卫生用水的制备与净化过程，以及大气净化和其他一些过程。对某些过程将不予介绍，因为它们已是众所周知，并且已经在实验中被利用了很长时间。例如，关于微藻悬浮液的离心和悬浮液离心液的真空蒸馏过程。

在生命保障系统中，饮用水的获取技术得到了很好的解决。适合人使用的水可以直接从人体尿液中产生，也可以从人体排出的水分在系统中不可避免地形成的冷凝水中产生（Chizhov，1973）。在所提出的方法中，包括离子交换树脂净化、渗透膜、真空蒸馏和升华、气流干燥、伴有挥发性有机物催化氧化的蒸发以及生物净化六种类型（Humphries et al.，1993）。在这些方法中，离子交换树脂净化法最易于操作。对于我们的系统来说，这是最可接受的方法，因为水可以直接从冷凝水或离心液的真空蒸馏水获得，这些液体所含杂质量很少，因此只需要少量的离子交换树脂来去除它们。

在二元系统中研究了三种饮用水源：来自乘员舱中大气调节装置的冷凝水、藻类悬浮物离心液的真空蒸馏水以及冷却光生物反应器排出的气体所产生的冷凝水。来自每种水源的水通过装有活性炭的柱子、带有 H^+ 和 NH_4^+ 形式的阳离子以及大理石 – 砂混合物交换器，以便对其进行过滤并增加其硬度。处理后，向水中添加以下盐以改善其味道：氯化钠 $50 \sim 80$ mg·L^{-1}、五水合硫酸镁 100 mg·L^{-1}、碳酸氢钠 61 mg·L^{-1}、碘化钠 0.1 mg·L^{-1} 和氟化钠 1.5 mg·L^{-1}。

通过这种方法，从上述三个来源均可获得符合安全标准的饮用水，但由于不同来源的水含有不同数量的杂质，因此所消耗的吸附剂量不同（表 8.1）。表 8.2 显示了从两种来源获得的纯净水的组成。此外，为了进行比较，还增加了克拉斯诺亚尔斯克市自来水的国家标准和成分。表 8.1 和表 8.2 均表明，在该二元系统中，最好的饮用水来源是从藻类光生物反应器排出的气体冷凝水。在进行航天员训练的生物医学问题研究所，S. V. Chizhov 和 A. A. Pak 开展了一项为期 6 个月的实验,他们在老鼠身上测试了用上述方法获得的水的适用性。

表8.1 "人-微藻"二元系统中几种水源的水质比较

参数	反应器冷凝水	乘员舱冷凝水	离心液真空蒸馏水
pH 值	7~8	7.4~7.8	9~10.4
含氮量/(mg·L^{-1})			
NH_4^+	6~11	12~20	12~19
NO_3^-	0.08	0.07~0.14	0.07
NO_2^-	0.04	0.18~0.25	0.7~2.0
清蛋白	0.88~2.8	5.4~11.1	0.74~4.6
总碱度/(mg·eq·L^{-1})	2.4	4.2~5.2	0.7~2.0
总硬度	0.5	0.5	0.05
溶解氧含量/(mg·L^{-1})	6.9~11.6	35.2~48.2	5.69

表8.2 不同来源饮用水质量比较

参数	国家标准	自来水	反应器冷凝水	真空馏出液
pH 值	6~9	7.9	7.7	7.7
含氮量/(mg·L^{-1})				
有机物	6~8	—	2.0	12.0
NO_3^-	2~40	0.85	微量	0.12
NO_2^-	0.01	0.0002	0.03	0.003
NH_4^+	0.2~1.0	0.16	0.16	0.26
溶解氧含量/(mg·L^{-1})	2~6	1.6	2.08	3.3
总硬度/(mg·eq·L^{-1})	7	4	2.96	2.50
几种离子浓度/(mg·L^{-1})				
Cl^-	≤300	4	2.72	130
SO_4^{2-}	≤100	15	44.3	78

续表

参数	国家标准	自来水	反应器冷凝水	真空馏出液
$Na^+ + K^+$	≤300	7	47	72
P	0.0001~0.1	0	0	0

冷凝水量达到 $4 L \cdot d^{-1}$，足够满足一个人的用水需求。该系统中卫生用水的来源是相同的：藻类光生物反应器和乘员舱冷凝水，以及培养物离心液的真空蒸馏水。这三种来源被同时利用。制备卫生用水的程序比利用这些液体制备饮用水的程序简单，因为对卫生用水组成的要求没有那么严格。对所有的卫生用水都只是通过活性炭柱进行过滤。经过这种处理后，水呈现透明和无色无味状态，这使它可以作为卫生用水。被用过的水（废水）经过阴离子交换器后，将其供给微藻光生物反应器，而阴离子交换器在此过程中吸附由肥皂带入废水的残留脂肪酸。每处理 1 L 的污水，会消耗 6 mg 的阴离子交换剂。

在物质交换原理图（图 8.2）中：三种来源的卫生用水均经过活性炭柱中；阴离子交换过滤器用于废水处理；计量泵用于将处理后的污水引入光生物反应器，以代替流出的冷凝水。两个多月的观察结果表明，在藻类光生物反应器中引入经阴离子交换器处理的废水后，藻类培养物的生产率并未出现下降。

8.1.3 工艺用水及藻类营养液制备方法

工艺用水（process water）是在系统中循环的水，其绕过乘员单元，但会参与系统中其他单元的功能。在系统的两个单元中，工艺用水是被用于藻类培养的营养液中的水。在我们的实验中，这种水的需求量为 $30 \sim 40 L \cdot d^{-1}$。系统中的工艺用水是通过对不断地被从藻类光生物反应器中除去的微藻悬浮液进行离心或分离而获得。

微藻培养所需的营养液为 $30 \sim 40 L \cdot d^{-1}$，按照以下步骤制备。首先，将微藻悬浮液的未经处理的离心液与乘员的尿液和在制备卫生用水之后所剩余的真空蒸馏水部分进行混合。然后，从外部向混合物中加水，用所培养藻类的生物量、乘员的固体废物和用于化学分析的液体样品来代替从系统中除去的水。最后，对所得混合物进行分析，以确定每种生物元素的浓度，并进行计算，以评估被添加到混合物中的每种元素的补充量，以便获得均衡的营养液。第 6 章中介绍了藻类均衡营养液的计算方法与结果。

在该系统中，微藻的主要功能是净化空气，并重点是净化 CO_2，但也净化其他污染物。污染源是一名乘员，其会产生一氧化碳和许多其他成分。藻类培养物也向大气释放污染物，产生对人体有毒的一氧化碳和其他气体杂质（Korotaev et al., 1964；Nefedov et al., 1967）。另一种污染源可能是用于制造系统设备的材料。

在该密闭大气系统中，由乘员和微藻这两个单元释放的挥发物都会积累起来。有些研究人员建议使用主要基于催化氧化的方法来去除气体中的微量杂质（Clemedson, 1959）。用这种方法净化大气需要在系统设计中引入一个相当复杂的单元，因为一些催化剂只能在高温下发挥作用。此外，在催化氧化过程中会释放出分子氮，而要收集它又将是一个非常复杂的问题（Gusarov et al., 1967）。然而，微藻培养物可能会至少吸收一部分易溶于水的杂质（如氮氧化物、硫氧化物和氨），而其中最危险的成分之一，即一氧化碳，可被藻类 + 细菌群落的细胞用作碳源。另外，有些细菌会大量消耗氢（Voitovich et al., 1971）。

因此，这些假设为尝试在不涉及气体杂质催化氧化的情况下闭合人和微藻培养物的气体交换提供了基础。如有必要，可以在实验过程中向系统引入催化装置。在气体从藻类光生物反应器流入乘员舱的气路上装有一个层厚为 20 cm 的活性炭过滤器。该活性炭过滤器可清除空气中微藻所释放的特有气味。每次实验前，都要更新过滤器中的活性炭。在该过滤器中可盛装 900 g 活性炭，最长使用期为 90 d，但未见其吸附能力下降。因此，可以适当减少单位时间内活性炭的使用量。

8.1.4　实验装置设计

如图 8.2 所示，该实验装置包括两个主要单元，即用于培养小球藻的藻类光生物反应器和供乘员居住的密封舱。上述装置的其他单元是辅助单元，用于进行物理 – 化学处理。第 6 章包含作为两个主要参数函数的微藻培养物生产率方程：微藻培养物的表面光照强度和气相中的 CO_2 浓度。这些方程为藻类光生物反应器设计参数的计算奠定了基础。

计算的初始值为反应器的最大设计生产率。该数值可以用每天消耗的 CO_2 或产生的 O_2 的升数来表示，也可以用每天产生的生物量的克数来表示。这些值是相互关联的。在我们的计算中，将一天内所产生的干生物量作为反应器中藻液的生产率。当被转换为相同的单位时，藻液对 CO_2 的最大吸收率必须高于人的 CO_2 呼出率。该条件保证了大气中 CO_2 浓度的自动调节。

如果预先知道人的 CO_2 生产率，就可以用它来计算反应器的最大生产率。通过此计算，可以将系统中的大气 CO_2 浓度设置为任何指定水平。下面介绍在计算中应掌握的基本原则：选择一种可以在系统的大气中保持很长时间且不会对人体健康造成危害的 CO_2 浓度。

人们曾经进行过许多研究，以估计 CO_2 浓度增加对人的影响（Shaefer，1964；Genin，1964）。有证据表明，人可以在短时间内耐受高达 5% 的 CO_2 浓度，并可以长期耐受高达 1%~2% 的浓度（Haldine，1955；Zharov et al.，1966）。在 NASA 的生命保障系统中，CO_2 浓度必须被控制在 1% 以下。这对于物理-化学系统是可行的，但在生物系统中，必须考虑到植物的需求，即需要为它们提供不限制光合速率的 CO_2 浓度。因此，在生物系统中，必须在人和植物的需求之间达成妥协。当然，人的生理需求应绝对优先。我们关于闭合"人-微藻"二元系统气体交换的第一个实验表明，所允许的 CO_2 浓度为 1.3%（Kirensky et al.，1967）。

为了计算出光反应器的最大生产率，采用了人们普遍认可的 1% CO_2 浓度，并应用了在第 6 章所介绍的实验中得到的方程和系数。在此计算的基础上，将光生物反应器的最大设计生产率定为 600 g（干生物量）$\cdot d^{-1}$。如果微藻的生长除光照外不受其他任何因素的限制，那么这就一定是反应器的生产率。

计算的下一步是，确定培养物受光表面的必要面积。这里，有两种可能的模式：节约光能和节省光反应器受光表面的面积。在第一种模式下，光反应器必须在低光照强度下工作，并具有一个大的受光区；在第二种模式下，相比之下受光面积较小，且光通量强度较高，当然，这就降低了光能利用效率。

首先，我们将确定第一种模式下的受光表面的面积。从第 6 章可知，在培养物的表面光照强度约为 50 $W \cdot m^{-2}$ 时，最大光照利用效率可达到 12%。在这种情况下，所需受光表面的面积将达到 24 m^2，培养物的生产率可达到 25 $g \cdot m^{-2} \cdot d^{-1}$。

如具有了这样一个面积的受光表面，则光反应器就会变得又大又重，从而保证了较高的光能利用效率。相反，若要减小反应器的尺寸，就应该增加光照强度。我们以 270 W·m^{-2} 作为光照强度的上限，因为假设光照强度再要高，那么由丙烯酸塑料制成的光反应器很快就会老化而不适合再被使用。

在给定的表面照射下，培养层的单位受光面积的生产率可由数学模型的方程推导出来（见第 6 章）。计算得出单位面积的生产率为 $P = 89 \text{ g} \cdot \text{m}^{-2} \cdot \text{d}^{-1}$。反应器的受光表面面积为 6.7 m^2。在所建造的光反应器中，由于空气占据其中 10%~15% 的体积，所以受光表面的面积为 8 m^2。此外，还必须确定光反应器中培养层的物理厚度。从第 6 章的理论推理中可以看出，该值对培养物的生产率影响很小，其选择取决于与此过程相关的看法：层的厚度增加会导致反应器中的水量增加，而层的厚度减小到 1 mm 时会引起技术问题。因此，在我们的工作中，选择了 5 mm 的培养层厚度，相当于 20 L 的反应器体积。

对光反应器两侧进行照光。两侧光照面积均为 4 m^2，因此可以使藻液培养量减半，但光反应器的生产率被提高了约 9%。由于不便于建造和维持运行一个如此尺寸的反应器，所以将其分成 8 个独立的反应杯，每个反应杯的一侧面积为 0.5 m^2，则两侧面积为 1 m^2。这 8 个反应杯被垂直放置，其边缘朝向普通光源，即一组总功率高达 36 kW 的氙灯。光只有在被玻璃镜子反射后才会照射到反应器表面。图 8.4 所示为光反应器的原理图。

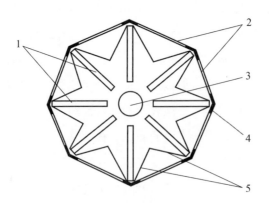

图 8.4 带有 8 个平面并联反应杯的反应器平面图
(1—反应杯；2—门；3—光源；4—壳体；5—反射镜)。

气液分离器（其中泡沫在光反应器出口处从气体中分离出来）和排放气体冷却器的容量和尺寸与第 6 章所述不同。此外，乘员舱的容积必须使系统中的 CO_2 含量保持足够稳定。在我们的 Bios-1 系统中，该乘员舱的尺寸如下：占地面积 2 m×3 m，高 2 m，容积 12 000 L。由于占地面积足够大，因此在其中可以放置一张床、一张桌子、一把椅子和一座厕所，并可以清洁乘员舱表面的任何部分。2 m 的高度为乘员在进行体育锻炼时的自由活动提供了机会，而且，其允许乘员在不使用任何器具的情况下清洁乘员舱。

由于乘员舱容量大，因此有可能使光生物反应器长时间处于停运状态。例如，如果系统的大气 CO_2 浓度为 1%，而短时间内允许浓度为 2%，那么假设人体每小时产生约 20 L CO_2，并且微藻单元不发挥作用，则 CO_2 浓度在 6 h 内会达到极限值：

$$\Delta t = \frac{(2\% - 1\%)\,12\,000\,L}{20\,L/h} = 6\,h \tag{8.1}$$

这意味着，如果光生物反应器停止工作，人最多可以在乘员舱内待 6 h。该系统的这一特性非常重要，因为 6 h 可能足够用以修复或更换系统中的任何单元。为该乘员舱配有两个气闸舱，一个用于将食物和其他物品运送到乘员舱并将其移出，另一个用于移出未经处理的固体废物。在乘员舱与光反应器之间连接有气路管道。乘员舱内的大气温度由空调装置调节。

系统大气与外部大气是完全分离的，这就是为什么系统内外的温差会有相当大的波动。为了避免对乘员舱舱体施加机械载荷，在系统中增加了一个用短管连接到乘员舱的弹性容器（俗称气囊。译者注），以作为大气压力变化的补偿器。当乘员舱内的大气压力升高时，其内一部分空气会进入补偿器；相反，当乘员舱内的大气压力降低时，补偿器内一部分空气会流出而进入乘员舱。补偿器的体积约为乘员舱容积的 8%。在我们的实验中，使用补偿器会致使乘员舱的内外压差不超过 3 mm 水柱高。

8.1.5 "人—微藻"二元系统实验研究

上述装置（Bios-1）使开展"人—微藻"二元系统实验成为可能，首先实现了气体交换闭合；然后是工艺水和卫生用水交换闭合；最后是饮用水和烹饪水交换闭合。这项工作的关键目标是研究借助微藻来建立大气生物再生实验系统的可能性。事实上，许多国家的科学家针对微藻开展了大量研究工作，以期利用它们作为在航天器中进行气体交换的手段（见第3章）。

为了查明微藻是否适合在载人航天器中进行气体交换：首先需要确定微藻与人的生物相容性；然后研究在密闭大气中人的呼吸作用与微藻光合作用之间气体交换的定量关系。因此，首先开展了人与藻类光生物反应器之间进行直接气体交换的大量实验研究。这些实验的持续时间从几个小时逐渐增加到90 d，而且积累的数据证明再生大气对人不具有毒害作用。

1964年，在Bios-1中第一次开展了有人实验。持续时间先后分别为12 h（乘员为I. Gitelson）和24 h（乘员为Yu. Gurevich）。实验结果没有发现对长时间实验不利的因素。1965—1966年，我们进行了一系列持续时间越来越长的实验，分别为5 d、14 d、30 d和90 d。乘员为物理研究所生物物理室的研究人员：G. Dralyuk（5 d）、V. Pushkova（12 d）、M. Bazanova（14 d）、G. Teresh-kova（30 d）和G. Mazurkina（在Bios-2系统中参加了45 d和90 d的"人-小球藻-高等植物"三元系统实验）（Kirensky et al.，1967，1967a）。年龄在20岁到33岁之间的健康男性和女性参加了上述实验。实验开始前4周，通过临床和实验室测试来确定乘员的生理参数，而这些数据有助于控制实验期间和实验后观察期间的人体反应。

在实验过程中，乘员保持最大限度的活动；按计划进行体育锻炼，并鼓励在舱内保持主动活动。在观察乘员的状态时，监测了下列生理参数：体温、体重、血压、脉率和呼吸频率、呼吸延迟时间、肺活量、分钟呼吸量、肺泡气中的CO_2浓度、视觉和运动反应、机械式记忆状态、注意力容量（attention capacity）、肌力、心电图和血氧饱和度（oxygenometry）。特别注意可能对藻类来源物质敏感的迹象。

另外，研究了密闭大气的气体组成：连续测定CO_2和O_2含量，而每天测定一次一氧化碳、氨、硫化氢、硫醇（mercaptan）、一氧化氮、吲哚和甲基吲哚（skatole）。在乘员舱内，每天进行一次菌簇（bacterioflora）采样。研究结果表明，实验过程中，在乘员舱大气中未观察到达到危险数量的有害污染物积累，而是在系统中其浓度始终保持在一个安全而稳定的水平。尽管藻液不是无菌的，但也未检测到光反应器中的菌簇渗透到舱内。

作为一个例子,下面介绍 45 d 的实验结果。在利用二元系统进行的 45 d 实验中,微藻单元的主要性能指标如下:光反应器的表面光照强度为 255 $W \cdot m^{-2}$ ± 22 $W \cdot m^{-2}$ PAR;入口气体中的 CO_2 浓度为 1.02% ±0.23%;藻液中的细胞生物量浓度为 12.2 g(干重)$\cdot L^{-1}$;培养物的生产率为 384 $g \cdot d^{-1}$;辐射利用效率为 5.6%,该单元基本参数的动态变化情况如图 8.5 所示。

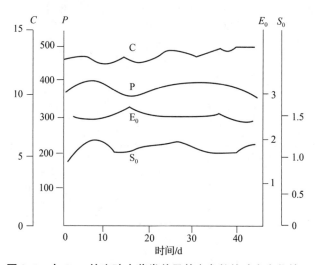

图 8.5 在 45 d 的实验中藻类单元基本参数的动态变化情况

(C—藻类培养物中细胞生物量浓度($g \cdot L^{-1}$);P—光生物反应器生产率($g \cdot d^{-1}$);E_0—反应器表面光照强度($10^2 W \cdot m^{-2}$);S_0—系统大气中 CO_2 浓度(体积百分比))。

由于微藻培养受到来自人体的 CO_2 量的限制,因此实验中微藻单元的生产率比设计的要低得多。该生物光反应器具有一定的产氧能力储备量,这样可供在人对它的需求量增加一段时间的情况下使用。例如,在人类活动更加活跃的情况下。通常,食用混合食物的人的呼吸商(RQ)= 0.82~0.85。当利用我们的方法培养时,微藻的同化商 AQ 为 0.89。如果 CO_2 平衡是通过适当的光生物反应器生产率来达到的,那么为了稳定系统中的 O_2,则有必要平衡 RQ 和 AQ(细节见第 9 章)。

表 8.3 显示了氢气和氧气输入量和输出量之间的系统不平衡情况。然而,这种不平衡似乎与人在食物氧化过程中排出的代谢水量与藻类光合作用中利用的光解水(photolytic water)量之间的差异有关。该差值约为 70 $g \cdot d^{-1}$,表现为氢气

和氧气的输入量和输出量之间的不平衡。这种不平衡意味着氧气和氢气进入水交换系统,在此出现了 70 g·d^{-1} 的反向不平衡。因此,氧气和氢气的整体平衡保持不变。

表8.3 "人—微藻"二元系统中生物元素的平衡情况　　单位:(g·d^{-1})

元素种类	输入量		
	食物	矿物添加剂	总计
碳	202.00	12.60	214.60
氧	157.00	17.00	174.00
氢	32.00	4.24	36.24
氮	12.22	29.30	41.52
磷	0.94	0.37	1.31
镁	0.44	1.22	1.65
硫	0.65	1.20	1.84
钾	2.02	2.70	4.73
钠	4.23	—	4.23
钙	0.85	—	0.85
总计	412.35	68.63 3	480.98
元素	输出量			失衡量/g
	生物量	固体废物及损耗品	总计	
碳	202.00	8.00	241.60	—
氧	107.00	5.00	112.00	-62
氢	26.24	2.00	28.24	-8
氮	38.30	3.22	41.52	—
磷	0.98	0.33	1.31	—
镁	1.31	0.35	1.65	—
硫	1.54	0.30	1.84	—
钾	4.26	0.46	4.73	—

续表

元素	输出量			失衡量/g
	生物量	固体废物及损耗物	总计	
钠	1.87	0.43	2.30	-1.93
钙	0.23	0.49	0.73	-0.12
总计	388.33	20.59	408.92	72.05

在该实验中，还研究了系统中微量元素（包括铁、锌、硼、锰、钼）的交换。这些元素的总不平衡度约为7%，该值比单独测量这些元素浓度时可能由误差所导致的测量值小了1/3倍。基于对"人-微藻"二元系统中物质交换的研究，我们可以比较系统内外用于人的生命保障的物质量，比较结果见表8.4，从中可以看出，在两个单元的生物生命保障系统中所消耗的物质量（计算时未考虑过程损失，也未考虑取走用于分析的物质量）较系统外人的物质消耗量少了1/10倍。

表 8.4 "人-微藻"系统对储存物质的最低需求量与系统外人的需求量比较

物质种类	每日需求量/g		年度需求量/kg	
	系统内	系统外	系统内	系统外
食物（脱水）	412.00	421	150 40	150.40
水	—	4 840	—	1 766.60
氧气	—	586	—	213.90
肥皂、牙粉	10.00	10	3.65	3.65
尿素	62.70	—	22.90	—
磷酸氢二钾	9.46	—	3.45	—
磷酸	0.48	—	0.18	—
七水合硫酸镁	9.20	—	3.36	—
氧化镁	0.39	—	0.14	—
含微量元素的化合物	0.21	—	0.08	—

续表

物质种类	每日需求量/g		年度需求量/kg	
	系统内	系统外	系统内	系统外
吸附剂	20.04	—	7.32	—
总计	524.50	5.848	191.50	2 134.60

根据上述实验结果，可得出以下结论。

（1）实验证明，利用我们的方法，通过连续藻类培养，可保障人呼吸用的大气，而且可以使大气中的 O_2 和 CO_2 浓度保持恒定。

（2）与我们最初的担忧相反，事实证明，人和微藻（小球藻）在气体交换方面具有生物相容性；它们的废气产品相互之间都是无毒的。

（3）通过校正饮食，消除了微藻的同化商与人的呼吸商之间的差异，从而达到系统完全气体平衡所需的食物的组成在生理的最优范围。

通过分析"人 - 微藻"二元生命保障系统，可以得出结论：这是一种非常方便和可靠的大气和水再生系统。在 45 d 的实验中，在光生物反应器中完成 100 多代藻类细胞的接替培养，而并未出现光合作用效率下降的趋势。另外，大气的气体组成特征、微藻悬浮液在光反应器中的密度和生产率均保持不变。

注意，我们采用了非无菌微藻培养物，这是一种藻类与细菌的共生群落。在生态上实现了光养和异养之间的动态平衡，而无须采取任何具体措施来保持无菌状态。这比采用无菌培养物要可靠得多，而且在技术上也要简单得多。这证明了微藻的连续培养处于稳定的平衡状态，且不存在对无限制连续培养的生物障碍，而该过程只受到执行该过程的技术设备安全系数的限制。

在我们的实验中，在再生大气中未检测到有毒或致敏气体。然而，生物相容性问题十分复杂，还有待进一步研究。利用活性炭过滤器可以很容易地去除藻类释放的特殊干草气味，而且至少 3 个月内不需要更换。20 L 的光反应器不断从藻类悬浮液蒸发的水分产生冷凝水。这种水只要经过简单的物理 - 化学净化和调节程序后，即可以作为饮用水和卫生用水，因此几乎可以立即满足人的需求。另外，光反应器表面持续接收到强度为 225 $W \cdot m^2$ 的入射光通量，那么，面积为

8 m^2 的受光表面就足以无限期地满足一个人对淡水和可呼吸大气的需求。

生物生命保障系统（BLSS）相对于物理-化学生命保障系统（PCLSS）的一个显著优势是，在 BLSS 中人体对氧气的需求与光反应器的 O_2 生产率之间存在自动正反馈，而在 PCLSS 中 O_2 的产生与 CO_2 的消耗无关。由于 CO_2 对藻类的限制，因此这种反馈受到影响。在运行过程中，不需要对该系统进行直接调节。在乘员舱内大气中 CO_2 浓度日变化的精确节奏表明了这种反馈的自动作用：在白天，由于人的活动会过量产生 CO_2，从而导致此时大气 CO_2 浓度增加，而在夜间，睡眠的人产生的 CO_2 就会减少。这时，藻类利用光反应器的储备能力而消耗过多的 CO_2，从而导致大气 CO_2 浓度下降。因此，白天 CO_2 浓度上升与夜间 CO_2 浓度下降会交替发生。

除 O_2 和净水外，光反应器还生产藻类生物量。每天所生产的干物质量约等于人的日脱水食物配给量。因此，通过用去水的藻类生物量代替来自储存的被消耗食物，则保障了系统的质量不变。藻类生物量可作为发动机或其他发电装置的添加燃料来源。然而，我们可能必须在一定程度上抑制一些先驱者对于利用藻类作为食物的热情。藻类生物量在生物化学特性（蛋白质和核酸含量过高而碳水化合物含量不足）或心理上都不能满足人类对食物的需求。在未来，藻类中所含的蛋白质、氨基酸和维生素可能被用于食品中，但人们不应过分相信"保健"海藻丸（主要是属于蓝绿藻的螺旋藻或属于绿藻的小球藻）的广告，这些广告想必是从日本开始的，近年来在美国和欧洲广为传播。

早在 20 世纪 60 年代，在进行了上述实验之后，藻类光生物反应器直接利用太阳辐射而作为大气和水的再生器的优点就很明显了。在太空中利用微藻特别容易，因为不需要特殊设备来克服微重力的影响；即使在地球上，它们也悬浮在水中，即实际上处于微重力状态。

因此，在大气层外地球轨道中，从 5 m^2 表面上收集到的可见光谱区域的太阳辐射就足以驱动藻类光生物反应器昼夜不停地工作。如果飞行的方向是火星，那么将光接收面积扩大 4 倍就足够了。该光生物反应器为筒形，面向太阳，高 1 m，半径约 20 cm，设有内、外反光镜，可满足 1 个人的需要。图 8.6 所示为一种所建议的结构。看来，这样的光反应器本应该在很久以前在真实的太空飞行中就被用到了，至少作为小型模型。

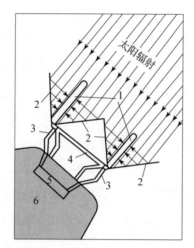

图 8.6　位于航天器外部并能直接利用太阳辐射的"太空向日葵"微藻光生物反应器结构示意图

(1—反应杯,其两侧接收来自反射镜的光;2—反射镜;3—藻类悬浮液输送软管;
4—支架;5—藻类连续培养控制系统;6—航天器舱体)。

然而,无论是苏联的宇航学还是美国的宇航学,都未能克服工程师思维的合理保守主义和对"不可理解的"生物技术的不合理偏见。我们只能希望,下一代航天器设计者认识到生物技术装置在 21 世纪的远距离和长时间的航天飞行中对于人类生命保障的优点。我们的结果正是为他们准备的。

8.2　Bios-2 中"人-微藻-高等植物"三元系统

"人-微藻"二元系统,经计算预测和实验证明,可满足人对大气和水的需求。然而,这种简单且低能耗的系统似乎没有希望实现完全的食物再生。显然,人对食物的需求无法在该系统中得到满足,除非它在结构上更加复杂。即使克服了利用高蛋白藻产品作为食物的障碍,但主要的问题仍未得到解决,也就是食物中植物碳水化合物部分的再生,因为这是人膳食中的重要组成部分。

根据在第 5 章中详细阐述的计划,我们在实现系统闭合的道路上迈出了下一步,并引进了作为传统的人类食品的高等农业植物。这一步涉及在第 7 章中所介绍的开发符合密闭系统技术条件的传送带式栽培装置。

利用二元系统进行的实验,为引进作为第三个单元的高等植物提供了依据。将高等植物引入已经存在的二元系统的主要目的是实验它们与人和微藻这两个单元之间的相容性、开发与实验物质交换模式、探讨技术问题并最终实现该系统中食物的部分闭合。无论这项工作看起来多么重要,但它对研究来说是最不重要的,因为毫无疑问,传统的高等植物产品可被用作食物。为了说明这一点,在下面将介绍一个关于三元系统的实验。其工作原理示意图如图 8.7 所示。

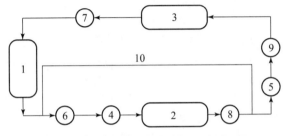

图 8.7　三元系统中气体交换工作原理图

(1—乘员舱;2—藻类光生物反应器;3—人工气候室;4、5—压缩机;

6、7、8—热交换器;9—活性炭过滤器;10—旁通管)。

在这样的一个系统中,开展了一次为期 30 d 的实验。乘员舱和藻类光生物反应器与在二元系统的实验中相同。此外,该系统还包括一个种植面积为 4.5 m^2 的人工气候室,在其中蔬菜作物在膨胀型陶土颗粒中被采用水培方式进行了栽培。在人工气候室中,与种植植物有关的工作都是由乘员完成的,这就是要通过一个密封门将乘员舱与人工气候室连接在一起的原因。

人工气候室的框架是用不锈钢做的,其尺寸为 2 m × 2.5 m × 1.7 m。光源为四个 6 kW 的氙灯,并配有自来水过滤器;光源位于人工气候室的玻璃天花板的上空。平均光照照度为 90 W·m^{-2} PAR,光照持续时间有 4 d 为 24 h,而有 2 d 为 18 h,因此每天的平均光照持续时间为 22 h。白天气温为 21 ~ 23 ℃,而在夜间为 16 ~ 17 ℃。光照时相对湿度为 70%。在植物栽培中采用 Knop 营养液,其中含有柠檬酸铁(iron citrate)和微量元素的混合物。对营养液的组成每天校正一次,每周更换一次,且每天向根区供四次营养液。

由于实验的主要目的是研究人与生命保障系统中高等植物这一新单元在各个单元的直接气体交换下的相容性,因此在该实验中并不打算对物质交换进行详细研究。这样，虽然系统中的气体交换完全闭合，但水交换仅部分闭合。在本实验中，我们尝试对生命保障系统的食物链进行闭合，即人工气候室的蔬菜产品被用作乘员的食物。

在该实验中，藻类单元的主要特点是：培养物的干生物量产率为 308 g·d^{-1}，培养物的细胞生物量浓度为 9.26 g·L^{-1}，培养装置入口处的大气 CO 浓度为 1.4%（参数值在整个实验中取平均值）。表 8.5 列出了 30 d 实验中高等植物单元的生产率比较。

表 8.5 30 d 实验中高等植物单元的生产率比较

作物种类	面积/m^2		可食生物量产量/(g·d^{-1})		干食物生物量的生产率/(g·m^2·d^{-1})
	实验初期	实验末期	鲜重	干重	
黄瓜	0.87	0.87	487.0	16.5	19.0
番茄	0.75	0.75	184.0	9.8	13.1
萝卜	0.49	0.36	59.0	3.5	8.2
甜菜	1.12	0.98	161.0	26.0	24.8
胡萝卜	0.72	0.86	143.0	16.3	20.6
芜菁	0.18	0.31	22.0	2.0	8.2
羽衣甘蓝	0.13	0.13	43.0	3.0	25.4
莳萝	0.10	0.10	13.5	1.2	12.0
洋葱	0.14	0.14	17.7	2.0	14.3
总计	4.50	4.50	1 130.2	80.6	—

对于一些作物的不可食生物量的增量尚未确定，因为在实验期间并未收获这部分生物量。第一次栽培是在有一名乘员驻留的实验开始前 70 d 在人工气候室中进行的。当在系统内实现了完全气体循环时，部分作物已经长出 3~4 组不同苗龄段的植株，而其他作物，如番茄，正在稳定结果。通过对系统气体交换量计算得出，不可食生物量的总增量干重为 58 g·d^{-1}。

通过自养单元的光合作用，完全满足了人体对氧的需求。乘员平均每天耗氧量为462 L，其中339 L由藻类提供，而123 L由高等植物提供。采用二元系统中的方法净化藻单元的冷凝水，从而满足了对饮用水（2.155 L·d^{-1}）的需求。对于卫生用水，乘员使用了高等植物蒸腾水分的冷凝水（3.689 L·d^{-1}），只是被预煮，而未经过额外净化。

人体对食物的需求基本上是由被带入系统的冻干食品（370 g·d^{-1}）和面包［200 g（湿重）·d^{-1}］来满足的，而部分是由人工气候室内的高等植物产品来满足的，它们以44 g（干重）·d^{-1}或730 g（新鲜蔬菜）·d^{-1}的速度被增添到人的食物中。在该系统中栽培的部分蔬菜［36.6 g（干重）·d^{-1}］被从该系统中取出，以避免这些成分使饮食负担加重。

人的废物以不同方式被利用。人呼吸产生的CO_2为415 L·d^{-1}，分别被藻类（302 L·d^{-1}）和高等植物（113 L·d^{-1}）所吸收。废水（1.8 L·d^{-1}）经过薄纱初步过滤后也被直接加入藻类光生物反应器（3.392 L·d^{-1}）。另外，固体排泄物未经处理就被从系统中带走。

微藻单元中的水交换对于乘员是闭合的（饮用水与污水之间的交换），而且在微藻单元内部也是闭合的（营养液被多次使用）。高等植物的水分交换几乎未能实现闭合，因为每隔7 d，营养液就完全从系统中去除，而取而代之的是新鲜的自来水营养液。实验表明，人与人工气候室之间的水分交换不显著，只涉及"纯"水：人接收来自人工气候室的蒸腾水分冷凝水，而人工气候室收回乘员舱空调装置的水汽冷凝水。

实验结果表明，该系统的各个单元不会通过共同大气而相互产生不良影响。在实验中，所研究的藻类和蔬菜作物的产量保持在稳定水平。在整个实验过程中，乘员的健康和体重保持不变。而且，实验还表明，只要在选定条件下连续培养面积为2.5 m^{2}的蔬菜，就能够完全满足一个人对新鲜蔬菜的需求。

8.3　Bios-2中"人-微藻-高等植物-微生物"四元系统

利用8.2节中简要介绍的三元生态系统进行的实验，证明了所研究的作物与人在直接气体交换中的相容性。同样的实验也证实了蔬菜作物只能在一定程度上作为系统的自养单元。即使种植面积为 4.5 m²，而且光照强度很低（90 W·m²），也有部分蔬菜并未作为食物，而是作为过剩物质被从系统中去除。

鉴于此，为了借助高等植物来提高系统食物链的闭合度，必须将其他作物引入系统，如粮食作物，因为其生产的食物比蔬菜要多得多。因此，在下一阶段的研究中，将春小麦这一传统的素食生产者作为高等植物单元。

在系统内，人的食物链对系统内食物来源的闭合提高了系统物质循环的闭合度，但即使所有人对食物的需求都通过系统单元得到满足，物质循环也不会实现完全闭合。为了实现完全闭合，在系统内人的废物必须被全部利用。在上述二元系统和三元系统中，人的气体和液体废物被完全利用，同时人的所有固体废物被从系统中去除。

为了从生物学上利用这些废物，并将其中所含的元素重新引入物质循环，则需要添加第四个单元，即微生物培养装置。固体废物的生物利用与污水的生物处理极为相似，然而，它们的目的不同。对污水进行生物处理的目的是除去大部分不溶物和可溶物而获得纯水。人在生物系统中利用固体废物的目的是将有机物氧化成简单的气态或可溶性有机化合物，这些化合物可能大量存在于水中。这种在目的上的差异可以解释利用程序的一些特殊性。

在实验室和中试场地，最常用的生活污水和工业污水生物处理装置是曝气池（aeration tank），并对其进行过各种改进。曝气池具有以下重要特征：①曝气时只使用少量空气；具有微生物沉淀池（settling tank for microorganism）；②连续供应经过处理的基质。

在四元系统实验中，所使用的设备与传统曝气池有着本质上的不同：曝气率更高，达到每 1 L 液体每分钟曝气 5 L 空气，而且该装载 – 处理 – 排空（process loading – treatment – emptying）过程被批次进行。由于这一过程的周期性，人的固体排泄物的整个部分可以立即被装载进行处理，而且不需要储存废物。此外，该装置并不具有可连续供应基质的给料机，这样就使它要简单得多。由于所有这些设备的特点，因此它不能称为"曝气池"，而称为微生物培养装置。

在包括一个人在内的四元系统中，开展了持续 73 d 的实验。各单元的气体交换完全闭合，水交换也基本闭合（系统中的水分大部分用于化学分析），而且基于高等植物单元的人的食物交换实现了部分闭合。四元系统的实验涉及上述的密封舱、藻类光生物反应器和人工气候室,以及首次被加入该系统的微生物培养装置。

微生物培养装置是一种直立的平壁反应器(flat-walled cuvette),宽 350 mm,高 900 mm,层厚 20 mm(图 8.8)。在反应器的下部有通气孔,上部有一个气体和泡沫出口,下游为离心分离器,在此将液相与气相进行分离,并将液相水返回到反应器中。分离器的设计与藻类培养中使用的分离器相同。用水恒温器进行热稳定化(thermostabilization),即由恒温器调节过的水被驱动流过位于微生物反应器一侧壁上的水套。

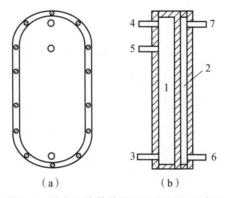

图 8.8　微生物培养装置顶视和侧视示意图

(a)顶视示意图;(b)侧视示意图

(1—微生物反应器;2—水套;3—进气孔;4—通往分离器的气体和泡沫出口;
5—来自分离器的液相水入口;6、7—连接到恒温器的进口和出口)。

在 73 d 的实验中,各单元之间的气体交换原理如图 8.9 所示。将来自密封乘员舱 1 富含 CO_2(体积比含量平均为 0.93%)的空气通过热交换器(也称冷却除湿器)3 进行除湿,然后由压缩机 10 输送到微生物培养装置 11,并由压缩机 2 输送到藻类光生物反应器 4。藻类光生物反应器也接收来自微生物培养装置的空气。

离开藻类光生物反应器的空气(其 CO_2 含量平均被消耗至 0.66%),在冷却器 12 上被除湿后,通过活性炭过滤器 7,并用压缩机 5 泵入人工气候室 8;在人工气候室中,CO_2 含量被消耗至 0.54%,最后通过热交换器 9 进入乘员舱。在以上藻类光生物反应器、人工气候室及乘员舱之间的空气流速约为 64 L·min^{-1}。

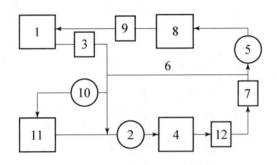

图 8.9　四元系统中气体交换原理

(1—乘员舱；2、5、10—压缩机；3、9、12—热交换器；4—藻类光生物反应器；6—旁通管；
7—活性炭过滤器；8—人工气候室；11—微生物培养装置)。

这种空气循环的单元顺序是由以下因素决定的。在任何情况下，乘员舱内的大气中 CO_2 浓度最高。藻类对这种气体的需求最大，因此它们必须从乘员舱内获得空气。为了提高微藻单元进口处的 CO_2 浓度，使乘员舱内的部分空气先经过微生物培养装置。高等植物对 CO_2 的需求量较小，它们可以在藻类单元这种气体在某种程度上被耗尽的大气中生长（即从微藻单元出来的气体进入高等植物单元）。

四元系统中的水交换原理如图 8.10 所示，其展示了实验过程中的主要水流情况。这些数字表示水的日平均消耗量，以 g 为单位。从水交换示意图可以看出，从系统的不同部分取走了大量的水，即 $1.971\ g \cdot d^{-1}$，作为化学分析用样品，它们主要是营养液、生物量、饮用水、卫生用水和污水、人体液体和固体废物等。在实验中，工艺用水损失约为 $2.170\ g \cdot d^{-1}$，其中大部分是由于系统外处理过程中的蒸发造成的，包括离心、营养液制备、饮用水和卫生用水调节及污水过滤等。

对所有的出水量都记录在案，并用等量的外部蒸馏水进行代替。水通过两个单元进入系统：约 $140\ g \cdot d^{-1}$ 进入藻类单元（主要是蒸馏水）。高等植物单元是更换从系统中排出水的主要地点。与上述实验相比，四元系统的水处理过程基本没有变化。在该实验中，藻类单元的运行过程与在二元系统和三元系统实验中的基本相同，但这里用到了一种针对藻类生物量的冷冻干燥装置。在温度为 40 ~ 50 ℃ 及压力为 3 ~ 10 mm 汞柱高的条件下，对生物量进行冷冻干燥。由此产生的水分被返回到系统。干燥过程中水分损失为 3%。本实验中，藻类培养液的平均

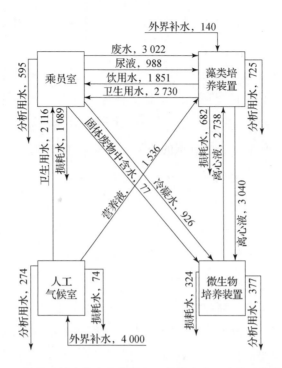

图 8.10 四元系统中的水交换原理（数据均为平均值，单位为 g）

产量为 296 L·d^{-1}，培养液光照强度为 143 W·m^{-2}，培养装置进口 CO_2 体积比浓度为 0.93%，CO_2 消耗量为 260 L·d^{-1}，产氧量为 297 L·d^{-1}。

高等植物单元包括春小麦品种 Skala（西伯利亚筛选）和墨西哥半矮型品种 Sonora-64 的连续培养。培养物中同时含有 28 组苗龄段的植株，苗龄差异为 2.25 d。生长期为 63 d。24 h 光照，PAR 强度为 90~115 W·m^{-2}。采用无基质空气地下灌溉法种植（见 7.4 节）。

人工气候室中的种植面积为 4.5 m^2，被分成 12 个部分，每个部分依次接受等量（65 L）的营养液。基于 Knop 营养液进行培养。营养液成分每天被校正 4 次。日平均添加量为 14.3 g 硝酸、3.0 g 四水合硝酸钙、2.6 g 七水合硫酸镁、13.5 g 硝酸（57%）、8.6 g 磷酸（87.5%）、0.42 g 一水合柠檬酸铁和 0.037 g 乙二胺四乙酸四钠（EDTA 螯合剂。trilon B）。

在实验中，人工气候室平均每天产生 118 L 的 O_2，并每天消耗约 110 L 的 CO_2。然而，在实验过程中，植物的状况和生产率逐渐恶化，尤其是粮食的生物量生产率下降得特别快。造成小麦生产率下降的原因可能有很多。然而，分析结果表明，原因只有一个，即在营养液中出现了相关藻类区系和微生物区系的代谢物积累。

以下这些条件有利于上述代谢物的这种积累：①没有栽培基质，因此无法吸附水溶性代谢物；②光通过丙烯酸塑料播种板和种植板之间的空隙进入植物根区，从而导致在根的上面生长了大量藻类。后来，在密闭系统外对小麦进行的实验表明，如果用不透光的材料制作播种盘，并遮住行间空隙，这样就能够阻止藻类在根上生长，因此植物就可以在未被改变的营养液中生长，从而不会呈现衰退迹象。

在人工气候室中栽培的部分粮食作物的种子，其净产量平均为 20.3 $g \cdot d^{-1}$。将这些种子用于烘烤面包，并作为乘员的一部分食物。系统中所包含的微生物培养装置不仅利用了人体的固体废弃物，而且氧化藻类代谢物。在将由组织粉碎机粉碎的固体废物供给微生物培养装置之前，将它们与藻类培养液的离心液进行混合。初步实验发现，在温度为 21~22 ℃ 及曝气速率为 4.0~4.5 $L \cdot min^{-1}$ 的条件下，微生物培养装置的最佳处理时间为 8 h。

在上述实验中，微生物培养装置的日平均负荷由以下几部分组成：固体废弃物 87.5 g（干重为 20.82 g）、藻类单元离心液 2 928 g（干重为 10.7 g，大部分为氯化钠）、乘员舱冷凝水 911 g 及活性污泥微生物菌群 208 g（干重为 26.23 g）。在每个运行周期中，向微生物培养装置中加入 0.5 g 硫酸，以对营养液进行硫校正。

当第八个处理期结束时，对微生物培养装置中的处理物进行离心分离。然后，离心液进入藻类单元的营养液，而被分离出的活性污泥以及来自乘员舱的下一部分冷凝水，被再次置入微生物培养装置中，并进行 1 h 的强化曝气（气体流量为 20 $L \cdot min^{-1}$）。由于这种处理物可被回收，因此活性污泥保持了其效率。在回收后，活性污泥悬浮液被保存在 5 ℃ 下，直到下一个运行期开始。

在一个运行周期中，活性污泥生物量的平均增量为 6.3 g（干重）。这些生物量被从系统中除去。在每个运行周期后进入藻类单元的微生物培养装置的离心液，平均含有 12.3 g 的溶解物，而其中大部分为氯化钠。在实验过程中，对系统中微生物培养装置等各单元中基本生物元素的平衡情况进行了估计。结果表明，在微生物培养装置的运行过程中，氮并未明显分解成分子形式。

另外，对整个系统中主要生物元素之间平衡情况的评估证明，实验中的质量交换基本达到了平衡。在藻类培养装置和微生物培养装置中，逐渐积累了部分氯化钠。日平均物质输入总量为 4.657 g，其中水为 4.140 g。所有物质的日均质量交换不平衡总量为 29 g，其中水为 17 g。系统中的这种质量交换的不平衡量是所记录的物质输入和输出差异值所致。然而，该实验并未显示出这些单元的运行条件有任何偏差，因此这可能是由于质量交换不平衡造成的。

这里，值得详细说明微生物培养装置在系统中质量交换方面所发挥的作用。在上述实验中，微生物培养装置平均每天产生 101 L CO_2。为了固定这部分 CO_2，应当培养比需要多 10.3 g 的藻类，以吸收人每天产生的 CO_2，也就是说，在该实验中藻类培养装置的能力被提高了约 2.7%。此外，由于人的固体排泄物的矿化作用并未产生足够的矿物质来合成更多藻类，因此需要额外的矿物质来培养更多藻类。

微生物培养装置产生的活性污泥微生物生物量的增加量，是电力和硫酸等某些物质消耗的副产品。当引入微生物培养装置后，系统中产生的额外藻类生物量也就不成为有用的产品，因为它在系统中无法得到应用。希望微生物培养装置的运行条件能够得到改进，从而在不增加污泥生物量的情况下使人的固体排泄物矿化。然而，如果人的固体排泄物被完全矿化，则所产生的矿物元素将几乎不足以培养出更多的藻类来吸收在矿化过程中所排放出的 CO_2。额外长出的生物量的质量将与矿化释放物的质量大致相同。

因此，微生物单元很适合由藻类和部分高等植物组成再生单元的系统。它不会对系统的气体和水的交换产生不利影响，但最终只是将不需要的粪便生物量转化为同样不需要的藻类生物量。显然，人的固体排泄物矿化单元对该系统来说的确相当昂贵。鉴于此，现在将固体废物矿化单元引入系统是没有意义的，因为还有一个更普遍的原因，即系统与周围环境之间的质量交换必须保持平衡状态。

只要系统从外部（或从储存物）接收到部分食物（如动物食品），则必须从系统中去除等量有机物。人每天对动物食品的平均需求量为 30~40 g 脂肪和 40~50 g 蛋白质。因此，即使对于能够完全再生素食的"人-高等植物"系统，从系统中去除的有机物质量（70~90 g·d^{-1}）也明显大于人的固体排泄物的干重（25~30 g·d^{-1}）。因此，在建成植物性和动物性食物完全再生系统建立之前，没有必要为人的固体排泄物增加专门单元。一种更简单的方法是从系统中除去干燥废物和部分不可食植物生物量，以补偿进入系统的动物或其他食品。

该系统对不可食植物生物量的生物或物化矿化有更迫切的要求。因为假定素食占人饮食的80%~90%，而可食部分几乎无法超过总产量的50%~55%。目前，在系统生产所有的人需要的素食时会导致平衡失调，即生产过多的不可食生物量和过量的O_2，并导致CO_2缺乏。为了使该系统的物质循环保持平衡，则必须氧化系统内的大部分不可食植物生物量，以消耗多余的O_2并再生植物所需的CO_2和矿物成分。这样，随着系统越来越闭合，人们则会越来越重视开发不可食植物生物量而不是人的固体排泄物的生物或物理–化学矿化单元。

第 9 章
Bios-3 生命保障系统中长期进人实验研究

9.1 Bios-3 实验综合体

9.1.1 密闭生态系统中保障三人生命的大气、水和营养物质再生

创建一个可以在许多天内保持活跃且可以由一个人控制的连续系统已经足够困难了。但实际上,未来太空旅行需要团队合作,而不是个人独自飞行。航天飞机团队合作修复哈勃望远镜的方式,是太空旅行中团队合作的一个突出例子。正是这个原因,我们的生命保障研究转向开发一种密闭系统,其能够维持最少但足够的乘员人数,即 2~3 人。这是 Bios-3 过去和现在的一贯目标。

为了对生活在该系统中的几人乘组进行实验,20 世纪 60 年代在苏联科学院西伯利亚分院物理研究所生物物理研究室(该研究室后来被更名为生物物理研究所)建成 Bios-3 实验综合体(Experimental Complex Bios-3。简称 Bios-3)。自主控制是该系统的一大特点,而且该特点在任何其他实验综合体中都未被重复过。从一开始,Bios-3 就被设计成由生活在其中的人员来管理,从而模拟为在空间应用而创建的生命保障系统中所要建立的条件。Bios-3 不仅可以使研究几个人如何协同工作来控制他们所生活的封闭系统成为可能,还可被用来研究微生物与人相互影响的问题,以及当不止一个人居住在密闭生态系统中时所出现的其他问题。

以下三种情况推动了研究人员能够在开发密闭系统的过程中进入 Bios-3 阶

段(即具有自主内部控制的系统创建):①在 Bios-1 和 Bios-2 中对乘员进行医学实验的良好结果;②具有足够强度的生物合成过程,在此,这种强度是由成熟的培养技术实现;③在系统生物单元中所发现的高度自足性和可靠性,并在多年来研究微藻和高等植物的受控培养中得到了证明(图9.1)。

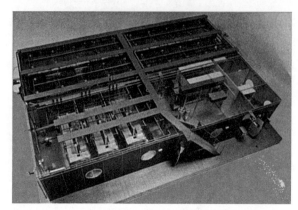

图 9.1　Bios-3 实验综合体带有透明屋顶的模型全景图

(左前方为一个藻类培养室,右前方为一个乘员居住室,后方为两个高等植物栽培室(又叫人工气候室)。光源被安装在舱室顶部。舱室顶部上的梯子和过道被用来维修光源。在前面的舱壁上,右边是一个乘员居住室入口,在其左右两边为用于传递工具、化学试剂和其他物品进出的递物窗口)。

在 Bios-3 之前所构建的所有实验生态系统中,乘员只不过是作为一个代谢单元参与系统,而不控制任何系统。相反,有时从外部为系统提供服务的众多人员都在进行系统控制。这种针对外部控制系统的代谢控制设计基于对多种系统过程的分析结果。分析化学家、生物化学家、细菌学家、藻类学家、农学家和医生根据一种专门开发的复杂方法进行这些分析。根据他们的数据,由系统外的操作人员制定和实施控制方案,并指导系统的技术流程。由于控制生态系统的人比生活在其中的人多,这样的生态系统就其信息控制单元而言显然不是闭合的,因此不能作为独立的实体存在。

一个由外部控制的密闭生态系统不仅不是一个独立的实体,而且并不能满足最初为其制定的主要功能指标,即为远离地球的人员团队提供生命保障。有趣的是,系统的物质和信息闭合是相互关联的。为了进行外部分析和技术操作,则必须从系统中取走大量物质,这样就阻碍了物质的闭合。

将控制权转移到系统内部需要开发生物再生等新的技术,并有必要做到:

①大幅减少用在技术操作上的时间；②最小化系统管理所必须进行的各种分析类型；③使系统内人员做好独立维护生命保障系统的准备工作。这些问题得到了并行解决，由此促成了 Bios‐3 的创建。Bios‐3 非常适合操作和研究可进行内部控制的实验生态系统（图 9.2）。

图 9.2　Bios‐3 实验综合体模型顶视图（无顶部）

（左侧—两个人工气候室。在小麦栽培盘下可以看到内部冷却系统的泵和风扇以及植物的矿物质营养输送管路。右前方—带有 3 个藻类培养装置的藻类培养室；左壁—大气冷却系统的风扇；近壁—分离器和鼓风机；远壁—电源面板和藻类培养装置控制台；右后方—乘员居住室）。

9.1.2　Bios‐3 的结构构成与性能指标

图 9.1 和图 9.2 中，简要说明了 Bios‐3 实验综合体的基本结构。Bios‐3 的外形尺寸为 14.9 m(长)×9 m(宽)×2.5 m(高)，外壳为被焊接的密封矩形不锈钢板。该综合体被分成 4 个相等的密闭隔间。其中两个隔间（人工气候室）被用于进行高等植物栽培，另外两个分别为单细胞藻类培养室和可驻留 3 个人的乘员居住室（图 9.3）。在乘员居住室内有 3 个独立的房间，其中第一个为厨房‐餐厅，第二个为淋浴间，第三个为厕所。其中的任何一个室可被密封，以研究位于其中的人的新陈代谢。厕所通过一个入口通道压缩闸（entry way compression lock）而作为整个综合体的入口。乘员室还包括一个作为实验室、工作室和娱乐室的公共区域。

图 9.3　Bios – 3 实验综合体乘员居住室局部模型

（左边是控制面板，用于人工气候室、水箱和系统的离子交换塔（用于进一步净化饮用水）的控制；中间有一台干燥炉和一台脱粒机；右上方有一间厨房和一间餐厅，其中可以看到一套炊具、一张桌子、一把椅子和一台冰箱；右边为乘员居住室门）。

该综合体的总容积为 315 m^3，其中每个隔间（室）的容积约为 79 m^3。在综合体内，装配设备所占的体积不到综合体总体积的 1%，因此计算时将气相体积视为总体积。综合体的所有隔间都由密封门进行连接，而且每个隔间都有通向综合体外部的密封门。每扇门的设计是由一个人从里面和外面打开，必要时打开时间不超过 20 s，这对于保障乘员的安全非常重要：在遇到火灾等危险时，他们能够即时离开 Bios – 3，并且不需要外面的帮助。

1. 藻类培养室

在单细胞藻类培养室里有 3 台藻类培养装置，也称藻类光生物反应器或光反应器（图 9.4）。每台装置的受光面积为 10 m^2，干藻生物量的生产率可达 800 $g \cdot d^{-1}$（图 9.4）。藻类培养技术和培养装置设计原则上与第 6 章中所述的没什么不同，但这些培养装置一次只能由一个人操作。

2. 人工气候室

在 Bios – 3 实验综合体中，具有两个完全相同的人工气候室。在每个人工气候室中，都具有两套栽培系统，以及一套照明系统和一套散热系统。

1）主栽培系统

人工气候室的主栽培系统包括 12 个相同的托盘，大小为 140 cm × 100 cm ×

图 9.4　Bios-3 实验综合体藻类培养室模型（顶部敞开）

（在培养装置上可以看到营养液储箱、泡沫分离器、排气冷却器及温度调节系统的配套管路）。

12 cm，以及一台营养液分配装置（见图 9.5 中的平面结构布局，图 9.6、图 9.7 和图 9.8 正在工作中的乘员）。所有托盘和配套管路都由不锈钢制成。可为两组植物培养盘同时各供应一种营养液（见 7.4 节）。

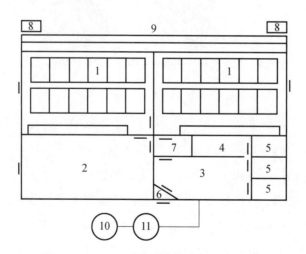

图 9.5　Bios-3 实验综合体结构平面布局图

（1—人工气候室；2—藻类培养室；3—起居室；4—厨房-餐厅；5—卧室；
6—卫生间；7—前厅；8—光源冷却系统泵；9—人工气候室热交换壁洒水收集器；
10—增压压缩机；11—细菌过滤器）。

图 9.6 在人工气候室中 1 名乘员正进行蔬菜收获

图 9.7 在藻类培养室中 1 名乘员正进行设备操作

图 9.8 在乘员居住室中 1 名乘员正在维修控制系统

2) 散热系统

人工气候室的散热系统（图 9.9）由两套子系统组成，它们利用水作为传热介质。这可以基于两种方式来通过人工气候室的金属壁进行散热。在人工气候室内，位于侧壁上的冷凝水由泵 1 和收集器 2 收集到一个滑槽 3 中。位于天花板上的冷凝水由泵 4 吸出，并由位于天花板下面的收集器 5 进行收集。这些水通过收集器进入人工气候室内的周边，并进入墙壁和金属屏之间的空间。在同一空间，风扇 10 只能从下面冷却空气。温水积聚在另一个滑槽 6 中，从该滑槽再次将其送至冷却单元，但凉爽而干燥的空气进入人工气候室的上部。在人工气候室的外面，由管道中的水冷却其外壁，然后使之用于冷却光源氙灯 DKcTV6000。对人工气候室中的大气温度，是通过改变主冷却剂，即管道中水的流量来进行调节的。

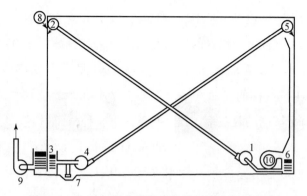

图 9.9 人工气候室散热系统纵切面结构示意图

(1—高温传热剂输送泵；2—高温传热剂收集器；3—滑槽；4—低温传热剂输送泵；
5—低温传热剂输送传热剂收集器；6—高温传热剂接收器；7—冷凝水吸入浮动阀；
8—自来水收集器；9—6 kW 氙灯冷却输水泵；10—风扇)

在人工气候室中栽培植物时，蒸腾水会在冷却系统上凝结，因此会持续进行水供应来弥补营养液体积的下降。营养液的体积由自动继电器和接触式液位计进行调节。在运行过程中，冷却系统管道上形成的冷凝水会不可避免地聚集在人工气候室的地板上。通过冷却管密封件和压盖等将泄漏的水几乎完全从系统中抽出，并通过安装在人工气候室地板上而专门用来收集这部分水的浮动阀装置来保持其闭合状态。泵抽吸水经过这个装置进入冷却系统。为了提高冷却系统的可靠性，泵 1 和泵 4 互为备份。人工气候室系统由位于乘员居住室的控制面板控制。另外，用于营养液样品分析的采集和营养液中校正元素的添加都是从乘员居住室通过特殊设计的管道完成的。

只在预定的工程技术操作和农业技术操作（进行植物的收获、播种及其间苗等）期间，才需要乘员进到人工气候室。供应营养液和冷却人工气候室的系统工作状态被自动检查，而不需要人为监测。当其中一个过程参数偏离其目标值时，则在乘员居住室内的控制面板上和人工气候室的外部就会分别激活一个光指示器和一个声指示器。当出现以下异常情况时，可能会激活这些指示器：①营养液供应不及时；②供应冷却介质或营养液的集水管内压力下降；③电动设备停运。

3）光照系统

针对植物生产率和光合效率对光照强度依赖性的研究表明，当光照强度为 $100 \sim 120 \text{ W} \cdot \text{m}^{-2}$ PAR 时，植物群落会达到最大光合效率。之后，随着光照强度的进一步提高,生产率也进一步增加,但光合效率出现了下降。考虑到这种依赖性,并假设在人工气候室中培养的植物的预计 O_2 日产量为 1 800~2 000 L,那么在设计和建造 Bios-3 实验综合体时,植物的光照水平就可被设定为 140~180 $W \cdot m^{-2}$ PAR。这样的光照水平确保了在 7%~8% 的植物平均光合效率下,不同培养物具有足够高的收获率。在这些条件下,种植面积不太大而可被接受。

采用 6 kW 的小型水冷氙灯 DKsTV6000 进行植物光照(Marshak et al.,1963)。DKsTV6000 氙灯是一种高功率光源,其转化为 PAR 的功率可达 800 W(电光转化率约达到 13.3%。译者注)。在可见光区域的辐射光谱与太阳光的辐射光谱很接近。灯由水冷,这就简化了去除多余热量的措施。在 Bios-3 的两个人工气候室内,各安装了 20 盏氙灯,所有灯具的最大总用电功率达到 240 kW,其占到整个系统运行所需电能的 96%。这些灯和其他用电设备被连接到城市供电线路,这些线路供应交流电,电压为 220/380V。与光合作用过程相关的能量只占整个电力系统消耗的 1% 这样很小的一部分。几乎所有进入系统的能量都被转化为热能,而必须将这部分热能从系统中去除。

温度约为 10 ℃ 的水,以高达 8 $m^3 \cdot h^{-1}$ 的速度在管道中流动,然后在包裹氙灯的两个护套之间流动,从而实现散热。冷却水带走了灯产生的 75% 的热能。一部分热能通过人工气候室的天花板辐射出去,因此当开灯时,天花板的温度会高达 50 ℃。通过人工气候室的天花板辐射的热量总计约为 2 500 $kcal \cdot h^{-1}$,留在人工气候室内的热量为 29 200 $kcal \cdot h^{-1}$,被去除的总热量为 77 400 $kcal \cdot h^{-1}$。

在氙灯中,PAR 与红外辐射的比值最初为 1:3。当植物的光照强度大于 120~130 $W \cdot m^2$ PAR 时,则可发现红外辐射的副作用。为了降低红外辐射在灯具辐射中的比例,对灯具护套的设计进行了改进,也就是将光源装入石英护套中,并将石英护套垂直粘贴在人工气候室的天花板上。反过来,石英护套被封装在一个玻璃护套中。这样,PAR 与红外辐射的比例下降到了 1:1.25。其原因在于,氙灯发出的多余红外线和紫外线被构成灯冷却系统的玻璃护套予以吸收。另外,共建造了 4 个控制面板,每个控制 10 盏灯。这些灯可被分别关上或打开。每个控制面板都被配有一台点火启动装置。在该控制面板的设计方案中,包括一套用于调节冷却水压力和温度的电子闭锁系统(electronic blocking system)。

在 DKsTV6000 灯具中,起初拟采用蒸馏水作为冷却剂。然而,多年来的经验表明，直接利用远处叶尼塞河（Yenisei River）① 的河水是有可能的，因为该河水的温度很低（3～10 ℃），而且非常干净。通过专用水泵将来自临时容器的管道中的水驱使通过灯具，这有助于减少由于水管中水压波动而导致关闭灯具的数量。因此，Bios – 3 中的灯是由来自临时容器的管道水来进行冷却的。在离开冷却塔并冷却人工气候室墙壁外表面后，冷却水进入这些容器。

在每个人工气候室都安装了灯，因此就可以从四面八方照射植物。在人工气候室种植区的水平面上，约占 70% 的辐射落在了 15°～60° 的光学角度范围，这就使所有植物得到较为均匀的辐射分布，从而促进植物的正常生长与发育。

3. 乘员居住室

Bios – 3 中乘员居住室的面积为 4.5 m²，其中有 3 个供乘员使用的卧室（图 9.10）。在一次实验中，将一台用于燃烧大气挥发物和植物不可食生物量的装置安装在其中的一个卧室内，而乘员住在其他两个卧室内。另外，在乘员居住室还有一间厨房 – 餐厅，在里面配备电炉和冰箱。在厨房中，安装了饮用水制备装置。

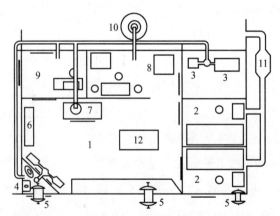

图 9.10　Bios – 3 实验综合体乘员居住室平面布局图

（1—工作室；2—卧室；3—催化转化器，用于焚烧大气污染物和不可食生物量；4—卫生间；5—递物窗口；6—人工气候室监控台；7—干燥炉；8—厨房 – 餐厅；9—前厅；10—循环风扇；11—热交换器；12—空调装置（被悬吊在天花板上））。

---

① 叶尼塞河是一条巨大的西伯利亚河，是世界上最大的河流之一。作为 Bios – 3 实验综合体所在地的生物物理研究所，就坐落在流经克拉斯诺亚尔斯克市的叶尼塞河岸。在叶尼塞河上修建大坝和水电站后，在低于大坝的河段全年水温不高于 12 ℃，而在冬季温度会降至 3～4 ℃。

卫生区被用于实施卫生功能，同时，它被作为 Bios-3 的入口。在卫生区内分别具有一套水池、淋浴器、电热水器和污水处理器。在靠近人工气候室门的前厅里，有一台用来将小麦的麦壳与颗粒分开的无尘脱粒机-风选机（thresher-winnower）和一台用来磨面粉的粉碎机。

在乘员居住室内，还有一张工作台、一套供在人工气候室内用电设备使用的控制面板、一台干燥箱、一台空调和其他辅助设备。为了在实验过程中来回传送物品，在乘员居住室内装有3个带内外气闸舱门的加压室（compression chamber，又称递物窗口）：一个在卫生区，用于转移卫生容器；一个在工作区，用于转移设备和仪器等；一个在卧室，用于转移医疗用品。

在 Bios-3 实验期间，舱室之间的空气进行连续循环。风机从乘员居住室的以下3个部位吸入空气：厨房、卫生区和前厅。此外，空气不断地被从干燥箱和热催化炉（thermocatalytic furnace）中抽出。从乘员居住室吸出空气的总流速为 $0.5 \sim 1.5 \ m^3 \cdot min^{-1}$。人工气候室之间的气体交换是通过它们与冷却系统风扇之间的一扇开着的门来实现的。当风机工作时，人工气候室中的压力比乘员居住室中的要高出 $10 \sim 15 \ mm$ 水柱。人工气候室中的大气通过热交换器进入乘员居住室中的卧室，并从那里流向工作区。

在热交换器中积累的冷凝水，被乘员用来制备饮用水和卫生用水。当乘员离开乘员居住室而到达人工气候室工作时，将风机关闭，并在两个舱室的压力达到平衡后，通道门则实现了减压。这一措施对于防止富含细菌菌落和真菌孢子的人工气候室大气通过门进入乘员居住室是必要的。

4. 大气挥发物和不可食植物生物量燃烧装置

在利用 Bios-3 进行的第一次实验中，发现 Bios-3 中的大气对植物具有毒害作用。尽管对毒源尚未确定，但推测这些毒物是在大气中被还原或未被完全氧化的挥发性化合物。

为了将这些化合物氧化成为化合价更高的氧化物，并增加生命保障系统中碳、氧和氢的质量交换的闭合度，在系统中引入了一种装置，以用于燃烧大气中的挥发物和不可食植物生物量（图9.11）。该设备主要包括以下组件：①用于大气挥发物燃烧的催化炉；②用于不可食生物量燃烧的热催化炉；③热交换器；④冷凝水收集器；⑤排气扇。

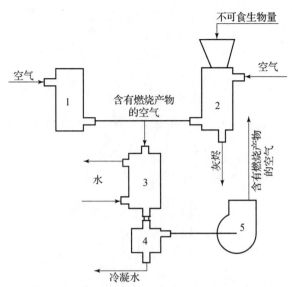

图 9.11　不可食生物量和大气污染物焚烧装置结构框图

(1—催化炉；2—热催化炉；3—热交换器；4—冷凝水收集器；5—排气扇)。

当含有有机物的空气被吸入，并通过进气管 1 而进入催化炉时，那么该用于燃烧大气挥发物的炉子则开始工作（图 9.12）。空气经过回流热交换器（recuperative heat exchanger）2 进入含有加热元件 3 的腔体，在此温度被升高至 600~650 ℃。在经过加热元件后，热空气进入含有催化剂 4 的腔体中，在此挥发物被氧化为二氧化碳、水、三氧化硫（SO_3）和二氧化氮（NO_2）。催化剂呈层状排列。第一层由铁铬化合物（TU6-03-3IT-72）组成，尺寸为 250 mm × 250 mm × 100 mm；第二层由锌铬化合物（TU6-03-345-73）组成，尺寸为 250 mm × 250 mm × 200 mm；第三层由五氧化二钒和二氧化钛化合物（TU-38-10-278-75）组成，尺寸为 250 mm × 250 mm × 100 mm；第四层为铝铂化合物（TU-38-101-486-74），尺寸为 250 mm × 250 mm × 200 mm。

在经过催化剂腔体之后，带有氧化产物的空气通过回流热交换器并放出部分热量，然后进入主热交换器，之后由风扇将其排入人工气候室的大气中。通过催化炉的气流速率为 100~300 L·min^{-1}。值得注意的是，在这样的空气流率以及系统中大气的总体积为 300 m^3 的条件下，那么一次性输入有毒挥发物到系统中的完全氧化过程会持续 36~48 h。如果这些挥发物是被逐渐释放出来，那么系统的大气中将持续含有若干本底量的污染物。这表明，尽管催化炉持续运行，但系

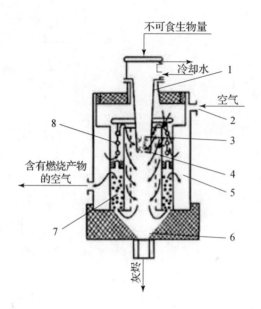

图 9.12　催化炉基本工作原理图

(1—导向轴；2—进气管；3—井筒（燃烧区）；4—滤网；5—回流热交换器；
6—灰烬收集器；7—催化剂腔体；8—加热单元)。

统大气中可能仍含有少量挥发性有机污染物，例如乙烯。不幸的是，在实验过程中，并未对这些微量杂质进行化学控制。

在热催化炉运行过程中，来自装料斗被磨碎的生物量（最大粒径为 10～20 mm），沿着输入轴移动而涌入位于滤网 4 上的井筒 3 中。空气通过回流热交换器 5 和加热单元 8，并通过进气管 2 被吸出，然后继续通过井筒 3。空气被加热到 680～700 ℃，而且当该空气接触到井筒中的生物量时，生物量则开始燃烧。燃烧时形成的灰烬落入灰烬收集器 6。气体燃烧物随空气进入催化剂腔体 7。各种催化剂混合物的组成和体积与在催化炉中的相同。在这里，未被完全氧化的燃烧副产物被氧化为二氧化碳、水、三氧化硫和二氧化氮。这种含有气体燃烧副产物的空气经过回流热交换器，即一种螺旋式换热器，并放出部分热量后，则进入主换热器，最后则流入人工气候室的大气中。通过热催化炉的气流速率为 200～300 L·min^{-1}。

在实验中，需要一名乘员来操作用于进行不可食生物量燃烧的热催化炉。然而，对于用于燃烧大气挥发物的催化炉，一旦被投入使用，其就会按照既定程序运行，而不需要任何乘员的参与。

5. Bios－3 外部保障系统

Bios－3 外部保障系统包括为整个综合体和光源的能源供应单元，以及一套外部冷却系统，该系统从人工气候室的外墙和光源去除热量。如果不安装平衡内外空气压力的专用系统，那么外部大气压力的波动可能会破坏 Bios－3 实验综合体的舱壁。该系统平衡了空气压力，因此不会让任何空气在 Bios－3 及其外部之间进行交换。为此，采用了一种可转换的增压－降压系统，它由膜式压缩机、气瓶、气体流量计和微生物过滤器组成。该加压系统由被安装在乘员居住室内的膜压力计进行调节。由于加压作用，因此使乘员居住室内的压力保持得比外界大气压略高出 15~30 mm 水柱。这可以防止外部微生物在实验运行中进入该综合体。

与上面描述的内部系统不同，外部系统由外部系统操作员负责管理和维护。在所有的 Bios－3 舱室和乘员卧室中，都被配备了一条到外部系统值班操作员的控制面板和到值班医生的选择器线路（selector line）。无线电和电视通信均是备用频道。除此之外，在乘员卧室中还配备了一条通往值班医生的电话线。

此外，在 Bios－3 实验系统中还配备了工业电视。在该系统中，摄影机被安装在综合体外面每个隔间的窗户上，由外部系统的值班操作员进行控制。从以上描述中可以清楚地看到，使高等植物和乘员能够正常工作的技术设备均位于 Bios－3 的内部，在实验期间，它只由乘员进行维护。唯一能从综合体外部获得的东西是与专家的技术咨询。在 Kovrov 的指导下，一个工程小组进行了 Bios－3 的实验设计。该小组中，A. N. Biriukov、L. A. Veber、G. B. Denisov、Yu. P. Zub、V. P. Lashinsky、V. M. Losev、E. S. Melnikov、G. S. Petrov、A. A. Shtol 和 V. V. Yakubovsky 等 10 人参与了这项工程研制工作。

9.2　Bios－3 系统中多人多天生命保障集成实验研究

9.2.1　总体实验原则与概况

Bios－3 是第一个也是迄今为止唯一的一个实验系统——在该系统中，人对气体、水和素食的需求完全是通过生物过程，特别是光合作用来满足的。这就是我们认为有必要详细介绍乘员分别在 4 个月、5 个月和 6 个月系统封闭实验期间生活情况的原因所在。与之前的在 Bios-1 和 Bios-2 中所进行的实验相比，在 Bios-3 中所开展实验的主要特点如下。

（1）在系统里不是只驻留一个人，而是一个 2~3 人的团队。仅此一件事情就极大改变了系统代谢的动态特征，并在人之间的微生物群落交换中引入一种新的生态因素，还通过减少孤独感问题而改变了心理状况。然而，在 Bios-3 中出现了乘员相容性和角色分配等新的问题。

（2）首次在该系统中实现了自主控制，也就是说，由生活在其中的人对整个系统进行管理和维护。

（3）在该系统中，食物的闭合度得到很大提高。在部分实验中，实际上食物的所有植物部分都是由在系统生产的。

（4）该系统的高度闭合性使得能够进行第一次 Bios-3 实验，以观察系统微生物区系在不受外部污染的条件下的自主动力学顶峰。

这种生活环境的新颖性给该实验生态系统的研究人员提出了一个很大的难题：确保生活在系统中乘员的绝对安全。这就需要对乘员进行多方面的测试，包括分析重要身体器官和生理系统的功能，并精心保持居住地的良好卫生环境。

在该实验生态系统中，人扮演着双重角色，即他们是决定系统结构的参考元素单元（reference element link），同时也是衡量其中间功能完整性的最敏感指标。无论生态系统单元被研究得多么详细，但由于人的复杂性，因此人作为其他生物无法模仿的新陈代谢单元在系统创造的最后阶段仍然是不可替代的。由于人是一个绝对独特的物种，因此作为系统生物相容性的决定因素，人也是无法被替代的。

经过长时间的初步测试和改进，我们可以确定系统对乘员具备了较高的可靠性和安全性。因此，在 1972 年，通过竞争而被初选出并经过详细医学检查的 3 名研究所的研究人员 N. Petrov、M. Shilenko 和 N. Bugreev，进入 Bios-3 实验综合体，关上密封舱门，然后在舱内驻留了 180 d。在乘员进入该系统之前，在人工气候室中被阶梯交错培养的植物已经处于稳定状态。第一次实验之后，又另外进行了两次实验——1977 年（乘员为 M. Shilenko、N. Bugreev 和 G. Asinyarov）和 1983/1984 年（乘员为 N. Alekseev、L. Mozgovoy 和 N. Bugreev）。这些结果使我们对建立可靠而安全的人类生物生命保障系统的可行性充满了信心。

然而，当将一个由几个人组成的团队引入系统时，则会出现一系列的医学、心理学甚至伦理学等问题。在解决这些问题时，假设了以下原则。

（1）实验参与者是参加过 Bios-3 系统开发的实验室研究人员。这样，就可以确信参与者对系统非常熟悉、有一定的相关知识、对实验过程相当感兴趣、能够了解所有操作的重要性，并能做出有价值的观察以利于进一步完善系统。

（2）实验负责人根据医学委员会的结论，并结合实验期间从外界与乘员合作的操作员小组的建议，最终从志愿者中选择乘员。

（3）乘员可以随时停止实验并离开系统。乘员知道该选择是由一个舱门系统保证的，即该系统允许在几秒钟内打开任何舱门，从而在没有外界帮助的情况下从系统中走出。

（4）由于在这些实验中并不研究精神隔离的问题，所以对乘员来说与外部世界的接触是完全可以的。

（5）乘员被告知正在进行中的实验的所有任务和细节，并积极参与测试和分析。有关程序改变和实验过程的决定是在全体工作人员的参与下共同做出的。

（6）在整个实验过程中，医生必须随时待命。乘员必须向值班医生报告其状态的所有变化情况，或在实验医学项目负责人的要求下进行报告。

后来证明这些原则是足够可靠的。在为期总计两年多的实验中，乘员并未出现严重的心理问题。没有一个实验因为乘员不想继续而被迫中断。在实验过程中，可能是高度的责任感和兴趣让被禁锢的感觉消失了，这就保证了在实验过程中一直呈现良好的心理氛围（Gitelson 和 Okladnikov，1997）。在系统中，实验时间从几个小时逐渐延长到连续驻留半年。延长实验持续时间并在系统中引入新单元的依据是，在实验生态系统中每次驻留结束时表征乘员状态的基本指标没有发生任何变化。

9.2.2 三个人 180 天生命保障集成实验研究

按照计划，3 个人半年的 Bios-3 集成实验开始于 1972 年 12 月 24 日，于 1973 年 6 月 22 日结束，持续时间共计 180 d。实验包括三个阶段，每个阶段为期两个月，不同阶段的物质传递特性不同。三个实验阶段的气和水交换的流程如图 9.13 至图 9.15 所示。

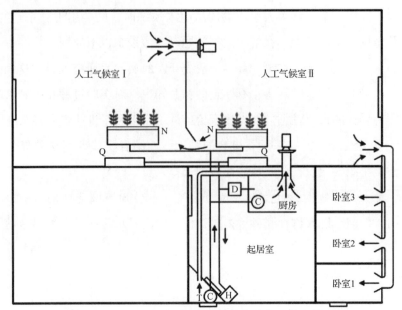

图 9.13 Bios-3 系统中第 I 实验阶段大气和水交换原理
（Q—人工气候室中蒸腾湿气冷凝水收集器；N—小麦营养液；D—饮用水吸附附加处理装置；C—厕所和厨房中废水收集器；T—厕所和淋浴室；H—卫生用水煮沸与储存容器。箭头表示液体和气体的流动方向）。

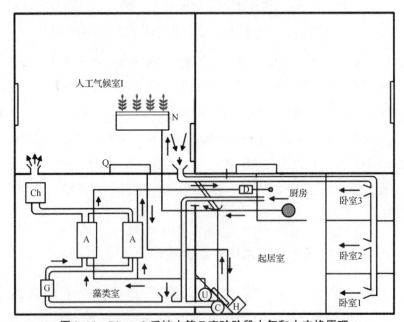

图 9.14 Bios-3 系统中第 II 实验阶段大气和水交换原理
（A—微藻培养装置；G—鼓风机；Ch—活性炭过滤器；C—厕所和厨房废水收集器；N—小麦营养液；Q—人工气候室中湿气冷凝水收集器；H—卫生用水煮沸与储存容器；U—尿液收集器；D—饮用水吸附附加处理装置。箭头表示液体和气体的流动方向）。

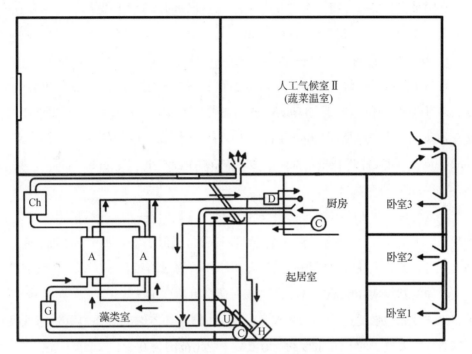

图 9.15　Bios-3 系统中第 Ⅲ 实验阶段大气和水交换原理

(所采用的表示法同图 9.14 (第 Ⅱ 阶段))。

在第 Ⅰ 实验阶段，该系统由两个人工气候室组成，其中包括小麦和一系列蔬菜，以及乘员居住室。实验表明，其中高等植物满足了所有乘员对大气和水的需求。在乘员居住室内所产生的废水被直接泵入小麦的营养液中。将乘员产生的固体和液体排泄物从 Bios-3 系统中取走。乘员的食物需求通过两种方式予以满足：第一种方式是由高等植物生产的粮食（被加工成面包）和蔬菜提供新鲜食物，另一种方式是在实验开始时在 Bios-3 系统中储存冷干（冻干）食物，这些都是动物蛋白质和其他加工食品的来源。

在第 Ⅱ 实验阶段，从系统中去掉一个人工气候室，并在此处引入一个包含小球藻培养装置的隔间。该藻类光反应器使系统在气体和水交换方面达到更高的闭合程度。在这一阶段，人对气体和水的交换需求由藻类光反应器和人工气候室的联合光合活动予以满足。将乘员产生的液体排泄物供给藻类光反应器，而将固体排泄物进行干燥，以使水回到系统中。植物营养液供应系统与在第 Ⅰ 阶段所采用的完全一样。

在第Ⅲ实验阶段,将一个含有小麦和蔬菜作物的人工气候室用一个只含有一系列蔬菜作物的人工气候室所取代。

1. 第Ⅰ阶段:"高等植物—人"集成实验

在第Ⅰ阶段,是研究高等植物和人之间的气体与水交换。高等植物单元由小麦和多种蔬菜组成。选用了 Lisovsky 选育的矮秆小麦品种 232 和 9 种蔬菜作物。这 9 种蔬菜作物为:甜菜 Bordeaux 品种、胡萝卜 Chantene 品种、莳萝、芜菁 Petrov 品种、羽衣甘蓝 Peking 品种、萝卜 Virov 品种、小葱(spring onion)、黄瓜 Din–zo–sn 品种和酸叶草。

小麦的种植按 14 个连续递进阶段依次进行(同时进行 14 个株龄组的连续小麦栽培,见 7.4 节)。蔬菜按照 6 个连续阶段种植,但小葱、酸叶草和黄瓜除外,即这三种蔬菜并未被按阶梯模式进行栽培。在植物栽培过程中,进行连续光照,在实验前的基线期(baseline period)辐射通量可达到 145 $W \cdot m^{-2}$。在实验过程中,该连续光照强度达到了 180 $W \cdot m^{-2}$,并根据具体时间表而对其进行改变。在基线期,大气中的 CO_2 浓度约为 0.2%,变化范围为 0.2%~1.5%,这与实验时间表中的变化预测情况一致。

实验中的营养液没有变化。对由蒸腾引起的营养液中水分的损失,蒸腾通过将冷凝水返回营养液中而予以补偿。乘员对小麦营养液每天校正两次,并对蔬菜营养液每天校正一次,以确保营养液中所有元素的基本浓度保持不变,而且使 pH 值稳定在 6.2~6.8 范围内。

在为每种阶梯培养的作物建立起稳定条件后,则开始评估每种作物的生产率。在表 9.1 和表 9.2 中,分别列出了处于稳态期间所获得的作物产量和生产率。就总生物量而言,最高产的作物是小麦、胡萝卜和芜菁。它们的收成超过了大田条件下的预期产量水平。小麦的可食生物量占其总收获量的比例较蔬菜的要低,但就绝对生产率而言(以干可食生物量计算),小麦仅略微落后于胡萝卜和芜菁,但超过了其他作物。所获得的生产率接近预期水平。

在基线期,高等植物单元的 CO_2/O_2 同化商约为 0.94。对于小麦,其生物量合成的光合效率为入射 PAR 的 7.4%~9%,因此小麦的光合效率并不低于小球藻的光合效率。

表 9.1　在对照实验期间的作物产量和生产率比较（重量均为干重）

作物种类	栽培面积 /m²	生长期 /d	产量/(g·m⁻²) 可食干生物量	产量/(g·m⁻²) 总干生物量	生产率/(g·m⁻²·d⁻¹) 可食干生物量	生产率/(g·m⁻²·d⁻¹) 总干生物量	可食生物量收获指数 /%
小麦	33.6	63	1 118	3 182	17.7	50.5	35.1
甜菜	1.8	80	927	1 813	11.6	22.9	50.6
胡萝卜	2.4	80	1 709	3 491	21.3	43.6	49.0
莳萝[a]	—	15~40	331	331	4.1	4.1	100.0
芜菁	1.5	53	989	1 980	18.6	37.4	49.9
羽衣甘蓝[a]	—	15~30	297	312	5.6	5.9	95.2
萝卜	0.75	27	341	624	12.6	23.1	54.7
洋葱	0.35	80	830	964	10.4	12.0	86.3

[a] 莳萝和羽衣甘蓝未被种植在单独区域，而是作为伴生作物被播种在一排排的胡萝卜和芜菁之间。

表 9.2　在为期两个月的"人—高等植物"实验中作物产量和生产率比较（均为干重）

作物种类	栽培面积 /m²	生长期 /d	产量/(g·m⁻²) 可食生物量	产量/(g·m⁻²) 总生物量	生产率/(g·m⁻²·d⁻¹) 可食生物量	生产率/(g·m⁻²·d⁻¹) 总生物量	可食生物量收获指数 /%
小麦	33.60	63	967	3 228	15.4	51.2	30.0
甜菜	1.35	78	1 298	2 170	16.6	27.8	59.8
胡萝卜	2.07	78	1 770	3 669	22.7	47.0	48.3
莳萝[a]	—	15~30	165	178	5.5	6.0	91.7
芜菁	0.36	52	1 097	2 917	21.1	56.1	37.6
羽衣甘蓝[a]	—	15~30	184	219	6.1	7.3	84.3
萝卜	1.26	26	201	443	7.7	17.1	45.3

续表

作物种类	栽培面积 /m²	生长期 /d	产量/(g·m⁻²)		生产率/(g·m⁻²·d⁻¹)		可食生物量收获指数/%
			可食生物量	总生物量	可食生物量	总生物量	
黄瓜	1.20	90	397	2 259	4.4	25.1	17.6
洋葱	0.69	90	532	532	4.1	4.1	100.0
酸叶草	0.27	90	2 128	2 128	16.7	16.7	100.0

ª 莳萝和羽衣甘蓝未被种植在单独区域,而是作为伴生作物被播种在一排排的胡萝卜和芜菁之间。

表9.2详细列出了第Ⅰ实验阶段中高等植物单元所达到的生产率。这些植物为乘员提供了其每天所需食物的30%。平均而言,3名乘员每人食用了200 g风干麦粒和388 g新鲜蔬菜。除了留作后续播种和分析用的种子外,该系统产出的大部分麦粒在被磨碎和烤成面包后供乘员食用。另外,蔬菜都是被新鲜食用,或被烹饪成多道菜供食用,只有少量的被从系统中取出供分析,还有少量的成为厨余垃圾。

在 Bios-3 中,高等植物单元的总生产率高到足以为3个人提供每日所需约为1 500 L 的 O_2 量。实验结果表明,增加光照可使高等植物单元的日产氧能力提高到 $2\ 300\ L·d^{-1}$。这为在实验过程中通过改变人工气候室的光照强度来控制系统的大气成分提供了机会。通过改变光照来调控光养单元的生产率和系统大气气体组成,证实了关于这些参数所进行的初始计算的准确性,而这些计算是在早期对高等植物进行生理学研究的基础上完成的(见第7章)。

在密闭实验系统中栽培高等植物时,发现了一些在单独栽培过程中未能被预见和不明显的高等植物特征。而且,证明关于高等植物与系统中其他单元和工艺过程的相容性限度的数据是非常有趣的。

2. 第Ⅱ阶段:"微藻—高等植物—人"集成实验

在实验的第Ⅱ阶段,将作为第二个光养单元的小球藻纳入系统中,但同时移走了其中一个人工气候室(图9.2)。该微藻单元由3台培养装置组成,每台培养装置独立工作，其中分别包含一套光生物反应器。

小球藻嗜热品种的连续培养是其基本的培养过程。第6章介绍了这种培养的技术和工艺。所有的培养技术操作都是在系统内进行的，包括离心、生物量脱水及将营养液水分返回系统，以及对营养液进行持续校正。每台培养装置的光照强度为 $280\sim300\ W\cdot m^{-2}$ PAR。光合效率为6%~8%，并各能满足一个人呼吸对 O_2 的需求以及能吸收一个人呼吸产生的 CO_2。

另外，污水+卫生废水继续全部进入其余一个人工气候室的营养液，也就是其施加量是第Ⅰ阶段的两倍。这样，该被引入系统的小球藻在再生大气的过程中，由于给小麦提供的污水剂量加倍，因此小麦的生长状况开始逐渐恶化。恶化症状表现为：①植株停止了长高；②所结的麦穗逐渐不育；③即使是幼苗的叶片也普遍表现出萎蔫现象；④根系生长受到抑制。最后，根系的生长迟缓导致了植株死亡。然而，由于实验设计的问题而致使无法区分由于污水+卫生废水剂量增加而非其他因素所引起的营养液变化对植物的影响程度。

3. 第Ⅲ阶段："微藻—蔬菜—人"集成实验

在第Ⅲ阶段（图9.15），系统并未利用同时包括小麦和蔬菜的人工气候室，而是利用了只包括蔬菜的人工气候室，而且在营养液中未施加污水+卫生废水。将该全蔬菜人工气候室加入系统之前，只利用小球藻在系统中进行了65 d的大气再生。

当连接上人工气候室后，则证明大气对蔬菜有毒害作用。例如，2~3 d后，马铃薯和番茄幼苗停止生长，而且其叶片并未干枯就开始卷曲；甜菜在叶片中积累了大量的花青素（anthocyanin），并出现了局部坏死；黄瓜叶片变黄，并开始枯萎，而且其植株未能开花。当将人工气候室与系统进行隔离，并通入普通空气后，则番茄和马铃薯的幼苗在2~4 d后就失去了所有的中毒现象；再过5~8 d后，黄瓜又开始开花了。

将全蔬菜人工气候室反复加入系统均会导致蔬菜出现同样的中毒症状，而且这种症状与某些强活性剂（acting agent）所引起的中毒症状相同。正是在实验的这个阶段，判定了小球藻所再生的大气对蔬菜具有毒害作用。然而，当时未对该有毒物质进行分离，也未确定其来源。不过，对一些挥发性污染物对植物生长影响的进一步观察结果表明，上述效应极有可能是由低浓度的乙烯所引起。

4. 控制系统

驻留在 Bios-3 实验综合体内的乘员，他们的一项职责是对控制该系统进行必要分析。这些任务被保持在最低限度，以确保生活在系统中的乘员在控制生命保障系统上尽可能少花时间。鉴于此，乘员控制生命保障系统所花费的工作时间不超过他们总时间的 20%。

这样，就为乘员提供了更多的时间来完成其他任务。在未来，通过在系统中引入更高水平的自动化，则乘员用于维护系统所花费的时间将会被大大减少。在即将到来的太空飞行中，时间经济学（time economy）非常重要，因为乘员需要节省用于生命保障的时间来进行与太空飞行任务直接相关的实验。

较之由系统内乘员所获得的关于内部系统流程的信息，那些在外面开展实验的研究人员自然对更广泛的研究项目感兴趣。因此，将系统外面的实验室分析与内部的分析同时进行，而在某些情况下，为了进行外部分析实际上还加强了分析网格（analysis grid）。对研究人员来说，主要收获的不是粮食或 O_2 等物质产品，而是收集到关于系统泛函性（functionality）的信息。因此，所完成的分析数量大大超过了管理和维护系统所需要的实际数量。

9.2.3 实验详细结果分析

1. 物质传递

根据一套复杂的分析网格（analysis grid），研究了系统与周围环境以及各单元之间的物质传递情况。根据这些分析结果，将物质传递定义为质量在整个系统中的每日运动。

人在自主生态系统的物质传递中所发挥的作用与在非自主生态系统的物质传递中所发挥的作用没有区别。这一作用在前几章中已被介绍过，因此这里就不再重复。这里只想指出，由于乘员的固液排泄物相互混合，因此他们就像一个独立的生态系统单元。一个由 3 个人而非 1 个人组成的单元是有利的，因为从某种意义上说，一个人新陈代谢的暂时波动会被 3 个人的总新陈代谢所抵消。

2. 微量元素动力学

系统中的微量元素动力学是一项专门的研究课题（基于 I. Gribovskaya 的数据）。微量元素包括铁、铅、镍、铬、铝、钛、钼、硼、铜、锌、锰等。研究发现，大量元素的动力学，如氮和磷的动力学，是可控制而平衡的，而微量元素的动力学则是不可控制的。微量元素主要是由系统中的建筑材料等某些成分释放出来，然后它们在系统的其他地方进行积累。例如，部分微量元素会在植物的可食用部分中积累。

在整个实验过程中，未发现由于微量元素动力学不受控制而引起的毒害作用，但在系统内循环溶液中的部分微量元素浓度会上升或下降很多。这些微量元素运动的不平衡对该系统的存在构成了潜在威胁。在未来，研究人员有必要特别注意对密闭系统中微量元素的动力学及其控制方法开展研究。

3. 总物质交换情况

在系统中，物质循环的闭合度通过累积指数（cumulative index） $R = (1 - m/M) \times 100\%$ 来评价。从表9.3可以看出，在第 I 阶段 "人—高等植物" 集成实验中，系统闭合度被估计为85.8%。当在系统中引入第三单元小球藻（可利用人的液体排泄物）时，则系统闭合度上升到了91%。

表 9.3　乘员与二元生命保障系统的物质需求量比较

（在二元生命保障系统中包括给乘员的物质供应）

乘员需求物名称	数量/(g·d^{-1})	生态系统需求物名称	数量/(g·d^{-1})
食物	1 890	冻干食物	1 531
氧气	2 441.8	化学元素	226
饮用水	9 629	外加水	4 420
卫生用水	29 760	气体净化用活性炭	6.6
肥皂、牙膏、牙粉	34	肥皂、牙膏、牙粉	34
总计	43 754.8	总计	6 217.6

注：物质循环闭合度 R 的计算方法如下：$R = (1 - 6\ 217.6/43\ 754.8) \times 100\% = 85.8\%$。

4. 气体交换

通过系统再生的大气组成，可通过一系列有机挥发物和高 CO_2 浓度的存在来区分，即在实验的不同阶段 CO_2 出现从0.4%到1%的短期峰值，再到2.3%。如图9.16所示，挥发物浓度很快会达到平衡值，并且在实验的其余过程中会围绕这些值进行波动。

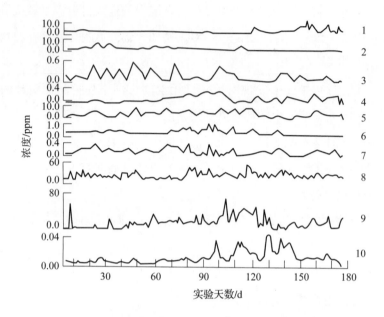

图 9.16　Bios-3 系统大气中潜在有毒气体的动态变化情况

(1—氨（mg·m^{-3}）；2—乙酸（mg·m^{-3}）；3—丙烯醛（mg·m^{-3}）；4—乙醛（mg·m^{-3}）；5—乙醇（mg·m^{-3}）；6—硫化氢（mg·m^{-3}）；7—硫醇（mg·m^{-3}）；8—水溶性有机物（mg O$_2$·m^{-3}）；9—非水溶性有机物（mg O$_2$·m^{-3}）；10——氧化碳（mg·L^{-1}））。

然而，以上有一个例外是一氧化碳或其他碳化合物的浓度出现了短暂峰值，这种情况在紧急情况下会出现，而随后乘员会对其进行纠正。当系统被恢复到正常状态后，通过内部系统程序将一氧化碳浓度维持在一个较低的平衡水平。

这些非常重要的观察表明，在该系统中不仅有一氧化碳的生产者，而且有一氧化碳的消费者。只有在这种情况下，系统内部的过程才能保持一氧化碳浓度的稳定。这一结论适用于系统大气中其他被测的有毒气体。

5. 水交换

在实验的各个阶段，在人工气候室和藻类培养装置中所产生的冷凝水被作为饮用水和卫生用水源。从表 9.4 和表 9.5 可以清楚地看出水被从这些水源获取，然后被离子交换树脂和活性炭分别进行调节。经过调节后，这种水达到了饮用水所需的卫生标准。

表9.4 Bios-3系统中饮用水和人工气候室冷凝水质量比较

样品	高锰酸盐氧化能力 /(mg·L^{-1} O$_2$)	重铬酸盐氧化 /(mg·L^{-1} O$_2$)	气味/等级	pH
俄罗斯国家饮用水质标准	2~10	20	2	6.5~9.5
Bios-3 冷凝水（第63d）	4.65	8.0	4	5.8
Bios-3 饮用水（第63d）	2.08	6.4	2	—

表9.5 Bios-3系统中再生水中元素含量比较

离子	含量/(mg·L^{-1})		
	俄罗斯国家饮用水质标准	Bios-3 冷凝水（第63 d）	Bios-3 饮用水（第63 d）
钠	100	1	微量
钾	200	4	微量
钙	100	18	2
镁	100	1	微量
硫酸根	100	0	0
磷酸根	微量~0.01	0	0
硝酸根	15~40	0	0
亚硝酸根	微量~0.01	0	0
铵根	0.2~1.0	0	0
总氮	6~8	0	0

6. 食物生产

在包含2个人工气候室的Bios-3系统中，为3名乘员的食物提供了26%的碳水化合物、14%的蛋白质和2.3%的脂肪，并提供了他们所需要的维生素。

在人工气候室中利用植物所生产的食物，即由乘员利用小麦面粉烘烤的面包以及蔬菜，其在生物化学成分和味道特征方面与普通农业方法生产的高质量食物没有区别。将这些产品添加到食物配料中，会使乘员产生积极情绪。

9.2.4　Bios–3 系统中乘员生活制度安排情况

1. 作息制度安排及基本结果

乘员经过 3~5 d 的检疫隔离期后进入系统。在整个实验过程中，对乘员都进行 24 h 的医疗监控，并每隔一段时间记录一次结果。通过定期进行医学、生理学和实验室研究，获得了有关乘员健康状况的更多信息。每名乘员都有义务向值班医生报告，或根据自身的判断向负责医疗卫生计划的医生报告身体状况的变化。为了确保实验安全采取了一系列措施，其中也包括对居住室的质量进行持续监测。在睡眠时，乘员戴上生物遥测传感器来记录脉搏和呼吸，并做第一标准导联（the first standard lead）的心电图。对睡眠质量通过活动度图（actogram）进行评估。

高效的作息制度是保证机体高工作能力和规范主客观状态的必要条件。人在一个小空间里，所面对的乏力（hypodynamia）、与世隔绝并且化学成分发生改变的大气，这本身就是一种能对生物体产生不利影响的因素。这种环境会显著影响对人体反应的正确评估，这可能是由于生物再生系统所形成的特定环境的影响。因此，在乘员作息制度的选择上，特别要注意防止或尽量减少上述因素的负面影响。

众所周知，体育锻炼对人生理状态和健康有积极的影响。肌肉运动会引起非特异性反应，从而增强机体对环境不利影响的耐受性。因此，当乘员的劳动受到限制时，在系统研究阶段对再生设备进行外部维修时，应特别注意所测到的乘员身体负荷。作息制度包括身体锻炼，即主要锻炼主肉群，所用时间和强度各不相同。运动器材包括弹簧、哑铃和跳绳。有体力负荷的运动被排除在自主密闭生态生命保障系统（CELSS）乘员的日常作息制度之外，因为维护该系统需要很强的肌肉力量。CELSS 自主运行的前提是，乘员能够一天 24 h 进行再生部件性能控制，这在很大程度上决定了乘员的作息制度模式。

图 9.17 显示了 3 名乘员每天作息制度安排的基本要素，重点包括：①需要确保一天 24 h 都有人值班；②要保证一天 24 h 中有 8 h 的睡眠；③全体乘员均能同时在一天内保持一段足够长的醒着时间，以便完成需要所有人参与的工作；④确保有吃饭时间。对于两名乘员的日作息制度模式，甚至要更复杂。为了完成

同样的任务，睡眠和清醒的时间是按 8 h 进行轮班（图 9.18）。由于第 1 周的昼夜节律发生变化，因此发现这组乘员的工作能力下降了，且健康受损。鉴于此，将该作息制度中的烹调时间增加了 1.5 倍，并使乘员处于不同的心理状态。然而，这对进行医学与生理检查造成了一定困难。

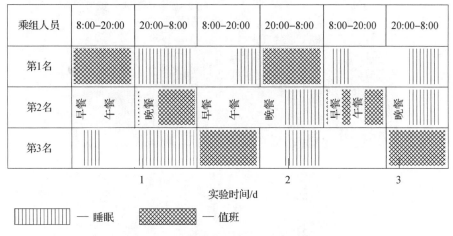

图 9.17　3 名乘员的作息制度安排

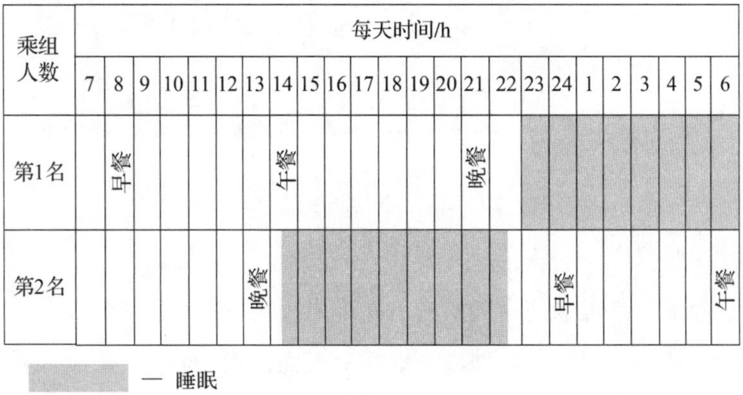

图 9.18　2 名乘员的作息制度安排

这种作息制度模式并没有在乘员之间，以及乘员和外部研究人员之间造成任何复杂的关系。乘员能够按新节律准时进行，因此适应得快：身体工作能力在 7~8 d 内能够完全恢复；在同期结束时，新的脉搏和良好的睡眠已趋于稳定状态。在第二周末期，体温节律这一最稳定的参数开始出现波动。

图 9.19 所示为部分乘员正在 Bios – 3 中工作的情况。卫生制度是指按照习惯程度和习惯性周期实施个人卫生。用热肥皂水清洗餐桌和厨房用具,然后用清水冲洗,最后在 160~180 ℃ 的烤箱中干燥和消毒 1 h。

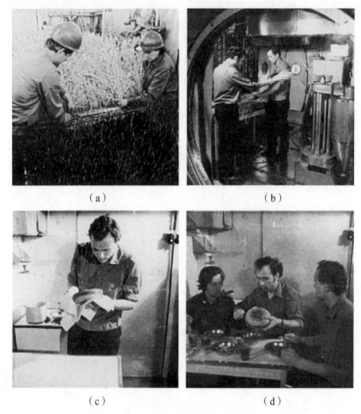

图 9.19 Bios –3 中正在工作的乘员
(a) 收获小麦;(b) 进行小麦脱粒;(c) 烤制面包;(d) 品尝新鲜面包

另外,每天对乘员居住室的所有表面都要用真空吸尘器进行清洁,而且对地板也要用湿布清洁。对淋浴与盥洗室的所有表面都用 3% 的过氧化氢溶液进行消毒。每隔 7~10 d 对乘员居住舱进行一次全面清洁,这时对地板、墙面以及家具和设备的表面用湿布擦拭。系统内的水、餐桌和厨房用具等均满足了所有卫生要求。

2. 饮食制度安排及基本结果

为了确定最佳的乘员饮食,采用了全联盟营养研究所(All – Union Institute of Nutrition)制定的标准。值得注意的是,经过近半个世纪的研究,1991 年欧洲航天局出版《生命保障与可居住性手册》(Life Support and Habitability Manual)，其中对航天员的饮食提出了几乎相同的要求。在研究的第Ⅰ阶段，在初期研究阶段，乘员的饮食包括预先储存的冻干或罐装产品。然而，在系统中引入高等植物后，预先储存的食物比例出现下降，最后只储存动物源产品。在系统内，生产了饮食中的所有植物部分，包括小麦、油莎果（一种多不饱和脂肪酸的来源）和大量的蔬菜（表9.6）。饮食是根据平衡营养的建议而制定的，并考虑到乘员的个人需求，包括性别、年龄、体重和体力负荷强度等。饮食中蛋白质、脂肪和碳水化合物的质量比为1:1:3.5~4。动物源性蛋白质占总蛋白质量的40%~50%。

表9.6 两人5个月中可食生物量的食用量

作物种类	两人的生物量消耗量/$(g \cdot d^{-1})$
小麦（干重）	495
油莎果（干重）	120
豌豆（干重）	26
萝卜（鲜重）	266
甜菜（鲜重）	236
胡萝卜（鲜重）	132
马铃薯（鲜重）	21
番茄（鲜重）	87
黄瓜（鲜重）	277
甘蓝（鲜重）	164
洋葱（鲜重）	110

在烹饪中使用了44种产品，每天提供4种多样化的食物，食谱每5d轮换。将现成和预制形式的冻干和罐装产品与蔬菜一起使用；使用无废物技术将小麦烘焙成面包。为了提供植物脂肪，在饮食中以足量油莎果结节细粉来满足人体对亚油酸的需求。以这种形式，油莎果几乎可以成为所有食品和产品的成分。适当剂量的油莎果粉不会改变食物的感官特性，而且被赋予了一种奇特的味道，对此所有乘员都给予了积极评价。在面包和奶制品中含有的油莎果粉比例最高。实验表明，每天摄入约1.9 g的油莎果并没有任何临床、生理或心理方面的不良影响。

食物配给只涉及动物源性产品，因为它们是根据每名乘员的个人平均日需求量提前储存的。人工气候室产品的使用由乘员自行决定，这取决于可用的数量和种类。然而这并不总是一样的，因为"绿色传送带"（green conveyer）会定期向他们提供产品。当然，对系统内所培养的产品的消耗量进行了准时记录。实验的客观证据和乘员的意见表明，饮食供应充分、营养价值高而且种类很多。

3. 劳动力支出情况

密闭生态生命保障系统的研究人员关注的是，对在自主操作系统中乘员劳动力支出的评估问题。表 9.7 显示了系统内部主要工作和程序的计时测量值（chronometrical measurement）。这里给出的数值仅局限于该系统，因此其意义尚不确定。事实上，劳动力支出取决于系统结构、流程自动化、乘员专业化以及在系统运行方面技能的提高等。应该指出的是，虽然技术和家务工作都是由乘员出于需要完成的，但所有在人工气候室内与植物直接接触的工作，对他们来说是一种乐趣。

表 9.7　Bios–3 系统中乘员的劳动力支出情况评估

程　序	3 名乘员 人力支出时间/($h \cdot 人^{-1} \cdot d^{-1}$)	3 名乘员 占总时间储备的比例/%	2 名乘员 人力支出时间/($h \cdot 人^{-1} \cdot d^{-1}$)	2 名乘员 占总时间储备的比例/%
高等植物单元操作维护				
植物播种与收获，小麦脱粒	2.42	—	3.63	—
植物生长条件监控，设备维护	2.58	—	3.87	—
营养液校正液制备	1.23	—	1.35	—
人工气候室卫生清洁	0.24	—	0.36	—
总计	6.47	8.99	9.21	19.19
藻类培养装置操作维护				
培养装置操作控制设备维护	2.65	—	—	—
营养液校正液制备	0.66	—	—	—
所收获生物量的离心式脱水	2.50	—	—	—
样本的收集与分析	2.28	—	—	—

续表

程　序	3 名乘员		2 名乘员	
	人力支出时间/(h·人$^{-1}$·d^{-1})	占总时间储备的比例/%	人力支出时间/(h·人$^{-1}$·d^{-1})	占总时间储备的比例/%
藻类培养装置操作维护				
藻类培养室卫生清洁	0.68	—	—	—
总计	8.77	12.18		
工作日程序				
做饭、吃饭、烤面包、洗碗、厨房清洁	5.10	—	7.65	—
优质标准化水制备	0.42	—	0.42	—
个人卫生清洁	1.17	—	0.78	—
乘员居住室公共卫生清洁	0.81	—	0.82	—
总计	7.50	10.42	9.67	20.15
不可食生物量焚烧器操作	—	—	2.10	4.37
睡眠	24.0	33.33	16.0	33.33

注：1. 在以上所介绍的 3 名乘员的实验中，2 个人工气候室处于运行状态；2. 给出了另一个实验（1985 年）的数据以供比较（2 名乘员运行 3 个人工气候室）；3. 总储备时间每天对于 3 人为 72 h；对于 2 人为 48 h。

4. 人体生理学和生物化学实验

许多作者所做的大量研究表明，长时间待在一个有限空间会导致所谓的虚弱综合征（asthenic syndrome），即一组恶病质（cachexia）引起的功能紊乱，一些器官或系统的功能受损，包括心血管系统。一般认为，这些变化的主要原因是动力不足（hypodynamia）。鉴于这一潜在的风险，我们彻底检查了 Bios – 3 系统中乘员循环器官的功能状况。

在 3 个月的实验过程中，乘员的脉搏率和动脉压的动态变化情况如图 9.20 所示。结果表明，以上两个参数均未发生直接变化。定期测量的脉搏率显示其昼夜动态的持续性（图 9.21）。身体负荷测量实验表明，心血管系统的功能一直保持正常状态（表 9.8）。

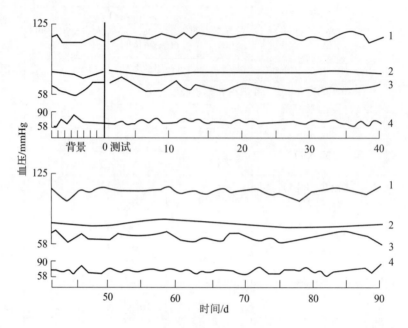

图 9.20　实验中乘员的血压动力学

(1—最高动脉压（mmHg）；2—平均动脉压（mmHg）；3—最低动脉压（mmHg）；

4—脉搏率（次·min^{-1}））。

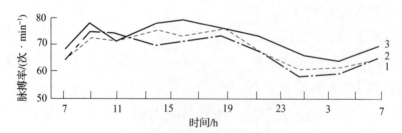

图 9.21　在 1~3 个月的实验过程中 3 名乘员在某一天内的平均脉搏率

(1、2、3 分别代表乘员 1、乘员 2 和乘员 3)。

表 9.8　乘员处于身体负荷下的动脉压和脉搏率状态

参数			对照值	实验时间/d	
				第 1~45 d	第 46~90 d
动脉压/(mmHg)	静止状态	最低值	60 ± 9	61 ± 2	63 ± 3
		最高值	112 ± 3	117 ± 3	116 ± 5
	15 次蹲坐后	最低值	67 ± 7	71 ± 5	62 ± 4
		最高值	124 ± 7	130 ± 8	128 ± 6
	用力 3 min 后	最低值	63 ± 4	64 ± 4	60 ± 4
		最高值	113 ± 4	119 ± 4	113 ± 5
脉搏率	静止状态	—	69 ± 9	76 ± 6	74 ± 8
	15 次蹲坐后	—	89 ± 12	113 ± 7	97 ± 10
	用力 3 min 后	—	68 ± 5	75 ± 6	73 ± 6

没有血压动力学障碍，也没有循环器官功能的损伤。这可能意味着已经为乘员制定了适当的日常作息制度。

表 9.9 显示了在密闭系统内停留数月的乘员外周血的形态学组成数据。与对照相反，所研究的参数在实验过程中没有表现出非定向的变化。平均值的误差在统计学上是不确定的。

表 9.9　乘员外周血的形态学组成数据

指标	3 名乘员		2 名乘员	
	实验持续时间			
	6 个月		5 个月	
	对照值	实验值	对照值	实验值
红细胞/(千个·mL^{-3})	4 683 ± 101	4 830 ± 131	4 381 ± 270	4 236 ± 165
血红蛋白/(g·L^{-1})	141 ± 12.7	148 ± 6.5	150 ± 7.2	157 ± 6.0
白细胞/(个·mL^{-1})	6 130 ± 1 120	7 910 ± 1 719	6 870 ± 425	7 240 ± 715
Bacilinuclear/%	1.3 ± 0.63	2.6 ± 2.24	4.0 ± 1.60	2.8 ± 1.31

续表

指标	3 名乘员		2 名乘员	
	实验持续时间			
	6 个月		5 个月	
	对照值	实验值	对照值	实验值
Segmento – nuclear/%	45.2 ± 5.64	51.4 ± 4.48	57.0 ± 6.70	56.0 ± 6.70
淋巴细胞/%	37.8 ± 5.55	32.3 ± 3.84	30.9 ± 9.50	35.0 ± 4.90
单核细胞/%	8.2 ± 1.12	6.9 ± 2.86	6.5 ± 1.20	4.2 ± 2.86
嗜酸性细胞/%	7.5 ± 2.32	6.8 ± 2.48	1.6 ± 0.70	2.0 ± 1.41

由于在长期实验的饮食中包括大量的油莎果豆（每天多达 130 g），因此作为多不饱和脂肪酸的来源和冻干产品（作为日常生活中的非常规食物），而必须研究其对消化道功能的影响。研究涉及了几个参数，其中包括胃内容物的消化特性、胃液的酶活性，以及作为食物与消化道功能相互作用的整体指标的营养物质吸收。"实验早餐"为冻甘蓝汁，其对胃黏液主细胞和泌酸细胞（principal 和 oxyntic cells）的刺激作用与次极大组胺刺激剂（submaximum histamine stimulant）的相同。

在实验过程中，所有乘员的胃分泌活动都表现出一定程度的增加。表 9.10 给出了在神经体液期胃液总酸度和分泌高峰期游离盐酸含量的平均值，这可作为胃黏液状态的最具代表性的指标。无论是对胃蛋白酶活性的评估还是关于尿中尿胃蛋白酶（uropepsin）含量的间接数据，均未表明胃内容物蛋白质水解活性发生了变化。

表 9.10 乘员胃液中的总酸度和游离盐酸

实验时间	总酸度，滴定单位	游离盐酸，滴定单位
乘员 1		
对照值	90	70
第 108 d 实验	108	84
第 180 d 实验	132	108

续表

乘员	总酸度，滴定单位	游离盐酸，滴定单位
乘员 2		
对照值	122	102
第 50 d 实验	150	120
第 101 d 实验	148	120
乘员 3		
对照值	96	76
第 40 d 实验	128	98
第 180 d 实验	116	100

对蛋白质、脂肪和碳水化合物的吸收，是按照均匀分布在每个月最后 10 d 的实验中所谓的"交换"或"代谢"天数来评估的。在这些天，对人食用和排泄的所有产品都要彻底地进行测量。这些研究结果见表 9.11。可以看出，实验均得到相同的结果，而且胃肠道功能并未随所食用食物的不同而变化。

表 9.11 乘员对基本营养物质的平均吸收率

实验月份/月	吸收率/%		
	蛋白质	脂肪	碳水化合物
1~2	91.9	95.2	99.4
3~4	91.5	94.7	99.5
5~6	93.4	95.9	99.7

表 9.12 列出了 6 个月实验中 4 名乘员的肾泌尿功能数据。从表 9.12 可以看出，白天的排尿量变化范围很小（不超过 60 d 内平均测量值的 10%）。根据排尿量的不同，尿液的比质量（specific mass）呈反比变化，表明肾的过滤和浓缩功能正常。在实验过程中，4 名乘员每千克体重平均分别产生了 20.6 mL、22.1 mL、22.2 mL 和 21.8 mL 尿液。表 9.13 给出了从一些代谢物中净化机体肾脏功能的结果。对数据的分析表明，在实验过程中肾脏的这一主要功能未发生变化。而且，所研究的这些参数均在正常允许的范围内变化。

表 9.12 乘员肾脏在一定时期内的日均排尿量及其比质量比较

乘员尿液参数	实验天数					
	第 19~28 d	第 50~59 d	第 80~89 d	第 110~119 d	第 143~152 d	第 171~180 d
乘员 1						
尿量/mL	15 060	1 406	1 390	1 440	1 440	1 550
比质量/(kg·L^{-1})	1.021	1.021	1.021	1.019	1.019	1.017
乘员 2						
尿量/mL	1 826	2 180	1 881	1 980	—	—
比质量/(kg·L^{-1})	1.020	1.018	1.019	1.018	—	—
乘员 3						
尿量/mL	1 300	1 518	—	—	1 225	1 200
比质量/(kg·L^{-1})	1.022	1.020	—	—	1.019	1.019
乘员 4						
尿量/mL	—	—	1 480	1 480	1 540	1 510
比质量/(kg·L^{-1})	—	—	1.023	1.022	1.021	1.019

表 9.13 乘员肾脏对代谢产物的纯化情况

代谢物	乘员 1		乘员 2	
	对照值	实验值	对照值	实验值
随尿排出量/(g·d^{-1})				
肌酸酐	1.30±0.29	1.40±0.73	1.20±0.26	1.40±0.29
尿酸	517±141.1	622±145.4	690±182.1	752±208.1
尿素	26.9±7.55	30.02±6.07	24.7±6.60	33.1±7.33
血浆中含量/(mg%)				
	对照值	实验值	对照值	实验值
肌酸酐	—	—	—	—
尿酸	3.0±0.21	3.02±0.47	—	—
尿素	32.0±2.00	32.3±3.49	29.5±1.50	33.4±3.57

在 CELSS 中，实现最大植物生产率的先决条件之一是在系统大气中具有最佳 CO_2 浓度。初步实验结果表明，单细胞藻类（小球藻）的光合作用在大气中 CO_2 含量不低于 1% 体积比时达到最大值；对高等植物必须是约 0.3% 的体积比。CO_2 浓度低于这些水平则会降低再生装置的效率，因此，如果为了使人体气体交换达到平衡，可能需要提高藻类培养装置的性能或扩大植物的栽培面积。这样，我们在系统中将 CO_2 浓度维持在一种折中水平，也就是对于维持光合作用来说已经很高，但不会超过人在系统中长期停留所允许的水平。

因此，关于 CELSS 的研究表明，在长期实验过程中，系统再生大气中 CO_2 含量的变化范围并不确定。这就是必须研究人对系统大气中不同 CO_2 浓度如何反应的原因。同时，进行了以下两组参数的监测：外部呼吸和指示机体内部介质酸碱平衡的指标。

图 9.22 显示了乘员每分钟通气量（minute respiratory volume，MRV）这一外呼吸肺通气基本参数的动态变化情况，随吸入空气中 CO_2 浓度的变化而变化。数据表明，这种人的反应足以维持基本相同的 CO_2 浓度水平，这又反过来决定了稳定的动态血压和介质酸碱平衡（表 9.14）。而且，在所有实验中都呈现出类似模式。另外，还应该注意到，这种外部呼吸反应会持续好几个月。

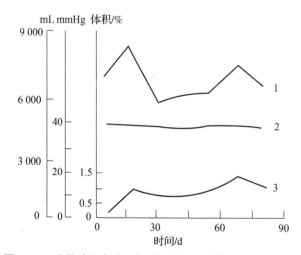

图 9.22　乘员肺泡内肺通气量和 CO_2 分压的动态变化情况

(1—每分钟肺通气量（MRV）（mL）；2—肺泡空气中的 CO_2 分压（mmHg）；
3—吸入空气中的 CO_2 浓度（体积%）)。

表 9.14　乘员机体内的酸碱平衡状态

参　　数	乘员 1		乘员 2	
	对照值	在 LSS 中 180 d	对照值	在 LSS 中 120 d
吸入空气中的 CO_2 分压/体积%	高达 0.1	1.15 ± 0.4	高达 0.1	1.15 ± 0.4
血液 pH 值	7.36 ± 0.01	7.35 ± 0.01	7.36 ± 0.01	7.360 ± 0.01
肺泡空气中 CO_2 分压, mmHg	36.0 ± 0.82	36.9 ± 1.14	29.4 ± 0.58	40.0 ± 1.60
血液中碱储量/% CO_2	59.6 ± 1.16	61.4 ± 1.71	61.8 ± 3.74	61.8 ± 1.53
尿液 pH 值	6.60 ± 0.15	6.20 ± 0.16	6.00 ± 0.12	6.20 ± 0.05
随尿液排出的碳酸氢盐含量 /($g \cdot d^{-1}$)	0.39 ± 0.05	0.47 ± 0.03	0.48 ± 0.05	0.48 ± 0.03
随尿液排出的氨量/($g \cdot d^{-1}$)	1.50 ± 0.43	1.30 ± 0.37	1.10 ± 0	1.50 ± 1.08

因此，在 CO_2 浓度升高到 1.05%～1.15% ±0.3%～0.4% 体积百分比的大气中长期停留，并不会对人体的外呼吸功能产生不利影响。内部介质和酸碱平衡的主动响应保持不变。外部呼吸的适应性变化较为灵活，并且长时间未显示出任何疲劳迹象。可能的解释是，高 CO_2 浓度会引起机体中内部介质的主动反应发生变化，但呼吸含有高 CO_2 浓度的空气时间较短，而且与呼吸含有 CO_2 浓度对人体无害的空气的时间交替进行，这样再生大气中 CO_2 含量的这种周期性变化不会造成机体内部介质发生变化等严重后果。因此可以说，血液成分是机体代谢的一面镜子。监测这一参数可以提供关于物质交换和可能的机体紊乱的相当完整的证据。

蛋白质交换是通过对提供给机体的食物中蛋白质的被吸收率来评估的。表 9.11 显示，在整个观察期间，乘员对食物中蛋白质的吸收率一直很高，而且它在整个实验中变化不大，这则表明乘员得到了完全所需的蛋白质。从表 9.15 可以看出，在实验过程中，乘员机体内的蛋白交换参数没有发生明显变化。这些指标的平均值及其变化值均在生理范围内。平均 5 个以上的交换周期的平均氮平衡计算得出的值为 -2.4%，该误差在计算方法的误差范围内。

表 9.15 乘员的蛋白质代谢（部分指标）

指标	乘员 1		乘员 2	
	对照值	实验值	对照值	实验值
血清总蛋白含量/%	8.0±0.27	8.6±0.44	7.9±0.28	7.5±0.27
白蛋白含量/%	58.1±2.00	56.9±2.30	57.1±1.82	59.2±0.89
球蛋白含量/%				
α_1	60.0±0.36	6.3±0.43	6.6±0.27	6.1±0.53
α_2	9.0±0.81	8.7±0.85	9.1±0.91	8.7±0.49
β	12.7±0.76	13.5±2.13	12.9±0.43	12.5±0.34
γ	14.2±0.72	14.6±0.54	14.3±0.38	13.5±0.38
血液中残余氮含量/(mg%)	27.4±2.50	28.0±5.04	22.0±0.76	26.2±4.7
血液中尿素含量/(mg%)	32.0±2.00	32.3±3.49	29.5±1.50	33.4±3.57
尿液中尿素排出量/(g·d^{-1})	26.9±7.55	30.2±6.07	24.7±6.60	33.1±7.33
尿液中肌酐排出量/(g·d^{-1})	1.3±0.29	1.4±0.73	1.2±0.26	1.4±0.29

一名自主的生命保障系统操作人员，应该情绪坚强，有进取心、持久性、高度的洞察力和专注力，能够将大量的信息储存在记忆中，能够快速掌握和重塑技能，并能够在短时间内做出决策。表 9.16 列出了一些人心理功能的参数。实验过程中，未发现任何参数出现恶化，说明乘员具有稳定的脑力劳动能力。

脂质交换数据见表 9.16。在这方面，未发现有任何失调的情况发生。平均值的波动在统计上是不确定的，但在可接受的标准范围内。而且，在所有实验中均得到了相似结果。

表 9.16　在几个月的实验中乘员的血浆脂质代谢情况　　　单位：mg·mL^{-1}

指标	乘员 1		乘员 2	
	对照值	实验值	对照值	实验值
总脂	475.6 ± 16.03	491.0 ± 20.29	477.5 ± 20.62	507.2 ± 50.77
甘油三酯	187.3 ± 19.44	174.0 ± 29.34	120.0 ± 22.82	154.4 ± 60.37
总胆固醇	175.0 ± 14.59	191.6 ± 22.22	200.8 ± 27.21	220.9 ± 38.23
游离胆固醇	61.1 ± 12.27	73.1 ± 17.81	72.5 ± 16.58	83.73 ± 18.88
醚结合胆固醇	106.0 ± 6.21	107.2 ± 26.89	142.2 ± 6.9	135.6 ± 26.86
磷脂	110.0 ± 12.25	123.1 ± 22.91	119.5 ± 17.87	129.7 ± 15.43
醚结合脂肪酸	273.8 ± 27.51	282.5 ± 16.41	270.0 ± 24.14	306.3 ± 22.38
脂肪酶活性/U·mL^{-1}	0.95 ± 0.058	0.91 ± 0.066	0.98 ± 0.014	0.91 ± 0.098

为了执行系统中所有过程的操作功能，每名乘员都必须具有很高的身体素质和心理素质，这对被改变了的作息制度尤其重要。部分研究结果见表 9.17。数据分析表明，几乎所有正在研究的参数都保持到了对照水平。乘员在反应上有轻微的个体偏差（包括阳性和阴性），所观察到的偏差具有个体特点。例如，在实验中乘员 1 和乘员 2 的听觉 - 肌肉反应的潜伏期增加，但是该参数在整个实验中保持在稳定状态；乘员 3 的这一指标没有变化；乘员 4 在实验结束时这一指标甚至下降了。乘员 4 和乘员 5 的腕部关节相对于对照值的最大运动速率明显降低（虽然仍处于稳定状态），这可能是中枢神经系统兴奋和抑制速率被改变的直接指示。乘员的肌肉质量和力量的总量未出现变化（表 9.18）。所获得的结果表明，在自主生命保障系统中，需要力气的身体活动状态和工作多样性会使乘员在很长时间内保持相当高强度的体力作业活动。

表 9.17　在为期 6 个月的实验中关于乘员工作能力的部分参数　　　单位：mg %

参数	乘员 4		乘员 5	
	对照值	实验值	对照值	实验值
视觉 - 肌肉反应潜伏期/s	—	—	0.27 ± 0.01	—	0.30 ± 0.01

续表

参数		乘员 4		乘员 5	
		对照值	实验值	对照值	实验值
听觉-肌肉反应潜伏期/s	—	0.20±0.05	0.17±0.01	0.18±0.02	0.19±0.02
腕关节活动最大度/(°)	—	388±16	349±19	348±7	317±22
运动再现精度（与给定点偏差度）/mm	右部	21±2.8	28±12.4	17±2.6	16±2.5
	左部	15±1.0	15±2.1	25±2.1	21±5.4
小幅度运动协调能力	实验时间/s	130±17.2	112±2.2	117±8.1	101±11.8
	误差	50±13.2	63±12.8	99±6.5	80±15.7
肌肉力量/kg	左手腕	76±2.2	75±2.8	87±3.1	84±2.3
	右手腕	68±0	65±1.2	82±2.2	77±4.4
	躯干	158±6.4	158±4.5	154±9.3	145±7.1

表 9.18 乘员的总工作量、占用时间和工作效率

参数	乘员 1		乘员 2	
	对照值	实验值	对照值	实验值
总工作量/kGm	33.4±11.02	40.0±2.55	26.6±6.83	29.1±9.52
占用时间/s	90.9±6.11	104.1±11.05	80.0±10.94	89.5±8.15
工作效率/(kGm·s^{-1})	0.37±0.092	0.37±0.110	0.33±0.025	0.32±0.046

在整个实验过程中，一个医学专家委员会对乘员进行了观察和检查。乘员医生可以用触诊、叩诊和听诊等客观检查方法对其他乘员进行医学检查。此外，为了评估乘组人员的状况，在实验期间和实验结束后的一个月内对其进行了临床生理学和实验室数据观察。所记录的疾病，如乘员 4 手指甲状旁腺要求手术而不降低系统压力，以及在 8 d 之内治愈乘员 5 的急性咽炎，不能被视为该系统的特异性疾病。乘员在短时间内出现的头痛和干咳，是与藻类培养装置的故障同时发生

的，说明这与系统大气中硫化氢浓度升高有关，或与在系统中大气 CO_2 浓度升高至 1.8%～2.0% 时的高体力劳动负荷有关。在实验结束后的 3～4 d 内，乘员上楼时其腿部和脚部肌肉均出现疼痛，这可能是由于某些肌肉的反锻炼（detraining）所致（表 9.19）。

表 9.19　在 6 个月实验中乘员工作能力部分评价参数

参数		观察期	乘员 4	乘员 5
1		对照值	3.2 ± 0.5	3.6 ± 0.6
		实验值	3.3 ± 0.4	3.6 ± 0.7
2		对照值	141 ± 4.2	207 ± 15.5
		实验值	143 ± 5.9	194 ± 11.4
3		对照值	1 553 ± 452	1 134 ± 275
		实验值	1 665 ± 241	994 ± 663
4	4a	对照值	652 ± 28	851 ± 26
		实验值	588 ± 71	756 ± 60
	4b	对照值	0.7 ± 0.21	3.3 ± 1.53
		实验值	0.5 ± 0.32	2.3 ± 1.12
5	5a	对照值	6.7 ± 1.50	5.6 ± 0.60
		实验值	6.4 ± 1.22	7.1 ± 0.61
	5b	对照值	5.7 ± 1.75	4.3 ± 1.51
		实验值	5.4 ± 1.70	5.9 ± 1.08

注：1. 关注量，即时呈现后捕获的字符数。2. 注意力的分配和转换时间/s。3. 稳定性、注意力消耗和思维效率（通过修正表得出），条件单位（conditional units）。4. 思维过程的质量（建立起常规连接）。4a. 测试时间（s）；4b. 误差。5. 机械性记忆，被正确再现的数字。5a. 记忆后短时间再现；5b. 记忆 15 min 后再现。

在实验期间，全体乘员的身体健康处于相当好的状态。实验结束后，只用了 4～7 d 就再次适应了正常条件，而且无并发症发生。

值得一提的是实验中所记录的所谓"自主感"（autonomy feeling）。这种自主感表现为乘员具有更强的自信心、增加了他们行动的独立性、希望减少与专家磋商，并强调他们的专业知识优势，在某些情况下，这是对系统顾问的知识和经验的一种居高临下的态度。不过，这种现象有好的一面，也有不好的一面。好的一面显而易见，这里不需要特别讨论。不好的一面如下：虽然乘员实际了解系统的运行情况，并很好地执行了所有的维护程序，但其未能意识到，在任何系统的运行过程中，尤其是实验系统，为了验证假设或开发新原件等，则可能需要对其结构、构造或技术进行一些更改。这些更改会导致过程的变化，并会打乱乘员已经形成的刻板印象。

乘组人员坚信，他们的主要目标是保持系统可靠的工作条件，以使实验顺利完成。他们往往会低估研究目标。在系统内，他们逐渐失去对未来工作重要性的认识。我们认为这可能是乘员不愿意改变系统运行和实验设计的原因。

9.2.5 密闭生态系统中人与再生单元之间的气体交换平衡状态

为了使人和植物的气体交换达到平衡，则必须解决在呼吸作用和光合作用中使 CO_2 和 O_2 产量相等的复杂问题。利用光合作用来再生大气的好处之一是，CO_2 的消耗和 O_2 的释放是由一种单一过程来完成的。然而，这一过程也有其缺点。由于人和藻类的新陈代谢不同，因此它们之间所交换的 CO_2 和 O_2 可能在量上是不相称的。这是因为，人与藻类之间的气体交换系数即人的呼吸商和藻类的同化商不相等。

因此，Bios-3 实验的主要任务之一是研究可能的方法，以实现人和生物再生大气的那些光合单元之间的最佳定量互补，特别是考虑到单细胞小球藻的连续培养。只有确定人与藻类在密闭环境中的气体交换特性，才能为解决这一问题提供依据。在解决这一问题的同时，我们获得了能够计算藻类培养装置生产率的数据，这将有助于满足人的气体交换需求。

在给定的实例中，被藻类培养物吸收的 CO_2 总量、藻类向再生大气释放的 O_2 总量，以及这两个值的比率是非常重要的。这些值体现了描述以下情况的综合特征：①藻类及其伴生菌群的光合作用和呼吸作用；②营养液中所含有机物的氧化等。这些过程决定了生物系统中的功能光合效率。可以用以下参数对藻类气体交换较好地进行描述。

(1) CO_2 消耗系数：$CC_{CO_2} = CO_2^{AIQ}/C$；

(2) O_2 释放系数：$EC_{O2} = O_2^{AIQ}/C$；

(3) 同化商：$AQ = CO_2^{AIQ}/O_2^{AIQ}$。

其中，CO_2^{AIQ} 是藻类从空气中吸收的 CO_2 量；O_2^{AIQ} 是藻类培养过程中释放到空气中的 O_2 量；C 是藻类 – 细菌生物量的增加量。所有这些值都用相同的时间单位表示。

下面的平均值是通过实验来确定：$AQ = 0.89$；$CC_{CO2} = 0.976 \text{ nl} \cdot \text{g}^{-1}$；$EC_{O2} = 1.099 \text{ nl} \cdot \text{g}^{-1}$。当90%的营养液被循环利用时，这些数值则没有变化。

在生物系统中，人体气体交换是通过在一个房间中进行所有测试来确定的（Kreps et al., 1956）。最后，他们收集了实验数据，这些数据表征了密闭系统中不同活动安排下人的气体交换强度。所得到的值被用来计算呼吸商（RQ）和能量平衡的食物中的卡路里含量。在确定 RQ 和定量卡路里含量之后，就可以比较培养装置的产量和人的气体交换需求，并预测人和藻类在 CO_2 和 O_2 方面的联合气体交换平衡。计算培养装置产量的最佳方法是测量给定时间内吸收的 CO_2 量。这种方法是合理的，因为吸入空气中 CO_2 的允许波动范围要远远小于 O_2 的。换句话说，如果人与再生大气的单元之间存在定量差异，那么 CO_2 达到对人体呼吸有害的浓度比 O_2 要早得多。关于密闭系统的气体平衡特性，可将其方便地表示为系统气体交换系数（gas exchange coefficient, GEC），它表达了人的 RQ 和藻类的 AQ（或任何再生大气单元的 AQ）之间的关系：

$$GEC = \frac{RQ}{AQ} = \frac{CO_2^{HQ} \cdot O_2^{AIQ}}{O_2^{HQ} \cdot CO_2^{AIQ}} \qquad (9.1)$$

这里 CO_2^{HQ} 是人产生的 CO_2 量，而 O_2^{HQ} 是人消耗的 O_2 量。

只有在以下等式成立时，才能在气相中达到关于 O_2 和 CO_2 的系统平衡：$CO_2^{HQ} = CO_2^{AIQ}$，$O_2^{HQ} = O_2^{AIQ}$，即 $AQ = RQ$；这时 $GEC = 1$。当 GEC 偏离1时，则系统中的乘员与再生单元之间的气体交换则会存在差异。

如前所述，对培养装置的平均日产量是根据当时居住在该系统内的乘员产生的 CO_2 量来计算。随之而来的是 $CO_2^{HQ} \geq CO_2^{AIQ}$，因此只有当 $O_2^{HQ} > O_2^{AIQ}$ 时，$GEC < 1$。在这些条件下，生命保障系统大气中的 O_2 含量将降低。当 $GEC > 1$ 时，则情况相反。

可以根据藻类培养装置的生产率与乘员活动水平（乘员产生的 CO_2 量）的

关系，计算任何时间段内与 CO_2 有关的系统平衡量。当培养装置的生产率在一天内是均匀的，那么 CO_2 在密闭舱内的空气中就会积累，因为在醒着的时间里乘员高强度的体力活动会导致 CO_2^{HQ} 值超过 CO_2^{AIQ} 值。在乘员睡眠期间，这一比率会发生逆转，从而导致大气 CO_2 浓度下降。在每次实验中，这些 CO_2 的动力学均表现良好（图 9.23）。

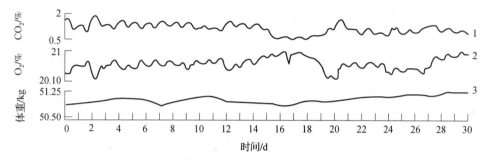

图 9.23 在 30 d 的实验中所观察到的一个人 CO_2 和 O_2 浓度以及体重的动态变化
（1—CO_2 浓度；2—绝对 O_2 浓度；3—体重）。

在第一个短期实验中，由于乘员食用比例不受控制的普通食物，因此氧含量按预料出现了下降。所取得的结果表明，需要寻找方法来修正 GEC 值，以创造 AQ = RQ 的条件。当然，只有当 AQ 减小或 RQ 增大时，这些商才会相等。另外，研究证明 AQ 取决于向藻类提供的氮营养物质的形式（Myers，1958；Meleshko，1967）。在该书中所描述的藻类利用人的液体排泄物的系统中，氮的来源是人的尿素。这一情况使我们无法通过减少 AQ 来纠正平衡的机会。为了适应人与藻类的气体交换系数，利用已知人的 RQ 对氧化性食物生化成分的依赖关系来达到气体交换平衡。

早些时候，人们注意到氧化物的组成，或者更准确地说，人摄入食物的生化成分，可以将 RQ 值改变为一个更大范围的值。然而，难点在于找到一种方法来快速而可靠地预测使用一种或另一种食物所产生的 RQ 值，并解决相反的问题，即设计一种食物来达到所期望的 RQ 值。人体排出的 CO_2 是由于所有食物的氧化而形成的。脂肪和碳水化合物代谢时所形成的 CO_2 量最大，因为用来氧化它们而被吸收的 O_2 量最多。由此得出，这些物质的被氧化量比例基本上决定了 RQ 值。

计算结果表明，所谓的非蛋白质 RQ 值直接取决于碳水化合物氧化过程中所释放的能量多少，并且用蛋白质和碳水化合物这两种有机物共同被氧化时释放的总能量的百分比来表示（Berkovich，1964）。测量结果表明，在食物中包含的碳水化合物-脂肪比例也存在类似的 RQ 依赖关系，这就大大简化了基于食物的 RQ 值和基于所期望 RQ 值的食物组成的计算。这些计算还需要知道两个容易被确定的值：食物中的总热量和食物中的蛋白质含量。在进行这些计算时，假设 RQ 只取决于碳水化合物-脂肪的比例，因为：①蛋白质在气体交换中的作用是非常小的；②当仅蛋白质被氧化时，RQ 接近 AQ；③与脂肪相比，较高的碳水化合物同化性弥补了蛋白质趋于降低 RQ 的事实。

重复实验证明，RQ 值的测量值与计算值相差不超过 1%~3%。按上述方法计算出蛋白质、脂肪和碳水化合物的比例为 1∶1.07∶3.96。该食物是乘员的主要饮食，并产生的 RQ = AQ = 0.89。此外，阐明了改进型食物 1 号和 2 号的生化组成（表 9.20）。利用改进型食物来控制再生大气中氧含量的变化方向。

表 9.20　实验中所食用食物中的成分比例

配给量	含量比值			RQ 计算值
	蛋白质	脂肪	碳水化合物	
基本食物	1	1.07	3.96	0.89
改进型食物 1 号	1	0.20	2.75	0.85
改进型食物 2 号	1	0.79	4.60	0.93
可接受的生理标准	1	0.8~0.9	2.5~4.0	—

图 9.23 显示了在一次实验过程中所记录到的 CO_2 和 O_2 浓度的动态变化值。在图 9.23 中，曲线清楚地显示了 CO_2 浓度变化的日周期性，以及 O_2 浓度与它的负相关性。因此，在生物系统空气中的氧含量是两个变量的函数：RQ 和 CO_2 浓度。由于 O_2 浓度仅取决于再生大气中的 RQ 值，因此为了掌握 O_2 浓度的特性，则对总氧含量（TOC）进行了计算。TOC 是实验中给定时刻系统空气中氧含量的总和，如果再生单元在同一时间吸收了系统空气中含有的全部 CO_2，则 O_2 含量会增加。图 9.23 中的曲线 3 表示这些计算的结果。这条曲线的轨迹说明了：

①人与光合单元之间的 O_2 和 CO_2 气体交换平衡可得以同时维持（TOC 在第 1~15 d 和第 29~30 d 的稳定性）；②在系统空气中可对氧含量的变化进行定向，这表现为 TOC 在第 16~25 d 下降，而在第 26~28 d 上升。所描述的 TOC 动态变化值是通过利用食物引出的，所产生的 RQ 值分别为：0.89、0.85 和 0.92（表 9.20）。

在 1~2 d 内首次食用改进型食物 2 号后，尽管所有乘员的 RQ 值都有所增加，但是食用改进型食物 1 号时，不同乘员的 RQ 值会在不同时间出现下降：在 2~8 d 内，而部分乘员在 16 d 后才出现了下降。在校正系统空气含氧量的方法研究中，食物中的能量不平衡引起了一些惯性。图 9.24 清楚地说明在 Bios-3 实验综合体中人的能量消耗、食物中所含的能量、RQ 值和 TOC 变化之间的依赖关系。一种正的食物能量平衡会确保 RQ 值超过 AQ 值，这反过来又引起了更高的 TOC。当食物能量平衡为负的时，情况则相反。因此，通过在生理上可接受的标准范围内控制饮食的生化成分，我们可以在密闭系统中保持大气中气体成分的平衡。

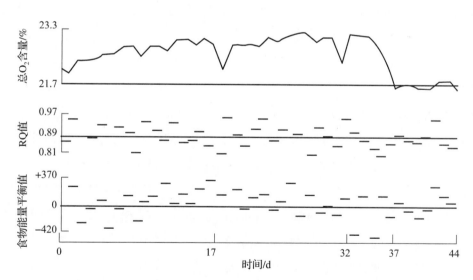

图 9.24　在密闭舱内所开展的实验中食物能量平衡值、RQ 值和总 O_2 含量之间的相互关系
（1—总氧含量（%）；2—乘员的 RQ；3—食物能量平衡值
（+）——食物所提供的能量超过乘员的能量消耗；（-）——乘员的能量消耗超过食物所提供的能量（kcal）。

9.2.6 密闭生态系统中人和居住环境中的菌群

1. 影响菌群形成的因素

当大型生物（macroorganism。在本书中是指一个人）处于正常的生理状态时，那么，在它与微生物菌群（microflora 或 microbial cenosis）之间会存在一种动态平衡，该平衡一方面是由大型生物的生理学和免疫学特性决定的，而另一方面则是由菌群的种类和数量结构以及它们的生化活性的多样性所决定的。

2. 密闭空间中人携带的菌群

随着宇航学和海洋深度及地球南北两极探索技术的发展，研究人员会面临新的挑战，而密闭空间中的菌群就是其中之一。许多研究人员报道说，在极端条件的影响下，如紧张和身体过度劳累、恶劣气候或食用特别开发的食物等，则肠道菌群的组成可被改变（Moore 和 Holdeman，1974）。在密闭空间中，人体内的肠道菌群数量会减少（Riely et al.，1966）。当生态平衡失调时，则保护机制可能会被抑制，从而可能会导致引入外来菌群，并激活始终存在于该机体中的条件性致病微生物（Tashpulatov et al.，1971）。例如，在南极大陆停留结束时，探险队成员的口腔中就滋生了大肠杆菌。

另外，航天员经过两周的飞行后，在其身上所检测到的微生物种类数量下降了50%（Taylor et al.，1973）。在长期太空飞行中，菌群的组成紊乱可能会对航天员的健康和工作能力造成不利影响（Taylor，1976；Zaloguev et al.，1971）。当人们长时间待在密闭空间里时（在长达1年的实验期间），他们的肠道菌群组成会发生显著变化，例如双歧杆菌（*Bifidobacteriuma*）和乳酸杆菌（lactic – acid bacilli）的数量减少了很多。Luckey（1966）等几位作者认为，航天员在长期太空飞行后可能会经历"微生物休克"（microbial shock）的风险。同时，在隔离条件下，各种各样的菌群以及抑制潜在致病微生物生长的能力下降，这就可能对长期太空飞行中的航天员构成严重的感染威胁。

人长期处于隔离状态时会相互传播他们的微生物群落（Prokhorov et al.，1971），而且所传播的微生物看似主要是病原菌群。南极站的工作人员经常会犯条件性致病微生物引起的肠道和其他传染病。研究发现，在苏联礼炮6号空间站上，航天员经过96～140 d的飞行后，其相互传染了致病性葡萄球菌

(*Staphylococci*),但未观察到非致病性葡萄球菌的适应情况(Shilov et al., 1979)。

在密闭空间中,微生物的相互传播引起了生物相容性的问题。条件性致病微生物可被在任何人群中进行交换,但在密闭空间中这种交换的发生频率要更高。

3. Bios-3 系统中乘员的菌群

在第 10 章,将讨论密闭生态系统中除了人及其驻地以外的菌群问题。人携带的菌群与人的关系非常密切,实际上是人的共生体(symbiont)。

这就是为什么本书作者认为在专门讨论人的一章中讨论关于人的微生物问题是合适的。本书根据在 Bios-3 系统中进行的多次长期实验过程中获得的数据阐述了人携带的菌群动力学。所开展的为期 120 d 的实验有一个重要特点,即在整个实验过程中,Bios-3 实验综合体内的大气压力比外面的要高出 5~10 mm 水柱,这就阻止了空气菌群从外部侵入。

在这一部分中,我们对利用 Bios-3 系统进行两次实验(持续时间分别为 180 d 和 120 d)的乘员肠道菌群的研究结果进行了分析。通过开展关于自主生物生态系统的实验,获得了大量关于这些系统对人肠道菌群影响的数据。通过数据分析,以证明隔离对肠道菌群的影响程度。在实验中,通过同样的方法来评估肠道微生态学的情况,并对其结果进行比较。另外,每月连续 3 天收集粪便标本以进行分析。

实验结果表明,在 180 d 的实验中,发现拟杆菌(*Bacteroides*)的数量最多,也最稳定。每克粪便中微生物的总量变化范围不大,为 9.1~10.4 个细胞。对于所谓的"中转菌群"(transit microflora),即葡萄球菌和酵母,在所分析的样品中其数量变化范围为每克 0~104 个细胞。在正常条件下,健康人的"中转菌群"也会出现这样的数量变化。尽管在某些时期肠道菌群并不稳定,并倾向于简化自身,但对所有乘员来说,1 g 样品中的微生物总量都是相对恒定的。拟杆菌最稳定且数量也最多,而葡萄球菌和酵母最不稳定且数量也最少。

在该实验中,对肠道菌群未看到任何变化,这与模拟太空飞行的密闭空间、被隔离的北极站和南极站及以前的生命保障系统等有所不同。在 4 个月的实验中未观察到肠道菌群的变化,但在 6 个月和 12 个月的实验中,则发现这些变化很明显。需要说明的是,在该实验中乳酸杆菌和双歧杆菌的数量变化很小。在上述生物结构的生命保障系统中，从第 3 个月开始，人的肠道菌群状态保持得相当稳定（图 9.25）。

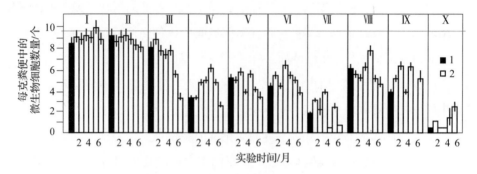

图 9.25　乘员的肠道菌群动态变化情况

（微生物种类：Ⅰ—拟杆菌；Ⅱ—双歧杆菌；Ⅲ—厌氧乳酸杆菌；Ⅳ—产气荚膜梭菌；Ⅴ—大肠产气杆菌；Ⅵ—肠球菌；Ⅶ—葡萄球菌；Ⅷ—好氧乳酸杆菌；Ⅸ—变形杆菌；Ⅹ—芽生菌

1—从其他实验获得的结果；2—从本实验获得的结果）。

4. 密闭空间和密闭生态系统的共同特征及其对菌群影响的差异

一种密闭空间（如太空飞船和轨道站上的生命保障系统、孤立的北极和南极站或物理－化学生命保障系统）的特点体现在：①与外部环境交流受到限制；②体积小；③人员队伍小型化；④微生物的储存与繁殖库缩减；⑤膳食被改变而且通常无菌；⑥个人卫生受到限制。这样所导致的结果是：肠道菌群减少、菌群交换增加，以及自身菌群（autoflora）致病菌株的数量增加。

然而，在许多方面，生物系统与密闭空间有着本质上的不同，特别是那些以高等植物作为主要环境形成单元的系统。在生物系统中，人食用在系统中再生的食物和新鲜维生素，而仅有一部分食物被以冻干的形式储存在系统中。如前所述，影响肠道菌群形成的外源性因素之一是食物（包括其质量和多样性）。生态系统包括用于微生物储存和繁殖的天然库（人工气候室）。此外，在自然栖息地中微生物生长在植物上。这里，必须说明的是，在 Bios - 3 系统中并未发现在所描述的无植物的孤立栖息地中那种菌群的负面变化。

一方面，Bios - 3 系统与这样的条件类似，即该系统与它的周围环境相隔离。为了实现这种隔离并防止在实验过程中从外部引入菌群，采取了特殊措施，即创造了限菌条件（gnotobiotic conditions）；另一方面，Bios - 3 系统又不同于上述条件，即停留在其中的人员会接触各种植物并食用其新鲜农产品。因此，一间相当小的人工气候室看似就可以确保人体肠道菌群的定期自我更新。

在半年的实验期间和之后的很长一段时间里，对乘员进行了全面的医学检查，结果既未发现他们的健康状况出现恶化，也未发现他们的生理参数与原来的状态有任何偏差。因此，可以得出以下结论，即在 Bios-3 系统中形成的居住环境足以满足人的生理学和生态学要求，从而使得健康人员可以在此生物生命保障系统中停留很长时间。

这就是我们后来要在 Bios-3 系统中进行 4 个月和 5 个月实验的缘由。医学观察采用与 6 个月实验相同的方法进行，结果也未发现实验前后乘员的健康状态有何差异。为了避免重复，这里并未引用这些实验中的相关医学检查结果。

9.3　Bios-3 系统中基于不可食植物生物量利用的 4 个月人与高等植物集成实验研究

在 Bios-3 实验综合体中，开展了 4 个月的人与高等植物的集成实验研究。该系统由两个人工气候室和一个生活区组成，总面积 94.5 m²，总容积 236 m³。在第Ⅰ阶段（共 27 d），乘组由 3 名乘员组成，以便与之前的实验进行比较。在第Ⅱ阶段（共 37 d）和第Ⅲ阶段（共 56 d），乘组由 2 名乘员组成。第Ⅱ阶段和第Ⅲ阶段的区别在于，在第Ⅲ阶段使用热催化炉来焚烧不可食植物生物量。在本实验中，密闭系统中人需要的大气仅通过高等植物的光合作用进行再生。预计该系统所生产的蔬菜部分会增加到满足人需求量的 60%~70%，或者能够满足动植物食物总需求量的 50%。

由于可食植物生物量的产量增加，因此不可食植物生物量的产量也会不可避免地增加，这样植物所消耗的 CO_2 必须超过乘员呼出的量，同时会产生乘员并不需要的过量 O_2。鉴于此，为了保障系统中的物质循环，则必须利用过剩的 O_2 将部分不可食生物量进行氧化，并将植物所需的 CO_2 返回给它们。在被引入系统的热催化炉中，通过焚烧对植物不可食生物量进行了氧化。为了更好地对密闭系统中的微生物进行隔离，利用无菌空气对该系统进行了加压，以保持系统内部的大气压比外部的大气压高出 15~30 mm 水柱。在上述实验开始时，植物并未对人的液体废物进行直接利用，因此乘员产生的液体和固体排泄物均被从系统中移走。在该系统中，其他由乘员产生的含水废物和不可食植物生物量均被就地进行干燥。将卫生废水中的机械杂质过滤掉，然后使之进入植物营养液。实验期间未进行洗衣。乘员对饮用水的要求是通过对植物的蒸腾湿气冷凝水进行吸附和蒸馏来满足的。这种冷凝水也被作为卫生用水，但未对其实施附加处理，而只是在使用前对其进行煮沸。

通过测量数百个参数，而对单元之间以及与周围环境之间的物质传递进行了监测。部分分析需要连续记录，而其他分析在整个实验中只需要记录一次。在系统内乘员进行了大量分析，而在系统外研究人员进行了大量的化学、微生物和其他分析，其中包括从回路中提取物质。

根据医学生物学团队的建议，对高等植物单元中的作物组成、每种作物占用的面积以及每种阶梯培养作物的苗龄结构等进行了筛选（Okladnikov et al.，1979）。利用高等植物的目的是满足乘员对基本素食的需求。另外，也借鉴了在之前的研究中所获取的数据，包括在人工气候室条件下不同作物的生长期、生产率、生化组成及其他行为特性。本实验中高等植物单元的基本构成如表 9.21 所示。

表 9.21　实验中高等植物单元的基本构成

作物	预期可食生物量产量 /(g·d^{-1})	栽培面积		生长期 /d	每个阶梯培养时间 /d	阶梯培养苗龄组数
		大小/m^2	占比/%			
小麦（干重）	250[a]	17.53	44.5	63	9	7
油莎果（干重）	320	13.27	33.7	90	9	10
胡萝卜	630	3.55	9.0	78	26	3
萝卜	235	1.94	4.9	26	13	2
甜菜	120	0.80	2.0	60	20	3
洋葱	120	1.0	2.5	60	20	3

续表

作物	预期可食生物量产量 /(g·d^{-1})	栽培面积 大小/m^2	栽培面积 占比/%	生长期 /d	每个阶梯培养时间 /d	阶梯培养苗龄组数
莳萝	30	—		20~30	26	3
羽衣甘蓝	30	—		20~30	20	3
马铃薯	78	1.03	2.6	78	26	3
酸叶草	30	0.88	0.2	—	—	—
黄瓜	80	0.20	0.5	60	20	3

a 2名乘员所需要的小麦籽粒为500 g·d^{-1}，因此需要的储存量为250 g·d^{-1}。

因此得出，在实验的第Ⅱ和Ⅲ阶段，每天在人工气候室中所生产的可食生物量，可为每名乘员每天提供约35 g植物蛋白、约30 g植物脂肪以及约215 g碳水化合物。此外，需要利用所储藏的小麦籽粒（125 g·d^{-1}·人$^{-1}$。最初也是在相同的人工气候室种植的），来为每名乘员每天提供17 g植物蛋白和100 g碳水化合物。这样做是由于人工气候室的面积有限所致。乘员对包括多不饱和脂肪酸等植物脂肪的要求，完全是由油莎果提供的，它也是首次被引入植物单元组成中（见第5章）。

在实验中，所采用的光照条件与前面实验中所采用的相同，即光源为6 kW的水冷氙灯（WCXL），光照强度为140~180 W·m^{-2} PAR。在Bios-3系统的两个人工气候室中，除了短暂的（1~3 h）电气工程故障外，在它们中都是24 h连续光照。此外，在对灯进行预防性的清洁和更换损坏的灯时，则通过断开20盏灯中的1盏或2盏来完成，而此时其他灯具仍在运行中。

由于小麦需要较低温度，因此把它培养在第一个人工气候室中，将温度保持在22~25 ℃范围，而油莎果需要较高温度，因此把它培养在第二个人工气候室中，将温度保持在24~28 ℃范围。另外，在实验过程中大气CO_2浓度发生了变化，但从未低于光合作用饱和点（0.3%）。将人工气候室内的大气相对湿度保持在70%~80%，这既适合于喜湿作物（如黄瓜、萝卜和甜菜），也适合于要求较低湿度的作物（如小麦和油莎果）。

利用空气地下灌溉栽培法进行小麦培养，而利用膨胀型陶土颗粒进行油莎果和蔬菜培养。矿质营养元素受 Knop 营养液的影响，而该营养液在实验中并未发生变化。为了补充随生物量被带走的植物营养元素，则每 24 h 需要补充 2~4 次营养液。为了获得 1 kg 的干生物量增量，需要加入以下量的营养元素：硝酸钾 79.0 g；磷酸 21.6 g；四水合硝酸钙 31.6 g；七水合硫酸镁 25.2 g；硝酸 38.0 g；一水合柠檬酸铁 2.0 g。微量元素硼、铜、锰、锌和钼也被以盐的形式加入，总加入量小于 1 g·1 kg 干生物量。

高等植物单元每天消耗大约 300 L 的水。来自乘员单元的水（包括居住室空调装置和干燥器的冷凝水以及厨房和卫生废水）的输入量每天约为 18 L；从外部进入系统的水（补偿用于分析而被取走的水和随人体废物被带走的水）每天为 2.5~3.0 L。在植物单元内，植物的水分需求是通过其自身的蒸腾水汽凝结来满足的。在 4 个月的密闭系统实验开始之前，花了 35 个月的时间来"预热"高等植物阶梯式栽培系统，使所有作物都处于稳定状态，并评估该装置的运行参数与设计参数之间的一致性。

确保进入系统生存能力的高等植物单元状态和效率的主要参数是气体交换效率，表现为 CO_2 的日吸收量和 O_2 日排放量，以及总生物量和可食生物量的日生产率。从理论上讲，在单元功能不变的情况下，由于采用连续（阶梯式）培养模式，因此按照最终产量进行评估的植物日平均生产率必须保持稳定。在真正的实验中，这些条件可能会偏离所设计的条件，从而影响植物的条件，并最终影响产量。应当注意的是，最终产量反映的是植物在不同生长阶段而不是在收获期生存条件出现了偏差。换言之，产量的大小给出了有关植物生长状况的延迟信息，而延迟时间取决于作物生长期的长度以及作物弥补损害的能力等。此外，所获得的可食生物量产量和日平均产量是在给定时期内素食再生单元成功或失败的直接标志。

在该系统中，总生物量和可食生物量的主要生产者是小麦和油莎果。如表 9.22 所示，在实验中小麦产量有所变化，而最明显的是在第 Ⅲ 阶段开始时，小麦可食部分的生产率比实验开始和结束阶段减少了近 40%。然而，这种减少可被解释为是在实验的第 Ⅰ 阶段对小麦幼苗生长的一些不利条件所致。

表 9.22　在实验的不同阶段小麦和油莎果的生产率比较（基于干重）

实验阶段	阶段时间 /d	产量/(g·m^{-2})		生产率/(g·m^{-2}·d^{-1})		收获指数 /%
		可食生物量	总生物量	可食生物量	总生物量	
小麦（生长期为 63 d）						
Ⅰ	27	832	2 104	13.2	33.4	39.5
Ⅱ	37	647	2 010	10.7	31.9	33.5
Ⅲ a	30	221	958	3.5	15.2	23.0
Ⅲ b	26	819	2 318	13.0	36.8	35.3
平均	120	674	1 934	10.7	30.7	34.7
油莎果（生长期为 90 d）						
Ⅰ	27	1 737	3 186	19.3	35.4	54.5
Ⅱ	37	2 448	4 005	27.2	44.5	61.1
Ⅲ	56	2 565	3 978	28.5	44.2	64.5
平均	120	2 340	3 807	26.0	42.3	61.5

对叶片色素系统的观察和植物状态的视觉评价表明，实验一开始，植物就受到经过 6 kW 水冷氙灯的耐热玻璃"护套"而随 PAR 一同进入人工气候室的长波长（大于 310 nm）紫外线辐射的抑制。值得注意的是，在系统被封闭之前，即在阶梯式栽培系统"预热"期间，处于自由通风的人工气候室中的植物不受紫外线辐射的影响。在密闭系统中，植物受到的直接紫外线的影响要小于对植物有毒的臭氧的影响，而臭氧是在紫外线辐射的作用下产生的，其浓度较在自由通风的人工气候室中要高。然而，这只是一个假设，因为研究人员并未对人工气候室大气中的臭氧浓度进行直接测量。在实验的第 10 d 到第 12 d 之间，将所有人工气候室中氙灯的"护套"都换成了材质为普通钠钙玻璃的"护套"，这样就降低了植物所接受到的紫外线辐射剂量，并将光波长限制在 325 nm。结果表明，在 10～15 d 内，油莎果和蔬菜作物的色素系统几乎完全恢复，而且它们的叶片发育得到了改善。然而，小麦并未完全恢复。因此判断，这种抑制还有其他一些原

因，这是该植物或栽培方式所特有的（小麦为空气地下灌溉栽培法，而其他作物为基于膨胀型陶土颗粒的水培法）。

导致植物生长受到抑制的一种可能的原因是大气中有毒物质的积累，这在早期的为时半年实验中已被注意到（Gitelson et al.，1975）。另外，发生过一次事故使情况变得更糟：在实验的第 24 d，一间人工气候室中的冷却系统的发动机烧坏了。而且，大气还受到一氧化碳和低氧化敏感性有机物的污染。为了清除这些污染物，打开了催化炉并使之连续工作，除了两次 3~4 d 的间隔外，则一直到实验结束。利用催化炉焚烧有机物似乎对植物（主要是蔬菜）的生长状态产生了积极影响。然而，即使在炉子被打开两周后，小麦的生长状态也未得到根本改善。进一步的观察和研究表明，抑制小麦生长的因素之一是人工气候室大气中的高 CO_2 浓度，其在第 I 阶段末与第 II 阶段初之间达到了 2%~2.3%。对此，我们假设大气中的高 CO_2 浓度导致了营养液中的 CO_2 和 HCO_3^- 含量出现增加。众所周知，重碳酸盐离子（即碳酸氢盐）能够破坏其他离子从植物根部到地上部分的运输，从而引起植物特有的萎黄病（chlorosis）。这是我们首次在 15~20 d 的实验中在小麦植株上发现的，即当它们长到 8~10 d 的时候，开始只形成黄化叶片，而其生物量几乎停止了生长。

以上这些都是在非密闭人工气候室中的常规培养条件下观察到的，其营养液的 pH 值约为 6.5，采用普通营养元素，包括铁螯合物，但 CO_2 浓度很高。实验条件无法降低系统中的大气 CO_2 浓度，因为这将涉及整个系统的减压。为了减少营养液中的 CO_2 和 HCO_3^- 积累，决定一次性注入硝酸、磷酸和硫酸的混合物来降低营养液的 pH 值。40 d 后，营养液的 pH 值被明显降低并维持在 5.6~5.3。结果，较早形成的植株变得更绿，下一个苗龄组的新小麦植株正常形成，而且并未得萎黄病。之后，直至实验结束，小麦植株一直生长正常，而且所获得的籽粒产量（819 g·m^{-2}）与实验开始时的籽粒产量（832 g·m^{-2}）基本一致。

在基于膨胀型陶土颗粒的水培条件下，尽管实验结束时油莎果和蔬菜的营养液 pH 值被保持在 6.3~6.8，但并未观察到这些作物出现了高 CO_2 浓度所导致的萎黄病现象。在整个实验过程中，首次进入密闭系统中高等植物单元的油莎果，其总生物量和可食生物量都要比小麦高产（表9.22），且油莎果产量中的可食用部分比例更高（即收获指数较高）。还应该指出，油莎果对密闭系统的特殊条件（高 CO_2 浓度及大气中的有毒物质等）表现出了很高的耐受性，而且到实验结束时，油莎果的产量不但没有减少，而且还增加了。所有这些在实验中被发现的优点，再加上油莎果的高食物价值，则表明这种作物符合密闭系统中对高等植物的主要要求。

系统中蔬菜的产量变化不像小麦那么大，因此，在表 9.23 中列出了通过实验得到的所有蔬菜作物产量的平均值。值得注意的是，胡萝卜、甜菜、黄瓜、洋葱和酸叶草等蔬菜的总生物量和可食生物量与主要作物小麦和油莎果的相比并不低。莳萝和羽衣甘蓝是胡萝卜和甜菜的伴生作物，在估计产量时它们不应被单独考虑，而应与它们所相伴的作物一起考虑。马铃薯的总生物量的生产率较高，但其可食生物量的生产率极低。其原因是连续光照阻碍了块茎的形成，而基质高温也不利于块茎的形成。此外，萝卜的生产率也相当低，我们认为这可能与作物早熟和生长期前半段期间叶片发育相对缓慢有关。

表 9.23 实验中蔬菜作物的生产率比较

作物种类	生长期/d	产量/(g·m^{-2})		总干生物量	生产率/(g·m^{-2}·d^{-1})		总干生物量	收获指数/%
		可食生物量			可食生物量			
		鲜重	干重		鲜重	干重		
甜菜[a]	60	6.97	0.94	2.35	116	15.8	39.2	40.2
胡萝卜	78	11.82	1.59	3.16	152	20.4	40.5	50.3
萝卜	30	3.9	0.23	0.68	132	7.7	22.6	34.0
洋葱	60	11.4	1.64	1.70	191	27.4	28.3	97.0
莳萝[b]	78（30）	1.07	0.11	0.12	14	1.5	1.6	95.0
羽衣甘蓝[b]	60（20）	3.84	0.29	0.30	64	4.9	5.0	97.0
黄瓜	60	23.10	0.93	2.64	385	15.5	44.0	35.0
马铃薯	78	2.35	0.37	5.40	30	4.8	69.2	6.9
酸叶草	60	30.90	3.22	4.12	515	53.8	68.7	78.9

[a] 不带茎叶的可食甜菜生物量；

[b] 莳萝作为伴生作物被播种在胡萝卜行列之间，而羽衣甘蓝被播种在甜菜行列之间。

与早期实验（Gitelson et al.，1975）相比，系统中甜菜、胡萝卜和萝卜的产量均保持在同一水平，而蔬菜作物除莳萝外其产量还有所提高。在蔬菜作物的生物量产量中，其可食生物量的占比均较高，但对乘员的食物贡献不大，因为它们的生物量含有大量水分，而碳水化合物（尤其是淀粉）的含量很少。因此，在高等植物单元结构中占主导地位的作物是那些收获指数相当低但能再生大量碳水化合物的作物，因为碳水化合物在重量上是构成食物的主要部分。

表 9.24 中所列的数据，可以提供关于每种作物对可食和不可食生物量合成及对系统气体交换等实际贡献的基本情况。值得注意的是，除了马铃薯以外，每一种作物的日可食生物量产量都接近计划产量，参见表 9.21。仅这一事实表明，在"乘员—高等植物"二元密闭系统中的植物生长条件与在系统外运行的人工气候室中的植物生长条件相似。

表 9.24 Bios-3 系统人工气候室中植物生物量的日平均产量

作物种类	栽培面积/m^2	占总面积比例/%	可食生物量产量			总生物量产量	
			鲜重/$(g \cdot d^{-1})$	干重/$(g \cdot d^{-1})$	占总可食生物量干重比例/%	干重/$(g \cdot d^{-1})$	占总生物量干重比例/%
小麦	17.53	44.5	—	186.7	27.4	538.1	37.3
油莎果	13.27	33.7	—	345.6	50.7	561.8	39.0
甜菜	0.80	2.0	93[a]	12.6	1.8	31.3	2.2
胡萝卜	3.55	9.0	538	72.3	10.6	143.8	10.0
萝卜	1.94	5.0	275	14.9	2.2	43.8	3.0
洋葱	1.00	2.5	191	27.4	4.0	28.3	2.0
莳萝	—	—	49	5.2	0.8	5.5	0.4
羽衣甘蓝	—	—	51	3.9	0.6	4.0	0.3
黄瓜	0.20	0.5	77	3.1	0.5	8.8	0.6
马铃薯	1.03	2.6	31	4.9	0.7	71.3	4.9
酸叶草	0.08	0.2	41	4.3	0.6	5.5	0.4
总计	39.40	100.0	1 328[b]	681.1	100.0	1 441.2	100.0

[a] 不带茎叶的可食甜菜生物量；

[b] 总计只包括蔬菜。

在实验中，虽然油莎果所占的栽培面积比小麦要小，但是它所提供的生物量总量，尤其是可食生物量的比例却最大。小麦的栽培面积占44.5%，但产量仅占总生物量的37.3%，并仅占可食干生物量的27.4%。然而，我们必须记住，由于上述原因，小麦在实验的第Ⅰ阶段受到了损害而导致其减产，因此小麦的潜力未能得到发挥。蔬菜作物总共占21.8%的栽培面积，其可食干生物量占21.9%，而总生物量占23.7%。因此，尽管每种蔬菜作物的生产率不同，但这组植物总体上达到了高等植物单元中生物量生产和气体交换能力的平均水平。

Trubachev等（1979）对所有作物可食用部分的生化组成进行了定期分析，包括总碳水化合物及其比例、蛋白质、氨基酸、脂肪和脂肪酸、维生素及矿物质成分等。在本实验中，所生产的可食用部分的大部分参数与在大田中种植的同种作物的相差并不大。不过，令人担忧的是部分作物中镍、铬、钛和铝等微量元素的含量出现增加。它们并未被从外部引进，因此其应该来自结构材料、不锈钢和膨胀型陶土颗粒。在实验期间，一定作物可食生物量中的某些元素（如钛、钒、铝）其数量增加了几十倍，但仍在允许的限度内。

表9.25显示了在实验的第Ⅲ阶段，当在具有2名乘员、2个人工气候室和用于焚烧密闭系统中不可食生物量的热催化炉进行"满额"（full complement）运行时，向乘员提供所再生素食的程度。表9.25给出了两组值：第一组值是由植物再生的全部可食生物量；第二组值是由乘员实际消费的可食生物量；第二组值自然比第一组值要略低，因为部分生物量被用作分析用的样品，而更重要的是，一些产品的产量超过了所需要的膳食标准。高等植物单元的生产率足以完全满足乘员对植物蛋白质和脂肪、必需脂肪酸、抗坏血酸（维生素C）和胡萝卜素的需求。在该系统中所再生的蔬菜产品的总重量为616 g·d^{-1}，或达到乘员需求量的65%。如前所述，根据实验计划，由于人工气候室的种植面积有限，因此系统中只能再生一部分碳水化合物。

Trabachev等（1979）报道说，在该系统中生产的蔬菜产品完全满足乘员对食品矿物成分如磷、镁、铁、锌、锰和铜的要求，满足乘员对钾、硫和钼等60%~70%的要求，对钙40%的需求以及对钠不到1%的需求，其他膳食矿物质由冻干食品和被储存的食盐提供。

表 9.25 在密闭系统实验第Ⅲ阶段向乘组提供植物所生产的食物情况（Trubachev, et al., 1979）

食物成分	乘员生理需求量 /(g·d^{-1})	供给占需求的百分比/%	
		植物生产量	乘员消耗量
蛋白质	165.0	44.9	32.1
碳水化合物	826.0	53.4	38.3
单糖和二糖	92.0	85.2	53.3
脂肪	165.0	61.6	43.8
包括多不饱和氨基酸	7.3	147.9	110.9
有机酸	3.7	394.6	208.1
维生素/(mg·d^{-1})			
抗坏血酸	110.0	175.4	88.4
维生素 B$_1$	3.2	68.8	50.0
维生素 B$_2$	4.0	57.5	35.0
胡萝卜素	7.3	578.1	269.9

来自人工气候室的蒸腾湿气冷凝水被用作饮用水和卫生用水源。在人工气候室的大气冷却系统上形成的冷凝水类似于蒸馏水（总矿化量为 0~1 mg·L^{-1}，高锰酸盐氧化量为 2~3 mg O$_2$·L^{-1}）。该冷凝水再通过一台含有活性炭和特选离子交换剂（ionite，也称富硅高岭石）柱的装置来净化，然后经过灭菌（煮沸 15 min），并经过轻微的矿化处理而使其符合饮用水标准。

在人工气候室冷却系统中形成的冷凝水与上述情况不同，即其矿化和高锰酸盐氧化的程度有所提高。对该蒸馏水蒸煮了 5 min 后，将其用在乘员居住室，以在厨房洗餐具和蔬菜，并使之用于冲洗厕所和进行湿法清洁。这种冷凝水大多留在人工气候室中，以弥补被植物蒸发掉的水分。除了厕所和厨房废水外，人工气候室还接收到系统的其他冷凝水，如来自不可食生物量的干燥器和乘员居住室的空调设备等。

通过第Ⅲ阶段实验的例子，在图 9.26 中对单元之间以及单元与周围环境之间的水交换进行了简要说明。乘员每日的平均需水量主要来自系统内水源

（14.45 L），而只有 0.42 L·d^{-1} 来自外界（食物中的束缚水和卫生材料中的水），即系统内的水源满足了乘员 97.2% 的用水需求。

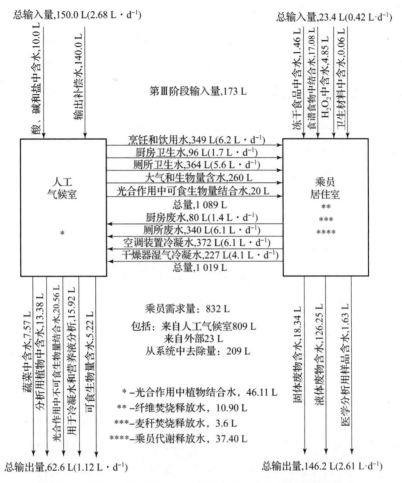

图 9.26　Bios-3 系统中实验第Ⅲ阶段系统内外的水交换情况

每天从系统中的人体废物及供样品分析用等而取走的水量为 3.73 L。另外，每天随食品、卫生材料、植物用盐和清洁水等进入系统的水输入量为 3.10 L，以代替不同的输出量。针对系统内的水交换不平衡程度，根据被取走的水量与被乘员消耗的水量之比来进行估算，结果为 25.1%，即系统中的水闭合度 R 为 100% - 25.1% = 74.9%。需要指出的是，超过一半的不平衡量是由系统中未被利用的液体废物造成的，该液体废物量为 2.25 L·d^{-1}，占到每天总输出水量（3.73 L·d^{-1}）的约 60.3%。

在实验中,利用从系统中的 CO_2 浓度分析中获得的数据对高等植物单元的气体交换能力进行估算(图 9.27,曲线 1)。在进行上述估算时,需要考虑到乘员每天吸入的 CO_2 平均量、由于该系统的不完全密闭而造成的损失,以及在实验的第Ⅲ阶段由于植物生物量焚烧而产生的 CO_2。利用滑动曲线(sliding curve)法,将被处理的植物日 CO_2 同化量的计算值(体积为升,且不将其调整为 0 ℃ 和常压)绘制在图 9.27(曲线 2)。

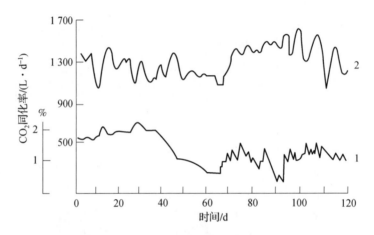

图 9.27 密闭系统大气中 CO_2 的体积百分比含量 1 及植物对 CO_2 的同化率 2

在实验开始时,植物对 CO_2 的日同化量为 1 350~1 450 L,而 3 名乘员每天吸收的 CO_2 量为 1 368 L。这样的植物气体交换速率足以保证该系统的持续存在。然而,植物的光合作用器官受到紫外线和臭氧的破坏,因此植物对 CO_2 的同化作用逐渐减弱,从而导致大气中的 CO_2 浓度上升到 2.0%~2.2%。通过降低氙灯的辐射通量中紫外线辐射的比例,则恢复了对 CO_2 同化量,但由于上述诸多原因,小麦的状况仍不令人满意,而且高等植物单元的气体交换能力逐渐从 1 400~1 350 $L \cdot d^{-1}$ 降至 1 200~1 150 $L \cdot d^{-1}$,而这种情况一直持续到实验的第三个月初。第 28 d 之后,在系统中只留有两名乘员。其 CO_2 日平均排放量为 1 125 L,即小于被植株同化的量,所以系统大气中的 CO_2 浓度被逐渐降低到 0.64%(图 9.27,曲线 1)。随着大气中 CO_2 浓度逐渐降低及小麦同化器官明显改善,则有可能在新的阶段开启气体交换研究,即对植物生物量进行焚烧,以弥补乘员的 CO_2 排放量与植物的 CO_2 同化量之间的差异。

在实验的第 65 d，用于焚烧植物生物量的热催化炉（见 9.1 节）被首次投入使用。为了评估该催化炉的有机物氧化能力，乘员首先燃烧了储存的纯纤维素，以使之用来模拟秸秆。从第 65 d 到第 76 d，每间隔 2~3 d 焚烧一次，每天焚烧 600~2 000 g 纤维素，结果证明运行中的热催化炉并未污染大气、能够完全氧化有机物，并为植物提供了其所需的额外 CO_2。在此期间，植物对 CO_2 的同化（图 9.27，曲线 2）达到了 1 400~1 500 $L \cdot d^{-1}$ 这样相当高的水平，而且植物的表观状态良好。在第 78~80 d，所焚烧的干麦秸重量分别为 500 $g \cdot d^{-1}$、400 $g \cdot d^{-1}$ 及 300 $g \cdot d^{-1}$。由于含氮秸秆组分得到氧化，因此大气中二氧化氮（NO_2）浓度短暂升高，并一度达到 0.5~0.6 $mg \cdot m^{-3}$。尽管系统内大气 NO_2 的浓度达到了对于人所允许的最高浓度，但植物的反应却是叶尖变黄，然后干枯。事实证明，胡萝卜和小萝卜对 NO_2 最敏感，但所观察到的损害并非致命。

在停止秸秆焚烧后（但纤维素焚烧仍在继续进行），植物则逐渐恢复了其 CO_2 同化率。从图 9.27（曲线 2）中可以清楚地看到，小部分秸秆焚烧所产生的 NO_2 对植物造成的损害具有可逆性，其中植物对 CO_2 的吸收曲线有几处出现下降，这与秸秆被焚烧的天数（第 93 d、第 95 d、第 99 d、第 101 d、第 109 d、第 115 d）相对应，而在间隔期间逐渐恢复了气体交换功能。

在实验的最后 55 d 中，总共焚烧了 19.69 kg 纤维素和 6.42 kg 稻草。由于植物会中毒，因此在该系统中定期焚烧所需数量的秸秆被证明是不可能的。鉴于此，首先，必须开发一种能够显著降低甚至防止氮氧化物（也可能包括硫氧化物）释放到系统大气中的植物生物量氧化技术；其次，最好针对不同作物找到其对来自不可食植物生物量焚烧所释放的最大允许的有毒氧化物浓度。

总体而言，在该密闭系统中高等植物单元的气体交换能力很强，因此足以在整个实验过程中实现大气再生。尽管与规定的生长条件存在一定偏差，但在实验的最后 40~50 d 内，植物对 CO_2 的吸收较实验开始时要高。这表明，当与乘员单元的气体交换和所要研究的被引入设备单元相结合时，则高等植物单元进行正常的气体交换是可行的。

然而，需要记住的是，人与植物气体交换的 CO_2/O_2 比例并不相同。人在气体交换过程中产生的 CO_2 与消耗的 O_2 之比（呼吸商）通常低于植物消耗的 CO_2

与产生 O_2 之比（同化商）。这种差异主要是由于植物总生物量中脂肪含量较高造成的。正如 Trubachev 等（1979）所报道的，在实验期间乘员的呼吸商为 0.871，而同时期植物的同化商为 0.928。值得注意的是，在实验的第Ⅲ阶段，焚烧秸秆（和纤维素）以将"人+炉"单元的"呼吸"商提高到 0.903，因为该催化炉的"呼吸"商为 1.004。在该密闭系统中，O_2 和 CO_2 之间的不平衡可以通过以下方式避免：①略微降低植物的同化商；②引入更多的产脂肪植物（包括油莎果和大豆等）；③在允许限制范围内减少乘员对脂肪（基本上是动物脂肪）的消耗，从而增加人的呼吸商。例如，假设在实验的第Ⅲ阶段，将每名乘组人员的日脂肪消耗量从 92.7 g 减少到 70 g（通过每日将 55 g 的碳水化合物引入膳食中，其热量含量相当于 22.7 g 脂肪），则"人+炉"单元的"呼吸"熵将从 0.903 增加到 0.921，这样它就与植物的同化商几乎相同。

在该密闭系统中，气体交换的基本特征之一是大气中是否存在微量有毒成分。系统的每一个独立单元，包括人、植物和技术装置都在不断地向大气中释放各种挥发性物质（包括一氧化碳、氨、乙烯、乙醇等），这些挥发性物质会在密闭空间中逐渐积累。然而，我们的研究表明，在一个包含所有这些单元的生物物质循环系统中，未发现大气中微量成分呈现稳定积累（图 9.28）。在该密闭系统的大气中，一氧化碳、氨、二氧化硫、乙酸和其他一些杂质的含量围绕某个平均水平上下波动，但在人体所允许的浓度范围内（Okladnikov et al.，1979）。

系统中的这些物质可被通过以下途径进行消除：①系统中的非生物成分（如人工气候室冷却系统的水以及根部的膨胀型陶土颗粒）的吸附；②正在生长的植物和相关微生物菌群的吸收与降解；③催化炉的焚烧氧化，在实验的第Ⅲ阶段被投入运行。

研究人员试图辨别过密闭系统（未包含催化炉）中非生物组分和生物组分对大气中微量组分吸收的影响（Rygalov et al.，1995；Rygalov，1996）。他们指出，在一次性将微量有害气体输入系统的情况下，生物组分比非生物组分能更快地将其从大气中吸收，而且生物组分的吸收效率更高且往往是不可逆的。这些微量有害气体想必是被植物和/或微生物所降解甚至利用的，即密闭生态系统可以通过生物组分去除大气微量有害气体来净化自身。

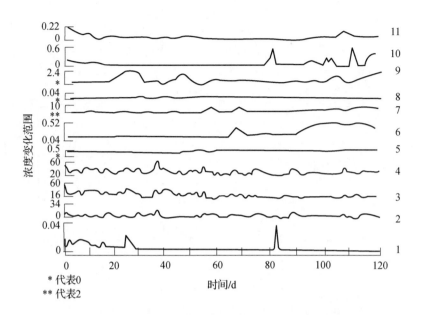

图 9.28　乘员居住室空气中有毒气体含量动态学变化情况

(1——氧化碳（mg·L^{-1}）；2—具有高氧化敏感性的总有机物（O_2 mg·m^{-3}）；
3—具有低氧化敏感性的总有机物（O_2 mg·m^{-3}）；4—总有机物（O_2 mg·m^{-3}）；5—氨（mg·m^{-3}）；
6—乙醛（mg·m^{-3}）；7—乙醇（mg·m^{-3}）；8—二氧化硫（mg·m^{-3}）；9—乙酸（mg·m^{-3}）；
10—二氧化氮（mg·m^{-3}）；11—硫化氢（mg·m^{-3}））。

在第Ⅲ阶段，包括生物量焚烧在内的所有单元相互作用时，系统质量交换的综合定量特征框架如图 9.29 所示。应当明确指出的是，该方案仅提供直接参与生物交换过程的物质数量的单元和系统输入量和输出量。例如，在开始进行实验之前，应先在 Bios－3 中储存一些在该方案中被指定为输入的物质（冻干食品、食盐、卫生材料和植物的矿质营养成分等），而同时，将不可食用生物量等被指定为输出的物质储存在系统中，以代替被消耗的"输入"食物。该方案还省略了对氧气、氮气和水蒸气进行通风联动换气，因为这些气体的质量超过了人能直接消耗的量。这样，就可以解释为什么乘员单元（乘员居住室）的水输入量比这个单元的水输出量要多出约 4.5 L·d^{-1}。这种差异是由被忽视的蒸发水所造成的，该蒸发水随着空气从乘员单元流向人工气候室。

将各单元的输入量和输出量参数相加，可知乘员单元每天接收到的由植物再生的物质输入量为 18 361 g，而从"外界"接收到的物质输入量为 829 g。因此，

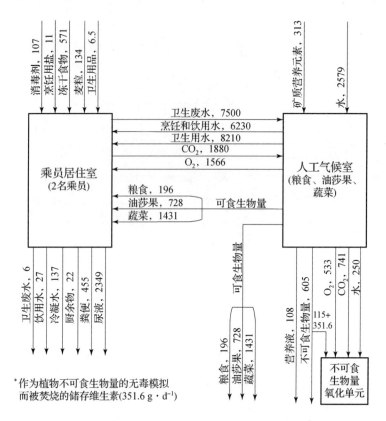

图 9.29 Bios-3 系统"人-高等植物"二元集成实验中物质的日平均输入量和输出量比较（单位：g）

95.7% 的乘员需求量被系统内再生的物质所满足。人工气候室中的植物每天从乘员和催化炉获得 10 371 g 的各种物质，即来源自系统内部，而每天来自"外部"的输入量是 2 892 g。因此，只有 78.2% 的植物需求量是由系统内提供的。为什么要从外部向人工气候室引入大量物质（主要是水）的主要原因，是必须补偿从乘员单元中被排走的所有尿液（2 349 g·d^{-1}）。如果开发出了利用系统内所有尿液的方法，那么系统中的物质源就能够满足高达 95.5% 的植物需求量，而且整个物质循环闭合度可得到显著提高。

在各个实验阶段，乘员的日平均需求量和整个系统对外界物质的需求量的定量参数如表 9.26 所示。表 9.26 还包括生物物质循环的闭合度（closure index，Rs），其作为所有乘员的总需求量 M 与系统对外源总需求量 m 的百分比差值，即用等式表达为 $[(M-m)/M] \times 100\%$。研究表明，在实验的各个阶段，系统的闭合度都不高，为77.7%~80.6%，这主要是由于投入了大量的水来补偿系统中被清除的乘员液体排泄物和用于分析的系统液体消耗量。

表9.26 在实验不同阶段对乘员和生命保障系统的日需求量 单位：（g）

乘员需求量	实验阶段		
	I	II	III
冻干食品	727.0	587.0	571.0
系统内生产的蔬菜、粮食和油莎果	1 781.0	2 241.0	2 355.0
系统内生产的粮食（干重）	280.0	193.0	134.0
氧气	2 025.0	1 675.0	1 566.0
烹饪和饮用水	7 630.0	5 000.0	6 230.0
卫生用水	11 407.0	7 030.0	8 210.0
卫生材料	9.8	6.5	6.5
消毒剂	183.0	113.0	107.0
食用盐	16.6	12.2	11.0
总计	24 059.0	16 857.7	19 190.5
系统需求量	实验阶段		
	I	II	III
冻干食品	727.0	587.0	571.0
系统外生产的粮食（干重）	280.0	193.0	134.0
植物营养液配制用盐和酸	293.0	332.0	313.0
外部水（代替被取走而供分析用的尿液和样品）	3 705.0	2 518.0	2 579.0
卫生材料	9.8	6.5	6.5
消毒剂	183.0	113.0	107.0
食盐	16.6	12.2	11.0
饮用水净化用吸附剂	2.7	2.7	2.7
总计	5 217.1	3 764.4	3 724.2
系统闭合度/%	78.3	77.7	80.6

综上所述，首先需要注意的是，在整个实验过程中，乘员的物质交换特性、生理与心理状况（在9.2节对其研究结果已进行过详细介绍）均保持在正常范围内。在4个月实验结束后的许多年中也未观察到参加实验的乘员出现不良反应。

高等植物作为物质再生的基本单元，承担着绝大部分的预定功能。植物满足了乘员对氧气、饮用水、卫生用水、各种蔬菜食品以及部分粮食产品的所有需求量。植物利用了乘员产生的所有二氧化碳，并利用了在焚烧部分不可食生物量的过程中释放的二氧化碳，以及卫生废水；它们有助于在人可接受的安全范围内稳定大气微量组分。由于系统中出现了技术故障（引起紫外线辐射）或在系统中焚烧秸秆时一并释放出有毒氧化物，因此植物遭遇了损害，但随后表现出相当快的光合同化率的恢复能力。

应该指出的是，在进行实验中遇到的某些困难与首先被引入密闭系统而用于焚烧不可食植物生物量的热催化炉单元的运行有关。焚烧过程中释放到大气中的有毒物质降低了植物的光合同化率，从而导致大气中CO_2逐渐积累，这样就限制了进一步焚烧不可食生物量的可能性。因此，下面应改进用于生物量热焚烧的技术和设备，或者开发生物量氧化的其他方法（如"湿式"氧化或"生物"氧化等）。

由于采取了特殊措施而降低了外来菌群进入系统的概率，因此乘员和高等植物单元之间的菌群逐渐趋于稳定（Pankova et al.，1979）。然而，现在就提出在系统的不同结构中有意形成微生物菌群的可能性还为时过早。还应该指出的是，菌群可以自发适应密闭系统中任何单元的生活条件，因为它们正被优化。

总的来说，该实验表明，在自我调节密闭系统的条件下，就生物交换过程的速率和方向而言，在人与高等植物单元之间达成相当稳定的一致性是可行的；在交换过程中存在的一些不一致之处可以通过使用物理－化学再生单元来予以纠正。在为期四个月的实验中，对密闭系统的研究显示，人的完整生命保障所需的预先储存物质有可能被减少78%~80%，并提出了进一步完善包括人的密闭生态系统的途径和可能性。

9.4 两个人 5 个月生命保障系统集成实验：素食完全再生及植物对人体尿液的即时利用可行性研究

利用"人-高等植物"二元系统的实验结果，为解决在 Bios-3 系统中出现的新问题奠定了基础。该实验的主要目标如下。

（1）将密闭系统中人的食物再生率提高到总食物需求量的 75%~80%，即再生人膳食中的全部植物部分。

（2）通过利用系统内人体液体废物，使生态系统中水循环的闭合度达到 100%。

为了实现这些目标，必须对 Bios-3 系统进行一些更改。例如，在先前被微藻培养装置占据的隔间里建立第三个人工气候室。因此，将保障 2 名乘员的植物占地面积由前一次实验的 39.4 m^2 增加到这次实验的 63 m^2。

为了降低系统中不可食生物量焚烧所释放气体的毒性，开发了一种新的焚烧技术，因此减少了氮氧化物向大气中的释放量。另外，制造了一台新的装置（名为热催化转化器，thermocatalytic converter），在其中串联安置了三种催化剂。该生物量焚烧新技术的主要特点是：在处理过程的第一阶段，所使用的空气量不足以使生物量完全氧化，而且大部分有机氮被氧化成分子态，但并不是有毒氧化物。在第Ⅱ阶段和第Ⅲ阶段，燃烧产物在催化剂的作用下被充足空气完全氧化。当气体在洗涤器中被用水洗涤时，其中所含有的少量氮氧化物产物则几乎完全被收集，从而结束了生物量的焚烧过程。在 Bios-3 系统中所进行的秸秆焚烧对照实验表明，秸秆中的全部氮有 0.2% 以氮氧化物的形式被释放到大气中，而有 99.8% 的氮以分子态氮的形式被释放到大气中。焚化 1 h 后，大气中已没有氮氧化物；它们已溶解在蒸腾湿气冷凝水和植物营养液中。另外，它们也被植物吸收，并对它们产生了不利影响，这在随后涉及人的长期实验过程中变得很明显。

为了提高系统中水的闭合度，首次将乘员的固体排泄物在专门设计的干燥机中进行干燥，而该干燥机被配有用于去除空气中有机污染物的催化剂。将固体排泄物放入一个容积为 1 L 的可互换圆筒中，在 100 ℃ 的温度下干燥 3 d。之后，将挥发性污染物在 600 ℃ 的温度下进行催化氧化。待冷却之后，则将空气排入人工气候室，结果未观察到被排入的气体对植物生长产生了不利影响。干燥机符合卫生标准，将被干燥的固体排泄物从系统中带走。同样是为了增加系统中的水闭合度，将人体液体废物直接用于种植植物。这需要对小麦栽培技术进行改进，下面会对其进行讨论。

为了在系统中给乘员的膳食再生更多的素食部分，在本实验中，改变了高等植物单元的结构，以增加主食即粮食的数量，并形成更加多样化和最佳营养的膳食。为了增加粮食产量，启用了第三个人工气候室，以扩大小麦种植面积。通过引进豌豆、番茄和球茎甘蓝等之前从未在这类系统中被种植过的作物，从而获得更加丰富的膳食种类。与此同时，将羽衣甘蓝和酸叶草排除在外，因为甜菜、莳萝、洋葱和结球甘蓝能够为乘员提供充足的沙拉蔬菜。根据乘员的额定食物和在密闭系统中再生特殊植物产品的可行性，设计了高等植物单元的构成，其中共包括 12 种作物，每种作物均占据一定面积（表 9.27）。

表 9.27　两人乘组中高等植物单元构成的相关参数计算结果

作物产品	每日乘员需求量 /g	预期作物生产率 /($g \cdot m^{-2} \cdot d^{-1}$)	种植面积 /m^2
小麦种子（干重）	520	13	40.0
油莎果小块茎（干重）	234	26	9.0
豌豆种子（干重）	52	13	4.0
胡萝卜根（鲜重）	220	160	1.4
萝卜根（鲜重）	110	125	0.9
甜菜根（鲜重）	105	120	0.9
甜菜叶（鲜重）	25	50	—
球茎甘蓝叶（鲜重）	40	50	—
球茎甘蓝茎（鲜重）	140	130	1.1
洋葱球茎（鲜重）	120	170	0.7
莳萝绿色部分（鲜重）	20	30	—

续表

作物产品	每日乘员需求量 /g	预期作物生产率 /(g·m^{-2}·d^{-1})	种植面积 /m^2
番茄果实（鲜重）	150	110	1.4
黄瓜果实（鲜重）	100	250	0.4
马铃薯块茎（鲜重）	250	80	3.2
合计	—	—	63.0

基于这种构成的正常运行的高等植物单元是为 2 名乘员提供几乎所有必需的碳水化合物、植物蛋白、脂肪和维生素，同时再生大气和水。像番茄、马铃薯、豌豆和黄瓜等作物也可作为有毒污染物污染大气的实时指标，这些有毒污染物是由于定期焚烧部分不可食生物量以维持氮和其他部分生物元素的循环而形成的。

由于将播种面积的很大一部分（2/3）分配给了小麦，因此选择该作物来行驶利用乘员液体排泄物的功能。小麦与其他作物相比有如下优点。首先，与油莎果和马铃薯的块茎以及胡萝卜和甜菜的根等不同，这种植物的可食用部分（籽粒），并不接触添加到其中的营养液和人体液体废物。这样，就消除了一些反对使用原生尿液作为粮食作物营养液成分的客观和主观论点。其次，营养液中氯化钠的浓度越高，则小麦不可食生物量（占总生物量的60%）从溶液中吸收该成分的比例就越高。因此，随液体排泄物一起进入营养液的氯化钠，其在营养液中的积累以及其随不可食生物量的去除可以达到动态平衡，从而避免经常随尿液从人体内排出但植物并不需要的钠离子和氯离子在溶液中无限制积累。原生尿液不仅为植物提供氯化钠，还以尿素和其他化合物的形式为植物提供氮和其他营养物质（与氯化钠处于混合状态）。另外，尿液中含有大量的微量成分（如激素和酶等），如果将尿液加入植物营养液中，其作用很难预测。这就是为什么在进行密闭系统实验之前，首先进行了一系列初步研究。

在以前的进人实验中，并未将人体液体废物用作高等植物的水、氮和其他部分元素的来源。在营养液中，分别加入尿素和氯化钠这两种液体排泄物的基本组分，所产生的实验结果如下：①用尿素代替全部硝态氮，会使植株生长状态恶化，并导致产量下降；②尿素氮对全氮养分的可接受比例为70%~75%。因此，在氯化钠浓度为 2 g·L^{-1}，且在尿素氮养分条件下（占总氮量的70%），并未发现植物生长状况恶化或产量下降的情况。

在连续小麦培养的实验中，每天向营养液中加入 12 g 氯化钠（相当于一个人每天排出的氯化钠），以生产 0.7 kg 的生物量而满足一人每天对氧气的需求量。在整个 27 d 的实验过程中，营养液中的氯化钠浓度被保持在 2 g·L^{-1}。以上结果表明，氯化钠的输入量与其随被收获生物量的去除量之间达到了平衡，而且植物能够耐受这样的氯盐化（chloride salinization）水平。另外，实验中发现在植物总生物量中氯化钠的含量出现了升高（1.2%~1.5%）。

由于受到在营养液中添加尿素和氯化钠而获得的良好实验结果的鼓舞，我们在相同的条件下，使用含有等量氯化钠和尿素的原生尿液进行了一系列实验。最终证明，这些实验的结果是阴性的。在随后的实验中，我们采用了将液体排泄物添加到营养液的不同程序（分批添加，一天 2~3 次），并改变了应用矿质养分的方法：与前 36 d 在矿质营养液中种植小麦及之后在纯水中种植小麦不同（与之前的密闭系统实验一样），在该实验中，植物在其整个生长期都是被在营养液中栽培。在这样的生长条件下，进入成熟期的植株会有更多机会从营养液中被动吸收盐分。在开放系统中的人工气候室中，进行了两次小麦的长期阶梯培养实验（150 d 和 190 d）。结果表明，如果将一个人每天的尿液添加到种植 16~18 m^2 小麦所需的 200~250 L 营养液中，则每天能够合成 600~700 g 干小麦生物量，因此说明将原生尿液引入营养液中不会导致小麦产量显著下降。在所设计的实验中，通过将 40 m^2 的小麦种植面积纳入高等植物单元，则可以对两名乘员的液体排泄物实现完全利用。在上述长期实验中，营养液中的氯化钠浓度达到 1.5~2 0 g·L^{-1}，并稳定在此范围内。小麦总生物量中的氯化钠含量达到 1.3%，而且其每天随 0.7 kg 生物量被去除的总量与每天由一个人体液体废物所提供的总量大致相同。因此，在"人－高等植物"二元密闭系统中，我们找到了一种植物直接利用人体液体废物的方法，这为大幅提高水循环闭合度从而显著提高系统的总闭合度提供了前提条件。

与之前在密闭系统中开展的实验（9.3 节）相比，在本实验中对高等植物单元的整体结构及其运行条件进行了改变，主要体现在以下三方面。

(1) 在系统中为每个人增加再生素食的数量，并通过引入更多种类的产品（如番茄果实以及绿色和成熟豌豆）来提高其质量。

(2) 通过高等植物（小麦）直接利用人体液体废物而将其纳入生物循环，从而增加水循环的闭合度。

获取各种测试对象，以便对大气中对植物有害的污染物的发生情况及其对植物的影响程度进行图像监测。

高等植物单元运行的其他条件已在早期实验中得到测试和证实。所有植株均在 6 kW 氙灯的照射下生长，在第一人工气候室和第二人工气候室中光照强度为 130~170 $W \cdot m^{-2}$ PAR，而在第三人工气候室中为 120~140 $W \cdot m^{-2}$ PAR。除了马铃薯和结球甘蓝每天被遮阴 8 h 且在 16 h（亮）/8 h（暗）的光周期下生长外，所有其他作物均被连续照射。人工气候室内的大气温度被保持在 22~24 ℃，而大气湿度被保持在 70%~80%。在实验过程中，大气 CO_2 浓度在 0.5%~1.8% 波动。采用空气地下灌溉法栽培小麦，而对油莎果和所有蔬菜作物则都利用膨胀型陶土颗粒进行水培。

实验开始时，采用 Knop 营养液。每天对其进行 2~4 次校正，以补充被植物吸收的元素。添加物中所包含的盐和酸的量如下（以 1 kg 干重生物量中所含的矿物质计算）：硝酸钾—79.0 g；磷酸—21.6 g；四水合硝酸钙—31.6 g；七水合硫酸镁—25.2 g；硝酸—38.0 g；一水合柠檬酸铁—2.0 g。此外，在盐中还添加了硼、铜、锰、锌、钼等微量元素，每 1 kg 干生物量中少于 1 g。由于经过了这样的校正，因此营养液中的元素浓度可被保持在规定的水平，而且 pH 值可被保持在 5.8~6.5 的范围内。

如果系统中高等植物单元的生产率处于稳定状态，则可根据计算结果而无须进行化学检验来对营养液成分进行校正。然而，在真正实验中，必须定期抽取营养液样品进行分析，其原因主要有两个：①植物生产率和收获成分可能会变化；②可能会将原生尿液添加到小麦营养液中，其元素组成会在一定范围内发生变化。在所述实验中，每周测量一次小麦营养液中的大量元素浓度，并每两周测量一次蔬菜中的大量元素浓度。在整个实验过程中，对微量元素浓度进行两次测量。根据分析结果，如需要时进行再校正。

在包括人在内的密闭系统中，植物从以下来源获得水：人工气候室中蒸腾湿气冷凝水；乘员居住室中由人所散发的水分；淋浴和洗涤等产生的卫生废水（经粗过滤后）；人的液体排泄物作为小麦的额外水源。

在系统被封闭前第27 d，开始进行作物阶梯式栽培的准备工作。根据阶梯式栽培时间表来种植蔬菜作物。小麦被一次性播种的面积为20 m^2，占其总种植面积的½。其目的是影响系统中光合作用气体的交换，直到计划开发的小麦阶梯式栽培系统可以确保完全吸收系统内的CO_2。随着阶梯式栽培系统的发展，将在实验开始前被播种的部分多余小麦以营养状态（vegetative state）进行收获。尽管阶梯式栽培系统尚未被完全建立起来，但它已经能够在"人－高等植物"二元系统中保持气体交换，这时则启动了包含2名乘员的密闭实验。

在人工气候室中，将植物生长的实际条件与设计条件保持得较为接近。在整个实验过程中，大多数环境参数变化很小。在大多数情况下，营养液的组成和pH值以及大气中的CO_2浓度都是按照实验程序进行调节。然而，有时由于系统中的物理－化学单元运行出现故障而引起有毒污染物被释放到大气中，进而导致植物的光合作用能力下降，并最终致使CO_2浓度发生变化。

在系统中，从实验的第1 d开始就实验了以下设备：固体废物干燥器（挥发性有机物在连续运行的催化转化器中被氧化）和用于燃烧不可食植物生物量的热焚烧炉。在第47 d，乘员开始将其液体排泄物添加到小麦营养液中。在固体废物干燥器的实验中，其目的是使固体废物中所含的水重新回到系统的物质循环，结果在系统的大气中未发现挥发性产物积累到有毒水平。另外，该实验并未引起植物的外部特征和光合速率发生明显变化。因此，决定在整个实验过程中使用该装置是合理的。

在实验初期，系统中的植物能够消耗掉乘员产生的所有CO_2。因此，在第一周实验中，首先将不可食植物生物量而后将纤维素进行分批焚烧，每天的焚烧量为0.0~2.4 kg，实验中平均每天焚烧0.76 kg。在第一部分不可食植物生物量被燃烧后的几个小时内，植物就显现出气体中毒的迹象：豌豆、马铃薯和胡萝卜的叶片折叠，以及豌豆的卷须扭曲等。在随后的几天中，当生物量或纤维素被反复燃烧时，则对植物造成的危害更严重：马铃薯和豌豆生长停止，而且其植株下部的叶片开始掉落；豌豆和黄瓜完全停止开花和结果；黄瓜和胡萝卜的叶片以及油莎果的叶尖部分变黄，并出现了坏死斑点；小麦植株茎秆生长缓慢，且叶片的空间取向发生改变等。

以上结果分析表明,对植物所造成的伤害在许多方面与乙烯所引起的伤害相似,但不幸的是,我们并未测试该气体在大气中的浓度。结果植物的光合生产率受到了影响,因此收获时可食生物量的产量低于预期值。应当指出的是,有害效应会随着生长期的延长而增加。例如,在这一实验阶段中,萝卜的根产量为 3.6 kg·m², 而不是预期的 3.7 kg·m²; 甜菜的根产量为 4.6 kg·m², 而不是 7.2 kg·m²; 油莎果的干块茎产量是 0.8 kg·m², 而不是 2.3 kg·m²。首批被种植的小麦,在生物量燃烧所产生有毒产物的反复作用下,形成了几乎不育的麦穗。乘组人员检查了焚化炉并修复了故障,这样在第 5~20 d 实验期间中断了焚烧。之后,植物生长的大气条件实现了部分正常化,因此植物的光合作用功能得到增强,从而在实验的第 3~4 个月期间达到设计值的 70%~80%。然而,大气毒性对可食生物量较对总生物量的影响要大。此外,大气毒性对生长期长的作物生产率的影响,在作物实际受到这种大气作用后的第 40~70 d 内显现出来。因此,只有在实验结束时才有可能闭合食物循环。在实验的第 110 d,装上了用于生物量氧化的新催化剂,这样有毒气体对植物的不利影响一直持续到实验的第 3 个月末后就逐渐变得不再那么明显。

更早的时候,即在实验被启动后的第 47 d,当小麦阶梯栽培系统在结构上达到完整时,首先将乘员的尿液用作小麦营养液的组成部分。每天,将 2 名乘员排出的 1.5~2.5 L 尿液(不包括用于分析所采集的样品)均添加到小麦营养液中,其总容量为 450~500 L。在 103 d 的实验期间,从第 47 d 到实验结束,共有 210.7 L 的原生尿液被加入营养液中。首先,每天系统对从外部或储存系统取水的需求量降低了 2.046 L,这显著提高了整个系统的闭合度(提高了 15.7%);其次,由于植物利用尿液中的矿物质成分,因此制备小麦营养液所需盐、酸和碱的量就会更少:使磷和钙的用量减少了 10%~12%,钾和硫的用量减少了 20%~26%, 而氮的用量更是减少了 70%。

向小麦营养液中添加液体排泄物会导致营养液中氯化钠的逐渐积累,从而导致植物并不需要的这两种元素每天都会随人体液体废物而出现(图 9.30)。同时,小麦生物量中的氯化钠含量也开始增加,主要是由于成熟植株的被动吸收所致。结果,氯化钠从乘员到营养液的输入量与从营养液到植物生物量的输出量越来越接近平衡。在向营养液中添加尿液的前四周期间,营养液中的氯化钠浓度升高了 512 mg·L^{-1},在第二个四周期间升高了 603 mg·L^{-1},而在第三个四周期间仅升高了 136 mg·L^{-1},等到了最后一个四周期间更是仅升高了 68 mg·L^{-1},即氯化钠随尿液的输入量与随被收获小麦生物量的输出量实际上接近了平衡。

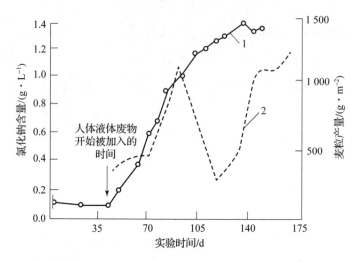

图 9.30　小麦营养液中氯化钠的累积动力学 1 及小麦的产量动力学 2

另外,小麦生物量中的氯化钠含量,从对照期间的微量水平(1%)增长到根部为 3.50%~4.05%,茎部为 1.12%~1.37%,而在籽粒中仅为 0.01%。小麦营养液和生物量的这种"盐碱化"对小麦的生产率影响很小。曾经,消除了有毒大气污染物的不利影响。当氯化钠在营养液中的含量和在生物量中的含量接近平衡时,则系统中的小麦日平均生产率和总粮食产量均达到设计水平。因此,可以断言,通过小麦植株利用乘员液体排泄物的测试方法是可接受的,其可作为适合于人的受控生态生保系统生物再生方法的一部分。由于多种原因,在该实验中,尽管高等植物单元作为一个整体的功能并不稳定,但该单元显示出很强的修复能力,并在实验结束时恢复了所需的生产率水平。

在实验中,所记录的主要作物小麦的总光合同化率(以消耗的 CO_2 为基础)和籽粒生产率的变化特征见图 9.31。在前 3 个月和在第 5 个月初,由于系统中不可食生物量焚烧过程中所形成的大气污染物的影响,因此植物的光合速率被显著降低,而且这一过程并未得到很好优化。这种影响的结果可从小麦的籽粒生产率

（以及大多数蔬菜作物的可食生物量生产率）看出，而且几乎一直持续到实验结束。小麦仅在实验临近结束时才将其生产率恢复到了设计水平。然而，这一事实表明，"人－高等植物"系统的闭合，包括许多新单元的闭合，如不可食生物量和人体固体废物的干燥以及营养液中尿液的直接利用，都不能阻碍高等植物单元的正常运行，除非技术设备干扰系统中生物部件的运行。不过，不可食生物量的焚烧可被视为这种情况的唯一例外。

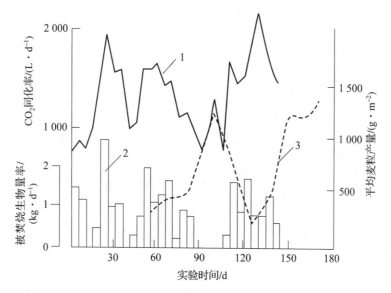

图9.31　高等植物单元日平均二氧化碳吸收量1、纤维或植物不可食生物量日平均焚烧量2及在实验过程中第一和第二人工气候室在生长期的小麦籽粒平均产量3

在实验中，植物的实际生产率和被收获的可食生物量的总日均产量与目标参数的接近程度可从表9.28和表9.29中列出的数据得出。对不可食生物量的热催化氧化技术的实验，会同时致使在人工气候室的大气环境中释放有毒物质（主要是氮氧化物）。结果表明，在人工气候室中栽培的所有作物的生产率都出现了下降。因此，没有必要计算在实验期间给乘组人员提供了多少素食，因为所得数据并不能反映系统的真正潜力。此外，在实验最后一个月的产量也低于可能达到的产量：在大多数情况下，它是在第三个月和第四个月期间由仍然不完善的生物量热氧化技术所造成的不利条件下形成的。

表9.28 在Bios-3系统中作物的生长期和生产率

作物种类	生长期/d			生产率/(g·m^{-2}·d^{-1})		
	预期值	实验的最后一个月	实验后的第一个月	预期值	实验的最后一个月	实验后的第一个月
小麦（干重）	63	72	67	13	6.4	12.5
油莎果（干重）	90	90	86	26	10.7	14.3
豌豆（干重）	90	90	90	13	6.6	6.4
萝卜（鲜重）	30	30	30	125	157	296
胡萝卜（鲜重）	80	80	80	160	94	197
甜菜（鲜重）	60	60	60	120	136	147
马铃薯（鲜重）	90	90	90	80	8.2	4.2
番茄（鲜重）	120	120	120	110	78	73
黄瓜（鲜重）	90	128	98	250	272	693
球茎甘蓝（鲜重）	45	45	45	130	60	150
洋葱（鲜重）	60	60	60	170	81	183

表9.29 在Bios-3系统中作物的栽培面积和可食物量产量

作物种类	栽培面积/m^2		可食生物量产量/(g·d^{-1})		
	预期值	实验值	预期值	实验的最后一个月	实验后的第一个月
小麦（干重）	40.0	39.6	520	255	495
油莎果（干重）	9.0	8.4	234	90	120
豌豆（干重）	4.0	4.0	52	26	26
萝卜（鲜重）	0.9	0.9	110	142	266
胡萝卜（鲜重）	1.4	1.2	220	112	236
甜菜（鲜重）	0.9	0.9	105	123	132
马铃薯（鲜重）	3.2	4.8	250	40	21
番茄（鲜重）	1.4	1.2	150	94	87

续表

作物种类	栽培面积/m²		可食用生物量产量/(g·d⁻¹)		
	预期值	实验值	预期值	实验的最后一个月	实验后的第一个月
黄瓜（鲜重）	0.4	0.4	100	109	277
球茎甘蓝（鲜重）	1.1	1.0	140	66	164
洋葱（鲜重）	0.7	0.6	120	49	110
莳萝（鲜重）	—	—		6	

在实验的第 5 个月期间，几乎所有的作物都逐渐恢复了生产率。在实验结束和接下来的 1 个月里，只有生长期未超过 70 d 的作物才能将其生产率稳定地保持在目标水平。后来，成熟作物（油莎果、豌豆和番茄）仍未完成恢复过程。考虑到这一点，我们在上面提到的表 9.28 和表 9.29 中包含了乘员离开 Bios-3 系统后第 1 个月的收获产量。在此期间，所有作物的总可食生物量产量基本符合乘员对素食的需求量（表 9.30）。因此，已经证明，由占据上述区域的经过测试的一组作物组成的高等植物单元，在以上所讨论的条件下予以种植，而且不受焚烧不可食生物量所产生的有毒挥发物的影响，则可以完全利用乘员的气体和液体废物，而且能够再生大气、水和乘员膳食中的整个植物部分。

表 9.30　实验后的第 1 个月系统中植物的食物再生情况

食物成分	乘员的月食物需求量	实验后第一个月期间生产的素食产量	再生食物所占乘员总食物需求量的比例/%
物质干重/g	27 716	21 484	77.5
蛋白质/g	4 369	2 851	65.2
脂肪/g	4 679	1 652	35.3
碳水化合物/g	16 030	15 290	95.4
热值/kcal	119 699	83 609	69.8

L. Tirranen 领导的微生物学家团队，已经利用在 Gitelson 等人的专著中所介绍的方法，研究了高等植物单元的微生物群落（1981）。结果表明，长期使用未被改变的营养液会使好氧菌、氨化菌（ammonificator）和尿细菌（urobacteria）的数量增加，这是由于易被氧化的有机物在营养液中积累到了一定的数量。系统密闭也会导致植物营养液中微生物的总数明显增加，其中包括大肠杆菌、变形杆菌和真菌硬生孢子菌（fungal diaspores）。在小麦营养液中添加人体液体废物，会增加促进氮化合物转化的微生物数量。当由于焚烧植物生物量不可食用部分的催化焚烧炉的故障操作而使植物的生长状态受损时，也观察到微生物指示群的数量有所增加。一旦克服了这一因素的影响，植物的生长状态就会逐渐得到改善，而且其生产率就会得到提高。同时，受到干扰的微生物群落也在植物营养液中恢复自身。在系统被打开后的 40 d 内，在小麦营养液中有些微生物（如尿细菌、反硝化菌和大肠杆菌）的数量出现了减少。在膨胀型陶土颗粒中生长的油莎果和蔬菜作物，其营养液中的微生物群落未被观察到有明显变化。

在整个实验过程中，向乘员完全提供了在密闭系统中再生的氧气和水。在人工气候室中生产的植物可食生物量全部被乘员用作食物。然而，由于上述原因，因此在实验过程中植物的生产率变化很大，而且通常低于计划水平。这就是当植物生产率降低时（60~90 d 及 110~140 d，图 9.31），系统外部生产的食物比例介于总食物生产计划的 22.5% 和 66.5% 之间的原因。在整个实验过程中，所进行的全天候的医学观察和表征该生物体主要功能的一些参数的定期记录（见第 10 章）证明，每个被测参数都是稳定的，而且在正常的生理范围内。然而，尽管由于焚烧炉燃烧植物不可食生物量而造成的大气暂时污染严重损害了一些植物，但这并不影响乘员的健康状况。在实验期间，既没有关于乘员健康恶化的抱怨，也没有关于其疾病的记录。

因此，可以得出结论，没有任何主观或客观的证据表明，由于植物对其生长环境的主要组分进行生物再生而对在系统中长期停留的人造成伤害。总体而言，在该实验中通过生物物质循环，在增加生态系统的密闭性方面取得了几次飞跃。将人均种植面积扩大到 31.5 m^2，并将连续平均光照强度调整为 130~140 W·m^{-2} PAR，则在不发生技术故障的前提下，能够全部再生一个人所需的植物性食物（以干重计达到了 77%，并占到食物总热量值的 70%）。

系统中包含一台乘员固体排泄物干燥机，以及被添加到小麦营养液中的所有乘员的原生液体排泄物，仅通过系统中的水循环，就可以在整个实验过程中即时提供生物单元的需求量，而甚至不需要从外部引入 1 L 的水。提供有限数量的水，仅用于替换定期从系统中被移出以用于分析的液体样品（包括每个人工气候室中的营养液以及尿液和冷凝水）。除了取水做研究用途外，生物水循环的闭合度已达到 100%。

过量的（不可食用的）植物生物量，以及人不需要的过量氧气，自然会被作为热氧化产生的二氧化碳而被带回到系统的生物循环中。在实验过程中，共燃烧了 113.5 kg 的干植物生物量。然而，由于用于生物量焚烧的热催化转化器的技术缺陷导致形成了少量有毒污染物（主要是氮氧化物），这些污染物尽管对乘员无不利影响，但却降低了植物的光合生产率，甚至有时会扰乱植物的生长进程。结果表明，利用物理-化学方法对高等植物单元的死锁产物进行循环利用是可行的。不过，应该继续积极寻找利用不可食生物量的其他能效高的方法，如通过真菌和/或草食性鱼类等的生物氧化，从而可以同时为人提供更多的食物。系统的总闭合度，是由系统中提供生命保障所需的物质与必须引入系统的物质（或预先储存在系统中）之间的关系决定的（它可以从表 9.31 中给出的数据中得出）：

$$R_s = 1 - \frac{598.2}{13\ 010.5} = 0.954, 即 95.4\% \qquad (9.2)$$

因此，由于一些新技术的发展，那么在这个实验中，根据生保物质的生物学再生原理，使人的生命保障系统达到了最高的物质闭合度。

表 9.31　实验期间在植物生产率正常的条件下乘员和
包括乘员的生态系统的物质需求量　　单位：$(g \cdot d^{-1})$

乘员物质需求量		生态系统物质需求量	
1. 食物（干重）	924	1. 食物（干重）	208
2. 氧气	1 220	2. 营养液化学物质组分	350
3. 饮用水	5 133	3. 卫生材料	9.5
4. 卫生用水	5 696	4. 净水用吸附剂	2.7
5. 卫生材料	9.5	5. 食盐	28

续表

乘员物质需求量		生态系统物质需求量	
6. 食盐	28	—	
合计	13 010.5		598.2

注：从系统中提取供分析用的物质量未被包含在表内。

Bios-3 使人在由光合过程再生的环境中长时间停留的实验成为可能。人在该系统中停留的总时间为 2 年，其中有的人的最长实验持续了 6 个月。该生物生命保障系统先后被 21 人次居住过，每次为 1~3 人。因此，人在生物再生环境中的总时间累计为 49 个月。

在实验期间和实验后 1 个月进行的详细医学检查，涉及许多参数的确定，但未发现乘员的医学状况有任何变化。在 2~3 名乘员的团队中，部分乘员已经工作了 1.5~10 年。一个人在系统中停留的最长时间累计为 13 个月。实验结束后，这些乘员，即研究所的工作人员，继续他们的研究工作，也就是和其他人一样过着普通的生活。这是追踪实验长期后效应的独特机会。对乘员进行了实验后 10~15 年的观察，结果并不能确定任何疾病与他们在 Bios-3 系统内待过有关。因此，可以肯定地说，在我们所设计的生物实验系统中，随着大气、水和人的膳食中植物部分的生物再生，则这种生活条件足以满足人的主要需求，即生态学需求。

第 10 章
密闭生态系统中菌群动态学分析

微生物的高繁殖率及其酶的多样性，使微生物种群成为密闭生态系统中最不稳定的生命元素。这就是为什么全面研究微生物群落是我们创建 Bios – 3 的主要目标之一。微生物在密闭生态系统中所扮演的角色很重要，并且其生存条件特殊。光合作用微生物不仅是生物量的主要生产者，是大气和水的再生者，也是人体代谢产物的消耗者。

异养微生物群落，包括细菌、酵母、放线菌和真菌，在生态系统中以两种方式发挥作用。由于具有强大的酶器官，因此它可以降解人、动物和植物等其他生物的体外代谢产物，从而连通消费和生产单元，进而从代谢上闭合系统。在受控培养条件下，该功能可被大幅增强，而且在很小的容积中即可非常有效地发挥作用。这些微生物构成了功能微生物群落（functional microflora）。

然而，该问题的另一个方面是，微生物群落并不是在密闭生态系统中被专门培养的，而是作为微生物族群（microbial association）与系统中的动植物相伴而生，以致不可避免地与系统共存。这些微生物可以发挥积极作用，如作为宿主是营养缺陷型的维生素生产者。另外，它们还可能对致病性菌群表现出抗性。在小型生态系统中，各种大型生物（包括人）会很少，因此有牺牲这种正常菌群的危险，即会导致具有独特代谢功能的微生物种类的意外消失。由于细菌隔离，因此这种平衡并不能够通过从环境中引进已消失的物种来恢复。

另外，这种平衡也能够被人的免疫状态变化以及单细胞生物的幽闭和孤立种群的突变过程和微进化（microevolution）所破坏。功能性微生物和伴生微生物的高繁殖率与突变率会构成潜在威胁，以致生物群落中物质交换过程的方向和速率将发生变化，进而导致密闭系统中处于平衡状态的物质循环将受到干扰。因此，在这个单元中小型生态系统是最不稳定和最不可控的。另外，微生物种群的生命周期短，不具有多细胞动植物所固有的超细胞内稳态机制（supracellular homeostasis mechanism），因此可用作整个系统状态的非常敏感的指示信号。另外，微生物群落的行为不如主要物种的行为可控和可预测。

在密闭系统条件下，存在干扰人的机体免疫保护与其肠道微生物之间平衡的风险。在这样的特定条件下，微进化过程不太可能很快导致出现新的微生物，而这些新的微生物可能是致病性的，也可能破坏生态系统中物质交换的平衡状态。这就是为什么在 Bios – 3 系统中进行的一项特殊的限菌（gnotobiotic）实验研究中，我们为自己设定了一项任务，即在几乎完全隔离的情况下追踪菌群的发展动态。的确，这在地球上很难实现，但在地外生态系统中却会成为一种自然条件。为此，用无菌空气对密闭舱室不断地进行加压，并在为期四个月的研究中追踪了人、植物及其周围大气等环境中的菌群发展动态。加压系统由膜式压缩机、气瓶、气压表、微生物过滤器和压力调节器等组成，而压力调节器由安装在系统乘员居住室内的膜片拾音器（diaphragm pickup）控制。由于加压的结果，舱内压力比外部压力要高出 15~30 mmH_2O（1 mmH_2O = 9.78 Pa。译者注），这样就阻止了外部微生物在实验期间进入 Bios – 3 系统。

10.1 微藻培养装置中的微生物群落

Eley 和 Myers（1964）是尝试创建密闭系统的首批人员。他们所开展的"微藻 – 哺乳动物"系统实验持续了 82 d。该系统中的异养单元以小鼠为代表，通过纯小球藻培养液完成了大气的生物再生功能。正如 Odum（1971）所指出的那样，这种简化体系的建立带来了很多困难：外来微生物的感染、藻类有毒代谢物的积累以及突变藻种的代谢下降等。

在初步实验中，研究了将人和动物的液体和固体代谢物引入绿藻培养液中的可接受性（Golueke 和 Oswald.，1963；Rerberg et al.，1965），并取得了积极成果。然而，事实证明，纯小球藻培养液不能吸收人体代谢物中的有机物。只有在非无菌条件下，即在细菌的积极参与下，藻类才可以长期生长，而且其培养液才能得到矿化（Rerberg and Vorobyeva，1964；Oswald and Golueke，1964）。

在我们的系统中，所培养的微藻悬浮液并不纯，其中含有几十种细菌，而且微藻与细菌之间的代谢交换关系错综复杂。藻类与所有相关细菌种类之间的营养关系可以说是一种共生关系。例如，藻类不能直接吸收人体尿液中的有机物，但可以在尿液被细菌矿化后利用其中的生物元素。细菌以同样的方式矿化了藻类排出的有机物，而藻类则消耗细菌在矿化过程中排出的生物元素。

多元生物生命保障系统"藻类–细菌"培养装置中的有机物，除了该群落本身的代谢产物外，还包括来自其他单元的各种代谢产物。人的液体代谢物包括被完全氧化的有机物，其中部分可被藻类直接利用，如尿素；而其他的则必须由细菌进行矿化，包括尿酸（uric acid）、马尿酸（hippuric acid）、肌酸（creatine）和肌酸酐（creatinin）等。利用处理人体固体废物的微生物发酵罐提供有机物，其组成不同于微藻单元中存在的有机物组成。

10.1.1 "藻类–细菌"群落单元的总体特征

微藻单元中的细菌可被分为自生的（autochthonous）和外来的（allochthonous），自生细菌由其自身的微生物群落组成，其能够很好地适应"藻类–细菌"群落的生态条件，而外来细菌是由生态系统的其他单元在进行单元内水和气交换的过程中进入微藻单元的。

密闭生态系统水交换设备中的有机物浓度与天然水体中的有机物浓度不同，会达到 $1 \sim 3 \text{ g} \cdot \text{L}^{-1}$，有时会达到 $5 \sim 6 \text{ g} \cdot \text{L}^{-1}$，即接近甚至超过了培养基中的有机物浓度，如牛肉提取物琼脂（beef extract agar）培养基和蛋白胨琼脂（peptone agar）培养基。在蛋白胨琼脂培养基上，每毫升培养基上培养的细菌细胞数为 1×10^9 个或更多，这相当于藻类生物量的 $1\% \sim 2\%$。

从生长在蛋白胨琼脂培养基上的微藻中，分离出分别属于 12 个科 17 个属的 4 000 多种细菌菌株。真菌种群包括属于丛梗孢科（*Moniliaceae*）的 10 个属的代表种。有时会分离出属于酵母科（*Saccharomycetaceae*）红酵母菌属（*Rhodotorula*）和假丝酵母菌属（*Candida*）的酵母类真菌。但总体来看，以假单胞菌属的细菌为主。另外，黄杆菌属（*Flavobacterium*）和无色杆菌属（*Achromobacter*）的细菌也经常出现。在持续伴随小球藻的细菌中，有大量与属于节杆菌属（*Arthrobacter*）的棒状杆菌（*Corynebacteria*）相近的细菌。在微藻单元中，在不同实验中该种细菌的每毫升细胞数为 $1.3 \times 10^8 \sim 1.5 \times 10^9$ 个。在密闭生态系统的"藻类-细菌"群落中，小球藻始终被柄细菌（*Caulobacter*）所伴随，该细菌之前在藻液中就已被发现，通常能够促进小球藻细胞的裂解。在微藻单元中，每毫升藻液中柄细菌的数量很少，但在系统中包含高等植物单元的实验中，它会增加到每毫升数百万个。究其原因，它们可能是在系统单元之间的水交换过程中由高等植物单元所提供。

当在系统中包括微生物培养装置和人工气候室时，"藻类-细菌"群落的菌群则更加多样化。藻类培养装置从微生物培养装置的流体中接受属于肠杆菌属（*Enterobacter*）、大肠杆菌属（*Escherichia*）及碱性杆菌属（*Alcaligenes*）的菌种。当人工气候室被加入系统中时，微藻单元的生物群落会接收附生菌群和根际菌群的典型微生物，如活跃无色杆菌（*Achromobacter agile*）、无色杆菌属（*Achromobacter*）、阴沟肠杆菌（*Enterobacter cloacae*）、普通变形杆菌（*Proteus vulgaris*）、液化短杆菌（*Brevibacterium liquefaciens*）和浅绿产碱杆菌（*Alcaligenes aquamarines*）。这些微生物可被归类为外来微生物种群，其代表性菌种在藻类培养装置的生物群落中并不占主导地位。一旦水分交换停止，它们就会被从藻类培养装置的生物群落中消除或自然消失。

藻液中真菌孢子的数量只占微生物总数的一小部分。在密闭生态系统中，真菌的主要来源是高等植物单元。人工气候室中的条件非常有利于真菌的繁殖。小球藻在该系统中持久伴有曲霉属（*Aspergillus*）和青霉属（*Penicillium*）等真菌，而毛霉属（*Mucor*）真菌要略少一些。在系统中具有高等植物单元的情况下，在藻类培养装置中检测到具有特征的植物微生物种群，如镰刀霉菌属（*Fusarium*）、葡萄球菌属（*Botrytis*）、枝孢菌属（*Cladosporium*）和头孢菌属（*Cephalosporium*）。

10.1.2 "藻类-细菌"群落对含氮化合物的转化作用

如前所述，向微藻培养液中添加人体液体废物，其中含有有机物，它们主要是以尿素、尿酸、马尿酸、肌酸、肌酐、各种氨基酸和作为铵盐的少量矿物氮的形式存在。在系统各单元之间的水交换过程中，硝酸盐、亚硝酸盐、氨氮、多肽和蛋白质也进入了培养液。

铵盐和尿素是小球藻的首选氮形式。研究表明，未发现该元素在培养液中具有其任何化合物的累积。蛋白质主氨化菌，在每毫升培养液中含有 1×10^9 个细胞的生物群落中占到细菌总数的 50%~80%。该种类组成相当多，包括 8 个属的代表：假单胞菌属（*Pseudomonas*，6 种）、肠杆菌属（2 种）、无色杆菌属（2 种）、黄杆菌属（2 种）、微球菌属（*Micrococcus sp*，2 种），而柄细菌属和节杆菌属均以其中的一种为代表。

藻类培养液中所含尿素不仅可被小球藻直接利用，还可被细菌转化为氨。尿酸细菌的数量在每毫升 2.5 亿~4 亿个细胞之间。其代表性细菌有德阿昆哈假单胞菌（*Pseudomonas dacunhae*）、萨拉曼卡假单胞菌（*Pseudomonas caudata*）、黄藻黄杆菌（*Flavobacterium fucatum*）、无色杆菌属、浅绿产碱杆藻（*Alcalirenes aquamarines*）、微球菌属和节杆菌属。人体氮交换产物的矿化作用受以下几种微生物的分解影响（表 10.1）。

表 10.1　人体氮交换产物的矿化与微生物之间的关系

尿酸	马尿酸
德阿昆哈假单胞菌	达沙海杆菌（*Ps. dacunhae*）
萨拉曼卡假单胞菌	*Ps. ambigua*
假单胞菌	假单胞菌，1
诺卡氏菌（*Nocardia sp*）	假单胞菌，2
节杆菌	假单胞菌，3
	表皮葡萄球菌（*Staphylococcus epidermidis*）
	节杆菌
肌酸	**肌酐**
德阿昆哈假单胞菌	达沙海杆菌
表皮葡萄球菌	*Ps. putrefaciens*
微球菌	非洲果球菌（*Ps. caudata*）
卡氏菌	活跃无色杆菌（*Achromobacter agile*）
	无色杆菌（*Achromobacter sp.*）
	诺卡氏菌

10.1.3 硝化细菌、反硝化细菌及固氮细菌

1. 硝化细菌

在藻类单元的生物群落中，以下几种细菌可以将铵盐进行氧化（即将铵盐转变为亚硝酸盐，此过程称为亚硝化作用，nitrosation 或 nitrosification。译者注）：酿酒酵母（*Saccharomyces cerevisiae*）、浅绿产碱杆菌、节杆菌属和黄杆菌属；可将亚硝酸盐转变为硝酸盐（该过程称为硝化作用。nitrification）的细菌包括：腐败假单胞菌、萨拉曼卡假单胞菌、叉形拟杆菌（*Bacteroides furcosus*）、短黄杆菌（*Flavobacterium breve*）、弧菌（*Vibrio sp.*）、微球菌、原放线菌（*Proactinomyces sp.*）和放线菌。

分析表明，铵盐氧化菌在每毫升培养液中的总数约为 2.5×10^4 个细胞，而亚硝酸盐氧化菌在每毫升培养液中的总数为 $7.5 \times 10^6 \sim 2 \times 10^8$ 个细胞。尽管在这些过程中的强度较低，但由于大量的硝化异养生物，因此铵氧化可以对培养液中硝酸盐的形成发挥重要作用。

2. 反硝化细菌

在微藻单元中，将硝酸盐还原为游离氮（该过程称为反硝化作用。denitrification）的一类真正的反硝化细菌包括荧光假单胞杆菌（*Pseudomonas fluorescens*）、铜绿色假单胞菌（*Pseudomonas aeruginosa*）、放射形土壤杆菌（*Agrobacterium radiobacter*）、节杆菌和德阿昆哈假单胞菌。

从"藻类－细菌"的群落中分离出的细菌大多属于假单胞菌属（*Pseudomonas*）、无色杆菌属、微球菌属和黄杆菌属，它们都具有将硝酸盐还原为亚硝酸盐的能力。

3. 固氮细菌

相同的细菌种群，其中大多数是小球藻的永久伴侣，会参与氨化（ammonification）、反硝化和嗜微量氮（oligonitrophilic）等过程。由于这些微生物参与了含氮化合物的转化过程，因此在藻类短杆细菌生物群落中的氮含量被保持在了一种稳定状态。

10.1.4 硫化合物及磷化合物转化微生物

1. 硫化合物转化微生物

在密闭生态系统中，水交换模式的前提是将未经处理的人体液体废物引入微藻单元。因此，除了氮化合物外，在小球藻培养液中还具有不同的硫化合物。一个人每天排出的尿液量平均含有 3 g 硫，其中包括 2.1 g 硫酸盐、0.3 g 硫偶联物和 0.6 g 有机硫。在生物群落中，我们检测到以下与硫循环有关的细菌。

（1）腐败细菌（*putrefactive bacteria*），对蛋白质进行分解而产生的硫化氢（H_2S）。

（2）硫酸盐还原菌（sulfate-reducing bacteria），将硫酸盐还原为硫化氢。

（3）紫色细菌（*purple bacteria*）和硫细菌（*thionic bacteria*），将硫化氢、单质硫和未被完全氧化的硫化合物（硫代硫酸盐。thiosulfate）氧化为硫酸盐。

分析结果表明，腐败细菌占细菌总数的 15%~25%。这类细菌包括荧光假单胞菌、脱氮假单胞菌（*Pseudomonas denitrificans*）、腐败假单胞菌（*Pseudomonas putrefaciens*）、产气肠杆菌（*Enterobacter aerogenes*）、普通变形杆菌（*Proteus vulgaris*）、大肠杆菌、阴沟肠杆菌（*Enterobacter cloacae*）、无色杆菌、节杆菌、枯草芽孢杆菌（*Bacillus subtilis*）、芽孢杆菌（*Bacillus sp*）和微球菌。

因此，在"藻类－细菌"生物群落中，硫循环涉及多种微生物，包括异养的和自养的，而硫化合物的转化是其代谢的基本特征之一。这些细菌种类的存在，以及在微藻单元中没有任何硫元素的积累或丢失，都表明在"藻类－细菌"生物群落中硫转化过程达到了平衡状态。

2. 磷化合物转化微生物

另外，开展了实验研究，以评估微生物在微藻单元的生物群落中分解有机磷和将不溶性无机磷酸盐转化为可溶性磷酸盐的能力。结果表明，荧光假单胞杆菌、德阿昆哈假单胞菌、假单胞菌和放射形土壤杆菌（*Agrobacterium radiobacter*）等都具有这种能力。

10.1.5 纤维素和腐殖质降解微生物

1. 纤维素降解微生物

生物群落的基本功能之一是进行纤维素的水解，因为纤维素是最不容易被矿化的生物聚合物之一。微藻单元中的培养液被不断补充纤维素。被多次循环的营养液中的纤维素含量占培养液中有机成分的 0.5%~2%（Trabachev et al.，1969）。在自然界中，纤维素可以被好氧和厌氧细菌分解，也可以被黏细菌（myxobacteria）和真菌分解。在我们的生物群落中，具有这种特性的微生物种类很少。在被供气的培养装置中无厌氧纤维素发酵菌。纤维素发酵菌仅以细胞吞噬菌属（*Cytophaga*）和生孢噬纤维菌属（*Sporocytophaga*）的黏细菌为代表，其可视为是内生菌群（autochthonous microflora）；在系统的微生物培养装置实验中所分离出来的纤维弧菌（*Cellvibrio*），属于外来微生物，其在每毫升培养液中的数量不超过 10 个细胞。

2. 腐殖质降解微生物

在微藻培养液中，腐殖酸盐含量的增加直接与藻类培养装置中培养液循环和系统中水交换的周期长短有关。可以认为，在密闭生态系统的闭环水回路中，如果培养液循环的周期增加，则腐殖酸盐的含量也会增加。

在仅含碳（以腐殖酸钠 +1% 蛋白胨的形式存在）的培养液中，被分离出的可分解腐殖酸盐的一类细菌，分别属于假单胞菌属、诺卡氏菌属、微球菌属、芽孢杆菌属和放线菌属。混合培养比组成它的纯细菌分解腐殖质的能力更强。

另外，氮、磷、硫等元素在系统中既不丢失也不积累，这证明了"藻类-细菌"群落引起物质转化的微生物过程的效率。这些过程在"藻类-细菌"群落中起着重要的稳定作用。

10.1.6 培养条件对生物群落稳定性的影响及生物群落中微生物的生物腐蚀特性

1. 培养条件对"藻类-细菌"生物群落稳定性的影响

在上述的密闭生态系统中，生物合成的参数调节将主要参数保持在生产物种的最佳范围内。参数的这种稳定性导致小球藻光合作用处于稳定状态，从而导致细菌数量处于稳定水平。在水交换过程中，系统的其他单元不仅向藻类培养单元提供了与在其中形成的有机物相比是异源的有机物，而且提供了构成异源微生物群落的大量微生物。

然而，在这些条件下，在生物群落中细菌总数并没有像预期的那样急剧增加，而是出现了减少，但同时物种组成变得更加丰富（图10.1）。在这方面的一个例证就是从微生物培养装置进入的大肠杆菌消失了，而且来自高等植物单元的微观真菌的附生微生物群（epiphytic microflora）也出现了死亡（图10.2）。

对特定结构、生理群（physiological group）和营养关系等的分析表明，在密闭生态系统中作为生物再生单元而自然形成的生物群落，含有多种细菌和真菌，且具有众多的酶系统。小球藻培养液中含有大量元素和微量元素、藻类和细菌的代谢产物、裂解细胞、氨基酸、碳水化合物、蛋白质、脂肪、纤维素和腐殖质等。在这种背景下，形成了"藻类-细菌"群落，其中细菌成分在数量上接近初级生产者。

另外，氮、硫、磷和铁的转化涉及多种非特异性和特异性异养微生物。细菌在其生命活动过程中，会分解难以被氧化的化合物，从而使其易被小球藻吸收。这是微生物群落的主要环境形成功能。由于在这些微生物种类之间达到了生态平衡，因此藻类和细菌的共同培养会阻止代谢物的抑制作用，这对实现系统中的循环水交换至关重要。

2. "藻类-细菌"群落中微生物的生物腐蚀特性

研究结果表明，"藻类-细菌"群落中的某些微生物种类对生态系统的存在具有潜在危害。它们会破坏设备的金属装置和部件，并导致微量元素的释放而致使培养液中的微量元素浓度较最佳浓度高出几倍。因此，在设计设备时，尤其是计划长期使用时，应考虑这种可能性。

10.2 密闭生态系统中有机废物的微生物氧化

10.2.1 用于固体废物氧化的微生物群落构建

好氧微生物氧化是一种很有前途的有机物分解技术，其在好氧废水处理中得到了广泛应用。它是基于好氧微生物族群的氧化活性，其组成取决于废水的化学组成，并且可以将有机物分解成无机化合物。氧化细菌的主要生理群的生物量可达到80%~90%，而相关细菌和其他生物的生物量不超过20%。

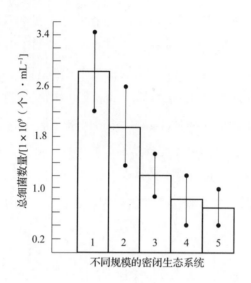

图 10.1 不同单元构成的密闭生态系统微藻单元中的细菌总数

(1—两个单元（人 – 微藻）；2—三个单元（人 – 微藻 – 微生物）；3—三个单元（人 – 微藻 – 蔬菜，30 d）；4—三个单元（人 – 微藻 – 小麦，30 d）；5—四个单元（人 – 微藻 – 微生物 – 植物，90 d）

〔直线段表示置信区间（confidence range）〕）。

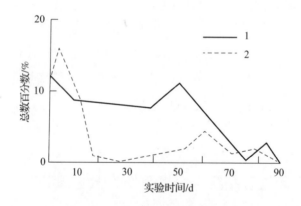

图 10.2 在四元系统中进行的为期 90 d 的实验期间微藻单元中大肠杆菌 1 和真菌 2 的数量动力学观察结果

污泥中所含的主要活性物质包括以下属的细菌：假单胞菌属、杆菌属（Bacterium）、芽孢杆菌属、微球菌属、棒状杆菌属（Corynebacterium）、肉芽孢杆菌属（Sarcina）、白色酵母属（Saccharomyces）和分枝杆菌属（Mycobacterium）。纤维素和其他天然聚合物，如果胶和木质素，对微生物作用的抵抗力很强。这些化合物的缓慢矿化有利于腐殖质的形成。木质素的生物降解所需要的时间最长。研究发现，以下真菌可作为木质素的活性分解物：乳酸镰刀菌（Fusarium lactes）、雪腐镰刀菌（Fusariumnivale）、木素木霉（Trichoderma lignorum）、细链格孢（Alternaria tenuis）和葡柄孢霉（Stemphylium botryosum）。

为了研究生态系统中废弃物的微生物氧化技术，创建了可氧化人体固体废物和麦秆的微生物群落（microbial cenose）。我们已经开发出批量微生物氧化技术，该技术使得生态系统中的废物几乎得到完全氧化成为可能。另外，还研究了在密闭生态系统中优化氧化过程和利用氧化产物的方法。我们的目标不是再生干净的饮用水，而是已经准备好将有机物氧化为可溶性矿物质和可溶性有机化合物。所得的矿质化合物拟被用于自养单元，而有机可溶物拟被用于"藻类-细菌"群落。人体固体废物中含有多种有机物，其中大多数容易被微生物氧化。植物中不可食用部分（主要是小麦秸秆）的 1/3 是木质素，微生物很难对其进行水解。为了氧化这些废物，必须形成能够氧化多组分有机物的微生物群落。

开发人体固体废物和麦秆矿化技术的一个重要阶段，是形成适应性的微生物群落，其活性最终决定了该方法的效率。它不仅需要初始微生物群落和底物，而且需要一定的培养技巧才能形成生物群落。在我们的工作中，在持续一定的培养时间后，要将微生物连续转移到新鲜的营养液。在形成能够氧化人体固体废物的微生物群落时，基本营养液本身充当了微生物群落的来源。通过类似的方法形成了能够氧化麦秆的微生物群落。微生物群落来源于森林土壤和牛瘤胃的内含物。

如果在一个循环中所引入的有机物至少有 ⅓ 被氧化，并且污泥增量（sludge increment）达到 $0.4 \text{ g} \cdot \text{L}^{-1}$，则认为已经形成了微生物群落。

10.2.2 实验装置基本结构及微生物固体废物氧化方法

1. 微生物固体废物氧化装置

1）微生物人体固体废物氧化装置

用于固体废物矿化的微生物培养装置是一支垂直的平行管，其内部宽度为 2 cm（图 10.3）。该管的整个内部容积为 5.5 L。该培养装置的外壁由丙烯酸塑料制成，在其下部开有两个鼓泡孔。

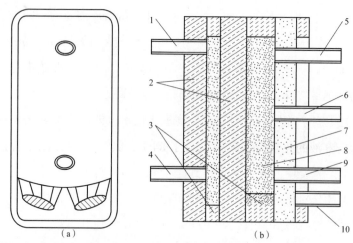

图 10.3 微生物固体废物氧化装置侧视外观图和侧视剖面结构示意图

(a) 外观图；(b) 侧视剖面结构示意图

(1,4—恒温器进口和出口水管；2—水套壁；3—橡胶垫圈；5—通往分离器的气体和泡沫出口；6—培养装置悬浮液入口管；7—培养装置透明壁；8—培养装置工作容积；9—培养装置悬浮液出口管；10—进气管)。

2) 微生物小麦秸秆氧化装置

用于小麦秸秆矿化的微生物培养装置，是一个高为 100 cm，直径为 10 cm 的垂直圆筒，其基本结构见图 10.4。

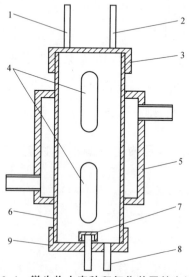

图 10.4 微生物小麦秸秆氧化装置基本结构

(1—用于将悬浮液送入泡沫分离器的入口管；2—培养装置悬浮液入口管；3—培养装置外罩；4—观察窗；5—热稳定护套；6—培养装置套管；7—鼓泡器；8—培养装置悬浮液出口管；9—底座)。

2. 微生物固体废物氧化方法

1) 微生物人体固体废物氧化

在批次进出料的微生物培养装置中，开展了长期固体有机废物的氧化动力学研究。实验发现，在反应液温度为 22 ℃ 及化学需氧量（chemical oxygen demand，COD）为 7.56 g $O_2 \cdot$ L 的条件下，矿化周期的最佳持续时间为 8 h（图 10.5）。在此期间，培养液的化学需氧量被减少了 84%，其中 16% 被用于合成微生物细胞，而其余的 68% 被用于将有机物氧化成为 CO_2 和 H_2O。可溶性部分占到总有机物的 16%。

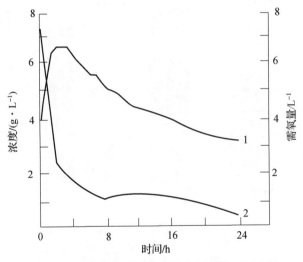

图 10.5 微生物人体固体废物氧化的动力学状态

(1—培养液中微生物生物量浓度；2—培养液中化学需氧量)。

2) 微生物小麦秸秆氧化

除上述针对人体固体废物的处理技术外，利用所开发的回收技术对小麦秸秆进行氧化处理。采用该技术，秸秆的氧化速率可达到 10 g $\cdot L^{-1} \cdot d^{-1}$。在该过程中，93.5% 的有机物被降解成最终产物二氧化碳和水，而剩余的 4.6% 进入可溶性化合物，另有 2.0% 进入了微生物细胞组成。研究表明，Bios-3 系统中小麦秸秆的日产量需要达到 400 g 才可以满足人每天对面包的需求，这样，微生物培养装置要氧化如此量的小麦秸秆，则其容量必须要至少达到 40 L。

3. 有助于人体固体废物和秸秆氧化的生物群落的微生物学特性

可氧化人和小球藻代谢产物的生物群落，包括细菌、真菌、放线菌、酵母和原生动物纤毛虫和鞭毛虫等。

在细菌群落的组成中，以属于假单胞菌属和杆菌属的细菌为主，占微生物总数的 80%。随着温度的升高，观察到属于无色杆菌属、黄杆菌属（*Flavobacterium*）和球菌群（coccal flora）的革兰氏阴性杆菌（Gram negative bacilli）的相对数量有所增加 [图 10.6（a）]。

生物群落中可氧化秸秆的细菌菌群的组成与上述组成无显著差异 [图 10.6（b）]。

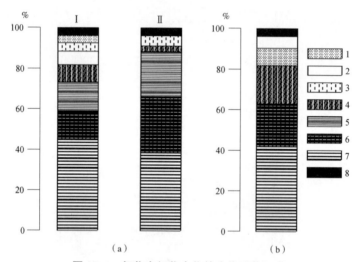

图 10.6　氧化有机化合物的生物群落组成
（a）人体固体废物：微生物总数为 $1.1 \times 10^9 \cdot mL^{-1}$。其中
Ⅰ—在 22 ℃，Ⅱ—在 37 ℃；（b）小麦秸秆：微生物总数为 $3.6 \times 10^9 \cdot mL^{-1}$
（1—八叠球菌；2—分枝杆菌；3—微球菌；4—杆菌；5—黄杆菌；6—无色菌；7—假单胞菌；8—其他）。

除了属于青霉菌属（*Penicillium*）、曲霉属（*Aspergillus*）和毛霉属等经常出现在氧化固体废物的生物群落中的真菌外，真菌群落还具有微观真菌特征的包含小麦镰刀霉菌和木霉菌（*Trichoderma*），这类菌群想必是随麦秆被一起带入的。有机化合物的氧化动力学如图 10.7 所示。

假定在培养液中的初始干物质浓度为 90 $g \cdot L^{-1}$，且底物的降解速率为 10 $g \cdot L^{-1} \cdot d^{-1}$，那么为了每天处理 500 g 的不可食废物，则微生物培养装置的体积必须达到 45 L。在微生物培养装置中，持续 4 d 的矿化过程的质量交换流程框图见图 10.8。利用该技术，在微生物培养装置内每天可将 450 g 的有机物氧化为二氧化碳和水。

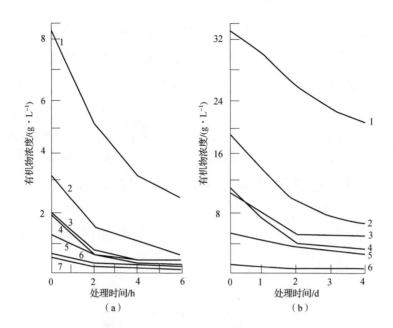

图 10.7　有机化合物的氧化动力学

（a）人体固体废物组成：

（1—粗蛋白；2—类腐殖质；3—碳水化合物；4—纤维素；5—半纤维素；6—淀粉；7—脂肪）。

（b）小麦秸秆组成：

（1—木质素；2—纤维素；3—粗蛋白；4—碳水化合物；5—半纤维素；6—淀粉）。

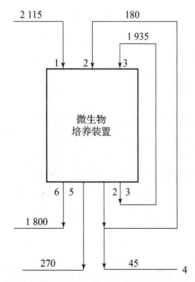

图 10.8　在 45 L 微生物培养装置中进行生态系统废物氧化时的质量交换流程图（单位为 g）

（1—生态系统废物；2—微生物生物量；3—重返残渣（在循环内未被完全氧化的部分废物）；
4—生物量增量；5—可溶性部分；6—被氧化为二氧化碳和水的部分）。

因此，微生物氧化是分解密闭生态系统中产生的有机废物的可行方法。不幸的是，此过程产生的部分最终产品无法被微生物氧化，而对于其他产品该氧化过程确实太慢。因此，为了返回到物质循环中，这些产品必须经受物理－化学氧化。应该认识到，物理－化学校正单元将始终是密闭生态系统的必要组成部分。

10.3 密闭生态系统中高等植物单元的微生物群落

在水培和土培中，促进微生物群落产生的主要活性因子是高等植物，主要是根系分泌物。通过清洗法（wash – off method），在小麦的发芽期、孕穗期、抽穗期和蜡熟期等时期，对其近根区、根区和叶际（phyllosphere）等部位的微生物群落开展了研究。采用相同的方法，对萝卜和油莎果在其萌发期、根形成期（油莎果为块茎）和收获成熟期等阶段进行了研究。另外，对栽培基质（膨胀型黏土颗粒）、蔬菜和粮食作物种子以及油莎果种子等的微生物群落也进行了分析。

通过研究细菌培养物在幼苗茎和叶上的注射点周围形成坏死区的能力，来评估被分离出的微生物的植物致病性。采用生物测定法（bioassay method），通过小麦或萝卜幼苗的生长速率来确定营养液的毒性。

10.3.1 粮食作物小麦的微生物群落

在许多密闭生态系统的实验中，高等植物单元的主要组成部分是春小麦，其生长包括从种子到成熟收获期等阶段。微生物种群密度在根区附近最高，而在籽粒、叶际和营养液中最低。在密闭系统内和外的人工气候室中，栽培小麦的新收获籽粒的微生物群落与对照（大田栽培）小麦籽粒的微生物群落不同。实验植物所携带的微生物数量比常规植物少$1/10 \sim 1/8$倍，其组成种类也较少，而且其中丝状菌（mold fungi）的孢子传播体（diaspore）占主导地位，占到微生物总数的99%。微生物群落的组成不取决于品种。实验观察到，在人工气候室中栽培的四代植物中，微观真菌数量增加了，但此后真菌和细菌的数量比例基本保持不变。实验籽粒的微生物群落的特殊性对萌发和出苗无不利影响。

无论生长条件或植物苗龄如何，不含孢子的细菌群占优势。其中以假单胞菌属、欧文氏菌属（*Erwinia*）、肠杆菌属（*Enterobacter*）、黄杆菌属、诺卡氏菌属、无色杆菌属和分枝杆菌属的细菌最多。芽孢杆菌属、微球菌属、黄单胞菌属（*Xanthomonas*）和原粘杆菌属（*Promyxobacterium*）的细菌数量较少。另外，对弧菌属、链球菌属、八叠球菌属（*Sarcina*）和分枝球菌属的菌株进行了零星分离。结果证明，微生物可被作为营养液和植物状态变化的敏感指标信号。

10.3.2 混合栽培蔬菜的微生物群落

高等植物单元包括一套温室，该温室中同时栽培有多种异龄蔬菜。在实验中，对所使用的营养液和膨胀型陶土颗粒进行了微生物分析。在密闭生态系统中所栽培的9种蔬菜作物中，即甜菜、胡萝卜、莳萝、芜菁、羽衣甘蓝、萝卜、洋葱、黄瓜和酸叶草，对萝卜的微生物群落进行了研究。研究发现，该作物的生长期最短，而且能够检测到几代微生物种群的组成和数量变化。利用在系统外栽培的同种萝卜的菌群作为对照。分析表明，微生物最密集的地方是靠近根部的区域，而在根际处最少。在膨胀型陶土颗粒上的微生物数量是营养液中的40～60倍。在人工条件下栽培蔬菜，其栽培基质会吸附各种物质和微生物。

10.3.3 密闭生态系统培养中抑制植物生物合成的可能原因

在开放系统的实验中，当植物被培养在固定营养液中时，植物的生长状态在表观上未发生明显变化。然而，在重复使用营养液四个月后，萝卜的生产率下降了13%，而小麦的生产率几乎减少½。当上述混作（polyculture）蔬菜在固定营养液中被长时间种植时，其与在相同条件下种植的单作（monoculture）蔬菜的产量相比受到的影响较小。

在含有废水的营养液中所栽培植物的受损状态，可被解释为由于在营养液中积累了对作物有害的植物代谢产物以及微生物和废水中引入的有机物等所致。所有种类的微生物数量均有所增加，并且在与高等植物有关的微生物系统中出现了变化，尤其是大肠杆菌、变形杆菌（*Proteus*）和乳酸酵母菌的增长特别明显。物种多样性变得越来越窄，而且对人具有潜在危害的细菌和真菌的流行程度也在增加。停止向营养液供应废水后，有机物含量和微生物数量均有所下降，而且微生物种类的多样性有所增加。

另外，研究发现微生物产生的一些气体代谢物会影响小麦生长（Tirranen et al.，1979）。幼苗根系生长受到的抑制大于茎的生长。因此，研究人员认为，在密闭系统中植物生长抑制和生产率降低必然是由许多因素共同作用引起的。这些因素包括营养液的长期使用、废水的添加以及系统大气中的气体密闭循环。

考虑到这一点后，在后续的密闭生态系统实验中采取了一些措施，如改变了高等植物单元中的微生物系统，以消除导致植物生物合成受到抑制的不利因素；在系统中加入催化转化器，以对系统大气中的有机污染物和微生物进行氧化处理。此外，对人工气候室的空气和植物也进行了紫外线辐射处理。之后，在该实验中则既未发现植物状态仍在逐渐恶化，也未发现微生物菌群的爆发式增长等情况。

10.3.4　高等植物单元群落对密闭生态系统中微生物分布状态的影响

密闭生态系统中的最终微生物分布状态，取决于共轭单元的微生物种群组成以及单元之间进行微生物群落交换的可能性。在密闭生态系统中，微生物群落的分布和形成主要通过产气（aerogenic）、接触和消化途径发生。与系统的其他单元相比，高等植物单元在数量和质量上都富含微生物。对于高等植物的微生物群落，不仅可通过空气和水的流动将其带到系统的其他单元，而且可通过在密闭生态系统中种植的作物，在收获它们并将它们用作食物的时候将其带到系统的其他单元。

当高等植物单元成为密闭生态系统的一部分时，其他各单元的微生物群落则变得更加多样化，而且真菌传播体的发生也更加频繁。在藻类培养装置中，从高等植物单元所引入的微生物种类并不占优势，但丝状菌的传播体却更常见。另外，在微生物培养装置中也观察到类似的情况。而且，在乘员居住室的内表面检测到属于高等植物单元微生物群落的细菌，这些细菌分别出自欧文氏菌属（*Erwinia*）、无色杆菌属、假单胞菌属和其他属。

随着从人工气候室流入空气，在乘员居住室中青霉属（*Penicillium*）真菌在空气中开始多了起来。这些真菌主要寄生在植物上，特别是在小麦的茎秆和籽粒上，以及在高等植物单元的空气中。人体微生物群落对高等植物单元微生物分布状态的影响，主要体现在加有废水的小麦营养液中的大肠杆菌、变形杆菌、酵母菌和类酵母菌的真菌数量出现增加。乘员居住室的微生物分布状态主要是在高等植物单元中微生物群落的影响下形成的。

为了减少乘员与高等植物单元中微生物群落的直接接触，则会要求乘员在人工气候室中工作时穿上了防护外衣，并带上了可过滤掉微生物的呼吸器。这些研究表明，密闭生态系统中菌群的形成受到其中特定条件的影响。在 9.2 节中，介绍了密闭生态系统中的人体微生物群落，其涉及关于密闭生态系统中人的问题。

第 11 章
密闭生态系统的理论分析

■ 11.1　CES 的数学建模问题

　　密闭生态系统（closed ecological system，CES）的发展受到两种主要需求的驱动：①需要了解地球生物圈稳定性的机制，以克服全球生态危机；②需要通过生命保障系统，来确保人类在不利或危险的环境条件下能够安全生存。因此，作为生物圈和空间生物生命保障系统的实验模型，实验性的 CES 开始崭露头角。利用实验性模型的必要性众所周知，因为利用地球生物圈进行实验会非常危险而且事实上是不可能的，而对全尺寸的实验原型进行全面测试会十分昂贵而且相当耗时。因此，这两条研究路线是密切相关的，因为任何 CES 其本质上都是生命保障系统（life support system，LSS），即优先基于生物再生过程的 LSS（其保障的不只是人的生命）。在本章中，我们将从工程的角度来考虑 CES，并将重点讨论为实际应用而开发 CES 的问题。

　　作为一种研究工具的实验性 CES，其必须满足这两条研究路线的直接目的所引起的许多需求。LSS 路线（首先面向太空应用）的目的是构建一套 LSS，以便实现以下目标。

　　（1）保障生命，也就是其必须可靠、能够提供必要的生活质量，而且能够自主或自给自足，或者能够基本如此。

　　（2）可制造，即它必须易于复制，而且可根据计划予以设计。

　　（3）具有的质量、体积和功率（能耗）最小。

由于长期 LSS 必须是自给自足或自主可循环，因此密闭生态系统成了它们的研究模拟器。研究地球生物圈的目的，是对前所未有的人为破坏后的生物圈状态进行可靠预测。本方法基于对可用数据进行回顾性分析和对短期模型预测进行比较的基础上，建立被调整到实际观测值的巨大数学模型。显然，与生物圈状态发生变化的典型时期相比，这种回顾所涵盖的时间则很短。实际上，需要等待几十年甚至几百年才能将模型的预测结果与生物圈的明显变化进行比较。这样，接近所宣称目标的速度显然太慢以致无法达到实际目的。此外，由于生物圈模型的适当性尚未得到验证，因此很有可能需要测量和记录另一组达到目标所必需的参数。

原生地球生物圈认为基本上是密闭的。这意味着，在地球上运行的化学和生化反应系统中并没有化学元素的基本损失或流入。因此，一种适当的生物圈实验或理论模型必须满足另一个约束条件：闭合，这样，对生物圈建模及其方法和理论专家来说，构建实验性 CES 是一种挑战。表 11.1 显示了关于 CES 的研究生物圈与在太空和地面应用之间的对应关系。

表 11.1 对于 LSS 和 CES 的相似性要求

序号	LSS（面向应用）	CES（面向研究）
1	可靠性（安全性）	不稳定机制
2	自主性（自给自足）	闭合度
3	可制造性	重现性（结果的可靠性）
4	指令的可设计性	通过 CES 组成的可预测性
5	质量和体积最小化	实验加快（通过减少弛豫时间）

下面，我们一起考虑这些问题。

（1）只有对不稳定机制进行全面研究后，才能设计出可靠的 LSS。对生物圈稳定性机制的了解也是如此。全面研究需要大量数据，而这些数据无法通过在一定时间内对生物圈甚至是全尺寸 LSS 原型的观察获得。此外，稳定性测试还包括对关键制度（regime）动力学进行全面研究，而这在有人的实验性 LSS 中开展研究的情况下是不可能的。

（2）自主或自给自足确保了 LSS 在没有任何外部供应的情况下能够长期运行，并意味着系统中物质的一种高度闭合。闭合还意味着在 CES 中不存在物质死锁（matter deadlock）的问题。物质死锁动力学（deadlock dynamics）的研究需要很长时间的实验，因为死锁的形成速率与 LSS 开发的持续时间相当。

（3）可制造性，即大规模生产的能力，是指在开发了给定类型的 LSS 的设计和运行制度之后，则创建给定 LSS 的任何副本将不需要任何额外的研究。在实现 LSS 实验的完全可重复性之后，这则必须成为可能。顺便提一下，实验的可重复性是科学方法最重要的要求（和优点）。在人工生态系统领域，尚未实现实验的可重复性，因此没有人能够把目前独特的 CES（如俄罗斯的 Bios – 3 实验综合体、美国 NASA 的 CELSS 集成实验装置和日本的密闭生态实验装置（CEEF））当作科学研究的对象，因为它们现在只是人工制品。为了把这一知识领域发展到科学水平，则将需要开展大量新的实验。

（4）具备根据指令而设计和建造 LSS 的能力，而无须进行任何大量的额外实验工作，这意味着在描述 LSS 组成部分的基础上，可以对 LSS 的运行参数进行正式描述。为了达到这样的了解水平，有必要采用不同的 CES 进行实验，并对其进行适当（综合）的理论描述。

（5）如果将 CES 实验的速度提高很多倍，则以前的所有项目都可得到完成。在系统内加强物质循环是可能的。例如，在 Bios – 3 系统中（Kirensky et al., 1971；Gitelson et al., 1989），一个氧原子大约每月参与呼吸过程一次。如果把 Bios – 3 系统看作是生物圈的一个原始模型，并比较一下物质交换的速率，则可以说该模型中的时间比地球生物圈中的时间要快 1 万倍。然而，这种加速水平对于实际应用来说并不够。在有人操作的 LSS 中，化学转化的总速率受到人体新陈代谢水平的限制。

为了给实际应用而开发和设计 CES，则有必要评估其可靠性和可利用特性（如闭合度、所涉及部件的质量和能耗等）。当然，在这种情况下，"稳定性"（stability）一词更为普遍，但为了强调本章的工程方向，即使提到地球生物圈，我们也经常使用"可靠性"（reliability）一词。因此，本节专门讨论对设计长期太空飞行任务似乎极为重要的问题，而我们在地球这个星球上的生活就是这种太空飞行任务的一个例子。毫无疑问，确保乘组人员的安全是载人太空系统最重要的功能。乘员的安全本质上取决于 LSS 的可靠性。另外，闭合度对于人工生物圈（artificial biosphere。CES）和地球生物圈都是一个非常重要的参数，因为它决定了从一个 CES 的初始状态向不稳定的某个边界逐渐转变的速率。

因此，有充分的理由需要提高 LSS 的可靠性，并在实际应用中选择最可靠的 LSS。至于我们的生物圈，需要制定克服全球生态危机的战略。关于 LSS 可靠性的任何工作都需要对其进行估量。然而，由于被计划长期使用的 LSS 具有特殊性，因此通常用于工程系统的可靠性评估方法在这里并不太适用。

主要限制因素与 LSS 的平均故障间隔时间（mean time between failure，MTBF）的评估方法有关。例如，如果假设每年 LSS 故障发生的概率为 0.01，那么对于一个全尺寸的 LSS 原型，测试的适当持续时间则会超过 100 年，或者对于 100 个 LSS 原型，测试的适当持续时间应大约为 1 年（如果采用故障发生概率的指数模型）。开展一个单独的 LSS 实验几乎无法给出关于这个问题的任何信息，而只是研究人员个人传记中的一个插曲。

因为模型调整的过程需要相同数量的实验数据，所以无法在此处采用通常能够给出概率来预测系统状态的数学模型。因此，为长期飞行任务构建 LSS 并不容易，而测试起来的困难就会更多。

■ 11.2 LSS 可靠性设计的可能途径

如果知道导致 LSS 不稳定的原因，那么就可以评估该系统的可靠性。需要对 LSS 运行的关键机制进行彻底研究。但是，在与 LSS 实际开发的预期持续时间相同的时间内，测试几个全尺寸的 LSS 原型的可靠性是不现实的。显然，有必要加快测试过程。由于受到人体代谢速率的限制，因此我们无法从根本上在全尺寸的 LSS 内提高质量交换过程的强度。

解决该问题的一种可能的方法是利用小型（或称微观（micro-））和中观（meso-））的无人 CES，来完成高度密集的质量交换过程（Kovrov et al.，1985；Folsom et al.，1986）。但是，将获得的数据用于进行全尺寸的 LSS 设计时会存在问题。为了解决这个问题或从根本上降低其重要性，有人提出了生态相似性（ecological similarity）（按比例缩放。scaling）的方法（Bartsev et al.，1994；

Bartsev et al., 1996)。

提出这种方法的思想是基于与飞机制造中所使用方法的比较。例如：首先由设计师画出一架新飞机的草图，并对未来飞机的参数做出大致估算；然后根据空气动力学相似性原理（aerodynamical principle of similarity），建立飞机的小型模型，并在风洞中进行实验。在这些实验中，对模型进行了所有必要的修改，从而使其参数达到了所需要的值。用所谓的数字（马赫数和雷诺数等）所表示的相似性准则，允许实施反向过程，并根据模型修改而对原始模型（全尺寸飞机原型）进行修改。只有在此阶段之后，才开始建造实验性飞机，并开始真正的飞行测试。

LSS 的创建过程应该类似于飞机制造。在这种情况下，小型飞机模型的作用将由微型生命保障系统来完成，在该系统中包含进行高速率质量交换与转化的动植物。然而，不幸的是，不能直接将空气动力学相似方法的经验用于 LSS 的设计，因为没有像纳维－斯托克斯方程（Navier－Stokes equations。描述黏性不可压缩流体动量守恒的运动方程。译者注）那样精确描述生态系统的方程。我们的目标是发展生态相似性准则，以便使之能够应用于真正的 LSS，而不需要对它们进行详细的数学描述，此方法的一种可能结构框架如图 11.1 所示。

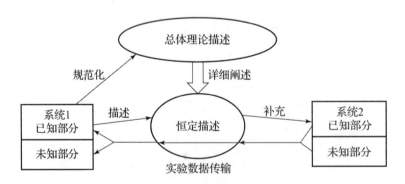

图 11.1　生态相似性研究的方法模式

这里，"系统 1" 是一个全尺寸原型，而"系统 2" 是一个实验性的微型 CES。极为重要的是，任何生物系统都有两个部分，即已知部分和未知部分。这致使这种情况与空气动力学的情况有很大不同，因为这种情况不允许构建一个精确的 CES 模型。的确，如果对 CES 具有完整的数学描述，则现在很容易进行计算实验（computational experiment），并获得关于可靠性的数据。然而，由于在 CES 的特性中存在一个未知部分，因此计算实验并不全面也不可靠。生态相似性方法（ecological similarity approach）在很大程度上是基于这样的希望，即两个具有相似或相同（在 CES 恒定描述的水平上）已知部分的系统，由于它们在生化、遗传和一般的生物学等方面具有相似性，因此这两个系统在未知属性的级别上也是相似的。另外，该方法有望通过概括利用小型而快速运行的 CES 所获得的经验，来发展可对 CES 进行充分描述的准则。

一般理论描述的类型取决于 CES 设计者的知识水平、可用数据和目标。因此，所选择的理论思考水平和"系统 1"的特殊性决定了对系统 1 和类似内容的恒定描述。该描述允许获得实验性侧视（"系统 2"）所必须遵守的属性描述。用"系统 2"所获得的实验数据可通过对"系统 1"恒定描述的可逆应用而被转移。例如，"系统 2"的安全运行区域或动态范围可被转化为"系统 1"的安全运行区域或动态范围。

11.2.1 近似方程的直接利用

基于上述分析，一种可能的方法是编写一些可以描述一套给定 CES 的通用方程式。然后，基于这些方程式则可以确定一些"数字"。这些"数字"允许选择 CES 或将 CES 与相同的数字进行组合，从而具有相似的行为，包括可靠区域的相似性。作为示例，让我们来考虑一个描述大气完全闭合的 CES 模型。此类 CES 的一种真正原型是 Bios – 3 系统（Gitelson et al., 1989; Kirensky et al., 1971）。关于具有实用价值的 Bios – 3 系统的描述，其最简单的表示形式如下：

$$\begin{cases} \dot{x}_1 = \gamma y_1 \dfrac{v_1 x_2}{K_1 + x_2} + \delta y_2 \dfrac{v_2 x_2}{K_2 + x_2} - \mu V_0 \\[2mm] \dot{x}_2 = -\gamma R_1 y_1 \dfrac{v_1 x_2}{K_1 + x_2} - \delta R_2 y_2 \dfrac{v_2 x_2}{K_2 + x_2} + \mu R V_0 \\[2mm] \dot{y}_1 = y_1 \dfrac{v_1 x_2}{K_1 + x_2} - q V_0 \\[2mm] \dot{y}_2 = y_2 \dfrac{v_2 x_2}{K_2 + x_2} - (1-q) V_0 \end{cases} \quad (11.1)$$

式中：x_1 为 O_2 浓度；x_2 为 CO_2 浓度；y_1 为小麦生物量"浓度"（第一种植物）；y_2 为油莎果生物量"浓度"（第二种植物）；V_0 为人类（消费者）的新陈代谢速率；V_i 为植物在最佳光照下的最大增长速率；γ 为使小麦生长速率与 O_2 生成速率相关联的系数；δ 为油莎果生长速率与 O_2 生成速率相关联的系数；μ 为将人体新陈代谢率与耗氧率相关联的系数；R_1 为植物的同化商；R_2 为人的呼吸商；q 为被小麦光合作用所保障的人体代谢部分。

如果出现 $\mu = \gamma q + \delta(1-q)$ 和 $\mu R = R_1 \gamma q + R_2 \delta(1-q)$ 时，那么 CES 就能够在大气成分方面达到完全平衡。通过引入新的变量，则可获得具有类似于给定 CES 行为的系统的恒定描述：

$$\varepsilon_1 = \frac{x_1}{\tilde{x}_1}, \quad \varepsilon_2 = \frac{x_2}{\tilde{x}_2}, \quad \eta_1 = \frac{y_1 v_1}{V_0 q}, \quad \eta_2 = \frac{y_2 v_2}{V_0(1-q)}$$

式中：x_i 为 O_2 和 CO_2 的浓度，它们对于 CES 的"消费者"来说均是正常浓度。

在给定的精度水平下，关于 Bios–3 系统的不变描述如下：

$$\begin{cases} \dot{\eta}_1 = v_1\left(\eta_1 \frac{\varepsilon_2}{N_1 + \varepsilon_2} - 1\right) \\ \\ \dot{\eta}_2 = v_2\left(\eta_2 \frac{\varepsilon_2}{N_2 + \varepsilon_2} - 1\right) \\ \\ \dot{\varepsilon}_1 = N_4 \dot{\eta}_1 + N_5 \dot{\eta}_2 \\ \dot{\varepsilon}_2 = -N_4 N_6 \dot{\eta}_1 - N_5 N_6 \dot{\eta}_2 \end{cases} \quad (11.2)$$

其中

$$N_1 = \frac{K_1}{\tilde{x}_1}, \quad N_2 = \frac{K_2}{\tilde{x}_2}, \quad N_3 = \frac{v_1}{v_2}, \quad N_4 = \frac{\gamma V_0 q}{v_1 \tilde{x}_1}$$

$$N_5 = \frac{\delta V_{0(1-q)}}{v_2 \tilde{x}_1}, \quad N_6 = R_1 \frac{\tilde{x}_1}{\tilde{x}_2}, \quad N_7 = R_2 \frac{\tilde{x}_1}{\tilde{x}_2}$$

对于类似于 Bios–3 的系统，这些"数字"必须相等，因此有可能构建加速的小型 CES，其中包括人和植物部件的某些模拟物。如果上面给出的所有数字都是相等的，那么这个小模拟器将具有相同的动力学，而且因此具有可靠运行的相同区域（按比例缩放后）。

一般来说，这种方法提供了一种测试我们对 CES 了解程度的可能性，方法是通过大大加速实验,这样在其中 20 d 的动态学将相当于 400 d 的全尺寸 CES 实验。由于这些快速的 CES 确实很小而且成本很低,因此有可能进行大规模实验。然而,尽管将有可能获得足够的实验点来评估描述的准确性并对其进行改进,但这对于全尺寸的原型模型而言是绝对不真实的。有时,在进行 CES 的设计和评价中,对部分相似性案例进行考虑是富有成效的。然而,如果讨论这些案例,那这一章的篇幅将会很长。

11.2.2 CES 作为模型对象的特性及高兹逆原理

对于给定数量的化学元素,完全闭合 CES 所需的最小物种数量会有一些限制。假设 CES 中含有 N 种浓度为 n_i 的物质,其中 $i = l, \cdots, N$ 和 M 种的编号为 $l \sim M$。设第 j 种物种每质量单位产生第 i 种物质的量为 V_i^j。然后,考虑 L 质量守恒定律(L mass conservation laws):

$$\sum_{i=1}^{N} C_\alpha^i V_i^j = 0, \quad \alpha = 1, 2, \cdots, L \tag{11.3}$$

式中:C 为第 i 个物质的单元中具有第 α 个元素的量。

可以看出,如果 CES 要长期存在,则必须满足以下不等式:

$$M > N - L \tag{11.4}$$

式(11.4)表明,在密闭生态系统中必须包含足够数量的物种才能闭合。此外,L 质量守恒定律越多,则实现 N 物质闭合所需要的物种数量就越少。可将方程表达式(11.4)与著名的高兹原理(principle of Gauze)进行比较,而该原理认为,对于生长速率取决于 N 物质浓度的 M 物种的自动调节(autoregulation),必须满足以下不等式:

$$M < N \tag{11.5}$$

因此,由不等式(11.4)和不等式(11.5)可知,如果在 CES 中只有自动调节是唯一的控制机制,那么种群数量必须符合组合约束(combined constraint):

$$N > M > N - L$$

由于不等式(11.4)和不等式(11.5)在结构上具有相似性,因此不等式(11.4)可称为高兹逆原理(inverse principle of Gauze)。

11.2.3 闭合度对预测 CES 状态精度的影响

可以选择生态系统参数先验预测的三个方面：①中间变量（medium variable）（氧气、二氧化碳和水等）的稳态预测；②生物数量的稳态预测；③演变预测。通常可以把这三个方面分开考虑，因为对于每个水平的弛豫时间（relaxation time。在统计力学和热力学中，弛豫时间表示系统由不稳定态趋于某稳定态所需要的时间。译者注），其在本质上是不同的。

让我们评估中间变量的稳态预测的误差。下面所介绍的评价方法最适用于 CELSS 集成实验装置和 Bios-3 系统等人工生物圈（Gitelson et al., 1989）。对于 CELSS，由于可以假设理想混合的条件和外部参数值的稳定性，所以通过常微分方程（ordinary differential equation）组，可以充分描述生态系统状态变量的动力学：

$$\dot{x}_i = \bar{K}_i(\bar{x}, \bar{\beta}) \tag{11.6}$$

式中：β 为生态系统中所包含的生物体参数的向量，是从实验数据中获得的一些函数，这些函数可用于对一般集合特征进行评估。

然而，在每一个生态系统中，由于不可避免的波动而致使函数的参数都与通用集合的参数不同，从而导致实验固定浓度与系统溶液的预期浓度之间的差异：

$$\bar{K}_i(\bar{x}, \bar{\beta}) = 0$$

利用以上等式，来估算一个循环中固定浓度的离散度和质量循环速率的离散度。为了简单起见，让我们来考虑一个密闭系统，其中每个营养级别仅由一个物种表示。另外，让我们假设对底物浓度的简单速率依赖性，即不存在调节性的"变构"相互作用（regulatory 'allosteric' interaction）。

在考虑到系统的闭合度 $\left(\sum_i x_i = \text{const}\right)$ 而经过必要的计算之后，得出了固定物质浓度的离散度公式：

$$D(x_i) = \frac{b_i}{m_i a_i^2}\left(1 + \frac{2}{m_i a_i \sum_{j=1}^n \frac{1}{m_j a_j}}\right) + \frac{1}{m_i^2 a_i^2} D(f) \tag{11.7}$$

式中：$D(f) = \dfrac{\sum\limits_{i=1}^{n} \dfrac{b_i}{m_i a_i^2}}{\left(\sum\limits_{i=1}^{n} \dfrac{1}{m_i a_i}\right)^2}$ 为物质循环速率的离散度；$a_i = \dfrac{v_i}{x_i}$；$b_i = \sum\limits_{ki} \left(\dfrac{v_i}{\beta_{ki}^i}\right)^2 D(\beta_{ki}^i)$，$D(\beta_{ki}^i)$ 为由于不同来源的不可避免的波动而导致的第 i 种第 e 个参数的离散度，此处不予考虑；V_i 为被第 i 个物种进行第 i 种物质转化的速率；m_i 为第 i 个物种的生物体数量。通过对式（11.7）进行分析，可以得到 CES 的一些一般性统计特性。

（1）与开放情况相比，密闭性降低了离散度。对于由两个物种组成的最简单的 CES，在开放条件下，离散度仅为一个物种的½。

（2）CES 状态的离散度不能大于具有最大值阶段时的离散度（对于开放情况）。

综上所述，关于生态系统稳态的预测通常并不准确，而且误差可能会很大。因此，人工生物圈将需要"软"控制（包括调整、初始调节和永久调节）。

11.2.4 适用于 CES 的统计数据处理

任何参数的实验测量都存在误差。评估一些重要参数（如算术平均值和离散度）及它们的精度的常用统计方法，是基于这些参数是独立的假设。然而，在 CES 中，质量守恒定律使得这些参数并不独立。因此，对在该系统中获得的任何数据都要考虑这些约束而必须进行处理。最大似然法（approach of the maximum likelihood）使得有可能获得用于计算适当期望值的必要方程。这里，仅给出一种质量守恒定律情况下用于期望值评估的计算公式：

$$\mu_i = \bar{x}_i + s_{\bar{x}_i}^2 \dfrac{(1 - \sum \bar{x}_i)}{\sum s_{\bar{x}_i}^2} \quad (\sum \mu_i = 1) \tag{11.8}$$

式中：μ_i 为第 i 种物质的期望值；$s_{\bar{x}_i}^2$ 为第 i 种物质的算术平均值的标准离散度。几种质量守恒定律的情况需要线性方程组的解，并且没有简明的解析形式。

11.2.5　面向项目的 CES 模型描述级别

在本节中，我们将考虑为给定的实际应用选择适当的 LSS 类型的问题。该系统可能的组成有许多版本，并且具有一系列操作制度。由于没有足够的关于该系统不同特性的实验数据（其中只有少量数据经过了实验测试），因此，该系统组成最有前途的先验选择问题对于集中经费支持和设计人员的工作至关重要。这样，就出现了关于选择 LSS 适当标准的问题。闭合度是一个非常重要的参数，它与无外部干预的 CES 的自主生存时间密切相关。此外，闭合度会决定 LSS 的总质量，这对空间应用极为重要。由于实际上无法实现完全闭合，因此可以将闭合部分 K 定义为

$$K = (1 - \Delta m_{in}/\Delta M_{out}) \tag{11.9}$$

式中：K 为闭合系数；Δm_{in} 为单位时间内输入 CES 的质量；ΔM_{out} 为单位时间内在 CES 中所被回收走的质量。

重要的是，式（11.9）只可被用于确定任何 CES 的闭合度，条件是 $\Delta m_{in} = \Delta M_{out}$ 及该系统内达到稳态。如果该需求不能得到满足，那么在系统内就会出现死锁或不足，则它们的累积最终会导致系统崩溃。因此，在本章中的 CES 一词始终以满足此要求为前提。

如果比较两个被研究最多的生物生命保障系统，即 Bios – 3 系统（Kirensky et al.，1971）和生物圈 2 号（Nelson 和 Dempster，1995），我们则会发现巨大的差异不仅与设施的规模有关。Bios – 3 系统被设计为一台带有生物单元的机器，因此设计者必须考虑对它们如何"正确"操作的问题。相反，生物圈 2 号的发起人依赖于所构建的生态系统的自组织（self – organization）能力，并向其中引入了约 4 000 种生物（Allen，1991）。然而，在整个实验过程中，在 Bios – 3 系统中达到了稳态（不包括菌群含量），但在生物圈 2 号中却没有达到稳态，因此说生物圈 2 号是一个密封而非密闭的生态系统（此说法可能存在异议。译者注）。

通过对 Bios – 3 装置和生物圈 2 号的基本结构及其实验结果进行分析后，我们则能够选择 CES 封闭技术的三个级别，其简要说明见表 11.2。目前已基本达到了第一个级别，并可以计算出其在恒定条件下达到物质平衡和可能形成死锁的速率。

表 11.2　CES 闭合技术级别

闭合技术等级	形式描述类型	所需数据	LSS 的指标标准
第一级（静态）（足以对 LSS 进行比较工程评估）	受物质守恒定律约束的固定流代数方程组	由实验确定的最佳 LSS 部件参数	LSS 质量、外部供应物品质量及闭合系数
第二级（动态）（对控制系统提出所需要求）	描述 LSS 中物质流的微分方程组	部件的工作特性（参数与条件的关系）	LSS 的整体可靠性、稳定性和动力学范围
第三级（"变构"）（确定 BLSS 的特定物种组成）	形式描述未知。利用实验室 CES 在实验水平上开展研究	LSS 部件之间的非特定相互作用	人的生活质量

从形式上讲，第一级的问题是根据物质守恒定律、人体新陈代谢需求及 LSS 部件的正常运行条件等施加的约束，找到与所选标准相关的评价函数的最小值。第一级闭合技术，足以对不同 CES 进行比较工程估算，从而可以从根本上减少可能出现的 CES 变种。第二级闭合技术，包括对部件参数的微调（相对于每个部件）以及对系统稳定性的评估。在这个级别上，质量流的动力学可以通过微分方程来描述。

第三级闭合技术，解释了 CES 部件（包括物理和化学部件）之间的非特异性相互作用。例如，从一种植物或人体释放出的微量有机挥发性化合物（例如乙烯、氨和生长激素）可能会影响其他植物的生长和发育，或毒害物理-化学催化单元。这些影响在理论上是无法预测的，因此，实验研究的主要作用是该水平的独特性。

本节的目的是阐明闭合技术的第一级，这是朝着进行最佳 LSS 设计而必不可少的一步。这里作为例子而被考虑的 CES 基于以下生物或物化部件：真养产碱杆菌［*Alcaligenes eutrophus*，称为氢氧化细菌（*Hydrogenomonas eutrophus*）］- HB LSS；微藻（小球藻属）- MA LSS；高等植物（小麦、油莎果、蔬菜）- HP LSS；高等植物 + 蘑菇（如平菇。*Pleurotus ostreatus*）- HPM LSS；高等植物 + 物理-化学废物焚烧部件 - HPI LSS。

这里，利用在密闭条件下从实验获得的有关 CES 部件参数的数据进行计算，其中 CES 部件的功能参数与开放条件下的不同（Bartsev et al.，1996）。即使利用如此严格规定的 CES 部件参数，也有可能组装出许多对人具有不同闭合度或互补性的 CES 版本。但是，对于给定条件和给定标准，给定类型的最佳 CES 只能是一个，并且将为进一步设计而选择最佳 CES 类型的问题简化为对一小组最佳 CES 的比较。

11.2.6 最优化标准选择

在宇宙学中，最小质量标准和允许简单转换为质量单位的能量标准被人们所接受。在本节中，"综合"或"累积"质量 m_{int} 标准可用于进行优化和比较：

$$m_{int} = m_{LSS} + \Delta m \cdot T \tag{11.10}$$

式中：m_{LSS} 为 LSS 部件的质量；Δm 为来自外部的必需品的质量；T 为 LSS 的运行时间。

对于在评估 m_{LSS} 和 m 时需要考虑什么问题的答案，取决于所选定的思考框架。为了弥补有关 LSS 条件和设计的不完整数据，我们引入两个 LSS 描述级别。

11.2.7 关于 LSS 的思考框架

目前，最确定的是在给定时刻直接参与质量交换过程的 LSS 部件的质量框架，而不管维护设备的质量如何。我们将此框架级别称为理想设计解决方案（ideal design solution，IDS）级别，其对应于组件运行的实际被实现和测试的条件，但是并未考虑设计的质量和其他参数。无论采用何种设备设计解决方案，该框架均符合极限 LSS 特性，这样可作为设计人员的指南，并表示一种或另一种 LSS 的主要约束条件。

下一个框架级别是适度优化设计（moderately optimistic design，MOD），该设计基于从一般考虑并通过类比而获得的 LSS 参数估值。这是一个相当主观的评估水平，但它必须作为一个基本水平来比较针对一次给定太空飞行任务所需要的不同 LSS。该框架包括 LSS 本身的设备质量、维持 LSS 运行的供能和散热系统的质量，以及与居住区体积增加所引起的航天器质量的增加等。在这种情况下，Δm 不仅要包括大气、水和食物的质量，还要包括维修设备所用备件的质量。本节只介绍关于

IDS 的两种案例的计算情况（Bartsev et al.，1996）。

11.2.8 实施优化的限制因素

CES 优化程序是在物质守恒定律、人体新陈代谢需求及 CES 部件的正常运行等受到限制的条件下进行的。

这里的约束系统对应于被用于设计 Bios 系列 LSS 的闭合技术（Kirensky et al.，1971；Gitelson et al.，1989）。所选的四种元素（碳、氧、氢、氮）决定了一组其转化受控的物质：氧气、二氧化碳、水、蛋白质、脂肪、碳水化合物和含氮化合物。CES 部件的总生物量认为是这些物质的组合。这些约束条件限制了可调节变量的范围：人膳食的组成（蛋白质、脂肪和碳水化合物的量）、生物部件的质量、被利用的可食生物量部分（针对高等植物和蘑菇）以及被焚烧成分的质量（用于焚烧系统）。在本章中，考虑了三种不同的情况。

(1) 在正常膳食的情况下，一定数量的动物蛋白和脂肪认为是人类食物的必要成分，而且必须被预先储存或从外部供应。蛋白质的范围为 $100 \sim 160 \text{ g} \cdot \text{d}^{-1}$，而脂肪为 $50 \sim 100 \text{ g} \cdot \text{d}^{-1}$。从外部供应的动物蛋白最低量为 $50 \text{ g} \cdot \text{d}^{-1}$，而动物脂肪最低量为 $25 \text{ g} \cdot \text{d}^{-1}$。此外，盐回收系数（coefficient of salt recycling，CSR）为 0.5，这接近于已获得的被焚烧产品的利用水平（Bubenheim 和 Wignarajan，1995）。因此，这种情况可认为是真实的，而且几乎可被立即实施。

(2) 正常膳食情况下的 CSR = 1.0。其他限制条件与第 (1) 项相同。

(3) 如果完全素食，CSR = 1.0，则蛋白质的范围是 $50 \sim 60 \text{ g} \cdot \text{d}^{-1}$，而脂肪的范围是 $30 \sim 100 \text{ g} \cdot \text{d}^{-1}$。

11.2.9 IDS 框架计算实验

IDS LSS 结构在不同运行时间其总体质量等方面的优化结果如图 11.2 ~ 图 11.4 所示。由于优化程序将蘑菇从系统中予以剔除，因此在图中未显示高等植物—蘑菇 LSS 质量的动态变化情况。关于微藻 LSS 的数据在所有的图中都有显示，以供比较。在图 11.2 ~ 图 11.4 中，每一个标记都显示了高等植物 LSS 的结构发生某种变化的点。在其间隔内，结构是恒定的。

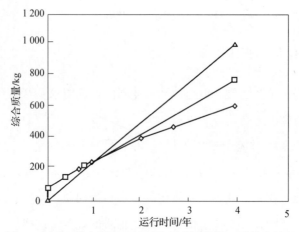

图 11.2　IDS 生命保障系统结构综合质量的一种优化结果

（食用"正常"膳食，CSR = 0.5，处于 IDS 水平）

（□—基于高等植物（HP）的 LSS；

◇—基于集成有焚烧部件的高等植物（HPI）的 LSS；△—基于微藻（MA）的 LSS）。

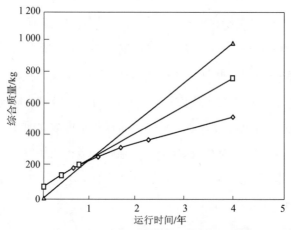

图 11.3　IDS 生命保障系统结构综合质量的一种优化结果

（食用"正常"膳食，CSR = 1.0，处于 IDS 水平）

（□—基于高等植物（HP）的 LSS；

◇—基于集成有焚烧部件的高等植物（HPI）的 LSS；△—基于微藻（MA）的 LSS）。

由此可见，得到优化的生物 LSS 在长期空间应用中是有希望的。当太空飞行任务的持续时间超过 1 年的情况下，基于高等植物的 LSS 无论是否具备焚烧功能，都没有竞争对手。在图 11.4 中，HPI LSS 曲线的水平部分显示了当不需要外部供应时 LSS 处于完全闭合时的状态。当然，它只在被选精度和约束架构的范围

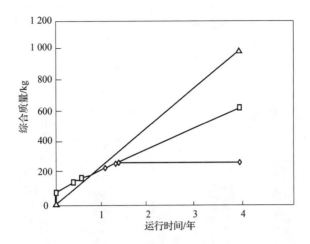

图 11.4　IDS 生命保障系统结构综合质量的一种优化结果

（食用素食，CSR = 1.0，处于 IDS 水平）

（□—基于高等植物（HP）的 LSS；

◇—基于集成有焚烧部件的高等植物（HPI）的 LSS；△—基于微藻（MA）的 LSS）。

内是正确的。例如，该系统在磷方面可能并不平衡，但是关于磷还需要获得额外的实验数据，所以这种计算方案可被作为实验数据的组织者和规划者，以展示 LSS 评估的关键点。然而，IDS 案例只显示了系统性能的上层。为了让评估更接近真实的设计，则必须采用基于适度乐观设计（moderately optimistic design，MOD）的思考框架。

计算结果表明，在 IDS 和 MOD 的情况下，LSS 结构的动态模式是相同的，说明设备长时间仅提供位移图（shift diagram）。当在 MOD 水平上考虑时，如果太空飞行任务中食用"正常"膳食的时间持续超过约 5 年和食用素食的时间持续超过约 3 年时，则基于高等植物的优化 LSS 比基于微藻的优化 LSS 会更好。

11.2.10　基于高等植物的 LSS 中植物群落结构

计算实验表明，盐回收系统（CSR）的取值并不影响结构，而只会及时改变它们（shift them in time）。在不同约束条件下，小麦/油莎果（莎草坚果）的组成如图 11.5 和图 11.6 所示。计算实验证明，基于高等植物的 LSS 的最优结构（包括种数比例及质量）取决于其运行时间。另外，计算实验表明，在基于高等植物+蘑菇的 LSS 中，所选蘑菇在任何运行时间都可被去除。

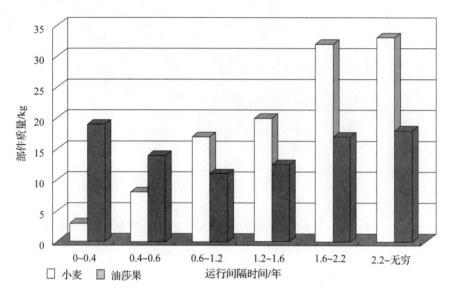

图 11.5　基于高等植物 + 焚烧部件的 LSS 的优化结构

（"正常"膳食，CSR = 1.0，IDS 水平）

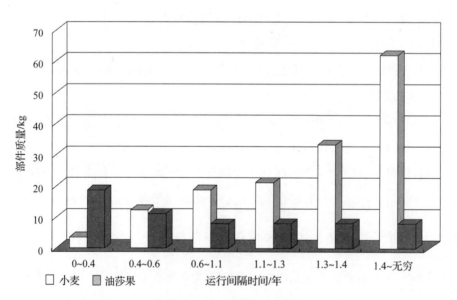

图 11.6　基于高等植物 + 焚烧部件的 LSS 最优结构

（素食，CSR = 1.0，IDS 水平）

在全部食用素食的情况下，这个优化水平的闭合度可以达到100%。但是，高水平的闭合度不能是 LSS 设计的目标，因为对于实际应用有价值的标准，不同的开发时间决定合适的 LSS 配置。就综合质量而言，如果 LSS 运行持续时间超过 3 年，那么从一定乐观的设计角度来看，基于高等植物的 LSS 则更为可取。

11.2.11 CES 实用选型的综合标准

为了改进 LSS，并为选择符合特定任务要求的 LSS 提供坚实的基础，则必须要有明确的标准来评估和比较不同的 LSS。这些标准需要用数值表示，以便不同的 LSS 可被安排在一条轴上。同样重要的是，这些标准必须要客观，或者至少要明确，以便利用其能够进行有意义的讨论。

有人认为，关于空间 LSS 的主要和唯一的目的是为人类提供安全保障并保护其健康与工作能力的说法可能是微不足道的。事实上，LSS 的一个基本要素是创造和维持这种可靠的生活质量，以免对人的健康造成危害。然而，在文献中对上述要素很少予以考虑。这种情况可以用难以精确计算复杂系统的可靠性和难以评估 LSS 中的生活质量来解释。目前，在宇宙学中最小质量准则（criterion of minimum mass）已得到认可。在这一准则的范围内，对功耗可以通过简单地将功率单位转换为质量单位，然后最小化总质量来进行计算。

然而，空间系统的质量最优性准则是次要的。这些准则是在将质量作为航天器可靠性的主导因素的宇宙学的兴起和发展过程中建立起来的："生命保障系统的重量会导致航天器的发射重量线性增加，并迅速而非线性增加火箭的重量和推力，从而极大地增加了火箭部件和系统的数量，进而降低了可靠性"（Voronin and Polivoda, 1967）。因此，质量最优性准则是与航天器整体可靠性相关的初始基本准则的一种转化形式。

目前，在规划长期飞行任务时，有理由回到一个能够整体界定空间飞行任务成功的标准，即一个符合所选太空飞行任务方案的航天器和生命保障系统可靠性的综合标准。当然，即便在目前，进行航天器的可靠性计算也是一个复杂的问题，因为某些指标必须由唯象估计（phenomenological estimate）或专家判断来选择。然而，可靠性标准的形式化可能有助于揭示我们的知识差距，并保持太空飞行任务设计的完整性。形式化可以清楚地概述那些仍然需要设计师直觉的地方。

形式化使我们能够清楚地勾勒出设计师的直觉仍然至关重要的领域。

目前，运载火箭的承载能力得到了提高，因此 LSS 的运行时间则被大幅延长。然而，在长期而遥远的飞行任务中，LSS 所发生的几乎任何故障都会导致灾难。所有这些都导致物理质量最小化标准（physical mass minimization criterion）在许多情况下不适用，因此使设计者感到困惑。整体可靠性的标准既符合人类的要求，又符合太空飞行纯粹实际的成功要求。

11.2.12　评估方法

首先，可以为太空 LSS 选择三个主要指标来满足其目标：可靠性、质量和生活质量。在可能的评价准则中，提出了整体可靠性准则。该准则包含了上述各项指标。只有把航天飞行任务作为一个整体来考虑，这些指标才能被相互关联。

整个太空飞行任务的可靠性可以更简单地被用灾难发生的概率来衡量。灾难发生的概率由以下三方面组成：①LSS 故障发生的概率；②由于致命的人为错误而导致故障发生的概率；③航天器工程系统发生致命故障的概率。总体可靠性准则的一般形式由下式表示：

$$P_{LSS}(m) + P_{QL}(T) + P_{GMS}(m) \to \min \quad (11.11)$$

式中：m 为 LSS 的质量，包括提供可靠性的备件和设备的质量；$P_{LSS}(m)$ 为由 LSS 故障引起的取决于质量的灾难概率（通常随 LSS 的质量增加而减小）；$P_{QL}(T)$ 为乘员发生致命错误的概率，这取决于生活质量和在 LSS 停留的时间 T。P_{QL} 随 LSS 类型的不同而变化。$P_{GMS}(m)$ 为由航天器工程系统故障引起的灾难概率，其随着 LSS 质量的增加而增加（指标"GMS"表示总体任务保障（general mission support））。

从上述表达式及其组成函数可以看出，在任务可靠性方面，显然必然存在一种 LSS 的最优质量。式（11.11）的第一项和第二项仅取决于给定 LSS 的类型和布局，第三项的具体形式取决于任务场景，并将在前两项之后予以考虑。

11.2.13　LSS 自身的可靠性估计

当对 LSS 的可靠性进行评估时，应该考虑冗余系统。然而，生物 LSS（CELSS）是特殊的，因为它们具有自我修复的能力，这就使 CELSS 即便在受到最严重的伤害后，也能够快速恢复，原则上，即使仅是少数细胞或种子也能保持它们的繁殖能力。有关 Bios – 3 系统的长期实验经验证明了这一点，即在其中发生的所有故障都是由工程设备而不是生物所引起。即使生物因工程故障而受损，但一旦在技术故障被排除后，它们就能自我修复。当然，在航天器上必须具备一定量的氧气、水和食物的紧急供应，以便航天员在紧急情况下能够生存。

为了从整体上提高系统的可靠性，建议将再生部件分割为几个相同且自维持的部分，以促进生产率或再生率的快速提高。分割意味着使水和空气在几个松散关联的回路中循环。隔间同时以其效率最佳的模式运行。当其中一个隔间出现故障时，其他隔间就会被提升，以便受损隔间在被维修的同时仍然能够保障乘员的生命（对于高等植物 LSS，所需要的维修时间为 10 d，而对于包含微藻以及氢氧化菌的隔间，则所需要的维修时间要短得多）。在这种情况下，LSS 本身的故障强度（failure intensity）会降低，对其估计值可根据如下等式进行计算（Bartsev 和 Okhonin，1999）：

$$\lambda_{LSS} = e^{-t_{CR}\lambda_s(N-N_0+1)} \frac{N!}{(N_0-1)!(N-N_0)!} \frac{\lambda_s^{(N-N_0+1)}\lambda_\tau^{N_0}}{(\lambda_s+\lambda_\tau)^N}$$

$$N_0 = \frac{N}{f(f \geqslant 1)}; \quad N_0 = N(f=0) \qquad (11.12)$$

式中：N 为再生部件自维持部分的数量；f 为允许增量（一个部件的生产率可被提高多少倍）；$\lambda\tau = 1/t_r$，t_r 为修复（恢复）组件所需要的时间；t_{CR} 为所有 LSS 再生部件失效时乘员能够存活的时间；λs 为再生部件一个部分的故障强度。

CELSS 出现故障的原因可能是：①突发事件；②导致部件中毒的物质泄漏；③再生部件的机械部分出现故障。该 λs 的近似估计值是基于空间运输系统飞行器（space transportation system orbitor）所接受的"标准"强度水平—$10^{-4} \ h^{-4}$（Lewis，1989）。

除了由于 LSS 出现故障而造成的灾难外，还应考虑到可能对人体健康和 LSS 本身寿命的威胁。在 LSS 的技术寿命周期（technological cycle）中，如果包括爆炸品 λ_{exp}、易燃品 λ_{flam} 或有毒物品 λ_{tox}，那么则应该考虑相关的风险。

综上所述，假设系统不同单元的故障发生率较小（太空设备也是如此），则可利用以下等式计算 LSS 事故发生的概率：

$$P_{LSS} = (\lambda_{LSS} + \lambda_{exp} + \lambda_{flam} + \lambda_{tox}) \cdot T \qquad (11.13)$$

11.2.14 生活质量标准和可靠性

在控制车辆、着陆舱、核反应堆或其他重要设备时,总是存在发生致命人为错误的非零概率。很难估计发生这种错误的概率,但很明显,这种概率会随着人的健康受损而增加。人的健康、可工作性以及最终发生致命错误的概率取决于 LSS 的一个非常重要的参数,即生活质量(QL)。因此,有一种方法可以将这个不易被形式化的标准转化为发生灾难的概率,这是对乘员安全性的一种数值表示。

研究表明,在密闭空气循环条件下——发生在高度密闭的所谓"节能"建筑中,会出现"病态建筑综合征"(Sick Building Syndrome,SBS。俗称空调病。译者注)的症状(Robertson et al., 1990)。根据 Robertson 等(1990)和 Zweers 等(1990)的估计,消除 SBS 可以减少 30% 的因病缺勤率,并从根本上减少对健康状况的不良影响。目前看来,对 SBS 的发病原因尚未完全搞清楚,但应该注意到的是,尽管 Bios-3 系统中的乘员处于完全增压的状态,但他们并未出现 SBS 的典型症状,而且更重要的是,他们更愿意把时间花在人工气候室中(Gitelson 和 Okladnikov, 1994)。不能排除的是,高等植物可能是降低乘员所犯致命错误概率的最现实的补救办法。

当健康状况良好时,致命的人为错误的概率可以通过公布的关于人为失误造成的空难统计数据来估计。人的"故障强度"相当大,即每 30~100 年一次。我们认为,随着健康受损(如慢性疲劳、嗜睡、头痛等),人的"故障强度"会随时间线性增加。

然而,由于没有关于人为出错率与在有害条件下花费的时间之间相关性的数据,所以使用了一个简单的线性函数。该函数可被定量表示为

$$\lambda_{QL} = \lambda_{hm} + \lambda_{hm} \cdot (1 - R_{LSS}) \cdot dA \cdot T_{mis} \qquad (11.14)$$

式中:λ_{hm} 为乘员在正常情况下的致命出错率;R_{LSS} 为与给定 LSS 类型与 SBS 相关的 QL 估算值(对于高等植物估计为 0.7,微藻估计为 0.1,氢细菌估计为 0);dA 为适应不良系数(dys-adaptation coefficient),表示由于生活在 LSS 条件下而导致的致命错误率的增加量;T_{mis} 为太空飞行任务的持续时间。因此,$P_{QL}(T) =$

$\lambda_{QL} \cdot T$ 为 T 的一个二次函数。

11.2.15 可靠性和质量标准

空间系统的特点是在可靠性和质量之间具有密切关系，但在 $P_{GMS}(m)$ 中所表达的这种关系形式取决于任务场景。本章主要考虑了三种主要的场景类型。最简单的是航天器从行星上被发射的场景。

让我们考虑一座由一个 LSS 单元（有效载荷）和一台发射装置组成的航天器。显然，在一般情况下，航天器的灾难概率随有效载荷质量的增加而增加，即运载器在发射时发生事故的概率是 LSS 质量的函数。质量增加导致灾难概率增加的可能原因有：发射初始低稳定阶段的延长、发动机负荷的增加以及质量重心的偏移等。这种依赖性的一种可能的通用模式如图 11.7 所示。

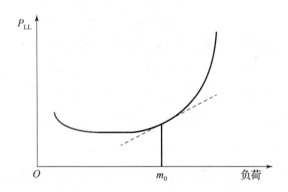

图 11.7 描述发射装置灾难概率与有效载荷间依赖性的一种假想曲线

这里和下面，将航天器在发射和着陆时发生的灾难表示为 P_{LL}。在这种类型的太空任务场景下 $P_{GMS}=P_{LL}$。曲线的虚线部分对应于由于航天器失去平衡而导致的事故概率的可能增长。

这可能看起来不寻常，但当火箭工程师确定有效载荷的上层时，有效载荷质量的通常测定方法实际上与图 11.8 所示的模式相对应，这却显然是错误的。实际上，不需要知道整个曲线，而是只要知道它在计划有效载荷质量附近的部分就足够了。在这种情况下，可以使用线性近似法进行计算：

$$P_{LSS}(m) = P_{LL}(m_0) + K \cdot \Delta m \quad (11.15)$$

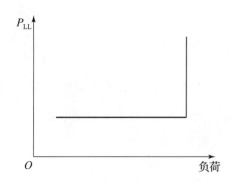

图 11.8　在固定允许的有效载荷质量情况下发射装置灾难概率与有效载荷之间的隐含可接受相关性

式中：$K = P_{LL}/m$。参数 K 可以通过大规模实验获得（但这是不现实的），也可以通过专家评估得到：

$$K = P_{LL}(m_0)/\Delta m \tag{11.16}$$

式中：Δm 为发射装置发生事故概率加倍的附加有效载荷值。

如果系数 K 是已知的，可以优化 LSS 而不考虑其他航天器单元的优化问题；在获取该系数时，考虑了 LSS 质量对航天器可靠性的影响。在宇宙航行技术发展的初期，发动机的小功率不会容许过载 Δm 过大；发射失败的概率会随着载荷的增加而增加（K 很大）。根据 1961—1993 年成功太空飞行的统计数据（NASA，1994），可以估计发射—着陆灾难的概率为 $P_{LL} = 0.02$。该估计值和 R. Feynman 在他的"附录 F：对航天飞机可靠性的个人观察"中对航天飞机失事概率的估计值很接近（Feynman，1989）。

假设 $\Delta m = 1\,000$ kg，$m_{LSS} = 300$ kg（Voronin et al.，1967），$K = 0.02$ T。由于其简单及飞行时间短，因此第一座航天器生命保障系统的 $P_{LL} \ll 0.02$。

由式（11.15）计算出的 P_{LL}，仅适用于带有 LSS 的航天器从地球开始执行任务的情况。如果是在轨组装航天器以开始其任务，则灾难概率的计算公式是不同的。类似的情况还有估算永久轨道上的轨道站和月球基地的 LSS 故障。Bartsev 等（1996 b）考虑了这两种情况。这里只介绍了月球基地和火星飞行任务最优 LSS 结构的结果。

11.2.16 计算实验

对 LSS 参数按照 1 人基准计算,即每天交换 2 800 kcal 热量。对于所有的 LSS,均接受以下参数值:乘员致命错误的"过失"率—10^{-6} h^{-1};适应不良(dys‐adaptation)系数 $(dA)^{-1}$—1(1/年);工程单元 MTBF—10^{-4} h^{-1}(航天飞机水平)(Lewis,1989)。

本章中介绍的计算实验是在以下类型的 LSS 上进行的:含有氢氧化细菌的系统(H_2B);含有单细胞藻类(微藻)的系统(MA);含有高等植物(小麦、油莎果、蔬菜)的系统(HP);含有高等植物和焚化炉的系统(HPI);对于火星飞行任务,具有博世(Bosch)CO_2 还原装置的物理‐化学系统。在文献中,对这些系统有过详细介绍(Kirensky et al.,1971;Huttenbach et al.,1988;Gitelson et al.,1989;Mezhevikin et al.,1994)。另外,采用综合可靠性准则(criterion of integral reliability)(式(11.11))来优化程序。

11.2.17 月球基地 LSS 的整体可靠性比较

月球基地有几种概念版本。然而,由于上一节提到的原因,在给定的估计水平下,所有这些版本的区别都是微不足道的。月球上太阳光照的时间特性仅对自然光照很重要。人工光和独立于太阳的能源消除了使用光合生态系统的一些困难。

表 11.3 和表 11.4 显示出总灾难概率的估计值,这取决于所使用 LSS 的类型。另外,表中也给出了 LSS 及其公共设施的其他参数。在含有 H_2B 的 LSS 中,由于存在 H_2 和 O_2 这两种爆炸性混合物,因此导致其灾难系数较高。也许有一种特殊设计的氢氧化细菌培养装置可以降低爆炸的危险。在这种情况下,发生灾难的可能性更容易被接受。

表 11.3 月球基地的 LSS 类型与总灾难概率估计值之间的关系(针对载人运输飞船)

参数类别	LSS 类型			
	基于氢氧化细菌	基于小球藻	基于高等植物	基于高等植物+焚化炉
灾难总概率/(1·年$^{-1}$)	0.502	0.061	0.036	0.034

续表

参数类别	LSS 类型			
	基于氢氧化细菌	基于小球藻	基于高等植物	基于高等植物+焚化炉
LSS 部件数量	1	4	14	14
乘员更换频率/(1·年$^{-1}$)	0.66	0.63	0.36	0.36
LSS 质量/kg	113	328	890	1937
总输入质量/(kg·年$^{-1}$)	267	256	174	116

表 11.4 月球基地的 LSS 类型与总灾难概率估计值之间的关系（针对无人运输飞船）

参数类别	LSS 类型			
	基于氢氧化细菌	基于小球藻	基于高等植物	基于高等植物+焚化炉
灾难总概率/(1·年$^{-1}$)	0.493	0.052	0.031	0.030
LSS 部件数量	1	5	14	16
乘员更换频率/(1·年$^{-1}$)	0.66	0.63	0.36	0.36
LSS 质量/kg	113	331	890	2007
总输入质量/(kg·年$^{-1}$)	267	256	174	116

11.2.18 火星飞行任务 LSS 的整体可靠性比较

假设火星飞行任务将使用核动力火箭，去往火星的飞行时间为 5.5 个月（$T_{to}=0.46$ 年），而在火星轨道上的停留时间为 3 个月（$T_{orb}=0.25$ 年）（载人火星飞行任务研究小组，1988），另外，假设部分宇航员和用在"地球轨道—火星轨道"路线上的 LSS 未着陆在火星表面，则有必要知道发动机将推进剂（相对于被运载的有效载荷）置于火星轨道并从该轨道出发所需要的推进剂量。

假设在火星上刹车和从火星加速所消耗的质量等于加速质量的一半。结果表明，对于月球基地来说，最理想的 LSS 类型中应具有高等植物。然而，对于火星任务场景的结果并非如此明确：基于物理-化学再生单元的 LSS 和基于高等植物的单元 LSS 几乎相当（表 11.5 和表 11.6）。需要注意的是，所提出的结果仅用于说明，只有在对所涉及的所有参数进行彻底验证和对专门知识掌握之后，才能获得实际应用的结果。

表 11.5　火星飞船的 LSS 类型与总灾难概率估计值之间的关系（太阳辐射作为能源）

参数类别	LSS 类型		
	基于 Bosch 二氧化碳还原装置	基于微藻	基于高等植物
飞行过程中的总灾难概率	0.59	0.064	0.057
LSS 部件数量/个	1	3	7
总质量/kg	50	325	772

表 11.6　火星飞船的 LSS 类型与总灾难概率估计值之间的关系（核反应堆作为能源）

参数类别	LSS 类型		
	基于 Bosch 二氧化碳还原装置	基于微藻	基于高等植物
飞行过程中的总灾难概率	0.58	0.054	0.050
LSS 部件数量/个	1	3	7
总质量/kg	50	123	529

由于对可靠性要求很高，而基于高等植物的 LSS 具有人们对此环境比较习惯、基本元件能够自我恢复、结构相对简单和无过载辅助工程元件等特点，因此导致高等植物型 LSS 在可靠性、舒适性以及甚至在货物运输最小化这样一个无关紧要的标准方面均具有绝对优势，这样就使其可以在任何空间平台上得到应用。

对于未来几十年的太空计划来说，在 Bios 系列系统中实验的系统闭合度类型似乎已经足够了，因为就食物而言，进一步增加闭合度对提高系统的整体可靠性几乎没有作用。

本章作为一个整体，可认为是 LSS 和 CES 发展中某些关键问题的一种说明。作者试图介绍一些有望解决这些问题的方法。然而，我们的主要目标是吸引研究人员关注于 CES 的关键问题，以便使其在空间和地面得到有效应用。

第 12 章
密闭生态系统的创建：结论、问题与展望

Bios – 3 系统是第一个使得有人长期居住在一个通过光合作用过程再生的密闭环境中的实验成为可能。在该系统中，大气和水完全再生，而食物再生率达到 93%。Bios – 3 系统总共运行了大约两年，在该密闭系统中进行的连续有人实验持续了 6 个月。有的受试者参加了 2~3 次实验；一个人在该系统内停留的最长时间累计达到了 13 个月。

通过对实验过程中大量参数的测量和 1 个月后的医学生理观察，发现受试者的健康状况并无变化。实验结束后，生物物理研究所的研究人员继续他们的研究工作、发表论文和生育孩子，也就是能够继续过普通人的生活。经过 10~15 年的实验观察，发现他们中没有一人患有与他们在 Bios 系统中的停留明确有关的疾病。因此，我们可以肯定地说，在该为实验设计的密闭生物生命保障系统中，通过对大气、水和人食物中的植物成分进行生物再生，其生活条件足以满足人的主要需求。

实验表明，基于生物材料交换的生命保障系统是完全可以实现的，并具有进一步得到改进的可能性。这种密闭驻人生态系统不仅可以成为地球人类圈（earthy noosphere。人类圈又叫智慧圈或智能圈）的一种模型，还可以成为子代人类圈（daughter noosphere）的一种模型。子代人类圈可用来帮助人在不受地球物质入侵和生物自催化作用的情况下使空间适于居住，而不会威胁太阳系中的其他天体。因此，它将允许人类在太空或其他太阳系天体上生存，这时只需要输入能量，而不允许将代谢产物释放到环境中。

我们无法想象，在地球上的任何地方，出于实际目的而实现完全闭合交换是

必要的。然而，可实现部分闭合的大气、水和植物营养再生技术可以从根本上提高极端地区（如在北极、南极、沙漠或高山定居点）的生活质量。密闭生命保障技术的另一个方面是，它们能够最大限度地减少人类及其家畜产生的废物所导致的环境污染。

在火星或月球上出现人类定居点之前，这些技术在地球上也有可能得到应用。向基本上密闭、无污染及无死锁物质出现的生命保障技术过渡，将是朝着人类圈可持续发展的道路上迈出的重要一步。

密闭生态系统的集成技术是一个新的研究领域。一个积极的过程正在继续，包括思想形成、目标选择、方法改进和条文阐释。从生态学的整体角度来定义相对较新的生态学分支（生物圈研究）所占据的生态位（niche）会有良好的作用效果。如果生态学被定义为是研究生物与其周围环境之间的关系，那么它自然会被细分为不同于生态系统组织复杂性的分级级数（hierarchic level）。

（1）基本生态系统：独立个体与其栖息地之间的关系（也称个体生态学或环境生态学。autecology）。

（2）种群生态系统：一个物种种群与其周围环境之间的关系（也称种群生态学。population ecology）。

（3）生物群落（biocenosis 或 community，出现在美国科学文献中）：由许多（至少两种）物种组成的多物种生态系统，其通过营养链、繁殖链和信号链相互联系（也称群落生态学或叫群体生态学，synecology）。

然而，在俄罗斯科学文献中更常用的术语是"生物地理群落"（biogeocenosis），由 Sukachev（1944）首次提出。这一概念强调，一个群落不仅必然包含一个有生命的成分——"生物"，而且包含一个非生命的成分——"地理"，生命成分通过物质交换与非生命成分相关联。越来越复杂的生态系统，从微生物的基本生物群落到覆盖广大领土和水域的多成分生态系统，在组织方面都处于同一水平。它们的基础是流经它们的能量和物质。

就组织结构而言，下一个也是最高级别的生态系统是整个生物圈。生物圈不同于构成它的所有生态系统的特殊之处，在于其几乎实现了完全闭合的物质循环。因此，生物圈被赋予了特定的属性，因此有理由将该生态系统认作生态学中生物圈科学的一个独立研究对象。在现代文献中，它称为 biospherics（生物圈学)，然而，采用 biospherology（中文也是生物圈学）这一术语在逻辑上可能更为恰当，因为 biospherics 只能被用于论述接近高闭合度的人工生态系统的形成、系统实验研究以及物理和数学建模等方面的问题。

当今，起初是科学界而后是社会界越来越认识到，人类的技术潜力对生物圈物质循环的闭合产生了越来越大的影响（但大多是破坏性的）。即使在今天，生物圈也受到了人类的深刻影响，而且这种影响会越来越大。因此，有充分的理由把生物圈历史上的当前时代（current epoch）视为生物圈从随机平衡存在状态到受人类控制而向着人类圈进化的过渡时期。

一门新兴的科学分支植根于生物圈学，但逐渐发展到人文学科，我们可以称其为人类圈学（noospherology），其中有关人造人类圈的形成及其控制的部分可称为人类圈学科（noospherics）。从本质上讲，我们在书中描述的实验系统只是人类圈学的第一个成果。图 12.1 所示作为基础科学在生物圈学和人类圈学之间高度图形化的相互依存关系，其中显示了它们的应用分支，即生物圈学和人类圈学，以及在它们上面生长的果实和未来可能结出果实的花蕾。

从方法上讲，这一科学领域是相当具体的，因为其研究对象本身是由人控制而在自然界中并不存在的密闭生态系统。理想的完全密闭的生物物质循环可能是无法实现的，但对这一问题的理论分析表明，这一理想是可以非常接近的。正如读者在本书中所看到的那样，研究人员在实验中沿着这条道路前进，而且到目前为止在小生态系统中的闭合物质交换方面尚未遇到任何不可逾越的障碍。在物质交换方面，闭合度已经达到 80%~95%，但下一步要实现营养结构的完全闭合。然而，我们应当会预料到，往前每走一步都会遇到越来越严重的困难。

因此，在不到半个世纪的时间里，在创造密闭类生物圈生物系统的道路上走过了漫长的路程。美国科学家麦尔斯（Myers，1954）开展了第一个"天真"的实验，即把一只老鼠置于一座玻璃钟下，用藻类产生的 O_2 进行呼吸，这类似于普利斯特利（Priestley，1733—1804，发现氧气的伟大英国化学家）的经典实验。在麦尔斯的实验中，死于窒息的老鼠的命运不幸重复了历史上普利斯特利的著名实验的历史。然而，只过了 20 年之后，人们就会在密闭生物生命保障系统中生活、呼吸和进食数月。

根据到目前为止所积累的经验，让我们考虑进一步促进所述实验生态系统朝

第 12 章　密闭生态系统的创建：结论、问题与展望

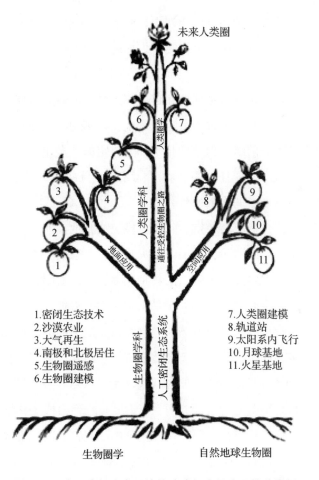

图 12.1　人工密闭生态系统的地球与空间应用的前景树

着更彻底的闭合方向发展的途径。不过，可以预见的是，在进一步闭合该系统和延长其寿命方面存在两种障碍：技术障碍和生物障碍。

首先，阐述技术问题。虽然它们看起来并不是十分重要，但是我们对系统尤其是对自主系统的经验，证明了系统的技术可靠性决定了它在多大程度上是真正自主的。系统中活的部分和技术部分在可靠性方面存在显著差异。一个生物体就是一套自我维持的系统，而一个生物体种群甚至是自我再生的。从技术上讲，生物技术系统中活的部分不仅可以被修复，而且可以自我修复，也就是它按照内在程序不断地更新自己。该程序就是基因库，因此，其恢复的可靠性取决于自主作用基因组的数量。例如，在 Bios-3 系统的藻类反应器中，它在 10^{13} 个自主细胞

中重复了自己。在某些受到损伤的情况下，一个活细胞就足以使系统恢复到其原来的大小。你可以在第 6 章中找到对这一说法的实验证据。

在当今的工程中，操作和恢复功能是由不同的设备来完成的。机器无法恢复自己，它们的生存要么是靠冗余，要么靠可维护性来保障。这就是为什么在生物技术系统中，活的部分和技术部分就像一个生物体中的各个器官一样紧密，而且其整个寿命是由最短命的组成部分即技术部分决定的。多年来，我们一直在开展密闭系统实验，却从未发现任何因生物原因导致系统故障的情况发生。可以说，所有的损坏都是技术设备的故障所致。

生物学家型的读者可能会争辩，细菌、昆虫或其他高速繁殖的生物体会迅速增加它们在生态系统中的数量，从而导致灾难发生。当然，尽管这种可能性不能被先验地予以排除，但事实上没有新的物种能够入侵该密闭系统，因为该系统是完全密闭的，即居住在其中的物种处于平衡状态而使得彼此相互制约。另外，在密闭生态系统中也肯定会出现突变体，而且在该系统中的突变速率与在自然环境中的突变速率一定相同，但是一个突变体很难在密闭生态系统中找到它的生态位（echo-niche），因为在该系统中，环境保持不变并且处于受控状态。多年来，我们一直在密闭生态系统中进行实验，但从未遇到过任何自发的生物灾难。对密闭生态系统中发生这种生物灾难的可能性和概率的研究将有利于发展普通生物学和进化理论。这可以利用具有高统计能力的物体来完成，例如密闭微观世界（microcosm）或由单细胞生物组成的密闭生态系统。

第二个技术方面是控制一个小型密闭生态系统的方案。从控制原理上讲，人工密闭生态系统不同于它们的原型，即生物圈。生物圈的可持续性是由其生物多样性——利用故障安全冗余功能创建了一种复杂的代谢路径网络、生物惰性物质的缓冲存货以及地球本身的巨大尺寸来保证的。由于是随机控制（stochastic mechanism），因此这样一个由进化产生和完善的系统是可持续的。相比之下，在一个小型人工密闭生态系统中所有这些因素都会失效：它的多样性和规模不足以使随机机制成功运作；它也缺乏历史演替过程，从而导致稳定性选择机制无从发挥作用。

具有一种确定性控制系统（deterministic control system）是小型密闭生态系统可持续存在的先决条件。如果我们要在生物界中寻找这样一种类似的东西，那么最接近的应是控制多细胞生物的中枢神经系统。因此，人们将调控系统和控制方案引入到人工生态系统中。这是人工生态系统和任何自然生态系统的根本区别，也是其可持续性的一种条件。

人的智力必须不仅要参与创造小型密闭生态系统，而且要使之保持在一种可持续的状态。这就是为什么我们必须认识到，根据控制原则人工生态系统应相当于人类圈（自然生物圈的未来状态）的模型。我们实验的主要结果证明，在有限的空间范围内可以在人为强制控制的条件下建成受内部管理的生物生命保障系统，并能够使之维持在一种可持续状态。

在设计设备时出现了一个问题，即如何使该设备的生命力与系统生物部分的可靠性相一致。一种理想的解决方案是发明与生物体相类似的可自我修复的设备，但这在最近几代设备中很难。现在，可以肯定地说，在生物技术系统的两个部分中，其技术部分是不可靠的，这一因素将限制自主生命保障系统的寿命。我们之所以强调这一结论，是因为它与工程师普遍认为的机械装置比脆弱不可靠的生物体要更可靠的观点相冲突。

在这里，对物理-化学和生物生命保障系统的支持者之间的长时间讨论进行总结是合适的。经验表明，它们的发展是趋同的，即未来是混合式的生物与物理-化学系统。然而，这种混合不能仅仅是现有系统的类似功能的简单汇总。我们认为，在混合式系统中，生物单元的主要功能是为人提供再生产品，而物理-化学单元则是维持生物单元的运行，并循环利用生态系统中活的部分的终端产品。

让我们看看有人密闭生态系统中生物部分的问题。这里存在两个主要问题。首先，它进一步提高了系统营养结构的闭合度。然而，存在的主要问题是要使人体单元的食物输入量与系统内所再生的生物量之间实现匹配。这里的困难有两方面。首先，对什么是"最理想的人类膳食"还没有明确的定义，即是否我们知道人所需的所有化合物以及它们的数量和比例，是否它们可以相互取代，以及所需要的最小多样性是什么。很有可能的是，所谓的平衡膳食并不适合于长期食用，因为它会导致适应机制的退化。然而，最重要的问题是，人类食物的传统来源是否不可替代。有充足的理由认为，与生物圈的物种多样性相比，食用动植物的范围很窄，人类在历史过程中选择这些动植物是出于经济和技术原因，而不是因为这些食物来源的独特生化特性。承认这一观点为在动植物中发现新的食物来源找到了很多机会,因为与在传统的大田中种植相比,这些食物更适合在人工生态系统中集约化种植。

另外,我们的推理必须基于这样一个事实,即根据经验形成的人类饮食足以满足人们的需求。这是一种生理和心理上的刻板印象,必须非常小心地对待,要记住生物体对膳食变化的反应是滞后的。关于食物问题的第二个方面是,不可能选择一种与人类代谢相反的物种——以人类排泄物为食,来再生人类所需的所有食物。

因此,必须在系统中培养多物种生物群落,但这样会使系统的结构复杂化。该系统的大小和能量关系尤其受到营养水平增加的影响。为了每天合成 50 g 动物蛋白,则光营养链(phototrophic link)必须增加 2 倍,即系统的消耗量等于为人生产另外 500 g 初级生物量所需要的消耗量。这样,研究人员会努力使系统的营养结构尽可能简单,而首先要做的就是把所有人类食物的再生建立在初级生物合成的自养过程的基础上。农作物能够很好地完成了这一功能,包括再生碳水化合物、植物油和蛋白质。然而,由植物合成的高达½或更多的生物量是不可食用的,即为死锁产物(deadlock product),而且目前还没有找到使该产物重返物质循环回路的方法。

对于太空生命保障系统和不断增长的地球人口来说,一种暂时简单的解决办法就是转向素食,即放弃食用动物性食物。这样,农业生产的效率将至少会被提高一倍;许多人的经验已经证明了以素食为生的可能性。然而,在我们看来,这不能认为是解决太空或地球上食物问题的最佳方式,因为它是建立在对大多数人的生理和心理需求相当大的限制的基础上,因为大多数人并非是素食主义者。

现代科学提出了另一种方法,即利用生物技术合成一种与人的正常食物完全相同的生化等同物,其中保留了人们习惯的感官特性。然而,动物蛋白或其生化等同物的生产仍然是最困难的问题。在氨基酸组成方面,300~400 g 藻类生物量含有足够数量的所有必需氨基酸,包括最稀缺的含硫氨基酸。然而,在这种情况下,该食物将会含有过量的蛋白质(达到 150~200 g)、核酸(达到 15~20 g)、色素、钾、镁和硫等成分。类似的产物可以通过培养氢还原菌或其他化学自养菌来获得。

通过参数化控制生物合成的方向,使生产出来的生物量成分更接近人对食物的需求是可行的。为了说明这一点，小球藻的蛋白质含量可被降低至 20% ~ 25%，另外，也可以降低核酸、叶绿素及矿物质的含量。然而，人的需求与藻类生物合成产物之间的差距仍然很大，但如果要试图缩小该差距，则会导致光合作用效率降低。另外一种方法是对初级生物量进行物理–化学转化或提取可用于食品的部分。尽管这条路线的开发是最近才开始的，但是可以预期大部分被合成的生物量可以食用。可以说，这是目前所用到的最现实的方法。

通过基因工程和选择，即通过控制生物合成的程序而实现初级生产的生物量组成与人的食物需求之间的最大相关性，这具有广阔的应用前景。密闭生态系统为开展遗传选择工作提供了有利条件。每年产生 5 ~ 6 代小麦或在微藻和细菌连续培养中进行自动选择过程的可行性，是允许在合理的时间内实现其生物合成程序的显著定向转变的因素。基因工程为构建一个与人的代谢完全相反的生物基因组提供了前景。希望能够建成这样一个有人的受控生态系统，其基本上使人成为一种自养生物而只与环境进行能量交换。然而，这仍然是一件遥远的事情。

将我们局限于目前可用方法所能达到的前景，可以说，使用参量和遗传选择方法控制生物合成的方向以及生物合成产物的物理化学处理，可能会使我们更接近于系统中人的食物循环的完全闭合。在利用生态系统开展的实验中，第二个明显的目标是维持其生物稳定性。除了以上讨论的技术问题外，还有两个重要的生物学问题：微量成分以及伴随而来的潜在病毒与细菌。

微量成分在实验生态系统中的迁移是一个很难控制的过程，因为该成分首先从系统结构材料进入物质循环，然后被系统中的居住者以不同方式捕获和富集，这些方式取决于身体部位、生命阶段和身体状态。需要注意的是，这不是一个工程问题，即使微量成分是由系统的建筑材料所释放的。它们不是通过被动侵蚀而被释放出来的，而是由于系统微生物群的多种生物化学活动所致，由此表现出多方面的攻击性。参与成分循环的微量成分的进一步迁移也是由系统中的生物过程决定的。在密闭系统中所开展的实验中，已经发现了这种对系统平衡所构成的威胁。寻找控制密闭生态系统中微量成分动态变化的方法，是未来研究的重要目标。

伴随微生物群落的丰富基因库构成了一种潜在威胁，这样，新的非计划过程将会在密闭生态系统中发生。在第 10 章中，我们详细讨论了生态系统中菌群的动态，并得出结论：在实验过程中，菌群并没有达到绝对稳定的状态，而人的菌群尤其如此。这证明系统的平衡可被细菌的作用过程所扰乱。尽管我们没有机会在系统中看到病毒活动的任何证据，但病毒也可能对遗传具有干扰作用。因此，寻找控制共生菌群状态的方法仍是一项紧迫的任务。

在密闭生态系统中，微生物群落的状态与在自然环境的状态具有许多不同之处。在此，我们想特别强调一些结论。以下因素均不会引起密闭生态系统中微生物的不可控及毁灭性的系统性爆发：①实验生态系统的闭合度；②实验生态系统的小规模；③将细菌与外部环境隔离；④在极其简化的营养结构条件下提高菌群代谢水平；⑤微生物群落从一个单元流动到另一个单元；⑥种群组成或代谢特性的危险变化。可以说，在小型密闭生态系统中，至少在我们开展实验研究的这类系统中，确保微生物群落稳定性的机制似乎是有效的。因此，这就使得我们对密闭生态生命保障系统的可持续性持乐观态度。如果能够保证生物群落的稳定且不降低随机机制的效率，那么研究系统的规模能在多大程度上被减小则是非常有趣的。仅由微生物组成的实验性密闭生态系统（也称微观世界，microcosm），是此类研究的方便对象。

为期 4 个月的"人 – 高等植物"系统集成实验，是在不受外界微生物入侵的系统中进行的，方法是用无菌空气对舱室进行加压。实验表明，系统中的微生物群落基本保持不变。因此，该系统的条件和能力足以让微生物群落在不与外界环境接触的情况下能够自我维持。

该人工生态系统的另一个重要规律是，尽管在各单元之间进行了密集交换，但其微生物群落并未发生变化，而且微生物分布对每个单元仍然是特定的。因此，生态因素（ecological factor）仍然是控制人工生态系统中微生物群落的主导因素。这种情况对于证明在密闭生态系统中控制微生物条件的方法选择至关重要。方法的选择是要么建立无菌的系统内屏障，要么仅通过卫生措施来限制几乎自由的交换，从而避免可能对人类有害的真菌孢子和细菌在生活区内繁殖。

实验结果为微生物群落的生态学控制方法提供了依据，即通过维持适当的环境条件来控制微生物群落的组成和数量。而另一种替代方法，即在大小和可能性均受限的生态生命保障系统中的各单元之间建立无菌屏障在技术上难以实现。另外，无菌屏障也可能比生态平衡更危险，也就是如果这种屏障被偶然打破（这是很难避免的),则在此之前一直处于孤立状态的微生物群落就会发生迅速而深远的变化。

到目前为止,我们已经讨论了一种有人驻留的实验性密闭生态系统。对这类系统的需求是随着宇宙航行学的发展而被提出的,但这项工作的结果可被应用于不同领域,而且面向这类应用的生态系统未必要包括人。

对密闭生态系统的研究可能具有理论意义,因为它是一种全新的东西,在物种组成方面具有生物群落的特性,在控制原理方面具有生物体的特性,而且最重要的是具有一种绝对独特的物质交换闭合特性,这除了整个生物圈之外,在自然界中不存在类似这样的东西。该目标对于研究生命系统的一些基本特性是非常有趣的。密闭生态系统是由实验者创造的一种微观世界,它提供了一次机会来揭示密闭生态系统作为地球生物圈模型存在的规律、定义可持续性的极限,并观察系统受到干扰后恢复的过渡过程。这些生态系统的循环速率可能比生物圈的循环速率要高出数千倍,这因此为开展实验生态学和生理学研究及为小生物圈中的遗传种群和进化过程建模提供了新的机会,而生物圈的每一部分都透明可见,并且可对其进行分析和干预。把人引入密闭生态系统,就有可能揭示人与环境的所有代谢关系,包括很小的代谢关系,而这种关系的影响只有在重复多次循环后才能看到。另外,必须将这些机会主要用于研究常人和病人外代谢(exometabolism)的生理学和生物化学,并可能使他们接受治疗。以上是实验生态系统为开展研究可提供的一些机会。

然而,尽管这些目标很重要,但到目前为止只建立了或正在建立 5 套密闭生物生命保障系统:两套在俄罗斯,包括位于莫斯科的地面实验综合体(Ground Experimental Complex)和位于克拉斯诺亚尔斯克的 Bios 系统;一套是在美国休斯敦 NASA 约翰逊航天中心的 BIO-Plex;一套是在欧洲西班牙巴塞罗那的 MELISSA 实验装置(属于欧洲航天局);一套是在日本青森县的密闭生态实验装置(CEEF,隶属于日本环境科学研究所)。然而,在近期建造更多这样的系统是没有意义的,因为它们都很昂贵、用其开展实验极为复杂而且信息积累缓慢。因此,开发微型密闭生态系统(mini-CES)可能更为迅速而有效。生物物理研究所的国际密闭生态系统研究中心(International Center for Investigations of Closed Ecological Systems)设计了这样一套台式 CES,其大小是 CES 完全尺寸的 1/10,

其中可驻留人，也包括人的新陈代谢。CES 中数据积累率更多地取决于其中的物质循环次数，而不是按照太阳时间的运行周期长度。因此，这种作为研究工具的微型系统的效率要比全尺寸系统的效率高出许多倍，因为它的循环速率要比全尺寸系统的循环速率高。而且，制造和运行这样一个系统的成本要比制造和运行全尺寸系统的低几十分之一，甚至几百分之一。它易被复制而在许多实验室里可被用作研究工具。可以说，在该领域，我们响应了 NASA 戈尔登（D. Golden）局长的号召，努力使太空研究变得"更好、更快、更便宜"。在当今形势下，包括俄罗斯等不少国家的科学研究普遍缺乏资金支持，因此这一点就显得非常重要。

当然，将全尺寸的 CES 作为开展周期性、低频次且关键性的有人集成实验的独特中心是合理的。这类实验的世界性意义及其高昂的成本，使得拥有这类实验系统的中心必须被正式承认为开放实验室，即国际中心。位于克拉斯诺亚尔斯克的俄罗斯科学院西伯利亚分院生物物理研究所，其密闭生态系统研究中心具有国际中心的地位，因此向世界各地的科学家开放。

密闭生命保障系统可以比开放的系统更好地为人类访问的行星和其他天体提供隔离措施。密闭生态系统不会向外部环境释放任何生物材料，特别是微生物，这些生物材料能够自催化定殖空间，因此，这是保护自然免受破坏性后果的方法，而破坏性后果往往伴随着过去文明的扩张。

与开放型生命保障系统相比，密闭生命保障系统可以更好地对人类要造访的行球和其他天体提供防疫措施。密闭生态系统不会向外部环境释放任何生物，特别是微生物（它们能够在空间实现自催化定殖），因此不会扰乱该星球的完整状态。这是保护自然免受破坏性后果的方法，而破坏性后果往往伴随着过去文明的扩张。

通过过去的一个例子可以提供警告，即欧洲人访问大洋洲的孤岛并带进传染病，而土著人由于对此没有免疫力而最终死去。当然，我们不能特别期望与其他世界的拟人化居民会面，但即使是天体的微生物污染也可能相当危险，因此这无论如何都是不可取的。宇航学的这一目标可被定义为，以最低成本和不造成环境污染的方式建造能够最佳满足人类需求的系统。但这难道不是地球上人类目前所面临的最重要的问题吗？这些问题的相似性对于为人类建造人工生态系统具有重要意义。现在似乎没人能预测我们什么时候会需要地球以外的密闭生命保障系

第 12 章 密闭生态系统的创建：结论、问题与展望

统，但它们现在就能在陆地上得到应用。

对于生活在地球上最恶劣条件下的人们来说，设计出基本密闭的生态系统并在其中保持最佳环境，可能要比在开放生境中调节环境更为合理。对于北方居民点来说，级联能源利用系统（systems of cascade energy use）可能会引起人们的兴趣。根据生物物理研究所设计的北方地区生态居住项目，一个初始功率为 12 kW 的能源装置可以为一个有 5~7 名成员的家庭提供照明和供暖，并在北方冬季甚至极夜的时候为人们提供新鲜蔬菜和浆果；它还将吸收人的废物而不污染环境（Bartsev et al., 1996d）。

密闭生态系统的另一个有前途的应用与病态建筑综合征（Sick Building Syndrome，SBS）有关。这不仅对于像航天器和潜艇这样的完全密封的高科技产品来说是一个严重问题，而且对密封程度相当低的生活和工作空间来说也是如此，而居住在中纬度和北纬度地区的人们大部分时间都在那里度过。

在 20 世纪 70 年代的能源危机之后，由于石油供应不稳定，SBS 这个问题出人意料地变得更加严重。当时，为了减少建筑物供暖和空调的能源支出，对其进行了加强密封。然而，这样最终导致的结果是，在技术上执行得越好，这些建筑物中的人员发生 SBS 的概率就越高。随后，出现了一系列关于 SBS 问题的论文，但关于其起源机制尚未被完全确定。在此背景下，我们在 Bios-3 中开展长期进人集成实验。研究发现，在由植物再生的密闭空间中待了几个月的受试者，并未表现出 SBS 的迹象，因此说明这一结果极其重要，其可被用于克服现代高度密封的节能建筑中出现的 SBS。

走过一段距离后，最好记住起点。在库克（G Cooke）为 20 世纪 70 年代多次出版的著名专著《生态学基础》（*Fundamentals of Ecology*）（Odum，1971）撰写的"太空飞行生态学"（*Ecology of Spaceflight*）一章中，作者分析了构建生物生命保障系统（当时尚待设计）的前景。库克指出了在为人类创建一个生物再生生命保障系统的道路上需要克服的困难和障碍。他的观点是基于他作为一名生态学家的经验，也就是他非常了解开放而非密闭的生态系统的特性。

我们在这里引用库克的话，来看看他的预言是否成真。首先，让我们比较一下库克的预测和后来的实验结果。

1. 微藻系统很难控制

"Eley 和 Myers（1964）建成一套藻类 – 小鼠系统，并进行了 82 d 的气体封闭交换实验，代表了哺乳动物和保障生物之间最长的耦合之一。根据生态学理论，我们可以预测，这种过于简化的系统，就像自然界中早期的'开花'阶段，将很难稳定下来。"

然而，我们的长时间实验表明，该系统的控制相当可靠和简单，而且控制消耗不超过光合作用所提供能量的 1/4。其原因是有机体内的过程（intraorganismal process）形成了一个稳定的自相关代谢网络，如果对其进行测量，则能够正确选择一个被监测的参数，因此就能够控制整个系统。对于一个微藻种群，那么该参数就是生长速率，这可以通过增加光密度而很容易地对其进行连续测量。了解生物合成速率与生物元素需求量之间的相关性，那么生长速率的测定将足以使藻类细胞在连续培养中无限期保持稳定状态。

另一个重要的控制因素是系统的闭合度。系统的两个单元，即人与微藻，相互消耗彼此的气体代谢产物，也就是在呼吸和光合作用中进行 O_2 和 CO_2 交换，这样可通过限制 CO_2 的输入量来控制光合效率。因此，在人和微藻之间建立起了一套反馈系统。在密闭气体循环的条件下，通过该系统可调节微藻的生产率。这种调控方法在我们多年的实验中得到了验证，即微藻在连续培养中完成了数千次继代过程，为人提供了呼吸用 O_2，而且没有表现出抑制或退化的迹象。

2. 藻类培养并不可靠

"在藻类 – 动物的耦合实验研究中遇到了一些困难，其中包括竞争者或捕食者（细菌或浮游动物）的入侵、藻类毒素的积累以及代谢率较低的藻类突变体的存在。这些问题预计会出现在一个没有足够内部控制的过于简化的生态系统中。"

然而，我们并未观察到以上所预测的任何现象。在我们看来，原因是在我们的实验中培养物并非无菌，而是一种生物群落，其中藻类和细菌之间存在共生关系。

对于捕食者和竞争者来说，不可能将它们引入到密闭系统中。最后，所预测的主要并发症，即缓慢生长的突变体的自发出现，已经通过连续恒浊培养（continuous turbidostat cultivation）而克服。在这样的条件下（与自然选择本质上相似），生长快的细胞及其后代比生长慢的突变体具有更多的生存机会，因此在培养装置中占主导地位，而那些突变体则被自然地从培养装置冲走而不再有机会繁殖。达尔文的选择是不可阻挡的。在第 6 章所述的实验，证明了这种机制对受到紫外线伤害的小球藻的有效保护作用。即使由于某些不可预测的生物学或（更可能的）技术原因，而确实导致整个藻类种群死亡，但却只有一种表型（phenotype）会消失。当然，利用保守基因型（conserved genotype）进行种群恢复并不十分困难。每个小球藻细胞（或任何其他生物）的直径只有 30 μm，在其中都内置了必要的信息。为了安全起见，可以将基因库储存在许多复制品中。

3. 由于 RQ 和 AQ 之间存在差异，因此人－藻之间气体交换不能达到稳定平衡

"到目前为止，尚未有研究表明，即使使用大量的外部控制，由两个物种组成的生态系统能够长期保持 AQ/RQ 平衡。因此，反对使用含有两个物种（人与保障生物）生命保障系统的基本理由是可靠性不高。"

在 9.2 节已经说明，藻类的 AQ 和人类的 RQ 之间的平衡是可以实现的，方法是使藻类在平衡营养液中达到稳定可控生长并对人的食物进行纠正。总之，应该说库克的预测是相当合理的，其基于当时的知识而对情况进行了彻底的生态分析。这一认识使他得出了悲观的结论，即使用这种简单的生态系统会给航天员带来严重危害，因此应该停止开发作为生命保障系统基础的生态系统。

然而，我们几乎在 40 年前就开始了这项工作而且一直没有放弃，现在，我们通过反观可以看到这些预测并没有实现。通过研究这些系统的功能，我们已经通过实验验证了它们的可靠性，而且重要的是，我们知道哪些稳定的生物机制在这些系统中起作用，这在本书的很多部分都有描述。我们的结论与库克的结论正好相反，但我们得到了这一知识和实验验证的支持，因此是相当乐观的：从最简单的人－微藻气体交换开始，则建立密闭生态生命保障系统是可行的，而且至少与物理－化学系统在完成相同功能时一样可靠。针对它们所开发的控制方法已被证明适用于高等植物栽培。在此基础上，我们设计了多物种（mulispecies）培养系统，如 Bios－3，对其无须巨额投资即可进行有效控制。因此，这为它们的空间应用创造了可能性。另外，俄罗斯－美国联合研究小组，在"和平"号空间站上进行的实验结果基本上支持我们的观点。研究结果已经证明，如果环境条件通过技术手段能够得到适当控制，则植物（至少包括最重要的小麦）在微重力环境下几乎可以正常生长（Salisbury et al., 1995）。

然而，无论是未来的太空飞行，还是人工密闭生态系统在陆地上的应用潜力，对我们来说都不如它们作为教学工具的应用更为重要，因为这证明了保护生物圈对我们人类至关重要。我们以讨论这个问题开始本书，也希望以同样的方

式来结束它。

同时，我们作者们最不希望看到的是，我们关于生物圈命运的警告可能被读者理解为是毫无节制的"绿色"危言耸听。相反，在利用科学验证方法来控制生物圈时，我们看到了摆脱人类与生物圈之间冲突的方法。随着 20 世纪科学知识的飞速发展，使我们有理由希望 21 世纪能够成为人类与生物圈之间关系协调的时期。然而，只有在人类很快认识到不允许为了满足政治野心、民族冲突、相互之间以及与自然的战争而进一步浪费巨大的物资和智力资源的情况下，才能实现这一目标。只有人类作为一个整体去追求与自然互动的协调战略，才能确保从人类对生物圈的混乱开发这一迫在眉睫的危险过渡到一个受控人类圈。在当今的科学中，几乎最重要和最普遍的目标，就是理解生物圈永久存在的机制，并向社会提出一种被科学证明了的控制生物圈的战略，以保护这一机制。这种知识必须成为我们今后几代人世界观的基础。

负责战略政治决策的人们必须认识到，在 21 世纪，我们会处于一个全新的局面：整个人类与生物圈之间的关系，而不是人类之间的相互关系，正成为人类和生物圈未来的关键。对这一新问题有一个清晰的认识至关重要，而且在生物圈作用过程会限制物质循环的条件下，必须制定新的技术发展战略。首先，必须获得新知识，最优秀的人才必须努力发现限制可持续性的条件并发现生物圈运行的规律；其次，在人类圈阶段制定控制原则。对于政治家来说，他们应该有强烈的政治意愿，将一个国家的利益置于全人类共同的主导任务之下，以保护生物圈和生物圈中的人类。

我们在书的前言引用了沃尔纳德斯基（V. Vernadsky）的话。最后，我们还要提到这位伟大的先知，他预见了人类在他去世后半个世纪所遇到的问题，并发现了人类发展的主要问题。在他去世前不久（于 1945 年 1 月 6 日去世），沃尔纳德斯基写道："人类作为一个整体正在成长为一种强大的地质力（geological force）。而现在，人类凭借其智慧和劳动，为了整个人类的自由而面临着重组生物圈的问题。这种生物圈的新状态，当我们在接近它的时候并没有意识到，那就是人类圈。"如果作者 30 年的工作为人类在这方面的进步做出了贡献，哪怕是微小的贡献，他们将会感到无比欣慰。

参考文献

[1] ABAKUMOVA I A, FOFENOV V I. 1972. Comparative characterization of biological value of unicellular algae – candidates to be included in closed ecological systems [M]//RUBENCHIK L. Proceedings of Ⅶ All – Union Workshop on Material Cycling in the Closed System. Kiev: Naukova dumka: 3 – 5.

[2] ABAKUMOVA I A, AKHLEBININSKY K S. BYCHKOV K S. 1965. Some data for the animal link in the closed ecological system [M]//Problemy Kosmicheskoi Biologii (Problems of Space Biology). Moscow: Nauka, 4, p. 107.

[3] ABDULAEV D A. 1971. Toad spit in the diet of agricultural animals. *In Kultivirovaniye Vodoroslei i Rysshikh vodnykh Rastenii* v *Uzbekistane* (Cultivation of Algae and Aquatic Higher Plants in Uzbekistan). Tashkent, p. 139.

[4] ADAMOVICH B A. 1975. Life support systems for crews in short – term and medium – term flights[M]//*Osnovy Kosmicheskoi Biologii i Meditsiny* (Fundamentals of Space Biology and Medicine), Vol. 3. Moscow: Nauka, pp. 231 – 249.

[5] Aeronautics and Space Report of the President Fiscal Year 1993 Activities, 1994, NASA, Washington, DC 20546, pp. 131.

[6] AGRE A L, IVANOV V M, TRUKHACHEV V N. 1966. On possibility of mineralization of water – fecal mixture by wet oxidation [M]//Problemy Kosmicheskoi Meditsiny (Problems of Space Medicine). Moscow: Meditsina.

[7] ALIEV E A. 1966. Nutrient solutions for growing tomatoes on artificial substrates [J]. Agrokhimiya, 1966, 3: 95.

[8] ALLEN J. 1991. Biosphere – 2: the Human Experiment [M]. London: Penguin Books, Synergetic Press, Tucson: 156.

[9] ANDRE M, MACELROY R D. 1990. Plants and man in space: a new field plant physiology[J]. Physiologist, 33 (1 suppl): 100 – 101.

[10] ARTSIKHOVSKY V. 1915. On "air cultures" of plants [R]. In *Izvestiya Alekseevsko – Donskogo Politekhnicheskogo Instituta* (Writings of the Alekseevsko – Donskoi Technical University), II, otd. II.

[11] ASHIDA A, NITTA K. 1995. Construction of CEEF [Closed Ecology Experiment Facility] is just started[R]. SAE Technichal Paper Series 951584.

[12] AVEMER M M. 1981. An approach to the mathematical modeling of a controlled ecological life support system[R]. NASA – CR – 166331. NASA Ames Research Center, Moffett Field, Calif: 77.

[13] BALIN B A, ZARUDNY L B, LOBANOV A G, et al. 1967. On devising a unit for thermal waste processing in the life support system on the basis of material cycling [M]//Problemy Sozdaniya Zamknutykh Ekologicheskikh Sistem (Problems of Creating Closed Ecological Systems). Moscow: Nauka: 144.

[14] BALLARD R W, MACELROY R D. 1971. Phosphoenolpyruvate, a new inhibitor of phosphoribulokinase in *Pseudomonas facilis*[J]. Biochemical and Biophysical Research Communications, 44(3): 614 – 618.

[15] BALLED A A, YEGOROVA L E, KOLOSKOVA Yu S, et al. 1967. Investigation of methods of water regeneration from the atmospheric moisture condensate by the sorption method[M]//Problemy Sozdaniya Zamknutykh Ekologicheskikh Sistem (Problems of Creating Closed Ecological Systems). Moscow: Nauka: 113.

[16] BARANOV S A. 1967. On negentropic tendency in evolution of natural and manmade cenoses[M]//Problemy Sozdaniya Zamknutykh Ekologicheskikh Sistem (Problems of Creating Closed Ecological Systems). Moscow: Nauka: 217.

[17] BARASHKOV G K. 1963. Khimiya Vodorosley (Algal Chemistry)[M]. Moscow: Izdatelstvo AN SSSR.

[18] BARTA D J, HENNINGER D L. 1994. Regenerative life support systems—why do

we need them? [J]. Advances in Space Research,14(11):403 -410.

[19] BARTA D J, HENNINGER D L. 1996. Johnson Space Center's regenerative life support systems test bed[J]. Advances in Space Research,18(1/2):211 -221.

[20] BARTA D J, HENDERSON K. 1998. Performance of wheat for air revitalization and food production during the Lunar - Mars Life Support Test Project Phase III test[R]. SAE Technical Paper Series 981704.

[21] BARTOSH. 1965. Intensity of photosynthesis of the cultures of *Scenedesmus quadricauda*, in relation to ambient conditions [M]. In *Izucheniye Intensivnoi Cultury Vodoroslei* (Study of Intensive Algal Culture). Prague, pp. 137 -142.

[22] BARTSEV S I, OKHONIN N S. 1993. Optimization and monitoring needs: possible mechanisms of control of ecological systems[J]. Nanobiology,2:165 -172.

[23] BARTSEV S I, OKHONIN V A. 1994. On the way to biospherics (2): theory of ecological similarity as obligatory tool for applicable CBLSS research and design [C]//Abstracts of 30th COSPAR Scientific Assembly, Hamburg, Germany:331.

[24] BARTSEV S I, OKHONIN V A. 1999. Self - restoration of biocomponents as a mean to enhance biological life support systems reliability [J]. Advances in Space Research,24(3):393 -396.

[25] BARTSEV S I, GITELSON I I, LISOVSKY G M, et al. 1997. Perspectives of different type biological life support systems (BLSS) usage in space missions[J]. Acta Astronautica,39(8):617 -622.

[26] BARTSEV S I, GITELSON I I, MEZHEVIKIN V V, et al. 1996a. Principle of lunar base life support system structure and operation regimes optimization[R]. SAE Technical Paper Series. 961551.

[27] BARTSEV S I, GITELSON I I, MEZHEVIKIN V V, et al. 1996b. First level of life support system (LSS) closure: optimization of LSS structure for different functioning times[R]. SAE Technical Paper Series 961556.

[28] BARTSEV S I, MEZHEVIKIN N S, OKHONIN N S, et al. 1996c. Life support system (LSS) designing: principle of optimal reliability[R]. SAE Technical Paper Series 967365.

[29] BARTSEV S I, MEZHEVIKIN V V, OKHONIN V A. 1996d. BIOS 4 as an embodiment of CELSS development conception[J]. Advances in Space Research, 18(1/2):201-204.

[30] BATOV V A. 1967. Temperature effect on the intensity of *Chlorella* biosynthesis under different lighting levels[M]//Nepreryvnoye Upravlyayemoye Kultivirovaniye Mikroorganismov (Continuous Controlled Cultivation of Microorganisms), Moscow: Nauka:144-152.

[31] BAZANOVA M I. 1969. Mineral exchange of the biological system haman - *Chlorella*[D]. Krasnoyarsk.

[32] BAZANOVA M I, KOVROV V A. 1968. Dynamics of microelements in the ecosystem "human - microalgae." [M]//Proceedings of the V Workshop on Material Cycle in the Closed System, Kiev: Naukova Dumka:13.

[33] BEHREND A F, HENNINGER D L. 1998. Baseline crops for advanced life support program[Z]. NASA Johnson Space Center Memorandum EC3 - 98 - 066, Houston, Texas.

[34] BELYANIN V N, SIDKO F Ya, EROSHIN N S. 1964. Light distribution in dense alagal suspensions [M]//Upravlyayemoye Kultivirovaniye Mikrovodoroslei (Continuous Microalgal Cultivation), Moscow: Nauka:24.

[35] BENDY M. 1965. Promyshlennaya Gidroponika (Industrial Hydroponics)[M]. Moscow: Kolos.

[36] BERKOVICH E M. 1964. Energeticheskii Obmen v Norme i Patologii (Energy Exchange in Norm and Pathology)[M]. Moscow: Meditsina.

[37] BEYERS R J. 1963. A Characteristic Diurnal Metabolic Pattern in Balanced Microcosms. Publications of Institute of Marine Sciences University of Texas, Vol. 9.

[38] BEYERS R J. 1963. Balanced aquatic microcosms: their application for space travel[J]. American Biology Teacher, 25(6):422-429.

[39] BLACKWELL A L. 1990. A perspective on CELSS control issues[R]. Controlled Ecological Life Support Systems: CELSS - 1989 Workshop, NASA TM - 102277:

327 − 353.

[40] BLACKWELL C, GITELSON J I. 1997. Improving the quality of human performance during space exploration missions via control, Human Control.

[41] BLUEM V. 1998. The closed equilibrated biological aquatic system project[C]// Institute of Environmental Science, 1998 Conference Rokkasho, Japan.

[42] BLUTH B J, HELPPIE J I. 1986. Soviet space stations as analogs, 2nd ed[R]. Report under NASA Grant NAGW − 659, Wash. D. C. , NASA.

[43] BOLSUNOVSKY A, ZHAVORONKOV V. 1996. Prospects for using microalgae in life − support systems[R]. SAE Technical Paper Series 951496.

[44] BONGERS L, KOK J I. 1964. Developments of Industrial Microbiology[M]. vol. 5, p. 182.

[45] BOWMAN N I. 1953. The food and atmosphere control problem in space vessels. Pt. 2. The use of algae for food and atmosphere control[J]. Journal of British Interplanetary Society, 12: 159 − 167.

[46] BRASSEAUX S F, CORNWALL J, DALL − BAUMAN L, et al. 1997. Lunar − Mars Life Support Test Project. Phase II final report[R]. JSC − 38800.

[47] BRASSEAUX S F, GRAF J C, LEWIS J C, et al. 1998. Performance of the physicochemical air revitalization system during the Lunar − Mars Life Support Test Project Phase III test[R]. SAE Technical Paper Series 981703.

[48] BUBENHEIM D L. 1991. Plants for water recycling, oxygen regeneration and food production[J]. Waste Management and Research, 9(5): 435 − 443.

[49] BUBENHEIM D L, WIGNARAJAN K. 1995. Incineration as a method for resource recovery from inedible biomass in a CELSS[J]. Life Support & Biosphere Science, 1(3/4): 129 − 140.

[50] BUBENHEIM D L, WIGNARAJAH K. 1997. Recycle of inorganic nutrients for hydroponic crop production following incineration of inedible biomass[J]. Advances in Space Research, 20(10): 2029 − 2035.

[51] BUBENHEIM D L, LEWIS C. 1997. Application of NASA's advanced life support technologies in polar regions[J]. Advances in Space Research, 20(10):

2037-2044.

[52] BUDYKO M I, RONOV A B, YANSHIN A L. 1985. Istoriya Atmosfery (History of Atmosphere)[M]. Leningrad: Gidrometeoizdat.

[53] BUGBEE B G, SALISBURY F B. 1988. Exploring the limits of crop productivity [J]. Plant Physiology, 88(33): 869-878.

[54] BUGBEE B G, SALISBURY F B, 1989. Controlled environment crop production: hydroponic vs. lunar regolith[M]//MING DW, HENNINGER D L. Lunar Base Agriculture: Soil for Plant Growth. Madison: Americon Society of Agronomy: 107-127.

[55] BUGBEE B KOERNER G, ALBRECHTSEN R, et al. 1996. "USU-APOGEE", a new high-yielding dwarf wheat cultivar for life-support systems. *Abstracts*, 31st Scientific Assembly of COSPAR, (University of Birmingham, England).

[56] BUMAZYAN A I, PARIN V V, NEFEDOV Yu G, et al. 1969. Year-long medical-technical experiment in the ground life support system[J]. Cosmicheskaya Biologiya i Meditsina, 1:9.

[57] BYCHKOV V P, KONDRATYEV Yu I, USHAKOV A S. 1967. Investigation of unicellular algae as a possible food source[M]//Problemy Sozdaniya Zamknutykh Ekologicheskikh Sistem (Problems of Creating Closed Ecological Systems). Moscow: Nauka: 52.

[58] CALLOWAY D H, MARGEN S. 1968. Investigation of the nutritional properties of *Hydrogenomonas eutropha*[R]. NASA-CR-111599.

[59] CANHAM A E. 1964. Electricity in Horticulture[M]. The MacDonald Technicians and Grafts Series. London.

[60] CAO W, TIBBITS A M. 1991. Physiological responses in potato plants under continuous irradiation[J]. Journal of American Society for Horticultural Science, 116(3): 525-527.

[61] CAO W, TIBBITS T W. 1993. Growth and carbon assimilation in potato plants as affected by light fluctuations[J]. Horticultural Science, 28(7): 748.

[62] CAO W, TIBBITS T W, WHEELER R M. 1994. Carbon dioxide interactions with

irradiance and temperature in potatoes[J]. Advances in Space Research,14(11): 243-250.

[63] CHETVERIKOV S S. 1905. Volny zhizni(Waves of life)[J]. Journal of Zoological Department of Emperor's Society of Natural Scientists,3(6):103-105.

[64] CHIZHOV S V, SINYAK Yu E. 1973. Provision of spaceship crews with water [M]. In Problemy Kosmicheskoi Biologii (Problems of Space Biology). Moscow: Nauka. CHUCHALIN A P. 1980. Radiatsionnyi rezhim i ispolzovaniye FAR tsenozon pshenitsy v usloviyakh intensivnoi svetokultury(Radiation regime and use of PAR by wheat cenosis under intensive light cultivation)[D]. Krasnoyarsk, Institute of Physics.

[65] CHUCHKIN V G. 1967. Spiral Greenhouse[M]. Priroda, Vol 10, p. 58.

[66] CHUCHKIN V G, KOSTETSKY A V, GOLOVIN V P, et al. 1975. Evaluation of the issue of including the higher plant link in closed life support systems [M]//I I. GITELSON. Problemy Sozdaniya Biologotekhnicheskikh Sistem Zhizneobespecheniya Cheloveka (Problems of Creating Biological - Technical Human Life Support Systems). Novosibirsk: Nauka;5-13.

[67] CLEMEDSON C J. 1959. Toxicological aspect of the sealed cabin atmosphere of space[J]. Astronautik,1,p. 4.

[68] GUSTAN E, VTNOPAL T. 1982. Controlled ecological life support system: transportation analysis[R]. NASA-CR-166420.

[69] COOKE G D. 1967. The pattern of autotrophic succession in laboratory microecosystem[J]. BioScience,17(10):717-721.

[70] COOKE G D, 1971. Ecology of space travel [M]//Odum E. Fundamentals of Ecology. 3rd ed. Philadelphia: Saunders College Publishing.

[71] COOK G D, BEYERS R J, ODUM E P. 1968. The case for the multispecies ecological system, with special reference to succession and stability [R]. Bioregenerative Systems, NASA Special Publication, Vol. 165.

[72] COREY K A, WHEELER R M. 1992. Gas exchange in NASA's Biomass Production Chamber[J]. BioScience,42(7):503-509.

[73] CURUC R,1967. Isotopes Plant Nutrition and Physiology[M]. Vienna.

[74] DADYKIN V P. 1968. Use of higher plants for regeneration of food, water and atmosphere in closed systems[J]. Selskokhozyaistvennaya Biologiya, 3(1):137.

[75] DADYKIN, V P. ,1968a, Kosmicheskoye Rastenievodstvo(Space Plant - growing) [M]. Moscow:Znaniye.

[76] DADYKIN V P,1970. Some problems of space plant - growing[C]. Proceedings of the 4th Meeting on Development of K. E. Tsiolkovsky's Scientific Legacy. 1969 Group of Problems of Space Biology and Medicine, Moscow, p. 26.

[77] DADYKIN V P. 1970a. Contribution of V. N. Sukache's studies on biogeocenosis to development of closed systems[J]. *Izvestiya AN SSSR,Biology*, 2:229.

[78] DADYKIN V P. 1976. Some underdeveloped problems of space plant growing [C]//Proceedings of the IX Meeting Devoted to Development of Tsiolkovsky's Ideas (Problems of Space Biology and Medicine), Moscow:173 - 186.

[79] DADYKIN V P,NILOVSKAYA N T. 1969. Problems of creating phytocenoses for manmade ecological systems [C]//Abstracts of All - Union Meeting on Investigation of Plant Interactions in Phytocenoses, Minsk:9.

[80] DADYKIN V P, NIKISHANOVA T I. 1969a. On the possibility of using sweet potato as the main source of carbohydrates in human diet during the space flight [J]. Kosmicheskaya Biologiya i Meditsina,1:59 - 63.

[81] DADYKIN V P, LEBEDEVA E V, DMITRIEVA I V. 1967a. Vegetable conveyer on hydroponics[J]. Vestnik Selskokhozyaistvennoi Nauki,7:65.

[82] DADYKIN V P,STEPANOV L N,RYZHKOVA V E. 1967P. Some data on volatile (oxygen - containing) emissions of some vegetable crops[J]. Kosmicheskaya Biologiya i Meditsina,6:48.

[83] DAVTYAN G S. 1967c. Investigations in the field of hydroponics [R]. In Soobshcheniya Instituta Agrokhimicheskikh Problem i Gidroponiki(Reports of the Institute of Agrochemistry and Hydroponics),7 (Yerevan),p. 3.

[84] DE CHARDIN P T. 1987. The Human Phenomenon(Russian translation)[M]. Moscow:Nauka.

[85] DILLON J C, PHAN P A. 1993. *Spirulina* as a source of proteins in human nutrition. Spirulina,algae of life[J]. Monaco Musee Oceanographique Bulletin. , 12: 103 – 108.

[86] DRESCHEL T, SAGER J. 1989. Control of water and nutrients using a porous tube: a method for growing plants in space[J]. Horticultural Science,24(6): 944 – 947.

[87] DRIGO Yu A, IVANOV V M, KUZNETSOV S O, et al. 1967. Mineralization of human and plant wastes by wet oxidation[M]//Problemy Sozdaniya Zamknutykh Ekologicheskikh Sistem (Problems of Creating Closed Ecological Systems). Moscow: Nauka: 150.

[88] ECKART P. 1996. Spaceflight Life Support and Biospherics[M]. Micro Press and Kluwer Academic Publishers.

[89] EDEEN M A, DOMINICK J S, BARTA D, et al. 1996. Control of revitalization using plants: result of the early human testing initiative phase I test[R]. SAE Technical Paper Series 961522.

[90] EDEEN M A, PICKERING K D, 1998. Biological and physical – chemical life support systems integration—Results of the Lunar Mars Life Support Phase III test [R]. SAE Technical Paper Series 981708.

[91] ELEY J H, MYERS J. 1964. Study of a photosynthetic gas exchanger: a quantitative repetition of the Priestly experiment[J]. Texas Journal of Science,16: 296 – 333.

[92] EROSHIN N S, SIDKO F YA, BELYANIN V N. 1964. On light distribution in *Chlorella* suspension illuminated by different sources of radiant energy[M]// Upravlyayemoye Kultivirovaniye Mikrovodoroslei (Controlled Microalgal Cultivation). Moscow: Nauka: 28.

[93] FEOKTISTOVA O I. 1965. Investigation of seasonal periodicity in *Chlorella* development, depending on cultivation conditions[J]. Fiziologiya Rastenii, 12 (5):888.

[94] FEYNMAN R P,1989. Appendix F: personal observations on the reliability of the

shuttle [M]//FEYNMANR P (Ed.). What Do You Care What Other People Think. New York:Bantam Books:220 - 237.

[95] FISHER J W,PISHARODY S,WIGNARAJAH K,et al. 1998. Waste incineration for resource recovery in bioregenerative life support systems[R]. SAE Technical Paper Series 981758.

[96] FLYNN M, BORCHERS B, 1997. The influence of power limitations on closed environment life support system applications [R]. SAE Technical Paper Series 972356.

[97] FOLSOM C E,1982. *Origin of microcosm life* (in Russian)[M]. Moscow:Mir.

[98] FOLSOM C E, HANSON J E. 1986. The emergence of materially closed system ecology [M]//POLUNIN N. Ecosystem Theory and Application. Hoboke: John. Wiley and Sons,Ltd:269 - 288.

[99] FORD MA,THOME G N. 1967. Effect of CO_2 concentretion on growth of sugar - beet,barley,kale and maize. *Annual Botany*,31(124):629 - 644.

[100] FORRESTER J W. 1971. World Dynamics [M]. Cambridge, Massachusetts: Wright - Allen Press,Inc.

[101] FOSTER J F,LITCHFIELD J H. 1967. Engineering requirements for culturing of *Hydrogenomonas* bacteria[R]. NASA Technical Reports:NASA - CR - 90111.

[102] FRIEND D. 1964. The Growth of Cereals and Grasses [M]. London: Butterworths.

[103] CHURCHILL S. 1997. Fundamentals of Space Life Sciences:Volumes 1 and 2 [M]. Malobar Florida:Krieger Publ. Co:335.

[104] GAFIFORD R D,CRAFT C E. 1959. A photosynthetic gas exchanger capable of providing for respiratory requirement of small animals[R]. USAF SAM Report, Texas:Brooks AFB:58 - 124.

[105] GALKINA T B, KASHKOVSKY I N, KURAPOVA O A et al. , 1967. Some characteristics of growth and gas exchange of the alga *Anacistis* in intensive culture[M]//Problemy Kosmicheskoi Biologii (Problems of Space Biology), 7. Moscow:Nauka:480.

[106] GALLOWAY D H, KUMAR A M. 1969. Protein quality of the bacterian *Hydrogenomonas eutripha*[J]. Applied Microbiology,17(1):176 – 178.

[107] GAZENKO O G. 1968. Space biology and medicine [M]//Uspekhi SSSR v Issledovanii Kosmicheskogo Prostranstva(USSR's Advance in Space Exploration). Moscow:Nauka:321.

[108] GENIN A M. 1964. Some principles of forming artificial habitat in spaceship cabins [M]//*Problemy Kosmicheskoi Biologii* (Problems of Space Biology), 3. Moscow:Nauka:59.

[109] GITELSON J I, OKLADNIKOV G M. 1994. Man as a component of a closed ecological life support system[J]. Life Support & Biosphere Science,1:73 – 81.

[110] GITELSON J I,OKLADNIKOV Yu N. 1997. Human functions in a biological life support system[R]. SAE Technical Paper Series 972513.

[111] GITELSON I I,TERSKOV I A,BATOV V A,1964. Automation of cultivation of unicellular organisms to be used in the closed biological system[M]//Problemy Kosmicheskoi Biologii(Problems of Space Biology),3. Moscow:Nauka:427.

[112] GITELSON I I,TERSKOV I A,KOVROV E G,et al. 1964. On forms of *Chlorella* nitrogen nutrition under continuous cultivation [M]//Upravlyayemoye kultivirovaniye Mikrovodoroslei (Controlled Microalgal Cultivation). Moscow: Nauka:47.

[113] GITELSON I I,LISOVSKY G M,TERSKOV I A. 1966. On competitive ability of algal culture versus higher plants [M]//*Upravfyaemyi Biosintez* (Controlled Biosynthesis). Moscow:Nauka:68 – 75.

[114] GITELSON I I,KUZMINA R I,BAZANOVA M I. 1967. *Chlorella* requirement for biogenous elements and effect of their concentration in the background medium on biosynthesis rate [M]//*Nepreryvnoye Upravlyayemoye Kultivirovaniye Mikrovodoroslei* (Continuous Controlled Microalgal Cultivation). Moscow:Nauka: 126.

[115] GITELSON I I, KIRENSKY L V, TERSKOV I A, et al. 1970. Experimental biological life support system on the basis of continuous microalgal cultivation,

and experiment with human stay in this system for many day [C]. *XIX International Astronautical Congress*, 4. Bioastronautics. Pergamon Press: 91.

[116] GITELSON I I, FISH A M, CHUMAKOVA A M, et al. 1973. The maximal rate of bacterial reproduction and feaasibility of determining it [J]. Doklady Akademii Nauk SSSR, 211(6): 1453 – 1455.

[117] GITELSON I I, KOVROV B G, LISOVSKY G M, et al. 1975. *Eksperimentalnyye Ekologicheskiye Sistemy, Vklyuchayushchie Cheloveka. Problemy Kosmicheskoi Biologii* (Experimental Ecological Systems with Human. Problems of Space Biology) [M]. Vol. 28, Moscow: Nauka: 312.

[118] GITELSON I I, TERSKOV I A, KOVROV B G, et al. 1976. Life support system with autonomous control employing plant photosynthesis [J]. Acta Astronautica, 3(9 – 10): 633 – 650.

[119] GITELSON I I, MANUKOVSKY N S, PANKOVA I M, et al. 1981. Mikrobiologicheskiyeproblemy Zamknutykh Ekologicheskikh Sistem (Microbiological Problems of Closed Ecological Systems) [M]. Novosibirsk: Nauka.

[120] GITELSON J I, TERSKOV I A, KOVROV I A, et al. 1989. Long – term experiments on man's stay in biological life support system [J]. Advances in Space Research, 9(8): 65 – 71.

[121] GITELSON I I, BLUM V, GRIGORIEV A I, et al. 1995. Biological – physical – chemical aspects of a human life support system for a lunar base [J]. Acta Astronautica, 37: 385 – 394.

[122] GOLUEKE C G. 1960. The ecology of a biotic community consisting of algae and bacteria [J]. Ecology, 41(1): 65 – 73.

[123] GOLUEKE C G, OSWALD W J. 1963. Closing an ecological system consisting of a mammal, algae, and non – photosynthetic microorganisms [J]. American Biology Teacher, 25: 522 – 528.

[124] GUSAROV B G, DRIGO YU A, NOVIKOV V M, et al., 1967. On devising laboratory installations for the utilization link [M]//Problemy Sozdaniya

Zamknutykh Ekologicheskikh Sistem (Problems of Creating Closed Ecological Systems). Moscow:Nauka:141.

[125] GUSAROV B G, SINYAK G S, DAGAEVA L V, et al. 1973. On minearlization of the gaseous phase released in processing of organic wastes [M]. *Eksperimentalnoye i Matematicheskoye Modelirovaniye Iskusstvennykh i Prirodnykh Ekosistem* (Experimental and Mathematical Modeling of Manmade and Natural Ecosystems). Krasnoyarsk, Institute of Physics, p. 18.

[126] GUSTAN E, VINOPAL G I. 1986. Controlled ecological life support system: conceptual design option study[R]. NASA – CR – 111599.

[127] GYURDZHIAN A A. 1961. Some issues of providing life support in the space flight[J]. Uspekhi Sovremennoi Biologii, 51(1):74.

[128] HENRY J. 1966. Biomedical Aspects of Space Flight [M]. New York: Holt Rinehart & Winston.

[129] HEWITT E J. 1952. Sand and water culture methods used in the study of plant nutrition[R]. Bristol Commonwealth Agricultural Bureaux.

[130] HILL W A. 1992. Selection of root and tuber crops for space missions. The sweet potato for space missions, HILL W, LORETAN P, BONSI K: Sweet Potato Technology for the 21st Century. Carver Research Foundation of Tuskegee University, pp. 3 – 12.

[131] HOFF G E, HOWE G I, MITCHELL C A. 1982. Nutritional and cultural aspects of plant species selection for a controlled ecological life support system[R]. NASA Contractor Report 166324, NASA Ames Research Center, Moffett Field, CA.

[132] HUMPHRIES W R, SESHAN P K, EVANICH P L. 1993. Physicochemical life support systems, Chap. 15 [M]//NICOGOSSIAN A. et al. Space Biology and Medicine. Washington – Moscow: Joint US/Russian Publ.:331 – 356.

[133] HUMPHRIES W R, SESHAN P K, EVANICH P L. 1994. Physicochemical life support systems [M]//SULMAN F, GENIN A. Life Support and Habitability. Washington D. C.: American. Institute of Aeronautics and Astronautics:

461 – 498.

[134] HUTTENBACH R C, KAISER A. R, RADFORD J D, et al. 1988. Physical – chemical atmosphere revitalization: the qualitative and quantitative selection of regenerative design[C]//Proceedings of the 3rd European Symposium on Space Thermal Control and Life Support Systems, Noordwijk, the Netherlands, ESA SP · 288, pp. 57 – 64.

[135] IERUSALIMSKY N D, NERONOVA N M. 1965. Quantitative relatioship between metabolite concentration and growth rate of microorganisms[J]. Doklady AN SSSR, 161(6):1437.

[136] IMSHENETSKY A A. 1967. Biological cycle of hydrogen[J]. Vestnik AN SSSR, 6: 39 – 44.

[137] JACKSON J, BONURA M, PUTNAM D. 1968. Evaluation of a closed – cycle life – support system during a 60 – day manned test[R]. Douglas Paper:5105.

[138] KALACHEVA L I. 1971. Leaf:root ratio in different organogenesis phases in various morpho – physiological varieties of radish [M]//Morfogenez Ovoshchnykh Rastenii(Morphogenesis of Vegetable Plants). Novosibirsk:Nauka.

[139] Kalinkevich, A F. 1964. In Rol Mineralnykh Elementov v Obmene Veshchestv i Produktivnosti Rastenii (Role of Mineral Elements in Material Exchange and Plant Productivity)[M]. Moscow:Nauka:73.

[140] KESLER T G, TRUBACHEV I N, VOITOVICH YA V, et al. 1983. Growth of hydrogen – reducing bacteria on urine as nitrogen source [J]. Prikladnaya Biokhimiya i Mikrobiologiya, 9(3):480 – 483.

[141] KHOMCHENKO G P, CHIZHOV S V, SINYAK YU E, et al. 1971. Extraction method of water regeneration in closed ecological systems[R]. Izvestiya TSKA, 1:183.

[142] KIRBY G M, 1997. Bioregenerative planetary life support systems test complex: facility description and testing objectives [R]. SAE Technical Paper series 972342.

[143] KIRENSKY L V, TERSKOV I A, GITELSON I I, et al. 1967. Continuous

microalgal culture as a link of a closed ecological system[J]. Kosmicheskaya Biologiya i Meditsina,1(4):19.

[144] KIRENSKY L V, TERSKOV I A, GITELSON I I, et al. 1967a. Gas exchange between human and microalgal culture in the 30 - day experiment [J]. Kosmicheskaya Biologiya i Meditsina,1(4):23.

[145] KIRENSKY L V, TERSKOV I A, GITELSON I I, et al. 1967b. Experimental biological life support system. Continuous cultivation of algae as a link of a closed ecosystem[C]. Proceedings of the Open Meeting of Working Group V of the Tenth Plenary Meeting of COSPAR, pp. 33 - 38.

[146] KIRENSKY L V, TERSKOV I A, GITELSON I I, et al. 1967c. Experimental biological life support system. II. Gas exchange between man and microalgae culture in a 30 - day experiment [C]. Proceedings of the Open Meeting of Working Group V of the Tenth Plenary Meeting of COSPAR, pp. 38 -40.

[147] KIRENSKY L V, TERSKOV I A, GITELSON I I, et al. 1970. Closed water exchange in the two - link biological - technical human life support system[C]. XIX International Astronautical Congress,4, Bioastronautics. Oxford: Pergamon Press:51.

[148]KIRENSKY L V, GITELSON J I, TERSKOV I A, et al. 1971. Theoretical and experimental decisions in the creation of an artificial ecosystem for human life - support in space[J]. Life Science and Space Research,9:75 - 80.

[149]KLYUSHKINA N S, FOFANOV V I. 1967. On the value of proteins of unicellular algae[J]. Kosmicheskaya Biologiya i Meditsina,1(6):52.

[150]KLYUSHKINA N S, FOFANOV V I, TROITSKAYA I T. 1967. Determination of biological value of proteins of unicellular algae and soybean on 4 generations of white rats[J]. Kosmicheskaya Biologiya i Meditsina,1(4):33.

[151] KNOTT W M, SAGER J C, WHEELER R. 1992. Achieving and documenting closure in plant growth facilities[J]. Advances in Space Research,12(5):115 - 123.

[152] KOLCHINSKY E I, 1990. Evolyutsiya Biosfzry (Evolution of the Biosphere)

[M]. Leningrad:Nauka.

[153] KOPTYUG V A, 1997. Nauka Spaset Chelovechestvo (Science Will Save Humanity), Summary of the UN Conference on Environment and Development [M]. Novosibirsk:Mir Nauki:4.

[154] KORDYUM V A. 1969. Mikrobiologicheskiye problemy zamknutykh ekologicheskikh sistem(Microbiological problems of closed ecological systems)[D]. Kiev.

[155] KOROGODIN V I. 1991. Informatsiya i Fenomen Zhizni (Information and Phenomen of Life)[M]. Pushchino:Acad. of Sci. USSR.

[156] KOROTAEV M M, KUSTOV V V, MELESHKO G I, et al. 1964. Toxic gaseous substances emitted by *Chlorella* [M]//Problemy Kosmicheskoi Biologii (Problems of Space Biology). Moscow:Nauka,3:204.

[157] KOVROV B G. 1992. Manmade Microecosystems with Closed Material Cycle as Models of the Biosphere [M]. In Biofizika Kletochnykh Populiatsii i Nadorganizmennykh Sistem. Novosibirsk:Nauka:62 – 70.

[158] KOVROV B G, SHTOL A A. 1969. Design of algal cultivators with curved light-receiving surface. In Upravlyaemyi Biosintez i Bicfizika Populyatsii (Controlled Biosynthesis and Biophysics of Populations), Krasnoyarsk, p. 48.

[159] KOVROV B G, LISOVSKY G M. 1972. Quantitative estimation of gas exchange of continuous culture of higher plants as a link of the life support system [J]. Kosmicheskaya Biologiya i Meditsina,5:17 – 21.

[160] KOVROV B G, FISHTEIN G N. 1980. Distribution of biomass in synthetic closed microbicenoses depending on species structure[J]. Izvestiia SO AN SSSR, Seriya Biologii,5:35 – 40.

[161] KOVROV B G, MARTYNENKO L L. 1981. Development of the vitamin greenhouse as a biological element of the life support system [C]. In K. E. Tsiolkovsky i Sovremennyye Problemy Kosmicheskoi Biologii (K. E. Tsiolkovsky and Modern Problems of Space Biology), Proceedings of the XIV Meeting. Moscow, pp. 99 – 103.

[162] KOVROV B G, FISHTEIN G N. 1985. Microecosystems and experience of their

using for studies of protists in a community of microscopical organisms [J]. Zhurnal Obshchei Biologii (Journal of General Biology) ,46(3):336 - 344.

[163] KOVROV B G, MELNIKOV B S, BELYANIN V N, et al. 1967. A cultivator for intensive continuous microalgal cultivation[M]//Nepreryvnoye Upravlyayemoye Kultivirovaniye Mikrovodoroslei (Continuous Controlled Microalgal Cultivation). Moscow:Nauka:14.

[164] KOVROV B G, BELYANIN V N, SHTOHL A A. 1969. A calculation of algae cultivator for life support system [C]//Proceedings of the 8th International Symposium of Space Technology and Science,Tokyo,pp. 1183 - 1187.

[165] KOVROV B G, et al. 1985. Artificial closed ecosystems"man - plants"with a full regeneration of atmosphere, water, and ration vegetable[C]. Proceedings of the XXXVI International Astronomy Congress. 7 - 12 Oct 1985, Stckholm, Sweden. New York:Pergamon press.

[166] KRAUSS R. 1964. Conference on Nutrition in Space and Related Waste Problems [C]. Washington D. C. ,NASA 59 -70:289 -297.

[167] KURAPOVA O A. 1969. Dynamics of build - up of organic substances in the culture fluid in prolonged cultivation *of Chlorella* on repeatedly used medium. In *Upravlyaemyi Biosintez i Bicfizika Populyatsii* (Controlled Biosynthesis and Biophysics of Populations). Krasnoyarsk, p. 20.

[168] KURSANOV A L. 1966. Preface [M]//Fiziologo - Biokhimicheskiye Osnovy Vzaimnogo Vliyaniya Rastenii v Fitotsenoze (Physiological - Biochemical Basis of Mutual Effect on Plants in a Phytocenosis). Moscow:Nauka:5.

[169] KUSTOV V V, TIUNOV L A 1969. Toxicology of metabolites and their contribution to formation of artificial atmosphere of sealed space[M]//Problemy Kosmicheskoi Biologii (Problems of Space Biology). Moscow:Nauka:11.

[170] KUZMINA R J, KOVROV B G. 1967. Continuous *Chlorella* cultivation on repeatedly used medium [M]//Problemy Sozdaniya Zamknutykh Ekologicheskikh Sistem (Problems of Creating Closed Ecological Systems). Moscow:Nauka:91.

[171] LAMARCK J B. 1935. Philosophy of Zoology (in Russian), Vol. 1[M]. Moscow - Leningrad.

[172] LASSEUR C H,1998. MELISSA final report for 1997 activity[R]. ESA/EWP - 1975.

[173] LASSEUR C H, FEDOLE I. 1999. MELISSA final report for 1998 activity ECT/FG/MMM/97.012[R]. ESA. ESTEC/MCL/26 77. CHL.

[174] LAPTEV V V, NILOVSKAYA N T. 1968. Sealed installation for investigation of plant gas and water - exchange [J]. Selskokhozyaistvennaya Biologiya, 3 (6):892.

[175] LATYSHEV D I. 1967. Vyrashchivaniye Ovoshchei v Sovkhoze "Teplichnyi" (Growing of Vegetables at the Sovkhoz "Teplichnyi")[M]. Moscow: Kolos.

[176] LEBEDEVA E V, RUSAKOVA G G, et al. 1969. Table beet as the autotrophic link in the biological life support system [M]. In Upravlyaemyi Biosintez i Biofizikapopulyatsii (Controlled Biosynthesis and Biophysics of Populations), Krasnoyarsk, p. 155.

[177] LEMAN V M, 1961. Kurs Svetokultury Rastenii (A Course in Plant Light Culture)[M]. Moscow: Vysshaya shkola.

[178] LE ROY E. 1921. L'exigence Idealiste et le Foit D'evolution[M]. Paris.

[179] LE ROY E, 1928. Les Origines Humaines et Revolution de l'intelligence[M]. Paris: Alcan.

[180] LEVINSKIKH M A, SYCHEV V N. 1989. Growth and development of unicellular algae in space flight within the system "algobacterial cenosis - fish."[J]. Kosmicheskaya Biologiya i Aviakosmicheskaya Meditsina,5:32 - 35.

[181] LEWIS W C. 1989. LSA for Mars class missions, space manufacturing[C]// Proceedings of the Ninth Princeton/AIAA SSI Conference, May 10 - 13, Washington, D. C. 274 - 278.

[182] Life Support and Habitability Manual[R]. August 1991, Volume I, ESA PSS - 03 - 406, Issue I.

[183] LISOVSKY G M. 1972. Objectives and possibilities of selection improvement of higher plants as a link of life support systems[M]. In Kosmicheskaya Biologiya i

Aviakosmicheskaya Meditsina (Space Biology and Aerospace Medicine), Abstracts, Kaluga,1,p. 210.

[184] LISOVSKY G M, SYPNEVSKAYA E K. 1969. Sodium chloride influence on the composition of *Chlorella vulgaris* in continuous cultivation [J]. Prikladnaya Biokhimiya i Mikrobiologiya,5(3):369.

[185] LISOVSKY G M, SHILENKO M P:1970. Cultivar differences in radish reaction to the duration of artificial lighting[J]. Informatsionnyi Bulleten Koordinatsionnogo Soveta po Flziologii Rastenii, 7:39 - 40.

[186] LISOVSKY G M, SHILENKO M P. 1971. Culture of cereals as a possible component of the autotrophic link in life support systems [J]. Kosmicheskaya Biologiya i Meditsina,5(1):22.

[187] LISOVSKY G M, GITELSON I I, TERSKOV I A. 1965. Biosphere and closed biological systems [C]//Abstracts of All - Union Meeting on Controlled Biosynthesis and Biophysics of Populations, Krasnoyarsk.

[188] LISOVSKY G M, YAN N A, SYTSNEVSKAYA E K, et al. 1966. Productivity of various algal forms in continuous cultivation [M]//Upravlyaemyi Biosintez (Controlled Biosynthesis). Moscow: Nauka:276 - 282.

[189] LISOVSKY G M, GITELSON I I, TERSKOV I I. 1967. Biosphere and closed biological systems [M]//Problemy Sozdaniya Zamknutykh Ekologicheskikh Sistem (Problems of Creating Closed Ecological Systems). Moscow: Nauka:44.

[190] LISOVSKY G M, MELNIKOV E S, SAKASH V G, et al. 1968. Sealed phytotron for investigation of dynamics of biomass increment in planting [J]. Informatsionnyi Bulleten Koordinatsionnogo Sovetapo Fiziologii i Biokhimii Rastenii, 3:133.

[191] LISOVSKY G, KOVROV B, TERSKOV I, et al. 1969. Methods and technique of wheat continuous culture as a link of life support system [C]//Proceedings of Eighth International Symposium on Space Technology and Science, Tokyo. p. 1189.

[192] LISOVSKY G M, PARSHINA O V, USHAKOVA S A, et al. 1979. Productivity

and chemical composition of some vegetable crops grown under "lunar" photoperiod. Izvestiya SOANSSSR (Biology), 1:104 – 108.

[193] LISOVSKY G M, PRIKUPETS L B, SARYCHEV L B, et al. 1983. Experimental evaluation of efficiency of light sources in plant light culture[J]. Svetotekhnika, 4:7 – 9.

[194] LOVELOCK J E. 1972. Gaia as seen through the atmosphere[J]. Atmospheric Environment, 6:579 – 580.

[195] LOVELOCK J E. 1990. The ages of Gaia[M]. New York:Bantam Books.

[196] LOVELOCK J E. 1991. Scientists on Gaia[M]. England:Mit Press.

[197] LUCKEY T O. 1966. Potential microbic shock in manned aerospace systems[J]. Aerospace Medicine, 37:1223 – 1228.

[198] MACELROY R D, SMEMOFF D T. 1987. Controlled ecological life support systems:Proceedings of Wark shop II of the COSPAR Twenty – sixth Plenary Meefing held in Toulouse, France 30th June – 11th July 1986[J]. Advances in Space Research, 7(4):1 – 153.

[199] MACELROY R D, JOHNSON E J, JOHNSON M K. 1969. Control of ATP – dependent CO_2 fixation in extracts of *Hydrogenomonas facilis*:NADH regulation of phosphoribulokinase[J]. Archives of Biochemical Biophysics, 131(1):272 – 275.

[200] MACELROY R D, TIBBITS T W, TOMPSON B G, et al. 1989. Natural and experimental ecosystems[J]. Advances in Space Research, 9(8):1 – 202.

[201] MAKSIMOV N A. 1925. Plant culture under electric light and its application for seed control and selection [J]. Nauchno – Agronomicheskii Zhurnal, (7 – 8):395.

[202] Manned Mars Mission Study Group. 1988. Proposed concept for a manned Mars mission program[C]//Proceedings of the Seventh Annual International Space Development Corrference, Denver, Colorado. pp. 411 – 435.

[203] MANUKOVSKY N S, KOVALEV V S, ZOLOTUKHIN I G, et al. 1996. Biotransformation of plant biomass in closed cycle[R]. SAE Technical Paper

Series 961417.

[204] MARGALE R. 1963. Successions of populations [J]. Advances in Frontiers of Plant Science (New Delhi), Vol. 2.

[205] MARGALEF R. 1963. On certain unifying principles in ecology [J]. The American Naturalist, 97 (897): 357 – 374.

[206] MARSHAK I S, VASILYEV V I, TOKHADZE I A. 1963. Small – size ballast – free water cooled xenon tube DKsTV – 6000 [J]. Svetotekhnika, 11:13.

[207] MASYUK N P. 1966. Mass culture of carotene – bearing alga *Dunaliella salina* [J]. Ukrainskii Botanicheskii Zhurnal, 23(2):12.

[208] MEADOWS D L, BEHRENS WW, MEAOOWS D H, et al. 1974. Dynamics of Growth in a Finite World [M]. Cambridge, Massachusetts: Wright Allen Press Inc.

[209] MELESHKO G I. 1967. Some characteristics of *Chlorella* population as a link of a closed ecological system [M]//Problemy Sozdaniya Zamknutykh Ekologicheskikh Sistem (Problems of Creating Closed Ecological Systems). Moscow: Nauka: 73.

[210] MELESHKO G I, KRASOTCHENKO L M. 1965. Conditions of carbon nutrition in intensive culture. In *Problemy Kosmicheskoi Biologii* (Problems of Space Biology), Vol. 4, Moscow: Nauka: 676 – 682.

[211] MELESHKO G I, LEBEDEVA E K, KURDOVA O A, et al. 1967. Prolonged cultivation of *Chlorella* with direct returning of medium [J]. Kosmicheskaya Biologiya i Meditsina, 1(4):28.

[212] MELESHKO G I, SHEPELEV YE YA, GURYEVA T S, et al. 1991. Embryonal devepoment of birds in microgravity [J]. Kosmicheskaya Biologiya i Aviakos Micheskaya Meditsina, 1:37 – 39.

[213] MELESHKO G I, SHEPELEV YE YA, AVEMER M M, et al. 1993. Biological life support systems, Chapter 16 [M]//NICOGOSSIAN A, et al. (Eds.). Space Biology and Medicine. Washington – Moscow: Joint US/Russian Publ.: 357 – 394.

[214] MESAROVIC M, PESTEL E, 1975. Mankind at the turning point: the second report to the Club of Rome [J]. Technological Forcasting and Social Change, 7

(3):331-334.

[215] MEYERS K E, STAAT D G, TRI T O, et al. 1997. Lunar – Mars Life Support Test Project, Phase IIA: A crew's 60 day experience [R]. SAE Technical Papers Series 972340.

[216] MEZHEVIKIN V V, OKHONIN V A, BARTSEV S I, et al. 1994. Indications and counterindications for applying different versions of closed ecosystems for space and terrestrial problems of life support [J]. Advances in Space Research, 14 (11):135-142.

[217] MILKO E S, 1963. Izucheniye fiziologii i pigmentoobrazovaniya zelenoi vodorosli *Dunaliella* (Investigation of physiology and pigment – formation in the green alga *Dunaliella*) [D].

[218] MILOV M A, BALAKIREVA K A. 1975. On selecting higher plants for the biological life support system [M]//GITELSON I I. Problemy Sozdaniya Biologo – tekhnicheskikh Sistem Zhizneobespecheniya Cheloveka (Problems of Creating Biological – technical Human life Support Systems). Novosibirsk: Nauka: 13-19.

[219] MIZRAKH S A, FOMIN O V, LISOVSKY G M, et al. 1969. Effect of relative air humidity on intensity of wheat planting gas exchange [M]. In Upravlyaemyi Biosintez i Biofizika Populyatsii (Controlled Biosynthesis and Biophysics of Populations). Krasnoyarsk, pp. 102-103.

[220] MIZRAKH S A, LISOVSKY G M, TERSKOV I A, 1973. Plant growth and development under lunar photoperiod [J]. Doklady AN SSSR, 210(2):475-477.

[221] MOISEEV A A, KOLOSKOVA YU S, SINYAK YU E, et al. 1967. Provision of the crew with water in the space flight. In Problemy kosmicheskoi biologii (Problems of Space Biology), Vol. 7, Moscow: Nauka: 389.

[222] MOISEEV N N. 1979. Systems analysis of dynamic processes of the biosphere. Systems analysis and mathematical models [J]. *Vestnik AN SSSR*, 1.

[223] MOISEEV N N. 1990. Chelovek i Noosfera (Human and Noosphere) [M]. Moscow: Molodaia Gvardiia.

[224] MOISEEV N N, SVIREZHEV YU M. 1979. Systems analysis of dynamic

processes of the biosphere. Conceptual model of the biosphere, *Vestnik AN SSSR*, 2.

[225] MOISEEV N N, KRAPIVIN YU M, SVIREZHEV YU M, et al. 1980. Systems analysis of dynamic processes of the biosphere[M]//FEDOROV V D, Chelovek i Biosfera (Human and the Biosphere), 4. Moscow: Izdatelstvo Moskovskogo Universiteta:228 -258.

[226] MOKHNACHEV I G, KUZMIN M P. 1966. *Letuchiye veshchestva pishchevykh produktov* (Volatiles of food products)[M]. Odessa.

[227] MOORE W E, HOLDEMAN L V, 1974. Human fecal floras[J]. Applied microbiology,27:961 -967.

[228] MOSHKOV B S. 1966. Vyrashchivaniye Rasteniipri Iskusstvennom Osveshchenii (Growing of Plants under Artificial Light)[M]. Leningrad: Kolos.

[229] MOSHKOV B S. 1973. Rol Luchistoi Energii v Vyyavlenii Potentsialnoi. Produktivnosti Rastenii (Role of Radiant Energy in Revealing Potential Productivity of Plants)[M]. Moscow: Nauka.

[230] MUZAFAROV A M, TAUBAEV T T, ABDIEV M. 1968. Toad spit as valuable vitamin-bearing food for poultry[J]. Uzbekskii Biologicheskii Zhurnal,3.

[231] MUZAFAROV A M, TAUBAEV T T, ABDIEV M. 1971. Toad spit as forage plant and methods of its large-scale cultivation in open pools[M]. In Kultivirovaniye Vodoroslei i Vysshikh Vodnykh Rastenii v Uzbekistane (Cultivation of algae and aquatic higher plants in Uzbekistan). Tashkent,p. 117.

[232] MYERS D I. 1958. Study of photosynthetic regenerative systems on green algae [J]. USAF School of Aviation Medicine Report,58:117.

[233] MYERS J. 1954. Basic remarks on the use of plants as biological gas exchangers in a closed system[J]. Journal of Aviation Medicine,25(4):407 -411.

[234] MYERS J. 1958. Study of a photosynthetic gas exchanger as a method of providing for the respiratory requirements of the human in a sealed cabin. Air University School of Aviation Medicine, Texas, Vol. 58,p. 117.

[235] MYERS J. 1960. The use of photosynthesis in a closed ecological system[M]//

The Physics and Medicine of the Atmosphere and Space. New York: John Wiley and Sons, Inc.

[236] NAKAMURA H. 1961. *Chlorella* in Future (in Russian) [M]. Tokyo.

[237] NAKAMURA H. 1963. Biological Knowledges on Species of *Chlorella* and *Scenedesmus* [M]. Tokyo.

[238] NAKAMURA H. 1963a. Studies on Microalgae and Photosynthetic Bacteria [M]. Tokyo: University of Tokyo Press: 197.

[239] NEFEDOV YU G, ZALOGUEV S N. 1967. On the problem of habitability of spaceships [J]. Kosmicheskaya Biologiya i Meditsina, 1:30.

[240] NELSON M. 1993. Bioregenerative life support for space habitation and extended planetary missions [M]//CHURCHILL S [Ed.]. Space Life Sciences: Chapter 22. Malabar: Orbit Books.

[241] NELSON M. 1993a. Importance of Biosphere 2 for investigaiton of ecosystem processes [J]. Vestnik Rossiiskoi Akademii Nauk, 11:1024 – 1034.

[242] NELSON M, DEMPSTER W F, 1995. Living in space: results from Biosphere 2's initial closure, an early tested for closed ecological systems on Mars [J]. Life Support & Biospheric Science, 2:81 – 102.

[243] NICHIPOROVICH A A. 1955. Svetovoye i Uglerodnoye Pitaniye Rastenii (Light and Carbon Plant Nutrition) [M]. Moscow: Izdatelstvo AN SSSR.

[244] NICHIPOROVICH A A., 1956. Photosynthesis and theory of obtaining high yields [C]//Proceedings of the XV Meeting in Honor of Timiryazev, Moscow: Izdatelstvo AN SSSR.

[245] NICHIPOROVICH A A. 1963. Creation of the human habitat in future space flights [M]//Kosmos (Space). Moscow: Izdatelstvo AN SSSR: 25.

[246] NICHIPOROVICH A A, 1966. Objectives of investigations of photosynthetic plant activity as a factor of productivity [M]//Fotosintezirnyushchiye Sistemy Vysokoi Produktivnosti (Photosynthesizing Systems of High Productivity), p. 7.

[247] NIKISHANOVA T I. 1977. Plants for space exploration [J]. *Priroda*, 10: 105 – 117.

[248] NIKOLAEVA A M. 1956. Duckweed as food for water birds[J]. *Ptitsevodstvo*, 6.

[249] NILOVSKAYA N T. 1968. Photosynthesis and respiration of some vegetable plants at different carbon dioxide content in the gaseous environment [J]. Fiziologiya Rastenii, 15 (6):1015.

[250] NILOVSKAYA N T. 1973. Izucheniye gazoobmena i produktivnosti rastenii v fitotronakh (Investigation of plant gas exchange and productivity in phytotrons) [D]. Kiev.

[251] NILOVSKAYA N T, BOKOVAYA M M. 1967. Air regeneration by higher plants [M]//Problemy Sozdaniya Zamknutykh Ekologicheskikh Sistem (Problems of Creating Closed Ecological Systems). Moscow: Nauka: 108

[252] NILOVSKAYA N T, RAZORENOVA T A. 1977. Estimation of potential wheat productivity in phytotrons[J]. Doklady Vaskhnil, 5:8 – 9.

[253] NITTA K, ASHIDA A, ORSUBO R. 1996. Closed ecology experiment facilities construction planning and present status[J]. Life Support & Biosphere Science, 3:101 – 115.

[254] NOSATOVSKY A I. 1957. Wheat biology[M]. In Pshenitsa v SSSR (Wheat in the USSR), Moscow, p. 123.

[255] ODUM E P. 1966. Regenerative systems[M]. In Human Ecology in Space Flight (Interdisciplinary Communications Program, N. Y.

[256] ODUM E, 1971, Fundamentals of Ecology, 3rd Edition, Charter 20, (Philadelphia – London – Toronto).

[257] ODUM E P. 1989. Ecology and Our Endangered Life – Support Systems[M]. Sunderland: Linauer Associates, Inc.

[258] ODUM H T, Hoskin C M. 1957. Metabolism of a Laboratory Stream Microcosm. Publications of Institute of Marine Sciences University of Texas, Vol. 4.

[259] OKLADNIKOV YU N, KASAEVA G E. 1969. Algal culture as an utilizer of carbon oxide and ammonia in a biological life support system [M]. In *Upravlyaemyi Biosintez i Biofizika Populyatsii* (Controlled Biosynthesis and Biophysics of Populations. Krasnoyarsk, pp. 137 – 138.

[260] OKLADNIKOV YU N, VORKEL YA B, TRUBACHEV I N, et al. 1977. Introduction of chufa into human diet as a source of polyunsaturated fatty acids[J]. Voprosy Pitaniya, 3:45 - 48.

[261] OKLADNIKOV YU N, VLASOVA N V, KASAEVA G E, et al. 1979. Human link in experiment (medical - physiological investigations) [M]//LISOVSKY G. Zamknutaya Sistema: Chelovek - Vysshiye Rasteniya(Closed System "Human - Higher Plants"). Novosibirsk:82 - 99.

[262] OLCOTT T, CONNER W. 1968. Thirty day performance and reliability test of a regenerative life support system[R]. I. A. F. Paper, B43, N. Y.

[263] OLIFER V A. 1965. Structure of biomass and chemical composition of annual cultured crops on chernozem soils of the Omsk Province[J]. Izvestiya Sibirskogo Otdeleniya ANSSSR (Biology), 4(1):81 - 86.

[264] OSWALD W J, GOLUEKE C G. 1964. Fundamental factors in waste utilization in isolated systems[J]. Division of Industrial Microbiology, 5:196 - 206.

[265] OVECHKIN S K. 1940. Periodicity in phosphorus nutrition of spring wheats[J]. Doklady ANSSSR, 26(2):186 - 189.

[266] PANKOVA I M, TIRANNEN L S, SOMOVA L A, et al. 1979. System microflora and its dynamics in experiment [M]//LISOVSKY G. zAM rONUTAYA sISTEMA: Chelovek - Vysshiye Rasteniya (Closed System "Human - Higher Plants"). Novosibirsk:100 - 129.

[267] PANKOVA I M, TRUBACHEV I N, KOCHETOVA G N, et al. 1985. On using higher edible fungi in manmade ecosystems with humans. [M]//Mikroorganismy v Iskusstvennykh Ekosistemakh (Microorganisms in Manmade Ecosystems). Novosibirsk: Nauka:124 - 130.

[268] PATTERSON M T, WIGNARAJAH K, BUBENHEIM D L. 1996. Biomass incineration as a source of CO_2 for plant gas exchange: phytotoxicity of incineration - derived gas and analyses of recovered evapotranspired water[J]. Life Support & Biosphere Science.

[269] PAVLOV A N. 1969. On nitrogen flow from vegetative organs to wheat and corn

grain[J]. Selskokhozyaistvennaya Biologiya, IV:230.

[270] PECCEI A, 1977. The Human Quality[M]. Oxford:Pergamon Press.

[271] PECORARO J, MORRIS F. 1972. Progress in regenerative life support systems for a lunar laboratory[C]//. 23rd International Astronautical Congress, Vienna.

[272] PICKERING K D, EDEEN M A. 1998. Lunar - Mars Life Support Test Project Phase III water recovery system operation and results[R]. SAE Technical Paper Series 981707.

[273] PINEVICH V V, VEIZILIN N N, MASLOV YU 1. 1961. Effect of different nitrogen sources on growth and mass accumulation in *Chlorella pyrenoidosa*[J]. VestnikLGU, 9.

[274] PODVALKOVA P A. 1959. Potrebnost yarovoi pshenitsy v azote, fosfore i kalii na razlichnykh stadiyakh razvitiya (Spring wheat requirements for nitrogen, phosphorus and potassium at different developmental stages)[D]. Leningrad, Pushkino.

[275] POKROVSKY A A. 1964. On the problem of determining human requirements for food substances[J]. Vestnik AMN SSSR, 5:3.

[276] POLONSKY V I, LISOVSKY G M. 1980. Net production of wheat crop under high PAR irradiance with artificial light[J]. Photosynthetica, 14(2):177 - 181.

[277] POLONSKY V I, LISOVSKY G M, TRUBACHEV I N. 1977. Wheat productivity and biochemical composition at high PAR intensity in the light culture[J]. Fiziologiya Rastenii, 24(4):718 - 723.

[278] POLONSKY V I, LISOVSKY G M, TRUBACHEV I N. 1977a. Optimization of PAR intensity during growth period for wheat cenosis[M]. In Intensivnaya Svetokultura Rastenii (Intensive Light Culture of Plants). Krasnoyarsk, Institute of Physics, pp. 14 - 34.

[279] POLUNIN N, GREENWALD G, 1993. Biosphere and Vernadsky[J]. Vestnik RAN, 2:122 - 126.

[280] POPOV I G, BYCHKOV V P, 1994. Cosmonaut, st's diet. In Kosmicheskaya Biologiya i Meditsina (Space Biology and Medicine), Vol. II Obitayemost

Kosmicheskikh Apparatov (Habitability of Spacecrafts) Moscow—Washington, pp. 313 – 336.

[281] POSADSKAYA M N. 1976. Peculiarities of biochemical oxidation of wheat straw by active sludge biocenosis [C]. In Materialy Bsesoyuznogo Rabochego Soveshchaniya po Voprosu Krugovorota Veshchestv v Zamknutykh Ekosistemakh (Proceedings of the All – Union Workshop on Material Cycling in Closed Ecosystems). Kiev, pp. 117 – 119.

[282] PRINCE R P, KNOTT W M. 1989. CELSS Breadboard Project at the Kennedy Space Center [M]//MING D W, HENNINGER D L. Lunar Base Agriculture, Soils for Plant Growth. Agronomy Society of America, Crop Science Society of America, Soil Science Society of America, Madison, WI, pp. 155 – 163.

[283] PRIPUTINA A S, RUDENKO A K, LITICHEVSKY N E. 1964. Characterizatiion of actual feeding and the state of the health of population of some districts of the Kiev Province [C]. In Materialy XV nauchnoi sessii Instituta Pitaniya *AMN SSSR* (Proceedings of the 15th Scientific Session of the Food Institute of AMS USSR), 2 (Moscow).

[284] PROKHOROV V YA, SHILOV V M, AKATOV A K, et al., 1971. Activation of biological properties of *Staphylococci* isolated from humans staying in the sealed cabin for prolonged periods [J]. Zhurnal Microbiologii, 9:63 – 68.

[285] RERBERG M S, KUZMINA R I. 1964. Experience of prolonged stepwise cultivation of protococcal algae in community with bacteria on human wastes. In Upravlyayemoye Kultivirovaniye Mikrovodoroslei (Controlled Microalgal Cultivation). Moscow: Nauka: 119.

[286] RERBERG M S, VOROBYEVA T I. 1964. Experience of growing protococcal algae on human wastes under sterile and non – sterile conditions [M]. In Upravlyayemoye Kultivirovaniye Mikrovodoroslei (Controlled Microalgal Cultivation). Moscow: Nauka: 124 – 134.

[287] RERBERG M S, VOROBYEVA T I. 1967. On sodium chloride influence on biomass growth and chlorophyll synthesis in the protococcal alga *Chlorella*. In

Nepreryvnoye Upravlyayemoye Kultivirovaniye Mikrovodoroslei (Continuous Controlled Microalgal Cultivation). Moscow:Nauka:140.

[288] RERBERG M S, VOROBYEVA T I, KUZMINA R I, et al. 1965. Human waste treatment by the naturally forming algal - bacterial community. In Problemy Kosmicheskoi Biologii (Problems of Space Biology), Vol. 4. Moscow: Nauka: 598 - 604.

[289] RERBERG M S, POPOVA M N, BAZANOVA M I, et al. 1968. On the ways of processing human wastes in the biological life support system[C]//Proceedings of the V Workshop on Material Cycle in the Closed System on the Basis of Life Activity of Lower Organisms. Kiev:Naukova Dumka:17.

[290] RIELY P E, BEARD D B, GOTTS I. 1966. Effects real and relative of a space type diet on the aerobic and anaerobic microflora of human feces[J]. Aerospace Medicine,37(8):820 - 825.

[291] ROBERTSON A S, ROBERTS K T, BURGE P S, et al. 1990. The effect of change in building ventilation category on sickness absence rates and prevalence of sick building syndrome[C]. Proceedings of the 5th International Conference on Indoor Air Quality and Climate. INDOOR AIR'90, Vol. 1 - 5, edited by Walkinshaw, D. S. (Indoor Air Technologies, Ottawa), Vol. 1, pp. 237 - 242.

[292] ROZOV N F. 1973. Peculiarities of growing and chemical composition of lettuce, cucumber, grass and cress in the phytotron [J]. Izvestiya Timiryazevskoi Selskokhozyaistvennoi Akademii,5:141 - 146.

[293] RUMMEL J D, VOLK T. 1987. A modular BLSS simulation model. NASA Conf. Publ. 2480, NASA Ames Research Center. Moffett Field, Calif., pp. 55 - 56.

[294] RUMMEL J A, STEGEMOELLER C M, LANE H W, et al. 1998. Advanced life support program plan[R]. NASA Johnson Space Center Document JSC - 39168.

[295] RYGALOV V E. 1996. Cultivation of plants in space: their contribution to stabilizing atmospheric composition in closed ecological systems[J]. Advances in Space research,18(4/5):165 - 176.

[296] RYGALOV V E, SHILENKO M P, LISOVSKY G M, 1995. Minor components

composition in closed ecological system atmosphere: mechanisms of formation[R]. IAF/IAA -95 -J4.03:pp.1 -9.

[297] SAGER J C,1997. KSC Advanced Life Support Breadboard: facility description and testing objectives[R]. SAE Technical Paper Series 972341.

[298] SALISBURY F B,BINGHAM G E,CAMPBELL W F,et al. 1995. Growing super-dwarf wheat in Svet on Mir[J]. Life Support & Biosphere Science,2:31 -39.

[299] SANDERS W M, FALCO J W. 1973. Ecosystem simulation for - water pollution research[M]. In Advances in Water Pollution Research. New York: Pergamon Press.

[300] SAUER R L,SHEA T G. 1981. Spacecraft water supply and quality management in Appollo Program[J]. Water and Sewage Works,118:226 -233.

[301] SAVKIN V I, MELESHKO G I, ADAMOVICH B A. 1970. Investigation of processes of regulation of carbon dioxide concentration in the sealed cabin with animals under regeneration of atmosphere by *Chlorella* culture [J]. Kosmicheskaya Biologiya i Meditsina,4(5):3.

[302] SCHAEFER K E. 1961. A concept of triple tolerance limits based on chronic carbon dioxide toxicity studies[J]. Aerospace Medicine,32:197.

[303] SCHAEFER K E. 1964. Gaseous requirements in manned space flight[M]. In *Bioastronautics*, N. Y. -London.

[304] SEMENENKO V E, VLADIMIROVA M G, ORLEANSKAYA O B, 1967. Physiological characterization of *Chlorella sp.* at high extreme temperatures[J]. Fiziologiya Rastenii,14(4):612.

[305] SEMENENKO V E, VLADIMIROVA M G, et al. 1969. Intensive culture of Anacystis nidulans[M]. In. Biologiya Sinezelenykh Rastenii (Biology of Blue - green Plants).2,p.163.

[306] SERYAPIN A D,FOMIN A G,CHIZHOV S V. 1966. Human life support systems in spacecraft cabins using physicochemical methods [M]. In Kosmicheskaya Biologiya i Meditsina (Space Biology and Medicine). Moscow: Nauka: 298.

[307] SHEPELEV YE YA. 1963. Ecological system in space flights[J]. Aviatsiya i

Kosmonavtika, 1:20 – 25.

[308] SHEPELEV YE YA. 1966. Human life support systems in spaceship cabins on the basis of biological material cycling [M]. In Kosmicheskaya Biologiya i Meditsina (Space Biology and Medicine). Moscow: Nauka: 330.

[309] SHILENKO M P, LISOVSKY G M, KALACHEVA G S, et al. 1979. Chufa as a source of vegetable fats in the closed life support system [J]. Kosmicheskaya Biologiya i Avaikosmicheskaya Meditsina, 5:70 – 73.

[310] SHILENKO M P, LISOVSKY G M, TRUBACHEV I N, et al. 1985. Productivity and biochemical composition of wheat under introduction of human liquid waste into the nutrient solution [C]. Problemy Kosmicheskoi Biologii i Meditsiny i Idei Tsiolkovskogo (Problems of Space Biology and Medicine and Tsiolkovsky's ideas), Proceedings of XVI – XVII Meeting, Kaluga, 1981 – 1982, (Publishers of the Institue of Natural History), pp. 135 – 138.

[311] SHILOV V M, BRAGINA M P, BORISOVA O K, et al. 1979. Microflora of the organism of the space station crews [C]//All – Union Conference on Space Biology and Aerospace Medicine, Kaluga: p. 19.

[312] SHTOL A A, MELNIKOV E S, KOVROV E G, 1976. Raschet i Konstruirovaniye Kultivatora Dlya Odnokletochnykh Vodoroslei (Calculation and Design of the Cultivator for Unicellular Algae) [M]. Krasnoyarsk. p. 95.

[313] SHVARTS S S. 1976. Evolution of the biosphere and ecological prognostication [J]. *Vesti AN SSSR*, 2:61 – 72.

[314] SIDKO F YA, EROSHIN N S, BELYANIN V N, et al. 1967. Investigation of optical parameters of unicellular algal populations [M]. In Nepreryvnoye Upravlyayemoye Kultivirovaniye Mikrovodoroslei (Continuous Controlled Microalgal Cultivation). Moscow: Nauka: 38.

[315] SINYAK G S, LISTOVSKY P V, CHIZHIKOVA G I, et al. 1971. Catalytic oxidation of some gas exchange products of pyrolysis of human wastes [J]. Kosmicheskaya Biologiya i Meditsina, 5(5):77.

[316] SINYAK YU E, CHIZHOV S V, 1964. Water regeneration in the cabin of the

spaceship[M]. In *Problemy Kosmicheskoi Biologii* (Problems of Space Biology), 3. Moscow:Nauka:104.

[317] SINYAK YU E, KUZNETSOVA L A, SHIKINA M I, et al. 1972. Sanitary - hygienic estimation of extraction technique of water recovery from the condensate of atmospheric moisture[J]. Kosmicheskaya Biologiya i Meditsina,6(3):22.

[318] SISAKYAN N M,GAZENKO O G,GENIN A M,1962. Problems of space biology [M]. In *Problemy Kosmicheskoi Biologii* (Problems of Space Biology), 1. Moscow:Nauka:17.

[319] SULZMAN F, GENIN A. 1994. Space Biology and Medicine—Volume II, Life Support and Habitability [M]. American Instifute, of Aeronautics and Astronautics,Washington D. C. ,Moscow:Nauka.

[320] STOY V. 1965. Photosynthesis, respiration and carbohydrate accumulation in spring wheat[J]. Physiologie Plantarum,Suppl. IV.

[321] STRAIGHT C, MACELROY R. 1990. The CELSS test facility:a foundation for crop growth in space[J]. Advances in Space Research,12:575 – 581.

[322] STRAIGHT C L, BUBENHEIM D L, BATES M T, et al. 1993. The CELSS Antarctic Analog Project:a validation of CELSS methodologies at the South Pole Station[R]. SAE Technical Paper Series 932245.

[323] STRAIGHT C L, BUBENHEIM D L, BATES M T, et al. 1994. The CELSS Antarctic Analog Project:an Advanced Life Support Testbed at the Amundsen - Scott South Pole Statiion,Antarctica[J]. Life Support & Biospheric Sciences,1: 52 – 60.

[324] STRAYER R F, ALAZRAKI M P, YORIO N, et al. 1998. Bioprocessing wheat residues to recycle plant nutrients to the JSC Variable Pressure Growth Chamber during the L/MLSTP Phase III test[R]. SAE Technical Paper Series 981706.

[325] STRESHINSKAYA G M, PAKHOMOVA M V, SHEVYAKOVA N I, 1967. Composition of different strains of the green alga *Chlorella* [J]. Prikladnaya Biokhimiya i Mikrobiologiya,3(4):477.

[326] STROGONOV B P, KABANOV V V, SHEVYAKOVA N I, 1970. Struktura i

Funktsii Kletok Rastenii pri Zasolenii (Structure and Function of Plant Cells under Salinization)[M]. Moscow:Nauka.

[327] SUKACHEV V N, 1944. On the principles of genetic classification in biogeocenology[J]. Zhumal Obshchei Biologii,5(4):213 – 227.

[328] SUKHOVERKHOV F N, 1964. Duckweed is cheap and nutritious food[J]. Rybolovstvo i Rybovodstvo,2.

[329] SUPRA L N, REDDIG M, EDEEN M A, et al. 1997. Regenerative water recovery system testing and model correlation[R]. SAE Technocal Paper Series 972550.

[330] TAKEHASHI Y. 1989. Water oxidation waste management systems for CELSS—the state of art[J]. Biological Science in Space,3(1):45 – 54.

[331] TAMPONNET C, BINOT R, LASSEUR C, et al. 1991. Man in space. — A European challenge in biological life support[J]. ESA Bulletin,67:39 – 41.

[332] TARKO A M. 1977. Global role of the system "atmosphere – plants – soil" in compensation of effects on the biosphere[J]. *DAN*, Vol. 237,1.

[333] TASHPULATOV R YU, MORDVINOVA N B, ROGUNOVA K A. 1971. Microbiological and immunological investigations of human organism in an isolated group[J]. Zhurnal Microbiologii,4:68 – 73.

[334] TAUBAEV T T, ABDIEV M, KELDIBEKOV S. 1971. On biological productivity of toad spit in natural water bodies and in the culture[M]. In Kultivirovaniye vodoroslei i Vysshikh Vodnykh Rastenii v Uzbekistane (Cultivation of Algae and Aquatic Higher Plants in Uzbekistan). Tashkent,p. 98.

[335] TAUBAEV T T, NESKUBO P M, et al. 1971. Use of toad spit in fattening of sheep and goats[M]. In Kultivirovaniye Vodoroslei i Vysshikh Vodnykh Rastenii v Uzbekistane (Cultivation of Algae and Aquatic Higher Plants in Uzbekistan). Tashkent,p. 136.

[336] TAUTS M I, 1964. Investigation of effect of *Chlorella* metabolites on its growth in intensive culture[J]. Fiziologiya Rastenii,2(2):247.

[337] TAUTS M I, 1966. Effect of changes in the culture medium caused by algal growth on subsequent culture productivity[M]. In *Upravlyaemyi Biosintez*

(Controlled Biosynthesis). Moscow: Nauka: 145.

[338] TAYLOR G R. 1976. Medical microbiological analysis of Apollo – Soyus test project crewmembers [Z]. NASA Technical Memorandum X – 58180, Houston: 22.

[339] TAYLOR G R, Henney M R, Ellis W L. 1973. Changes in the fungal autoflora of Apollo astronauts[J]. Applied Microbiology, 26: 804 – 813.

[340] TERSKOV I A, LISOVSKY G M, USHAKOVA S A, et al., 1978. Possibility of using higher plants in lunar life support systems[J]. Kosmichesksya Biologiya i Aviakosmicheskaya Meditsina, 12(3): 63 – 66.

[341] TIBBITS T W, ALFORD D K. 1982. Controlled ecological support system—use of higher plants[C]. NASA Conference Publication 2231, NASA Ames Research Center, Moffett Field, Calif.

[342] TIBBITS T W. CAO W. 1994. Solid matrix and liquid culture procedures for growth of potatoes[J]. Advances in Space Research, 14(11): 427 – 433.

[343] TIKHOMIROV A A, ZOLOTUKHIN I G, SIDKO F YA, 1976. Influence of light regimes on productivity and quality of radish harvest[J]. Fiziologiya Rastenii, 23: 502 – 505.

[344] TIKHOMIROV A A, ZOLOTUKHIN I G, LISOVSKY G M, et al. 1987. Specificity of reaction of plants of different species to the spectral composition of PAR under artificial lighting[J]. Fiziologiya Rastenii, 34(4): 774 – 785.

[345] TIKHOMIROV A A, LISOVSKY G M, SIDKO F YA, 1991. Spektralnyi Sostav Sveta i Produktivnost Rastenii (Light Spectral Composition and Plant Productivity)[M]. Novosibirsk: Nauka.

[346] TIMOFEEV – RESOVSKY N V, TYURYUKANOV A N. 1966. On elementary biochorological divisions of the biosphere [J]. Bulleten MOIP. Otdeleniye Biologii, 71: 123 – 132.

[347] TIMOFEEV – RESOVSKY N V, VORONTSOV N N, YABLOKOV A V. 1969. Kratkii Ocherk Teorii Evolyutsii Moskvy (Outline of the Theory of Moscow Evolution)[M]. Moscow: Nauka.

[348] TISCHER R. 1960. In *Physics and Medicine of the Atmosphere and Space*[M]. N. Y. – London,p. 397.

[349] TRI T O. 1999. Bioregenerative planetary life support system test comples (BIO – Plex):test mission objectives and facility development[R]. SAE Technical Paper Series 1999 – 01 – 2186.

[350] TRI T O,EDEEN M A,HENNINGER D L. 1996. Advanced life support human – rated test fecility; testbed development and testing to understand evolution to regenerative life support[R]. SAE Technical Paper Series 961592.

[351] TRUBACHEV I N,ANDREEVA R I,MIN Z V. 1969. Biochemical composition of *Chlorella* and centrifiigate in cultivation with addition of human urine and processed solid wastes[M]. In Upravlyaemyi Biosintez i Biofizika Populyatsii (Controlled Biosynthesis and Biophysics of Populations). Krasnoyarsk,p. 21.

[352] TRUBACHEV I N, LISOVSKY G M, MIN Z V, et al. 1970. Biochemical composition of wheat grain grown in the phytotron[J]. Informatsionnyi Bulleten Koordinatsionnogo Soveta po Fiziologii Rastenii(Irkutsk),6,pp. 150 – 151.

[353] TRUBACHEV I N, LISOVSKY G M, ANDREEVA R I, et al. 1975. Chemical composition of vegetables grown in light culture[J]. Fiziologiya i Biokhimiya Rastenii,7(12):185 – 189.

[354] TRUBACHEV I N, GRIBOVSKAYA I V, BARASHKOV V A, et al. 1979. Biochemical and mineral composition of plants grown in the life support system [M]//LISOVSKY G, Zamknutaya Sistema: Chelovek – Vysshiye Rasteniya (Closed system"human – higher plants"). Novosibirsk:62 – 81.

[355] TRUKHIN N V. 1976. On resistance to salinity of *Clorellapyrenoidosa*[J]. Botanicheskii Zhurnal,52(9):1325.

[356] TSIOLKOVSKY K E, 1895. Grezy o Zemle i Nebe i Effekty Vsemirnogo Tyagoteniya (Visions of Earth and Sky and Effects of Gravitation)[M]. Moscow.

[357] TSIOLKOVSKY K E. 1926. Issledovaniye Mirovykh Prostranstv Reaktivnymi proborami (Exploration of World Space with Rockets)[M]. Kaluga.

[358] TSIOLKOVSKY K E. 1964. Life in Interstellar Medium (in Russian) [M]. Moscow:Nauka.

[359] TSVETKOVA I V, ZAMOTA V P, MAKSIMOVA E V. 1970. Plant cultivation under the conditions of closed material cycle, using expanded clay aggregate[J]. Kosmicheskaya Biologiya i Meditsina, 4(1):11.

[360] TURCO R P, TOON O B, ACKERMAN T R, et al. 1983. Nuclear winter:global consequences of multiple nuclear explosions [J]. Science, 222 (4630): 1283 – 1300.

[361] UGOLEV A M. 1958. Estestvennaya Tekhnologiya Biologicheskikh Sistem (Natural Technology of Biological Systems). Leningrad:Nauka.

[362] VAN DER VIN R, MEYER G. 1962. Svet i Rost Rastenii (Light and Plant Growth) [M]. Moscow:Kolos.

[363] VARLAMOV V F, KOZYREVSKAYA G N, SITNIKOVA N N, et al. 1967. Results of mineralization of human wastes by the biological method under aeration with activated sludge [M]//Problemy Sozdaniya Zamknutykh Ekologicheskikh Sistem (Problems of Creating Closed ecological Systems). Moscow:Nauka:171.

[364] VERNADSKY V I. 1924. Biosfera i noosfera (Biosphere and Noosphere) [M]. Moscow:Nauka.

[365] VERNADSKY V I, 1924. La geochemie[M]. Alcan:Paris.

[366] VERNADSKY V I, 1926. Biosphere[M]. Leningrad 2p. 148.

[367] VERNADSKY V I, 1927. Ocherki Geokhimii (Geochemistry Essays) [M]. Moscow:Leningrad.

[368] VEMADSL V I, 1937. On limits of the Biosphere[M]. Izvestiya Academii Nauk SSSR (*Geology*), 1,pp. 3 – 24.

[369] VERNADSKY V I. 1944. A few words about noosphere [J]. Uspekhi Savremennoi Biologii (Advance of Modem Biology), 18(2):113 – 120.

[370] VERNADSKY V I. 1991. Nauchnaia Mysl kak Planetnoe Iavlenie (Scientific Thinking as a Planetary Phenomenon) [M]. Moscow:Nauka.

[371] VINBERG G G. 1960. Biologicheskaya ochistka i Transformatsiya Veshchestv Zhidkikh Vydelenii Cheloveka pri Uchastii Fotosinteziruyushchikh Vodoroslei (Biological Treatment and Transformation of Substances in Human Liquid Wastes, Involving Photosynthesizing Algae)[M]. Minsk.

[372] VINBERG G G, OSTAPENYA P V, SIVKO T N, et al. 1966. Biologicheskiye Prudy Vpraktike Ochistki Stochnykh Vod (Biological Ponds in Sewage Water Treatment)[M]. Minsk.

[373] VINOGRADOV M E, SHUSHKINA E A. 1987. Funktsionirovaniye Planktonnykh Soobshchestv Epipelagiali Okeana (Functioning of Plankton Communities of the Ocean Epipelagium)[M]. Moscow: Nauka.

[374] VLADIMIROVA M G, IGNATYEVSKAYA M A, RAIKOV N I. 1966. Characterization of productivity of strains of unicellular algae in intensive laboratory and industrial culture. [M]//Upravlyayemyi Hiosintez (Controlled Biosynthesis). Moscow: Nauka: 86.

[375] VLADIMIROVA M G, TAUTS M I, FEIKTISTOVA CXI, et al. 1966. Physiological peculiarities of *Chlorella* related to prolonged intensive cultivation of algae[J]. Trudy Moskovskogo Obshchestva Ispytatelei Prirody. Otdeleniye Biologii, 24: 142.

[376] VODOVOTZ Y, 1998, Advanced life support system at Johnson Space Center [C]. International Committee for Material Circultaion in Geo - Hydrosphere and its Applications, Programs and Abstracts. Japan.

[377] VOITOVICH YA V, PONOMAREV P I, TRUBACHEV I N, et al. 1971. Gas and water balance of the regenerative life support system involving hydrogen - reducing bacteria[J]. Izvestiya SO AN SSSR (Biology), 10(2): 11.

[378] VOLK T, RUMMEL J D. 1990. Mass balances for a biological life support system simulation model[R]. In Controlled Ecological Life Support System. NASA Conf Publ. 2480. NASA Ames Research Center, Mofiett Field, Calif, pp. 139 - 146.

[379] VOLK T, BUGBEE B, WHEELER R M. 1995. An approach to crop modeling

with the energy cascade[J]. Life Support & Biosphere Science(1):119-127.

[380] VOLTERRA V. 1931. Theorie mathematique de la Lutte Pour la Vie[M]. Gautiers - Villar.

[381] VORONIN G I, POLIVODA A I. 1967. Zhizneobespecheniye ekipazhei kosmicheskikh korablei (Life Support of Spacecraft Crews). Moscow: Mashinostroyeniye.

[382] VOSKRESENSKII K A, YURINA E V. 1965. *Asteromonas gracilis* as the object of large - scale cultivation[J]. Vestnik MGU. Biologiya, Pochvavedeniye, 2:29.

[383] WAIVERTON B C. 1986. Aquatic plants and wastewater treartment[M]// Aquatic Plants for Water Treatment and Resource Recovery. Orlando FL: Magnolia Publishing:3-5.

[384] WAIVERTON B C. 1990. Plants and their microbial assistants. Nature's answer to Earth's environmental problems[M]//NELSON M, SOFIEN E A. Biological Life Support Systems. Oracle AZ:Synergetic Press:60-65.

[385] WALKINSHAW D S. 1991. Conference Summery: 5th International Conference on Indoor Air Quality and Climate. Applied Occupational and Enulronmental Hygiene.6(8).

[386] WALWERTON B, WALWERTON J. 1992. Bioregenerative life - support systems for energy - efficient buildings[C]//Proceedings of International Conference on Life Support and Biospherics, pp. 117 - 126.

[387] WHEELER R M. 1998. Bioregenerative life support system at NASA's Kennedy Space Center. In International committee for Material Circultaion in Geo - Hydrosphere and its Applications, Programs and Abstracts. Japan.

[388] WHEELER R M, TIBBITS T W. 1986. Growth and tuberization of potato (*Solanum tuberosum L.*) under continuous light[J]. Plant Physiology, 80: 801-804.

[389] WHEELER R M, TIBBITS T W. 1987. Utilization of potatoes for life support systems in space: III productivity at successive harvest dates under 12 h and 24 h photoperiods[J]. American Potato Journal, 10:311-320.

[390] WHEELER R M, TIBBITS T W, FITZPATRICK A M, 1991. Carbon dioxide effects on potato growth under different photoperiods and irradiance[J]. Crop Science, 31(5):1209 – 1213.

[391] WHEELER R M, DRESE J H, SAGER J C. 1991a. Atmospheric leakage and condensate production in NASA's Biomass Production Chamber. Effect of diurnal temperature cycles[Z]. NASA Technical Memorandum 103819, NASA – KSC, Florida.

[392] WHEELER R M, BERRY W L, MACKOWIAK C, et al. 1993. A data base on crop nutrient use, and carbon dioxide exchange in a 20 square meter growth chamber: I. wheat as a case study[J]. Journal of Plant Nutrition, 16(10): 1881 – 1915.

[393] WHEELER R M, COREY K A, SAGER J C, et al. 1993a. Gas exchange characterictics of wheat stands grown in a closed, controlled environment[J]. Crop Science, 33(1):161 – 168.

[394] WHEELER R M, MACKOWIAK C L, SAGER J C, et al. 1994. Growth and gas exchange by lettuce stands in a closed, controlled environment[J]. Journal of the American Society for Horticultural Science, 119(3):610 – 615.

[395] WHEELER R M, MACKOWIAK C L, SAGER J C, et al. 1994a. Growth of soybean and potato at high CO_2 partial pressures[J]. Advances in Space Research, 14(11):251 – 255.

[396] WHEELER R M, MACKOWIAK C L, SAGER J C, et al. 1994b. Proximate nutritional composition of CELSS crops grown at different CO_2 partial pressures [J]. Advances in Space Research, 14(11):171 – 176.

[397] WHEELER R M, MACKOWIAK C L, STUTTE G W, et al. 1996. NASA's Biomass Production Chamber: a testbed for bioregenerative life support studies [J]. Advances in Space Research, 18(4/5):215 – 224.

[398] WIGNARAJAH K, BUBENHEIM D L. 1997. Integration of crop production with CELSS waste management[J]. Advances in Space Research, 20(10): 1833 – 1843.

[399] WOODWELL J. Energy cycling in the biosphere[M]. In: Biosphere, edited by Gilyarov, M. Moscow: Mir, pp. 41 – 59. (see also: The Biosphere, 1970, Scientific American, Vol. 223,3(IX)).

[400] WUNDER C C. 1966. Life into Space[M]. Phil. : Davis.

[401] WYDEVEN T,GOLUB M A. 1990. Generation rates and chemical compositions of waste streams in a typical crewed space habitat [Z]. NASA Technical Memorandum 102799.

[402] YANSHIN A L. 1963. Principle of actuality and the problem of evolution[M]. In Puti i Melody Poznaniya Zakonomernogo Razvitiya Zemli (Ways and Methods of Comprehending Regular Development of Earth). Moscow: Nauka: 1 – 8.

[403] YANSHIN A L, 1986. V I Vernadsky and his studies of the biosphere and its transformation to the noosphere[M]. In V. l. Vernadsky i Sovremennost(V. I. Vernadsky and Present Times). Moscow, pp. 28 – 40.

[404] YANSHINA F T. 1994. V. L Vernadsky's idea of living material in his works on geochemistry. In Vernadsky V L. Trudy po Geokhimii (Vemadsky V I. Works on geochemistry). Moscow: Nauka: 469 – 485.

[405] YAZDOVSKY V I, 1966. Principal objectives of space biology and medicine [M]. In Problemy Kosmicheskoi Biologii (Problems of Space Biology). Moscow: Nauka: 61.

[406] YURINA E V. 1966. Experience in cultivation of halobiont Asteromonas gracilis and Dunaliella salina[J]. Vestnik MGU (Biology, Soil Science), 6:76.

[407] ZALOGUEV S N, UTKINA T G, SEHIN M M, et al. 1971. The microflora of human integument during prolonged confinement [J]. Life Science in Space Research,9:453 – 454.

[408] LISOVSKY G M. 1979. Lisovsky: Chelovek – Vysshiye Rastentya (Closed System Human – Higher Plants. Novosibirsk: Nauka.

[409] ZHAROV S G, KUSTOV V V, SERYAPIN A D, et al. 1966. Artificial atmosphere of spaceship cabins[M]//Kosmicheskaya Biologiya i Meditsina (Space Biology and Medicine). Moscow: Nauka: 285.

[410] ZHURBITSKY Z I. 1963. Fiziologicheskiye i Agrokhimicheskiye Osnovy Primeneniya Udobrenii (Physiological and Agrochemical Foundations of Fertilizer Application). Moscow:Nauka.

[411] ZHURBITSKY Z I. 1965. Growing of plants on aquatic nutrient solutions[M]// Gidroponika v Selskom Khozyaistve (Hydroponics in Agriculture). Moscow: Kolos.

[412] ZHURBITSKY Z I. 1968. Teoriya i Praktika Vegetatsionnogo Metoda (Theory and Practice of Vegetation Method)[M]. Moscow:Nauka.

[413] ZOLOTUKHIN I G, LISOVSKY G M, TIKHOMIROV A A, et al. 1978. Photobiological investigations of spectral radiation efficiency for wheat[M]. Svetotekhnika, 5:11 – 13.

[414] ZWEERS T, PRELLER G, BRUNEKREFFAND B, et al. 1990. Relationships between health and indoor climate complaints and building, workplace job and personal characteristics[C]//Proceedings of the 5th International Conference on Indoor Air Quality and Climate.

关键词中英对照表

英文	中文
Advanced Life Support System	先进（高级）生命保障系统
Advanced Life Support Program，ALSP	先进（高级）生命保障计划
aerobic method	好氧微生物分解法
algae	藻类
allochthonous	异源的
ammonificators	氨化器
anaerobic process	厌氧微生物分解过程
animal cell	动物细胞
anthropogenic cenosis（cenoses）	人工群落（群落）
aquatic ecosystem	水生生态系统
assimilation	同化
atmospheric CO_2 concentration	大气 CO_2 浓度
atmospheric O_2/CO_2 equilibrium	大气 O_2/CO_2 平衡
autotrophic	自养的
autotrophic biological synthesis	自养生物合成
background	对照组
biocenosis（biocenoses）	生物群落（生物群落复数）
biochemical characterization of vegetable biogenic element	蔬菜生物元素的生化特性

续表

英文	中文
biogeocenosis	生物地理群落
biological life support system, BLSS	生物生命保障系统
biological reliability	生物可靠性
Biomass Production Chamber (BPC)	生物量生产舱
BIO – Plex	生物再生星球生保系统实验复合体
Biosphere 2	生物圈 2 号
Biospherics	生物圈科学
biosynthesis	生物合成
biotic cycle	生物循环
carbon dioxide	二氧化碳
catalyst chamber	催化室
catalytic oxidation	催化氧化
cell population dynamics	细胞种群动态学
cellulose	纤维素
CELSS Test Facility, CTF	CELSS 实验装置
chemosynthesis	化学合成
Chlorella	小球藻
closed ecological system, CES	密闭生态系统
Closed Ecology Experiment Facility, CEEF	密闭生态实验装置
closed microecosystem	密闭微生态系统
CO_2 partial pressure	CO_2 分压
coefficient	系数
concentration	浓度
continuous (conveyer)	连续（传送机）
controlled environment life support system, CELSS	受控环境生命保障系统
controlling human function in the noosphere	控制人类圈中人的功能
crop conveyer	作物传送机
cultivation	培养
cultivator	培养装置

续表

英文	中文
decomposition	分解
description of Bios-3 CES model	Bios-3 CES 模型描述
deterministic control of closed ecological systems	密闭生态系统的确定性控制
device for burning volatiles and inedible plant biomass	挥发物和不可食植物生物量燃烧装置
Drinking water	饮用水
dosage meter	剂量计
ecological compatibility	生态相容性
ecosystem's homeostasis	生态系统的稳态过程
effect of UV radiation	紫外线辐射效应
efficiency	效率
equation	方程
European Space Agency, ESA	欧洲航天局
expanded clay aggregate	膨胀型陶土颗粒
fatty acid	脂肪酸
flora	植物群落
foam breaking	泡沫破裂
food ration	食物配量
fungal	真菌的
fungi	真菌类
gas exchange	气体交换
gas-liquid separator	气液分离器
govern the biosphere	生物圈管理
governing link	调节单元
grain	粮食,谷物
Ground Experimental Complex, GEC	地面实验综合体
growth rate	生长速率
harvest index	收获指数
heterotrophic	异养的

续表

英文	中文
higher plant breeding	高等植物育种
hydroponics	水培法
immobilized cell	固定化细胞
Institute of Biomedical Problem, IBMP	生物医学问题研究所
Institute of Biophysics	生物物理研究所
Integral criteria of CES	CES的集成标准
Johnson Space Center, JSC	约翰逊航天中心
Kennedy Space Center, KSC	肯尼迪航天中心
labor expenditure	劳动力支出
life support system, LSS	生命保障系统
lignin	木质素
lunar base life support system	月球基地生命保障系统
Lunar—Mars Life Support Test Project, LMLSTP	月球-火星生命保障实验项目
manufacturability	可制造性
Martian mission life support system	火星飞行任务生命保障系统
mathematical model for algal cell growth	藻类细胞生长的数学模型
mathematical modeling	数学建模
mechanism	机制
medium (media)	基质（基质的复数）
MELISSA Pilot Plant Laboratory	MELISSA实验工厂实验室
metabolite	代谢物
methane-oxidizing	甲烷氧化
microalgal	微藻的
microbial	微生物的
microbiosphere	微生物圈
microflora	微生物群落
migration of trace element	微量元素迁移
mineralization of organic substance	有机物矿化
mininoosphere	微人类圈

续表

英文	中文
Mir Space Station	和平号空间站
nitrifying	硝化作用
nitrogen – fixing	固氮作用
nutritive	营养的
Oyster fungus	侧耳菌
pathogenic	致病的
photobioreactor	光生物反应器
photosynthesis	光合作用
photosynthetic	光合作用的
physiological nutritional norm	生理营养规范
phytotron	人工气候室
preserving biosphere	保护生物圈
quotient	商
reliability evaluation	可靠性评估
remote sensing	遥感
respiratory	呼吸的
restoration time (period)	恢复时间（周期）
selection criteria	选择标准
self – regeneration	自我再生
self – restoration	自我恢复
Sick Building Syndrome, SBS	病态建筑综合征
sodium chloride accumulation	氯化钠积累
soilless	无土的
soybean	大豆
subirrigate	地下灌溉
substance	物质
sulfur	硫
sustainability of biosphere	生物圈的可持续性
technological production of CO_2	CO_2 生产技术

续表

英文	中文
terrestrial application	地面应用
thermocatalytic converter	热催化转化器
trace element dynamics	微量成分动力学
transformation	转化
Variable Pressure Growth Chamber, VPGC	变压栽培室
water treatment	水处理
wheat cenosis	小麦群体
Xenon lamp	氙(气)灯
yeast	酵母

纪念与致谢

■ 纪念

克拉斯诺亚尔斯克物理研究所和生物物理研究所的创始人以及这项工作的发起人：利奥尼德·瓦西里耶维奇·基伦斯基（Leonid Vasilyevich Kirensky）和伊凡·亚历克山德罗维奇·特尔斯科夫（Ivam Aleksandrovich Terskov）。

■ 致谢

100 多名电子学家、生物学家、物理学家、工程师和数学家等在不同时间对生物再生生命保障系统 Bios 的创建、研究和测试做出了贡献，他们对这一研究领域有着浓厚的兴趣。由于无法一一点名，因此作者对他们一并表示衷心感谢。如果没有他们的专业知识、技能、勇气和强烈的动机，Bios 就不会被创造出来，这本书也就不会被写出来。

他们中的一些人现在已经离开了：科夫罗夫（B. G. Kovrov），一位独特的多才多艺的研究人员，而且是 Bios 的首席设计师；西德扣（F. Ya. Sidko），他深入研究了微藻的光学特性，并为 Bios 设计了一套植物光营养系统；泰雷西科娃（G. Tereshkova）参与了 Bios 早期版本的开发和测试。我们缅怀他们。

我们还要特别感谢美国国家研究委员会（ANRC）和 NASA 阿麦斯研究中心（位于 Moffett field）。这项工作的很大一部分得到了前者的资助，并由于后者的热情相助而得以完成。

另外，还要感谢卡西娃（G. E. Kasaeva）的宝贵帮助，她多年来一直参与 Bios 的研究，为该书制作了所有的图片，并参与了设计工作。我们还要特别感谢斯坦福大学的达琳·雷达威（Darlene Reddaway）和生物物理研究所的埃琳娜·克拉索娃（Elena Krasova）翻译了这本书。雷达威翻译了序言和第 4 章、5 章、6 章、7 章（部分）和第 9 章（部分），克拉索娃翻译了第 1 章、2 章、3 章、7 章（部分）、8 章、9 章（部分）、10 章、11 章和结语。她还负责文本的技术准备工作。

索 引

0~9（数字）

1~3个月实验过程中3名乘员在某一天内的平均脉搏率（图） 256

2人5个月生命保障系统集成实验 293

2人5个月中可食生物量的食用量（表） 253

2名乘员作息制度安排（图） 251

2人乘组中高等植物单元构成的相关参数计算结果（表） 294

3个人180天生命保障集成实验研究 239

3名乘员在某一天内的平均脉搏率（图） 256

3名乘员作息制度安排（图） 251

A~Z（英文）

ALSSIT 43

Bios-1和Bios-2实验装置研制与实验 197

Bios-2 214、217

 人-微藻-高等植物-微生物四元系统 217

 人-微藻-高等植物三元系统 214

Bios-3 189、225、227、237、238、252

 结构构成与性能指标 227

 人工气候室中不同作物的生产率比较（表） 189

 生命保障系统中长期进人实验研究 225

 所开展实验的主要特点 238

 外部保障系统 237

 正在工作的乘员（图） 252

Bios-3实验综合体 225~229、233

 乘员居住室局部模型（图） 228

 乘员居住室平面布局（图） 233

 带有透明屋顶的模型全景（图） 226

 结构平面布局（图） 229

 模型顶视（图） 227

 藻类培养室模型（图） 229

Bios-3系统 237~240、248~250、254、273、275、282、285、290、302

 乘员劳动力支出情况评估（表） 254

 乘员菌群 273

 乘员生活制度安排情况 250

 大气中潜在有毒气体的动态变化情况（图） 248

 第Ⅰ实验阶段大气和水交换原理（图） 240

索　引

第Ⅱ实验阶段大气和水交换原理（图） 240

第Ⅲ实验阶段大气和水交换原理（图） 241

多人多天生命保障集成实验研究 237

基于不可食植物生物量利用的4个月人与高等植物集成实验研究 275

人–高等植物二元集成实验中物质的日平均输入量和输出量比较（图） 290

人工气候室中植物生物量的日平均产量（表） 282

实验第Ⅲ阶段系统内外的水交换情况（图） 285

饮用水和人工气候室冷凝水质量比较（表） 249

再生水中元素含量比较（表） 249

作物的生长期和生产率（表） 302

作物的栽培面积和可食物量产量（表） 302

CEEF 53 ~ 55

　基本结构组成（图） 53

　空调与物质处理子系统局部（图） 54

　人工光照种植舱内部局部构成（图） 54

　物质流、能量流和信息流配置关系示意（图） 55

CELSS 计划 32 ~ 34

　多样化 32

　重点 32

　主要目标 32

　主要任务领域 34

　主要研究和技术发展重点 33

CELSS 实验设施项目 34

　研究目的 34

CES 326、333 ~ 337、343

　闭合技术级别（表） 337

　模型描述级别 336

　实用选型的综合标准 343

　数学建模问题 326

　作为模型对象的特性 333

CO_2 技术产量 8

CO_2 浓度处于饱和时的光生物反应器设计 118

CO_2 浓度对藻类生长的影响 101

IDS 框架计算实验 339

IDS 生命保障系统结构综合质量的一种优化结果（图） 340、341

Knop 营养液配方中的微量元素浓度（表） 183

LMLSTP 38、39

LSS 326 ~ 329、338、344

　和 CES 的相似性要求（表） 327

　可靠性设计的可能途径 329

　思考框架 338

　自身的可靠性估计 344

MELISSA 项目 50、51

　工厂实验室内局部外观（图） 50

　基本运行原理（图） 51

　总体目标 51

MOD 338

A ~ B

艾姆斯研究中心 29

薄层藻类培养 99

暴露于5种紫外线辐射剂量下的小球藻细胞的

比生长速率的动态变化情况（图） 137

背景营养液 128、130

  基本生物元素浓度 128

  微藻代谢物 130

闭合度对预测CES状态精度的影响 334

不可食生物量和大气污染物焚烧装置结构框图（图） 235

不同单元构成的密闭生态系统微藻单元中的细菌总数（图） 316

不同光质在不同密度细胞中的透光率比较（图） 109

不同红外线占比对小麦群落的生长期和生产率的影响（图） 163

不同来源饮用水质量比较（表） 202

不同条件下种植的小麦品种Skala 190、191

  必需氨基酸含量比较（表） 191

  籽粒生化成分比较（表） 190

C

参考文献 367

参数对表面光照强度的依赖关系（图） 96

乘员肠道菌群动态变化情况（图） 274

乘员处于身体负荷下的动脉压和脉搏率状态（表） 257

乘员蛋白质代谢（表） 263

乘员对基本营养物质的平均吸收率（表） 259

乘员肺泡内肺通气量和CO_2分压的动态变化情况（图） 261

乘员工作能力 264、266

  部分参数（表） 264

  部分评价参数（表） 266

乘员和包括乘员的生态系统物质需求量（表） 305

乘员和生命保障系统的日需求量（表） 291

乘员机体内的酸碱平衡状态（表） 262

乘员居住室 230、233、289

  空气中有毒气体含量动态学变化情况（图） 289

  1名乘员正在维修控制系统（图） 230

乘员肾脏对代谢产物的纯化情况（表） 260

乘员肾脏在一定时期内的日均排尿量及其比质量比较（表） 260

乘员生活制度安排情况 250

乘员外周血的形态学组成数据（表） 257

乘员胃液中的总酸度和游离盐酸（表） 258

乘员血浆脂质代谢情况（表） 264

乘员血压动力学（图） 256

乘员与二元生命保障系统的物质需求量比较（表） 247

乘员总工作量、占用时间和工作效率（表） 265

成年男性和女性日氨基酸需求量（表） 62

成年男性日能量需求量预算（表） 59

成人生理营养需求标准（表） 60

催化炉基本工作原理（图） 236

D

大气挥发物和不可食植物生物量燃烧装置 234

大田和人工气候室 191～195

  栽培蔬菜的氨基酸组成（表） 192

栽培蔬菜可食部分中的生化成分（表） 191

水培蔬菜根的矿物质组成占总干物质的百分比（表） 194

水培蔬菜根中的微量元素含量（表） 195

栽培蔬菜可食用部分产品中抗坏血酸和胡萝卜素含量比较（表） 194

带有 8 个平面并联反应杯的反应器平面（图） 206

带有小麦植株的播种盘（图） 176

单细胞微藻生长对光照的依赖关系 91

单细胞藻类 71、86、91

    生长对光照的依赖关系 91

    适合密闭系统原因 86

氮源 127

当今地球生物圈主要定量参数（表） 4

地球大气二氧化碳浓度自约 1750 年以来的演变情况（图） 9

地球上碳循环基本途径示意（图） 6

地球上氧循环基本途径示意（图） 5

地球生物圈 1~4

    垂直分布示意（图） 3

    主要定量参数（表） 4

地球生物群落结构框图（图） 10

第三级闭合技术 337

动物饲喂研究 27

多人多天生命保障集成实验研究 237

    概况 237

    总体实验原则 237

E ~ F

二元生态生命保障系统 197、201

密闭气体和水交换基本技术方案 197

    生物技术和物理-化学过程设计 201

发射装置灾难概率与有效载荷之间的隐含可接受相关性（图） 348

反硝化细菌 312

反应器组件框图（图） 117

分离器/消泡器的结构框图（图） 116

腐败细菌 313

腐殖质降解微生物 314

G

盖亚假说 2

高等陆地植物的光合作用 75

高等水生植物 75

"高等植物—人"集成实验 242

高等植物 + 焚烧部件的 LSS 优化结构（图） 342

高等植物 LSS 中植物群落结构 341

高等植物单元 148、216、276、294、301、322、324

    基本构成（表） 276

    构成的相关参数计算结果（表） 294

    群落对密闭生态系统中微生物分布状态的影响 324

    日平均二氧化碳吸收量、纤维或植物不可食生物量日平均焚烧量及在实验过程中第一和第二人工气候室在生长期的小麦籽粒平均产量（图） 301

    生产率比较（表） 216

    微生物群落 322

    植物筛选方法完善 148

高等植物连续栽培 171

高等植物受控连续栽培技术 143

高兹逆原理 333

工艺用水及藻类营养液制备方法 203

固氮细菌 312

光合恢复 71

光合速率 171

光合效率 99

光密度传感器 121

光密度自动调节系统 120

光生物反应器基本结构设计 116

光照系统 231

光周期模式对小球藻生产率的影响 110

H ~ J

航天员日营养物质摄入量（表） 61

环境科学研究所 53

混合与气体交换系统 123

混合栽培蔬菜的微生物群落 323

火星飞船的 LSS 类型与总灾难概率估计值之间的关系（表） 351

火星飞行任务 LSS 的整体可靠性比较 350

基本扁平平行容器的光生物反应器设计参数计算 117

基本生态系统 353

基本实验方法 137

基础代谢 58

基于高等植物 + 焚烧部件的 LSS 优化结构（图） 342

基于高等植物的 LSS 中植物群落结构 341

基于曝气头的藻液混合和气体交换基本工作原理（图） 124

基于藻类光学特性的光合效率最大化调节

108

剂量计组件结构示意（图） 121

技术微生物学 90

计算实验 349

间接量热法 59

结束语 142

界限 1

近似方程的直接利用 331

菌群动态学分析 307

菌群形成的影响因素 272

K

开放的生态系统 23

开放式生命保障系统 16

可持续性 16

可靠性估计 344

可靠性和质量标准 347

可制造性 328

肯尼迪航天中心 35、36
    实验线路板项目 36

空间生态合成 29

空间研究 25

控制系统 246

L

劳动力支出情况 254

连续空气地下灌溉栽培 177

连续培养下不同营养液中所获得的最大生物量浓度值比较（表） 125

连续培养中植物对矿质元素的吸收速率（表） 181

连续微藻密度自动调节培养中生物元素的最

小需求量和最小背景浓度（表） 128

粮食作物小麦的微生物群落 322

磷化合物转化微生物 313

硫化合物转化微生物 313

硫酸盐还原菌 313

硫细菌 313

萝卜植株所被估计的日平均 CO_2 同化量与传送带式栽培装置中萝卜不同苗龄组数之间的关系（图） 174

M

每平方米小麦群落每日所需要添加的校正营养液中包含的物质成分及其质量（表） 183

美国 NASA 三个研究中心之间的工作关系（图） 37

美国国家航空航天管理局 26

迷你人类圈 22

密闭舱内所开展的实验中食物能量平衡值、RQ 值和总 O_2 含量之间的相互关系（图） 271

密闭空间和密闭生态系统的共同特征及其对菌群影响的差异 274

密闭空间中人携带的菌群 272

密闭平衡生物水生系统 52

密闭气体和水交换基本技术方案 197

密闭人工气候室基本结构框图（图） 155

密闭人工系统 17

密闭生命保障系统 362

密闭生态系统 1、12、13、22、25、52、57、68、78、86、143、171、225、267、272、307、315、322、323、326、352、

360、363

保障三人生命的大气、水和营养物质再生 225

创建 352

创建方法 12

发展历史 25

高等植物单元微生物群落 322

高等植物受控连续栽培技术 143

各种生物再生途径 68

基本功能单元 68

菌群动态学分析 307

理论分析 326

培养中抑制植物生物合成的可能原因 323

人的基本代谢状态与需求 57

人和居住环境中的菌群 272

人与再生单元之间的气体交换平衡状态 267

微藻受控连续培养技术 86

研究 52

应用 363

有机废物的微生物氧化 315

密闭生物系统 18、19

必须满足的需求 19

可行性 18

密闭物质循环过程 13

密闭物质循环生态系统 13

密闭系统 13～16、30、173、174、284、286

大气中 CO_2 的体积百分比含量及植物对 CO_2 的同化率（图） 286

极端类型 13

萝卜植株所被估计的日平均 CO_2 同化量与传送带式栽培装置中萝卜不同苗龄组数之间的关系（图） 174

生命力 16

实验第Ⅲ阶段向乘组提供植物所生产的食物情况（表） 284

小麦植株所被估计的日平均 CO_2 同化量的偏差与传送带式栽培装置中小麦不同苗龄组数之间的关系（图） 173

研究 30

密封系统 13

面向项目的 CES 模型描述级别 336

描述发射装置灾难概率与有效载荷间依赖性的一种假想曲线（图） 347

N～P

内部均匀光照并装有藻液的圆柱体（图） 98

欧洲空间技术研究中心 50

泡沫出现 115

泡沫消除 115

培养条件对"藻类-细菌"生物群落稳定性的影响 314

培养装置设计的一些初步看法 113、114

材料 114

混合 114

评估方法 344

Q～R

齐奥尔科夫斯基 46

气体和水交换及植物营养液 178

气液分离器 207

潜在威胁 359

氢细菌饲喂 27

确定性控制系统 356

人—高等植物实验中作物产量和生产率比较（表） 243

人-高等植物二元集成实验中物质的日平均输入量和输出量比较（图） 290

人-微藻-高等植物-微生物四元系统 217

人-微藻-高等植物三元系统 214

人-微藻二元生命保障系统 197～202、207～212、365

储存物质的最低需求量与系统外人的需求量比较（表） 211

几种水源的水质比较（表） 202

能量交换关系（图） 198

气体交换 365

生物元素的平衡情况（表） 210

实验研究 207

物质交换的定性模式（图） 200

质量交换原理（图） 199

人的呼吸商 59

人的基本代谢状态与需求 57

人的能量需求 58

人的食物需求 60

人的水交换需求 66

人工密闭生态系统 12、355

地球与空间应用前景树（图） 355

人工密闭系统 21

人工气候室 153、228～231、282

1 名乘员正进行设备操作（图） 230

对春小麦品种 232 和亲本进行的竞争性实验比较（表） 153

散热系统纵切面结构示意（图） 231

植物生物量的日平均产量（表） 282

人工生态系统规律 360

人工条件下栽培植物的生产率和生物量质量评价 188

人工条件下植物栽培的光照和温度制度 153

人和居住环境中的菌群 272

人体氮交换产物的矿化与微生物之间的关系（表） 311

人体对维生素的日需求量及其来源（表） 63

人体每日所需微量矿物质量及储存量（表） 66

人体日矿质元素需求量（表） 64

人体生理学和生物化学实验 255

人与再生单元之间的气体交换平衡状态 267

人与植物矿物质交换的比较（表） 187

S

三元系统中气体交换工作原理（图） 215

散热系统 230

生保物质再生的植物种及其品种筛选 143

生化等同物 358

生活质量标准和可靠性 346

生命保障系统 225、326

长期进人实验研究 225

生态系统 1、16、321、353

废物氧化时的质量交换流程（图） 321

组织复杂性的分级级数 353

生态相似性研究的方法模式（图） 330

生物保障系统中藻类连续培养的可持续性和可靠性 135

生物技术和物理-化学过程设计 201

生物量生产舱 35

生物圈 1~10、20、22

O_2和CO_2的流动情况（表） 7

当前状态特点 4

定量参数 2

定义 1

地球生物群落结构框图（图） 10

主要特性 2

生物圈2号 44

生物群落 314、319、353

微生物生物腐蚀特性 314

微生物学特性 319

生物生命保障系统 25、28、213

生物物质循环闭合度 15、16

定性估计 15

生物系统 20、135

可持续性和可靠性优势 135

生物医学问题研究所 46

生物再生方法 26

生物再生系统 27

实施优化的限制因素 339

实验不同阶段对乘员和生命保障系统的日需求量（表） 291

实验不同阶段小麦和油莎果的生产率比较（表） 279

实验后第1个月系统中植物的食物再生情况（表） 303

实验结果 138、212

结论 212

实验期间在植物生产率正常条件下乘员和包括乘员的生态系统物质需求量（表） 305

实验详细结果分析 246~249
  气体交换 247
  食物生产 249
  水交换 248
  微量元素动力学 246
  物质传递 246
  总物质交换情况 247
实验中乘员的血压动力学（图） 256
实验中高等植物单元的基本构成（表） 276
实验中蔬菜作物的生产率比较（表） 281
实验中所食用食物中的成分比例（表） 270
实验装置 204、317
  基本结构 317
  设计 204
食物能量平衡值、RQ 值和总 O_2 含量之间的相互关系（图） 271
适度优化设计 338
适用于 CES 的统计数据处理 335
蔬菜作物的生产率比较（表） 281
水生光养生物 71
四元系统中进行的为期 90d 的实验期间微藻单元中大肠杆菌和真菌的数量动力学观察结果（图） 316
四元系统中气体交换原理（图） 220
四元系统中水交换原理（图） 221
素食完全再生及植物对人体尿液的即时利用可行性研究 293

T~W

太空向日葵微藻光生物反应器结构示意（图） 214
碳循环基本途径示意（图） 6
微生物的化学合成 78
微生物固体废物氧化 317~319
  方法 319
  装置 317
  装置侧视外观图和侧视剖面结构示意（图） 318
微生物培养装置 219
  顶视和侧视示意（图） 219
微生物群落 308
微生物人体固体废物氧化 317~319
  动力学状态（图） 319
  装置 317
微生物小麦秸秆氧化 318、319
  装置 318
  装置基本结构（图） 318
"微藻—高等植物—人"集成实验 244
"微藻—蔬菜—人"集成实验 245
微藻代谢物 130
微藻对人体排泄物的利用 129
微藻连续培养 87
微藻培养物 90、113
  生产率比较（图） 113
  生长的数学模型 90
微藻培养装置 116、308
  结构框图（图） 116
  微生物群落 308
微藻生物化学成分控制 132
微藻受控连续培养技术 86
微藻系统控制 364
微藻细胞层的生产率对生物量表面浓度的依

赖关系（图） 96
微藻细胞叶绿素光合作用效率与单位时间由叶绿素在不同平层表面光照下吸收 PAR 剂量之间的关系（图） 92
微藻悬浮液的光学特性及其光照制度 106
为期 6 个月实验中乘员工作能力的部分参数（表） 264
维持系统闭合所需的物理-化学处理途径 83
稳态阶段 89
沃尔纳德斯基 46
物理-化学过程 17
物质循环系统 13

X

先进生命保障系统实验平台 36、43
  集成实验平台 43
纤维素降解微生物 313
现代生物圈动态过程评估 9
硝化细菌 312
小麦和油莎果的生产率比较（表） 279
小麦品种 232 的生产率和收获物结构组成（表） 164
小麦品种 Skala 190、191
  必需氨基酸含量比较（表） 191
  籽粒生化成分比较（表） 190
小麦群落 159、160、167、183
  表观光合速率与光合有效辐射强度之间的关系（图） 159
  光合速率和暗呼吸速率（图） 167
  光合效率与不同株龄时不同光合有效辐射强度之间的关系（图） 160

每日所需要添加的校正营养液中包含的物质成分及其质量（表） 183
  连续光照和 16h 光期：8h 暗期光照条件下的日 CO_2 同化率（图） 167
  生长期间表观光合速率（图） 159
小麦叶片光合效率 157
小麦营养液中氯化钠的累积动力学及小麦的产量动力学（图） 300
小麦植株 161、173、176
  播种盘（图） 176
  日平均 CO_2 同化量的偏差与传送带式栽培装置中小麦不同苗龄组数之间的关系（图） 173
  生物量干重累积率与株龄关系（图） 161
小球藻、叶绿体及叶绿素溶液的消光系数比较（图） 108
小球藻不同浓度悬浮液的透射光谱及反射光谱比较（图） 109
小球藻光合效率与温度之间的关系 122
小球藻光密度与细胞浓度之间的关系（图） 110
小球藻生产率对密集培养中 6 种表面光照强度下温度的依赖关系（图） 122
小球藻细胞的比生长速率的动态变化情况（图） 137
小球藻悬浮液 111、123
  光谱能量分布比较（图） 111
  温度调节所允许精度的确定（图） 123

Y

氧化有机化合物的生物群落组成（图）

320

氧循环基本途径示意（图）　5

一个人 CO_2 和 O_2 浓度以及体重的动态变化（图）　269

一个人对生保物质的日平均需求量（表）　14

以人为主导单元的生态系统　17

异养生物的合成与分解　80

异养微生物群落　307

饮食制度安排及基本结果　252

饮用水质量比较（表）　202

营养液　124、131

　　被重复利用时钠和代谢物在其中的积累情况（图）　131

营养液和生物量分析　133

用于固体废物氧化的微生物群落构建　315

用于生保物质再生的植物种及其品种筛选　143

用于稳定生物量和培养液的光密度自动调节系统　120

油莎果植株及其所结的块茎（图）　147

有机废物的微生物氧化　315

有机化合物的氧化动力学（图）　321

有助于人体固体废物和秸秆氧化的生物群落微生物学特性　319

元素循环速度　6

约翰逊航天中心　36、37

　　ALSSTB 计划目的　37

约翰逊航天中心月球-火星生命保障实验项目　38

　　三阶段实施时间（表）　38

月球基地　349、350

LSS 类型与总灾难概率估计值之间的关系（表）　349、350

LSS 整体可靠性比较　349

Z

栽培植物的生产率和生物量质量评价　188

在 Bios-3 人工气候室中栽培的油莎果植株及其所结的块茎（图）　147

在 Tamiya 营养液中培养获得最大生物量浓度的基本元素用量（表）　126

在两次先在 Knop 营养液后在水中培养的重复实验中所收获籽粒和不可食部分的生产率比较（图）　185

在整个生长期均生长在 Knop 营养液和在生长期的最后 24~27d 生长在水中的小麦生物量中营养元素比较（表）　185

藻类-细菌群落　309、310、315

　　单元总体特征　309

　　对含氮化合物的转化作用　310

　　微生物的生物腐蚀特性　315

藻类单元基本参数的动态变化情况（图）　209

藻类光生物反应器设计　113

藻类光学特性的光合效率最大化调节　108

藻类和高等水生植物的光合作用　71

藻类连续培养　124、135

　　可持续性和可靠性　135

　　营养液开发　124

藻类培养　364

藻类培养层生产率　101、104

　　对表面光照强度的依赖关系（图）　101

　　对在培养装置中所获得的混合物中 CO_2

浓度的依赖关系（图） 104

藻类培养室 228、230
  1名乘员正进行蔬菜收获（图） 230

藻类筛选 73

藻类细胞的表面黏附问题 115

藻培养液光学薄层中的细胞比生长速率与藻液表面光照强度之间的关系（图） 94

藻细胞群体增长对时间的典型依赖关系（图） 89

藻细胞在光暗周期交替条件下的光密度读数曲线（图） 112

藻液混合和气体交换基本工作原理（图） 124

藻液温度调节系统及小球藻光合效率与温度之间的关系 122

藻液营养供应与收获系统 120

增长模型 105

植物传送带式栽培装置 175

植物对矿质元素的吸收速率（表） 181

植物能力 150

植物筛选方法完善 148

植物生产率评估 144

植物营养液 178

植物栽培的光照和温度制度 153

植物种和栽培品种选择附加标准 144

直接量热法 59

指数生长阶段 89

种群生态系统 353

种植高等粮食作物的实际问题 31

主栽培系统 228

紫色细菌 313

紫外辐射的最终效果 139

紫外线辐射实验结果的数学建模 140

紫外线照射后小球藻细胞 139、140
  比生长速率恢复情况（图） 140
  最小比生长速率（图） 139

自给自足系统 13

自我恢复原则 135

自养生物合成工艺 18

组织结构 353

最优化标准选择 338

最终植株生物量干重产量与光照强度的关系（图） 161

作物产量和生产率比较（表） 243

作物轮作 175

作息制度安排及基本结果 250

（王彦祥、张若舒　编制）